무한 공간의 왕국

머리, 인간을 이해하는 열쇠

무한 공간의 왕국
머리, 인간을 이해하는 열쇠

초판 1쇄 펴낸날 ㅣ 2011년 10월 30일

지은이 ㅣ 레이먼드 탤리스
옮긴이 ㅣ 이은주
펴낸이 ㅣ 이건복
펴낸곳 ㅣ 동녘사이언스

전무 ㅣ 정락윤
주간 ㅣ 곽종구
책임편집 ㅣ 봉선미 박상준
편집 ㅣ 이상희 김옥현 구형민 이미종 윤현아
영업 ㅣ 이상현 **관리** ㅣ 서숙희 장하나

인쇄·제본 ㅣ 상지사피앤비 **라미네이팅** ㅣ 북웨어 **종이** ㅣ 한서지업사

등록 ㅣ 제406-2004-000024호 2004년 10월 21일
주소 ㅣ (413-756) 경기도 파주시 교하읍 문발리 파주출판도시 532-5
전화 ㅣ 영업 031-955-3000 편집 031-955-3005 **전송** ㅣ 031-955-3009
홈페이지 ㅣ www.dongnyok.com **전자우편** ㅣ science@dongnyok.com

ISBN 978-89-90247-55-1 03400

* 잘못 만들어진 책은 바꿔 드립니다.
* 책값은 뒤표지에 쓰여 있습니다.
* 이 도서의 국립중앙도서관 출판시도서목록(CIP)은 e-CIP 홈페이지(http://www.nl.go.kr/ecip)와
  국가자료공동목록시스템(http://www.nl.go.kr/kolisnet)에서 이용하실 수 있습니다.
  (CIP 제어번호: CIP2011004424)

무한공간의 왕국

머리, 인간을 이해하는 열쇠

레이먼드 탤리스 지음 ― 이은주 옮김

동녘사이언스

일러두기

1. 이 책은 Raymond Tallis, *THE KINGDOM OF INFINITE SPACE: A Fantastical Journey Around Your Head*
   (London: Atlantic Books, 2008)을 우리말로 옮긴 것이다.
2. 본문 안에 있는 주는 모두 옮긴이 주이고, 원 저자의 주는 미주로 처리했다.

이 책이 세상에 나올 수 있었던 건 애틀랜틱 북스 출판사의 토비 먼디 덕분이다. 그는 내게 생물학과 철학을 포괄하는 몸에 관한 책을 써보라고 제안했다. 생각을 하면 할수록 그 주제를 어떻게 다뤄야 할지 고민스러웠고, 철학이 생물학에 묻혀버릴 위험도 커보였다. 나는 머리를 긁으며 먼디의 제안을 어떻게 실행할지 고심하고 있었다. 그때 머리를 긁다가 피가 밴 내 손톱 밑에 답이 있다고 생각했다. 나는 내 자신을 내 머리에 한정하기로 했다.

왜 머리인가?

나라는 존재 혹은 나 자신이라고 느끼는 존재에 있어서, 머리는 세상의 모든 쓸 거리 중 나와 가장 가깝게 느껴진다. 그럼에도 불구하고 나와 내 머리의 관계는 전혀 단순하지 않다. 나는 머리의 다양한 부분과 다양한 방식으로 연결되어 있다. 게다가 같은 부분이더라도 때에 따라서 다른 방식으로 연결되어 있다. 그렇다. 나는 내 머리이다. 그러나 나는 내 머리를 소유하고 있고 마치 머리가 소유물인 것처럼 이야기한다. 또한 나는 나와 무관한 것 같기도 하고 철저히 관련된 것 같기도 한 통증과 고통을 견딘다. 나는 때로는 일종의 도구인 것처럼 조잡한 방식으로 머리를 사용하고 조종한다. 나는 내 머리를 내보이고, 판단하고, 알고, 부정한다. 이 밖에도 많은 일들을 한다.

　모두 이해할 수 없는 말이다. '내 머리와 나'는 아우구스트 스트린드베리August Strindberg(1849~1912, 스웨덴의 극작가 겸 소설가)나 에드워드 올비Edward Albee(1928~, 미국 극작가)가 생각했을 그 어떤 결혼보다도 더 문제가 많은 결합이다. 그러나 이 점에 있어 나와 내 머리의 관계는 나와 내 몸 전체가 맺고 있는 혼란스럽고 고통스러운 관계와 다르지 않다. 사실상 똑같은 관계를 대문자로 적어놓은 것이라 할 수 있다. 이것이 내가 머리에 대해 글을 쓰기로 한 이유다. 내 머리와 나의 관계를 명확히 하면 의식과 자의식을 갖추고서 자기를 평가하는 인간의 특수한 상황을 이해할 수 있기 때문이다. 나는 혼란스럽게 뒤엉킨 신체화에 대해 파고들어보려 한다. 서양사회의 전통은 우리가 신체를 부여받았다는 신비를 다소 경시하지만 나는 그 점을 찬양하고자 한다.

　수많은 저술가들은 플라톤의 사례를 좇아서 몸을 일종의 감옥이나 인식의 재앙, 수치, 정신적 치욕으로 보았다. 나는 우리가 불멸의 영혼이자 우연히 70킬로그램의 원형질 속에 갇힌 불행한 하숙인이라고 생각하지 않는다. 하지만 나는 우리가 우리 몸과 완전히 일치한다는 견해 역시 거부한다. 이 책은 종교도 과학도 아닌 인간 중심적인 관점을 취한다.

초자연적이고 자연주의적인 설명으로부터 인간을 옹호하는 것이 이 책 전반에서 집중적으로 다루는 문제다. 그러나 이런 태도를 항상 유지하거나 드러내지는 않을 것이다. 내 머리에는 멋지고 재미있는 특징들이 상당히 많으므로, 본론에서 벗어나길 좋아하는 평생의 습관을 굳이 참을 이유가 없어 보이기 때문이다. (밀란 쿤데라는 로렌스 스턴의 철학을 요약하며 이렇게 말했다. '존재의 시詩는 여담 속에 존재한다.') 이 책의 전반적인 인상이 스케치 모음집같이 느껴진다면 나는 그런대로 만족할 듯하다. 사실 철학자 루트비히 비트겐슈타인Ludwig Wittgenstein(1889~1951, 오스트리아 출생의 영국 철학자로 영국의 분석 철학계에 큰 영향을 끼쳤다: 옮긴이)도 그의 사후에 출간된 역작 《철학적 탐구 Philosophical Investigations》를 '모음집'이자 '길고 복잡한 여행 동안에 그린 풍경 스케치'로 표현하지 않았던가.[1]

이 책 역시 나름의 철학을 다루려고 시도한다. 언젠가 비트겐슈타인은 자신의 철학적 방법을 '어떤 목적을 위해 일련의 암시들을 조합'하는 것이라고 설명한 바 있다. 비트겐슈타인 철학의 목적은 사람들에게 코앞의 문제를 상기시킴으로써, 그들이 언어에 현혹되어 해결 불가능한 가짜 문제에 열중하지 않게 하는데 있었다. 그러나 그는 원하는 결과를 얻지 못했다. 이는 잘된 일이기도 하다. 비트겐슈타인이 가짜 문제라고 여긴 것들 중 일부는 적절한 언어학적 분석에 의해 비로소 (해결되기보다는) '용해될' 준비가 됐다. 그 문제들은 삶과 의식을 탐구할 수 있는 실마리가 된다. 따라서 이 책 역시 여러 암시의 조합인 경우가 많다. 하지만 이 책은 놀라움과 신비감을 경감시키기보다는 고조시킬 것이다.

몇몇 부분에서의 접근법은 우리 코 앞 뿐 아니라 코 뒤에 있는 것까지 상기시키는 다소 가벼운 현상학phenomenology (심지어 '짝퉁 현상학phunomenology') 이라고 볼 수 있을 것 같다. 현상학은 무엇보다도 먼저 '현상phenomena' (그리스어에서 유래된 단어로 '나타나는 것appearings' 또는 '겉모습appearances'이라는 의미) 에 집중한다. 현상학은 우리의 즉각적인 경험이 철학적 주의를 기울이기에 적절한 대상이라는 인식에서 출발한다. 이러한 경험은 '주어진 것'인데 반해 사실적 지식, 특히 과학적 지식은 파생적이다. 따라서 최종 권위가 아니라 의문의 여지가 있다. 비록 브렌타노, 후설, 하이데거, 사르트르 같은 위대한 현상학자들이 바라던 결과가 나오지는 않았지만, 나는 철학적 방법이자 포부로서의 현상학 개념에 큰 관심을 가지고 있다. 현상학 철학자들은 그들이 집중하는 즉각적인 경험과는 다소 동떨어져 보이는 상당히 난해한 산문으로 이루어진 거대한 성곽을 쌓았다. 더욱이 그들은 과학이라는 강력한 진실을 설명하지도, 고려하지도 못했다. 내가 지금 느끼고 있는 것과 내가 지금 느끼고 있는 것에 커다란 영향을 끼친 과학적 진술 간의 관계는 무엇인가?

현상학자들의 여러 흥미진진한 저서에서 이 질문에 대한 답을 찾을 수는 없다. 에드문트 후설Edmund Husserl(1859~1938, 독일의 철학자로 현대철학의 주요 사상 중 하나인 현상학의 체계를 세웠다 : 옮긴이)도 말년에 접어들 무렵 이점을 인정했다. 그는 바깥세상을 객관적으로 설명하는 자연과학과 개인의식의 주관적인 흐름 사이의 연결 방법을 찾지 못했다. 이것은 노력의 부족 탓이 아니었다. 길고 빽빽하게 쓰인 다수의 책과 4만 5천 쪽에 달하는 미발표 원고는, 그가 비탄에 잠긴 기술자이자 몽상가임을 입증해 주었기 때문이다.

과학으로서의 철학… 그 꿈은 끝났다.[2]

이 실패는 이 책의 핵심을 의미한다. 그것은 바로 사실과 경험 간의 분열이다. 이 책을 끊임없이 따라다니며 괴롭히거나 이따금씩 귀찮게 하는 것은 머리에 대한 우리의 경험이 사실을 바탕으로 이루어지지 않았다는 점이다. 우리는 우리가 느끼는 자신의 존재, 매 순간 스스로를 경험하는 방식, 우리에 관한 평범하고, 비범하고, 진귀한 수많은 사실들 간의 간극을 메울 수 없다. 이 책에 담긴 많은, 아니 대부분의 사실들은 즉각적인 경험 정보를 훨씬 넘어선다.

카페 드 플로르(파리 생 제르맹 거리에 자리한 유서 깊은 카페로, 20세기 프랑스 지성인들과 예술가들의 휴식처이자 사상 교류의 공간이었다 : 옮긴이)에서 만난 장폴 사르트르Jean-Paul Sartre(1905~1980, 프랑스 실존주의 철학자이자 작가이며 실존주의의 대표적 사상가이다. 주요 저서로 《존재와 무》 등이 있다 : 옮긴이)와 레몽 아롱Raymond Aron(1905~1983, 프랑스의 정치 사회학자로 전후 사르트르 등과 함께 잡지 《현대》를 창간했으나 후에 사르트르와 결별하고 반마르크스주의로 일관했다 : 옮긴이)에 관한 멋진 일화가 하나 있다. 이들의 눈부신 경력이 막 피어나려던 시점이었고 아직 둘 간의 씁쓸한 불화가 있기 전이었다.

아롱은 독일에서 후설의 가르침을 받은 뒤 갓 귀국하여 현상학 운동에 관한 소식을 파리에 전했다. 아롱은 탁자에 놓인 유리컵을 가리키며 사르트르에게 말했다. '철학을 하려면 이것만 있으면 된다네.' 그 어떤 장비나 기술적 전문지식, 비밀스러운 지식도 필요하지 않았다. 자신이 겪고 있는 경험을 숙고할 수 있는 능력만 있으면 되는 것이었다. 사람의 주관성은 철학을 위한 적절한 출발지점이다. 사르트르는 흥분으로 얼굴이 창백해졌다고 전해진다. 나는 창백한 얼굴까지는 아니더라도 그 흥분을 계속해서 공유한다.

특정 방식으로 살펴봤을 때, 머리는 전통적인 철학적 주제 속으로 진입할 수 있는 훌륭한 입장권이다. 따라서 독자 여러분은 인간의 고유한 자유와 자기 지식, 개인적 정체성의 본질, 모호성 등과 같은 수많은 주제를 이해하기 쉽게 살펴볼 수 있을 것이다. 이 과정 동안 우리는 여러 경로에서 진로를 돌리게 될 것이다.

그 중에서도 내가 전반적으로 피하려고 하는 경로는 '신경철학 Neurophilosophy'을 종착지로 하는 경로다. 신경철학은 정신 또는 의식이 뇌의 신경활동과 동일하다고 주장하는 현재의 주류 이론이다. 머리를 다루고 있는 이 책은 뇌에 대해서는 거의 논의하지 않는다. 일부 독자들은 이러한 사실을 반가워하고, 계속 읽을 마음이 줄어들기보다 더 늘어날 수 있을 것이다. 그러나 머리가 주제이면서 뇌가 주연을 맡지 않는 책은 왕자가 단역에 불과한 햄릿과 같다고 느끼는 독자도 있을 수 있다. 사실 뇌는 머리에서 가장 큰 항목일 뿐만 아니라 가장 많이 다뤄지는 부분이기도 하다. 이러한 독자들을 위해 아래 설명을 덧붙인다.

첫째, 뇌의 중요성이 완전히 내 주의를 벗어난 것이 아니라는 점은 확신해도 좋다. 뇌를 제자리에 두지 않는다면 내 IQ는 상당히 심각하게 떨어질 것임을 잘 알고 있다. 총명하든 둔하든 온전한 정신이 아예 사라지고 그 지원 서비스 활동이 멈춰버릴 것이다. 다리 부상보다 머리 부상이 내 존재에 더 심대한 영향을 준다는 사실은 내 머리에 뇌가 들어있다는 사실과 관련이 있다. 그러나 현재 뇌에 관한 책은 결코 부족하지 않다. 오히려 부족하지 않은 게 문제라고 말할 수 있을 정도다.

지금 인터넷 검색을 시도해보자. 그 결과는 엄청나게 쏟아지는 홍수와도 같다. '뇌와 의식'이 541,698건, '뇌와 자기'는 2,114,747건, '뇌와 정신'은 2,939,316건에 이른다. 아마존 서점에서는 뇌, 정신, 자기, 의식을 다룬 책 837권과 어떤 식으로든 뇌와 연관된 항목 60,970건을 제공했다. 인터넷에서 '뇌'라는 검색어만 입력할 경우 당신이 클릭해주기를 간절히 기다리는 11,351,398건의 항목을 찾을 수 있을 것이다.

언젠가 철학자 존 오스틴John Langshaw Austin(1911~1960, 영국의 일상 언어 철학자: 옮긴이)이 말했듯, 아주 특별한 멍청이가 아닌 이상 수많은 사람들이 이미 밟고 지나간 곳으로 돌진하지는 않는다. 그러나 뇌에 관한 책 시장이 포화상태라는 점이 뇌 이외의 부분을 다루게 될 유일한 이유는 아니다. 단적으로 말하자면 뇌는 터무니없이 과대평가되어 있다. 뇌와 의식, 뇌와 정신, 뇌와 자기, 뇌와 나에 관한 무수히 많은 책이 출판되고, 읽히고, 할인 판매되고 있는 이유는 의식, 정신, 자기, 나에 관한 설명을 뇌에서 찾을 수 있다는 근거 없는 통념이 세상에 존재하기 때문이다.

일부는 이것이 새로운 생각이라고 여길 수도 있다. 하지만 뇌에 관한 그러한 생각은 히포크라테스(BC 500)가 다음과 같이 주장했을 때도 이미 오래된 것이었다.

> 인간은 뇌에서, 오로지 뇌에서만 슬픔과 고통, 비탄, 눈물 뿐 아니라 기쁨과 환희, 웃음, 익살이 발생한다는 사실을 알아야 한다. 특히 뇌를 통해 생각하고, 보고, 듣고, 추한 것과 아름다운 것, 나쁜 것과 좋은 것, 유쾌한 것과 불쾌한 것을 구분한다.[3]

여기서는 그리스 신화(내가 '신경신화학neuromythology'이라고 일컬어온 것에서 중심이 되는 신화)가 왜 틀렸는지 상세히 설명하지 않겠다. 결론은 이렇다. 뇌는 가장 희미한 감각부터 가장 정교하게 구성된 자의식에 이르기까지 온갖 의식의 필요조건이지만 충분조건은 아니다. 자기self는 뇌나 (고 프랜시스 크릭 같은 작가들이 주장할 법하게) 전장claustrum과 같은 뇌의 일부에서 만들어지거나 저장되지 않는다. 자기는 뇌와 더불어 몸을, 몸과 더불어 물질적 환경을, 물질적 환경과 더불어 사회를 필요로 한다. 이것이 바로 뇌에 대한 과장된 평가에도 불구하고 뇌에서 우리 자신에 대한 설명이나 더 나은 자기, 더 행복한 삶을 위한 비밀을 찾을 수 없는 이유다.

지금까지 나는 몇 권의 책과 상당수 논문에서 의식을 뇌에서 찾을 수 없는 이유를 설명한 바 있으니 관심 있는 독자는 참고해도 좋다.[4] 뇌에 매혹된 과학자와 철학자가 의식, 정신, 자기의 필요조건 및 충분조건 간의 간극을 어떻게, 무엇으로 메울 수 있을지 숙고하는 동안 나는 침묵의 기간을 고수했다.[5] 이 책은 대체로 그 침묵의 기간을 따르고 있다. 그러나 독자에게 (그리고 뇌와 뇌를 숭배하는 신경신화학자들에게) 공정하기 위해 책 속에서 관련된 부분이 나올 경우에는 정신–뇌 동일론mind–brain identity theory의 다양한 측면을 다룰 것이다. 나는 늘 철학적 논의는 적절한 맥락에 위치할 때 더욱 이해하기 쉽다고 생각해왔다. 사실상 이 책 전반에 퍼져있는 정신–뇌 동일론에 관련된 설명이 인간과 의식의 뇌 중심적 이해에 대한 포괄적 비평이라고 나는 주장할 수도 있다.

어쨌든 이 책이 대체로 뇌 없는 머리를 중점적으로 다룬다면, 이는 신문과 책장, 방송 전파를 가득 채우고 있는 머리 없는 뇌에 대한 시정 조치가 될 것이다. 본질적으로 이 책은 머리를 '머리로 이해하려는' 시도다.

우선 이 주제에 대해 내가 다루는 내용은 상당히 선택적이다. 소수의 표제 하에 다소 인위적으로 엄선된 비교적 적은 수의 세부 주제에 집중할 생각이다. 호흡에 대해서는 상당히 할 얘기가 많고 먹기에 관해서는 할 얘기가 비교적 적다. 둘째, 선택된 각각의 세부 주제를 다루는 범위는 포괄적인 것과는 거리가 멀다. 생물학적 내용을 상당수 포함하고는 있지만, 프리모 레비Primo Levi (1919~1987, 유대계 이탈리아 화학자이자 작가. 아우슈비츠 생존자로서의 경험을 쓴 《이것이 인간인가》가 대표작이다 : 옮긴이)의 《주기율표Il sistema periodico》가 화학 전문서적이 아니듯 이 책도 머리학cephalology 교본이 아니다. 말, 얼굴 표정, 머리카락, 심지어 귀지와 박치기를 비롯해 내가 다루고 있는 주제에 관한 문헌이 이미 무수히 많다. 이 점에 있어서 내가 가진 것이라고는 내가 얼마나 무지한지를 아는 소크라테스식 지혜뿐이다.

그러나 과학적 탐구에 의해 구축된 놀라운 사실들을 무시하고 지나치기엔 머리는 너무나 흥미로운 대상이다. (내가 그렇듯이) 타액에 관해 진지하게 임하고 싶은 사람이라면 반투막이나 침 뱉기의 역사에 관해 논할 수밖에 없다. 이 책은 의미있는 모든 여정이 그렇듯이 반복적으로 길을 잃을 것이다.

그러나 내가 머리에 관한 실험적 지식을 온전히 다 다루지 못하는 것은 이 책의 목표와 일치한다. 내가 논할 만한 주제는 무한하고 그들 주제에 관해 할 수 있는 얘기도 무한하다. 하지만 나는 괴테가 어디선가 했던 '사람은 자신이 창조적으로 실천할 수 있는 것 이상을 알아서는 안 된다'는 말을 염두에 두고 있다. 머리에 관한 거의 무한한 사실 정보와 우리가 상상으로 이용할 수 있는 것의 한계 사이에는 간극이 존재한다. 내 머리 혹은 집단적 머리에 있는 모든 것을 한 권의 책을 통해 독자 여러분의 머리에 모조리 쏟아 넣는 것은 올바른 방법이 아니다.

내가 취하는 선택은 정보 전달의 목적에 좌우될 것이다. 즉, 우리와 머리의 다소 기이한 관계를 부각시키는 방법을 어느 정도 이용해서, 머리의 소유자가 머리를 더욱 잘 볼 수 있게 할 것이다. 앞으로 나올 여러 주제를 통해서 우리에게 머리가 있다는 것이 얼마나 기이한 일인지 분명히 보여줄 수 있기를 희망한다. 독자들이 자신의 존재와 가장 가까운 머리라는 세상의 일부를 경이로움 속에서 둘러본 관광객이 된 기분으로 책을 덮는다면 그것만으로도 만족스러울 듯하다. 이 파티에 동참하는 독자는 논리적으로 사고하는 자신의 머리만 준비해 오면 된다.

이제 우리가 이미 알고 있는 그 세계로 출발해보자. 그곳을 더 잘 알게 되거나 최소한 달리 볼 수 있게 될 것이다.

차례

어깨 위의 불명료한 대상,
머리 마주하기

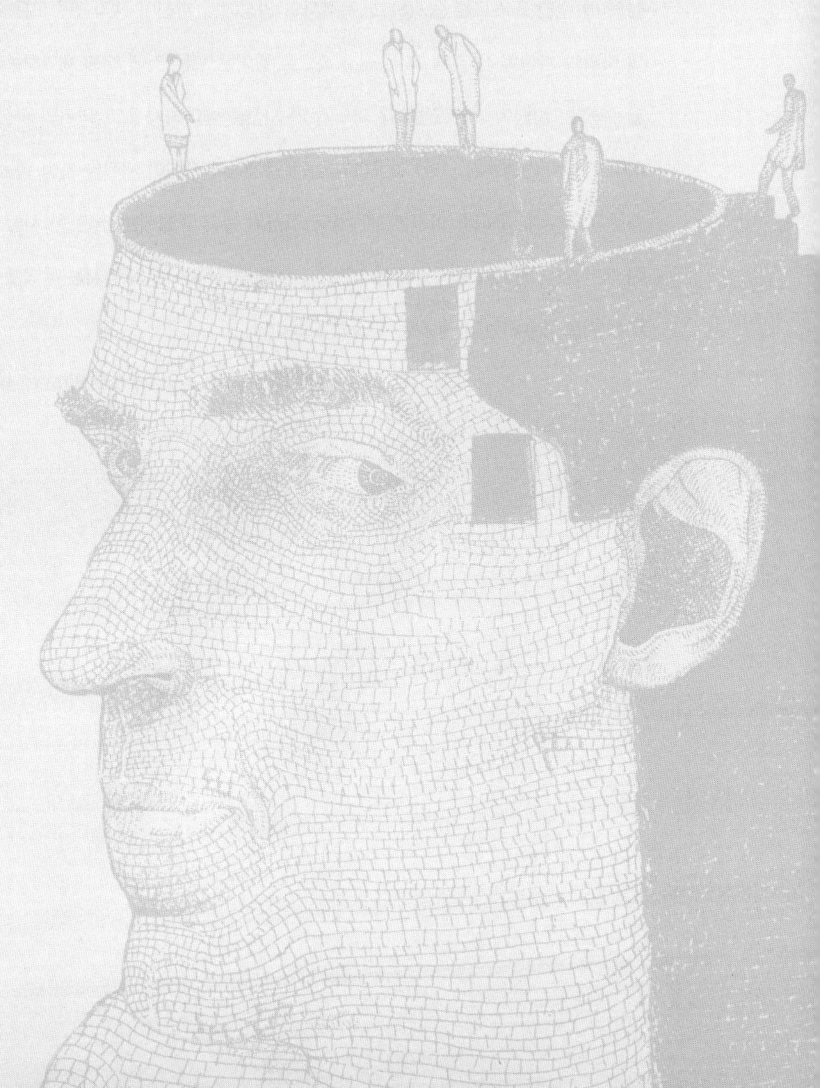

삶의 매 순간 스스로를 응시하고, 목격자의 입장에서 자신이 생각했던 모든 것, 자신의 머리와 자신의 전 존재 whole being 속으로 들어온 모든 것에 대해 재고하는 일을 견딜 수 있는 사람이 과연 있을까? 어느 누가 자신을 싫어하지 않고 과거의 자신을 지워 버리고 싶지 않겠는가. 그건 성공하고 싶은 열망이나 자신이 저지른 특정 행동의 결과 때문이 아니다. 오히려 이러한 생각들이 조금씩 쌓여 규정되는 어떤 한 사람, 가능성에 대한 인식 전체에 충격을 주는 바로 그 사람 때문이다. 우리 역사는 우리를 그저 아무개 씨로 간주하는데, 이것은 일종의 모욕이다.

폴 발레리Paul Valéry, 〈테스트 씨Monsieur Teste〉

평범한 거울 속의 초상

거울 들여다보기. 이보다 더 일상적인 일도 없을 것이다. 이것은 우리가 매일 아침, 세상의 평가에 대비해 얼굴을 단장할 때 무의식적으로 하는 일이다. 그러나 이것은 매우 특별한 일이기도 하다. 머리와 거울에 비친 그 영상 간의 관계만큼 모호한 것도 없기 때문이다.

당신은 르네 마그리트Rene Magritte(1898~1967, 큐비즘의 영향을 받은 뒤 초현실주의 운동에 참가한 벨기에의 화가. 작가는 거울 속 인물과 밖의 인물이 똑같이 뒷모습으로 표현된 작품 〈재현되지 않다Not to be reproduced〉를 빗대서 얘기하고 있다 : 옮긴이)가 아니므로 당신이 주로 보게 될 것은 머리의 앞부분, 즉 얼굴일 것이다. 아마도 당신의 머리(보통의 머리)는 적당한 크기로 대머리도 아니고 너무 크지도, 작지도 않아서 다시 생각해볼 여지나 너 묘사할 형용사가 없을지도 모른다. 당신은 이 머리에 대체로 만족하거나 못마땅해 하거나 무관심할 수도 있다. 그 머리는 출세를 시켜주지도 엄청난 불운이 되지도 않을 얼굴이 있는 그저 무난한 머리 중 하나일 가능성이 크다. 남들이 동경이나 혐오감, 두려움의 눈길로 보지 않을 얼굴 말이다. 요컨대 철학적 목적으로 볼 때 이상적인 얼굴, 즉 보통 남자나 보통 여자의 얼굴이다.

어쩌면 거울 속의 초상을 글로 옮겨 자신을 묘사해보려고 할 수도 있다. 지금 나를 바라봤을 때 보이는 모습은 이렇다. 갸름하고 눈이 움푹 들어간 이 얼굴은 오십 대 후반 남자의 얼굴이다. 그리고 꼭 그 나이로 보인다. 살아온 시간만큼 머리카락이 빠진 둥근 머리가 낮은 울타리 같은 흰머리로 둘러싸여있고, 희끗한 반다이크 풍의 수염도 머리카락과 비슷한 모양을 하고 있다. 양쪽 눈 위로는 이마 주름들이 자리 잡고 있다. 그 중 눈썹의 곡선을 그대로 닮은 주름 몇 개는 눈썹, 그리고 재차 되풀이되면서 고정된 모양으로 자리잡힌 반평생동안 지은 놀란 표정을 흉내 내고 있다. 눈의 공막은 황토색이고 홍채는 딱 꼬집어 말할 수 없는 초록빛과 푸른빛이 섞인 갈색이다(이 부분은 더 잘 보이는 거울로 확인해야 했다). 약간 늘어진 눈꺼풀은 긴 세월 동안 눈을 뜨고 있기 위해 애쓴 노력의 흔적이 나타나기 시작하는 듯하다.

이 즉석 자화상의 모델은 코가 곧게 뻗어있어서 측면에서 볼 때 코끝 연골이 살짝 비대칭인 것만 제외하면 정확히 이등변 삼각형의 절반 모양이다. 커다란 두 귀는 뒤늦게 생각나서 붙여놓은 것처럼 보인다. 입은 크지 않고, 입술에 대해서는 적게 묘사하는 편이 낫다. 모델은 자신의 존재를 상기시키기 위해 입술 사이로 구개와 가장 가까운 단짝인 분홍색 혀를 내밀었다가 다시 안으로 집어넣은 후, 본인의 것이고 상태도 썩 괜찮은 치아를 드러내 보인다. 이 모든 것은 꽉 찬 턱수염으로 에워싸여 있다.

이제 여기서 묘사한 대상의 자리에 당신의 얼굴을 대입해보기 바란다. 내가 그랬듯이 당신도 즉시 좌절에 봉착했음을 느낄 것이다. 내가 말하는 좌절은 얼굴 그 자체 때문이 아니라(물론 여기서도 약간의 좌절은 있지만), 거울에 보이는 얼굴을 지면에 옮기려는 시도가 어김없이 실패하는데서 비롯되는 좌절이다. 응시하는 얼굴을 (똑같은 응시로, 똑같은 얼굴을 향해) 마주 쳐다보는 얼굴은 말로 표현할 수 있는 범위를 벗어난다. 얼굴은 개별적 실체이고 말은 보편적이다. 우리가 구성하는 어떤 언어적 묘사도 경찰이 배포하는 몽타주 사진보다 나을 게 없다. 눈에 보이는 외관을 묘사하는 일은 설령 그 대상이 되는 외관이 자신의 얼굴이라 해도 결코 수월하지 않다. 묘사가 보편적인 이치에 더 잘 맞을수록 개별적인 외형에 충실한 묘사일 확률은 그만큼 낮아진다.

작가들은 작품 속 등장인물의 얼굴을 묘사한 것 같은 인상을 주지만 실제로는 대략적인 윤곽만 제시하는 경우가 종종 있다. 헤르만 브로흐Hermann Broch(1886~1951, 오스트리아의 소설가. 대표작으로 《베르길리우스의 죽음》 등이 있다 : 옮긴이)의 역작 《몽유병자들Die Schlafwandler》에서 가장 중요한 등장인물인 에슈에 대해 우리가 알 수 있는 사실은 이가 크다는 것뿐이다.[1] 그렇다 해도 우리는 그의 얼굴에 덩그러니 이만 있는 것처럼 느끼지는 않는다. 흔히 우리는 어떤 인물의 외모에서 풍기는 인상에 관해 듣고선 그것이 외모에 대한 설명이라고 착각한다. '사물 자체가 아니라 그것이 산출하는 효과를 묘사하라' Peindre non la chose, mais l'effet qu'elle produit는 시인 스테판 말라르메 Stéphane Mallarmé(1842~1898, 프랑스의 상징파 시인으로 프랑스 근대시의 최고봉으로 평가 받는다 : 옮긴이)의 조언은 자기 부정적 규정처럼 들린다.[2] 사실 이것은 다루기 어려운 문제에서 빠져나가는 다소 교묘한 방법이다. 에블린 워Evelyn Waugh(1903~1966, 영국의 소설가 겸 평론가. 대표작으로 《다시 찾은 브라이즈헤드Brideshead Revisited》 등이 있다 : 옮긴이)가 자신의 작품에 등장하는 새로운 인물을 설명하면서 '그의 외모는 사람들이 그런 유형의 젊은이에게서 기대할만한 딱 그런 외모였다'라는 것 외에 어떤 부연 설명도 하지 않을 때도 우리는 마치 그 인물이 어떻게 생겼

는지 정확한 얘기를 들은 것처럼 느낀다.[3]

자신의 얼굴에 관해 설명할 수 있는 모든 단어를 비켜간다고 느낄 만큼 오랜 시간 동안 얼굴을 응시하다보면 이상한 기분이 들기 시작할지 모른다. 이 얼굴이 내 얼굴이고, 이 머리가 내 머리라는 사실을 깨닫기 시작하는 것이다. 내가 아는 모든 얼굴 중에 이 얼굴이구나. 그렇다면 이 존재로 이 삶을 사는 것이구나. 이런 생각이 스쳐간다. 결국 이 머리는 내 머리다. 세상에서 내 존재에 가장 가까운 것이다. 이보다 더 친근하거나 중요한 관심사가 되는 것도 없다. 그런데도 이 머리에 대해 아는 바가 너무 없다.

당신의 머리를 보면서 그것이 지닌 다양성, 즉 머리의 여러 구성 요소와 그 중 일부가 사용되는 다양한 쓰임새를 떠올려보자. 머리는 끝없는 거래의 장이다. 하루 24시간 수용하고 분배한다. 우선 감각 경험과 공기, 음식의 투입이 있다. 머리는 형태, 소리, 냄새, 맛을 수집하고, 실내와 실외, 개인과 공공, 도시와 농촌의 공기를 분리하며, 음식물과 약과 그보다 더 나쁜 것까지 섭취한다. 머리가 산출하는 것들의 다채로움도 인상적이기는 마찬가지다. 분비물의 수와 종류는 감탄을 절로 자아내지만 이들에 대한 우리의 자세는 다소 양면적이다. 분비물은 타액, 눈물처럼 유동적인 것부터 귀지와 같이 좀 더 천천히 생성되는 것, 빙하처럼 더디게 자라는 머리카락과 치아까지 그 종류가 다양하다. 머리에서 곧장 튀어나가는 산출물도 있는데 그 한 예가 구토이다. 이보다 더 중요한 기능으로써 머리는 수의적, 불수의적 신호와 언어적, 준언어적(예: 긍정의 의미의 고개 끄덕임), 비언어적(예: 미소) 신호 등 끝없이 다양한 신호를 내보낸다. 조만간 우리는 이들 모두에 대해 숙고해보는 시간을 가질 것이다. 그러나 머리를 살펴보는 여정을 떠나기에 앞서 먼저 이 같은 여정에 어떤 유용성이 있을지 생각해보자.

우리와 우리 머리의 관계를 곰곰이 생각해보는 것은 우리와 우리 자신의 관계, 즉 자기 자신으로 존재한다는 것의 의미를 이해할 수 있는 한 가지 방법이다. 이 관계는 우리가 거울을 들여다볼 때 특히 두드러진다. 분명히 말할 수 있는 점은 당신의 머리를 향하고 있는 응시가 거울 속 당신의 영상을 향한 응시이기도 하다는 것이다. 그것은 당신의 응시이고, 순수한 시각적 자동 교접auto-copulation 속에서 응시 자체와 연결되어 있다. 이것은 전도유망해 보이는 완벽한 철학적 사고이지만 유지하기가 어렵다. 정신적 응시는 개울 위에 앉은 긴다리파리나 현관 앞에 있는 황조롱이와 달리 가만히 정지하지 못하고 이리저리 움직인다. 그러나 다른 것들이 떠오를 수 있다.

예를 들어 당신이 거울을 응시할 때 마주하는 당신의 머릿속은 조용하다. 당신은 자신의 생각이 명료하게 다듬어지는 과정을 들을 수 있고 그 생각의 위치를 '내 머릿속'이라고 생각하게 된다. (만약 이렇지 않다면 아주 곤란하다. 당신이 생각의 위치를 착각하거나 잘못 배정하면 흰 가운을 입고 주사기를 든 사람을 만나게 된다.) 그렇지만 머리를 보는 것만으로는 머리가 무슨 생각을 하고 있는지는 고사하고 생각을 하고 있는지 여부조차 구분할 수 없다.

응시의 대상이 되는 머리는 타인이 그 머리를 볼 때나 그 머리가 타인의 머리를 볼 때와 마찬가지로 머리의 소유자에게도 불명료한 존재다. 사실 우리가 어깨 위의 목에서 솟아나온 그 불분명한 대상을 쳐다보고 있노라면 불현듯 그 대상이 보고 있는가는 물론이고 그것이 무엇을 보고 있는지 혹은 무엇을 성공적으로 보는지를 구분하기가 어려워진다. (철학자들이 매력적인 현학적 표현으로 우리에게 상기시켜주듯이 '보는 것'은 어떤 상태가 아니라 '하나의 성취'다.) 당신이 아무런 어려움 없이 그 머리가 보고 있음을 보거나 머리가 생각하고 있다는 당신의 생각을 자신할 수 있는 것은 순전히 그것이 당신의 머리이기 때문이다. 실제로 이 점은 의심할 수 없다. 데카르트가 주장했듯이 자신이 생각하고 있다는 것을 의심하는 것 자체가 생각하는 것이기 때문이다. 사실 데카르트의 '나는 생각한다. 고로 존재한다.'는 우리에게 그리 도움이 되지 않는다. 당신이 생각하고 있다는 것을 논리적으로 확신한다고 해서 거울 저편에서 당신을 쳐다보고 있고 당신 스스로 미소 짓고 있다고 느낄 때 미소 짓는 이 머리가 바로 그 생각하고 있는 머리라고 보장할 수는 없다.

여기서 한 가지 의문점이 생긴다. 어떻게 거울을 들여다보는 모든 머리는 거울 속의 이 머리가 자신의 머리라는 것을 확신할 수 있을까? 당장은 그 어떤 대답도 불가능하다. 그럼에도 불구하고 사람은 이러한 방식으로 자신의 머리를 확인하고 그것을 '내 머리'라고 부르는 일을 지극히 편안하고 익숙하게 여긴다. 머리는 그 소유자에게 충격과 실망, 기쁨, 걱정을 안겨줄 지는 몰라도 결코 '누구의 머리인가?'라는 근원적인 질문은 던지지 않는다. 이러한 소유권은 실제로 매우 깊은 곳, 즉 우리 존재의 가장 밑바닥까지 미치게 된다.

좋다. 그러나 거울 밖을 응시하는 이 머리가 그것을 마주 응시하는 사람에게 속한다는 말은 무슨 의미인가? 혹은 '당신이 곧 이 머리다'라는 말은 무슨 의미인가? 최소한 이 말은 당신이 매개를 거치지 않고 이 머리를 겪거나 경험한다는 뜻이다. 이 머리는 당신이 지금 느끼는 감각의 현장이다. 양 볼 위 솜털의 마른 온기, 꽉 물기 바로 직전의 아랫니에 닿는 윗니의 무게감, 치아 뒤와 혀 아래로 스며드는 침, 두통 직전에 느껴지는 눈 주변의 눈부심, 안경을 통해 보이는 것과 안경의 코 받침대가 코를 누르는 압력 등. 이런 식으로 당신은 거울 속에 보이는 시각적 외형을 가진 그 물체와 방금 나열한 여러 경험들 간의 특별한 관계를 경험한다. 이들은 같은 것을 가리키고 실제로 같은 것이다.

질문을 달리 해서 좀 더 피상적 차원으로 만들어볼 수도 있겠다. 당신이 거울을 통해 보는 얼굴의 시각적 인상이 당신이 느끼는 특정 감각과 같은 것임을 어떻게 알 수 있는가? 가령, 당신이 내 제안을 받아들여 당신이 이 머리로 존재하는 것 혹은 이 머리를 당신의 머리로 소유하는 것이 무슨 의미인지에 집중하려고 시도한 결과 생긴듯한 광범위한 두통은 어떤가? 이것은 여러 철학자들이 몰두해온 문제이다.[4] 독일의 대철학자 임마누엘 칸트Immanuel Kant(1724~1804, 서유럽 근세철학의 전통을 집대성하고, 전통적 형이상학을 비판하며 비판철학을 탄생시킨 철학자. 저서에 《순수이성비판》, 《실천이성비판》 등이 있다 : 옮긴이) 역시 이 문제로 고심했다. 그는 이렇게 자문했다. 각기 다른 감각기관에서 비롯되고, 겉보기에 각기 다른 신체부위에서 시작되며, 오랜 시간에 걸쳐 발생하는 다양한 감각이 어떻게 동일한 사람의 동일한 의식의 순간에 속하는 것으로 느껴지는 것일까? 무엇이 그들을 하나로 묶는 것일까? 어떻게 그 감각들이 모두 동일한 사람의 동일한 순간에 속하게 되는 걸까? 그리고 무엇이 사람들의 연속적인 시간의 조각들을 동일한 사람에게 속하게 함으로써 우리가 겪는 여러 순간들 사이의 전환이 부드럽게 이루어지도록 하는 걸까? 어느 특정한 순간에 '내'가 어떤 선율을 즐기는 동시에 의자에 닿은 내 엉덩이의 무게를 느끼고, 검은 지빠귀가 창문 옆으로 날아가는 모습을 보는 이유는 무엇일까? 또한 어째서 각 선율의 순간이 다른 순간들과 섞여 내가 그 연속된 음을 하나의 멜로디의 일부로 즐길 수 있는 걸까? 칸트는 이러한 필수적 결합을 '통각의 통일unity of apperception'이라고 칭했다. 그는 다소 두뇌 중심적인 태도로 나의 모든 지각작용에 수반되는 '나는 생각한다'에 대해 언급했다. 칸트는 시각, 촉각, 후각 등 온통 혼란스럽게 와글거리는 의식의 순간이 동일한 나에게 속하는 이유는 의식의 매순간이 '나'라고 생각하는 '나'라는 출처를 동반하기 때문이라고 말했다. 그러나 나는 이 견해가 옳다고 전적으로 확신할 수 없다. 볼에 느껴지는 솜털이 '나는 생각한다'의 끝없는 반복으로 여겨지지 않기 때문이다. 의식은 현학적이지 않다. 또한 '나는 생각한다'는 명제는, 거울을 들여다보는 머리나 생각에 대한 자각이 볼에 느껴지는 희미한 감각과 어떻게 결합할 수 있는지 설명하지 못한다.

　나를 응시하고 있는 머리를 마주하는 이 순간, 거울 속의 얼굴이 생각에 잠겨 있으며 이것은 그 생각을 하고 있는 사람의 얼굴이라는 생각을 하고 있는 이 사람의 생각에 잠긴 얼굴을 응시하는 이 순간, 현기증이 밀려온다. 원래 철학은 소용돌이의 가장자리를 넘나드는 춤이라 할 수 있다. 그래도 소용돌이의 흐름이 확실히 정착됐다고 느껴지면 그 속에 빠지지 않도록 예방조치를 취하는 것이 바람직하다.

해부학 피하기

이제 거울을 덮고 물리적 현실의 머리로 돌아가 보자. 머리에 대한 지식은 수천 가지, 혹은 수십만 가지의 교재, 웹사이트, 데이터베이스(그리고 머리)에 방대하게 퍼져있다. 이 지식 중 대부분은 지구상에 있는 60억 개의 머리, 즉 그곳에 달린 열린 입에서 일인칭 대명사가 튀어나오는 60억 개의 물체에 모두 적용될 것이다. 그러나 우리가 각종 지식에 지나치게 솔깃해서는 안 되는 이유가 몇 가지 있다.

첫째, 우리가 머리에 대해 가진 경험 중에는 사실의 형태를 취하고 있는 것이 거의 없다. 내 머리가 스스로의 존재를 증명하는 수단이 되는 무수한 일시적 감각들은 글로 정확히 표현할 수 없다. 둘째, 내 머리에 관한 지식 중에는 내가 경험하지 않은 것들이 상당수다. 무언가에 눈이 찔렸을 때 나오는 눈물과 슬픔에서 비롯된 눈물의 망간 수치에서 측정 가능한 차이를 감지할 수 있는 사람이 있다면 누구든 시도해보기 바란다. 셋째, 내가 겪어보지도 알지도 못하는 사실들이 오히려 더 많다.

제 삼자가 보고한 내용 외에 우리 머리에 대해 우리가 알고 있는 사실이 거의 없다는 점을 생각해보면 참으로 놀랍다. 이것은 두개관skull vault 내부의 미세 혈관 구조나 중이에 있는 뼈들이 연결되어 있는 방식처럼 특별한 사항들에만 적용되는 것이 아니라 제법 쉽게 접할 수 있는 사항들에도 두루 적용된다. 내 두개관 중 대부분의 존재감은 기껏해야 희미한 수준이다. 안면과 두개골 표피는 간헐적으로만 빛을 발할 뿐이고 자각의 불꽃도 매우 작다. 양쪽 귀는 피라냐 물고기 같은 차가운 공기가 귓바퀴 테두리를 갉아대는 겨울철에 크게 부각된다. 머리에서 가장 중요한 부분인 뇌는 거의 내내 침묵을 지킨다. 뇌가 실제로 말을 할 때는 입이 아닌 엉뚱한 곳을 사용하곤 한다. 뇌의 내부 활동의 '중심'은 뇌 이외의 신체부위나 바깥세상이기 때문이다. 요컨대 뇌의 소유자에게 그 뇌의 존재는 부재 상태로 있다가 간헐적으로, 공간적으로 비연속적으로 일어나는 개화開花와 같다.

이점은 대체로 우리에게 편리하게 작용한다. 우리는 머리가 의식의 깊숙한 동굴 속에 숨어 있는 상태로도 잘 살아나갈 수 있다. 머리는 확실하게 규정된 존재일 때보다 간헐적으로만 현실화되는 논리적인 가정일 때 효과적으로 작용하는 듯하다. 예를 들어, 우리는 축구공을 헤딩할 때 공이 곧장 뇌를 관통해서 입이든 다른 곳이든 현재 머리에 달려있는 어떤 부분으로 떨어지지 않고 골문 앞쪽으로 튀어나갈 거라고 확신한다. 두개관이 거의 내내 침묵을 지키고 있다고 해서 이런 확신이 약화되지는 않는다. 입을 벌려 음식을 먹을 때도, 지금은 의식하고 있지 않은 입천장이 그 자리에 있어서 음식을 올바른 장소로 안내해주리라는 것을 굳이 확인하지 않고도 알 수 있다.

임무를 수행하라는 요청을 받을 때마다 머릿속의 모든 부분이 반복적으로 그들의 존재를 알려야 한다면 두뇌 감각에는 엄청난 불협화음이 일어날 것이다. 그렇게 되면 문제가 되는 부위에 필요한 주의를 어떻게 기울여야 할지, 혹은 머리 이외의 부위에는 과연 주의를 기울일 수 있을지조차 파악하기 힘들어질 것이다. 만약 혀가 끊임없이 자신의 존재를 의식한다면 언어는 쉴 새 없이 스스로 떠들어대는 이 바쁜 고깃덩이의 자동적인 소음에 묻혀버릴 것이다. 축구공을 머리에 맞혔거나 맞히지 못했다는 정보가 확실히 등록되려면 두개관의 정적이 필수적이다.

물론 때로는 침묵하고 있어야할 장소가 소음을 내는 경우도 있다. 실수로 깨물린 혀는 의미 없는 끔찍한 소리를 외친다. 놀이터의 불량배가 귓불을 잡아당길 때 그는 우리의 존재에 대한 인식에 무단으로 침입한다. 그렇기 때문에 이 행위가 굴욕감을 주는 강력한 수단이 되는 것이다. 지끈거리는 정수리는 두피가 아무런 할 일이 없을 때도 그 존재를 부각시킨다. 치통은 그 소유자의 의도, 직무, 시간과 배치되는 안건을 만들어낸다. 머리가 탐지 장치가 아닌 소음의 근원이 되게 만드는 이명은 청각의 세계를 불쾌하게 만든다. 이들은 침묵하는 머리의 중요성을 일깨워주는 중요한 예이다.

이러한 침묵 중 일부는 절대적이지만 일부는 단지 상대적으로 더 소란스러운 부분에 가려진다. 그렇기 때문에 우리는 내적 주의의 전환을 통해 상대적으로 조용한 부분을 일깨울 수 있다. 당신이 어떤 활동(가령 양배추의 껍질을 벗기는 일)에 몰두할 때 무슨 일이 일어나는지 살펴보자. 당신은 손을 움직이느라 분주한 나머지 입에 대한 감각은 느끼지 못한다. 이제 의식적으로 하던 일에서 벗어나 당신의 구강에 주의를 기울여보자. 당신은 조용히 존재하고 있었지만 무시되어온 것을 뚜렷이 인식하게 된다. 혀 아래에 생기는 작은 침 웅덩이, 멈춰있는 혀의 윗면이 경구개에 맞춰 부드러운 곡선에서 딱딱한 곡선으로 순응하는 방식, 아랫잇몸의 편자 모양 치아의 아주 희미한 진동, 윗니가 아랫니에 닿으면서 누르는 압력 등이 느껴진다. 또한 입의 북동쪽 위치에서는 숨을 들이쉴 때 간간이 콧구멍을 통과하는 공기의 반짝임이 느껴진다.

주의를 한 곳에 집중시킴으로써 느낄 수 있는 것은 여기까지 뿐이다. 아무리 주의를 집중하더라도 뽑혀나가지 않는 한 머리카락을 느낄 수는 없다. 머리카락이 두개골에 있다는 사실이 인식되려면 바람이 불어야 한다. 게다가 인식이 된다 해도 그 대상은 머리카락이 아니라 잡아당겨진 두개골이다. 물론 많은 조직들은 원래 정해진 활동을 할 때 자각이 된다. 그렇지 않다면 우리가 그러한 활동들을 통제하고 지휘할 수 없을 것이다. 우리 몸의 피드백feedback은 대부분 자각되지 않는다. 하지만 우리가 무엇을 하고 있는지, 얼마만큼 진행했는지, 이미 끝냈는지 여부를 알 수 있으려면 피드백을 자각할 수 있어야 한다. 그래서 차가운 오렌지 주스를 마시면 입안의 잠들어있던 부위가 깨어나는 것이다. 목구멍이 기관과 식도로 나뉘는 지점을 훨씬 넘어서서, 평소에는 최대한으로 집중해도 닿을 수 없던 곳까지 탐지해낼 수도 있다. 피드백은 몸 안의 어두운 곳을 일시적으로 밝혀주는 횃불과도 같다.

이 모든 것은 우리의 존재에 대한 인식은 물론 우리 존재에도 심대한 영향을 미친다. 당신의 중심에 있는 이 어둠을 보기 위해서는 눈을 감기만 하면 된다.

한번 시도해보라.

자아중심적 공간

무언가로 존재하기 위해서는 최소한 그것을 경험해봐야 한다. 그런데 우리는 머리의 막대한 부분을 전혀 경험하지 못하거나 간헐적으로 경험할 뿐이다. 따라서 우리는 머리의 대부분이 아니다. 그럼에도 불구하고 머리는 일인칭 세상의 중심지인 것처럼 보인다. 머리는 가장 깊숙한 공간의 중심에 놓여있다. 자기, 즉 자아ego는 세상의 그 어떤 대상보다 머리와 가장 가까운 듯하다. 그렇다면 이것을 어떻게 설명할 수 있을 것인가? 우리가 우리 머릿속에 있다고 말할 때, 그 말은 아마도 우리가 세부적인 부분이 아니라 총체적이고 변동적인 윤곽이라는 의미일 것이다. 과학자들이 관찰을 통해 밝혀낸 머리에 관한 모든 것은 우리 자신이 아니다. 우리는 개별적인 혈구나 혈청 칼륨이 아니다. 요컨대 '나'는 나에 대한 사실들로 구성되는 것이 아니다. 머리는 실제로 특정 공간을 차지하지만 자아는 공간을 차지하는 존재가 아니다. 따라서 자아가 머리에 있을 수는 없다. 그럼 바로 다음 질문으로 넘어가면 되는 걸까?

아니, 아직은 아니다. 혹여 당신이 나에게 어디에 있느냐고 물으면 나는 여기에 있다고 말할 것이다. 또한 '여기'가 어디냐고 물으

면 내 몸이 있는 곳이라고 답할 것이다. 최소한 그곳은 나의 감각야
感覺野이자 지식의 장인 나의 의식이 미치는 여러 동심구同心球의 중
심에 놓여있다. 체셔 안에는 브램홀이 있고, 브램홀 안에는 여러 도
로가 있다. 이 도로 위에 5호 주택이 있고, 5호 안에 내 서재가 있
으며, 내 서재 안에는 책상에 자리한 내 몸이 있다. 이곳이 내가 있
는 곳이다. 비록 그 몸이 어디에 있는지(가령, '체셔' 내)에 대한 나의
감각은 매우 복잡하게 연결된 개념화된 장소들에 투사되지만 나는
내 몸이 있는 곳에 있다. 만약 내가 내 몸 안에서 어디에 있느냐고
묻는다면, 예컨대 비장이라든가 다리보다는 머리가 좀 더 유망한
후보로 여겨질 것이다.

물론 여기에는 이유가 있다. 신경 신화학자들에게는 실례되는 말
이지만, 그것은 내가 나의 뇌이고 뇌가 있는 곳이 머리이기 때문이
아니다. 그 이유는 머리가 몸 외부에 있는 대상의 지각에 개입하는
특별한 방식과 크게 관련되어 있다. 다른 여러 신체기관은 몸 그 자
체에 대한 경험과 몸의 움직임, 자세, 위치, 작용에 대한 경험을 보
고하는 감각기관인 자기 수용기를 가지고 있다. 또한 다른 대부분
의 신체기관에는 촉각(가벼운 촉각, 강한 촉각, 통각, 온각, 냉각, 자통刺痛 등)
을 갖춘 표층이 있다. 손은 제5감의 주요 기관이지만 촉각에 대한
독점권은 없다. 키스하는 사람들은 너무나 잘 알겠지만 머리 역시
접촉을 한다. 그러나 머리는 시각, 청각, 후각, 미각에 대해 독점권
을 가지고 있다. 머리는 다리가 하지 못하는 방식으로 보고, 듣고,
냄새 맡고, 맛을 본다. 보고, 듣고, 냄새 맡고, 맛보는 것은 내 머리
의 상태에 의해 좌우되며, 우리가 현재 다루고 있는 주제인 머리의

위치와 더욱 관련이 깊다. 시각과 청각(후각도 해당될 수는 있으나 이것은 인간에게는 덜 중요하다)은 원격 수용기로써 멀리 떨어져있는 대상들을 찾아낸다. 그중에서도 시각은 최고의 원격 수용기다. 시각 대상은 다른 사물들과 관계하면서 어떤 장소에 위치한다.

그렇다면 이것은 머리, 그리고 자아의 위치와 어떤 관계가 있을까? 아주 간단히 답하자면, 멀리 위치한 대상들은 당신과 관계를 맺고 있다. (해당 대상들이 깨어있는 인간의 몸인 경우에는 당연히 그들이 이 관계를 의식하지 못하므로 예외가 된다.) 당신은 이 대상들을 저쪽에 위치시키고 그들은 당신을 이쪽에 위치시킨다. 어떤 시각 영역에서 당신 주위에 배열되어 있는 대상들은 당신을 그 영역의 중심에 놓이게 한다. 당신은 사물을 '가까운' 것과 '먼' 것, 저쪽보다는 이쪽에 가깝거나 이쪽보다 저쪽에 가까운 것, 곁에 있거나 손이 닿지 않는 것, 틀 안에 있거나 틀 밖에 있는 것으로 분류하는 평가 기준이다. 당신의 몸을 중심으로 주위의 모든 것이 배열되어 있다. 그리고 이 중심의 중심에 놓인 신체 부위는 당신의 머리다. 머리야말로 시각 영역의 평가 기준이기 때문이다. 머리는 당신이 보는 대상에서 나오는 빛의 줄기들이 수렴되는 지점이다. 이곳이 빛의 줄기들이 수확되는 곳이고, 전달되는 곳이며, 최종 종착지이다.

어떤 사물을 볼 때 당신은 단순히 그것을 볼 뿐 아니라 다른 사물들과의 관계 속에서, 또 그 자체로 하나의 사물인 (물론 단순한 사물을 훨씬 넘어서는 존재지만) 당신 몸과의 관계 속에서 그 사물을 본다. 당신은 또한 당신이 그것을 본다는 사실도 본다. 따라서 보고 있는 당신의 몸은 세상을 보는 당신의 관점이 된다. 그리고 당신의 몸 중에서 관점이 되는 것은 당연히 보는 것을 담당하는 부위(발보다는 눈이 위치해있는 머리)일 것이다. 그러므로 머리는 저 위대한 에드문트 후설 교수가 말한 '자아중심적 공간egocentric space'의 중심에 위치한다.

이제 당신과 당신의 머리가 어떻게 서로 그토록 거의 동일시되는지를 이해하기 위한 시도를 계속하기 전에 주의할 점 한 가지와 소견 두어 가지를 언급해둘 필요가 있다. '자아중심적' 공간을 물리학과 수학의 공간인 물질적 공간과 혼동해서는 안 된다. 우선, 시각 영역은 단순히 기하학적 위치에 나열된 사물의 집합이 아니다. 시각 영역은 의미의 연결망이자 해당 개인에게 흥미의 대상이 되거나 되지 않는 사물들의 연결망이기도 하다. 후설의 최고의 제자인 마르틴 하이데거Martin Heidegger(1889~1976, 독일의 대표적인 실존 철학자 : 옮긴이)가 지적했듯이 우리에게 사물은 단순히 가까이에 존재하는present-at-hand 물리적 대상으로서가 아니라 손닿는 곳에 있는ready-to-hand 도구적 사물로서 존재한다. 당신이 분주히 식사 준비를 할 때 당신이 있는 공간은 동등한 지위를 가진 사물들이 일련의 객관적 거리로 연결되어 있는 공간이 아니다. 그 공간은 손 안에 있는 사물들(손에 잡히거나, 넘어지거나, 방해가 되거나, 당신의 관심이나 흥미의 범위 밖에서 그저 무시될 사물들)로 이루어진 하나의 아늑한 구역으로 포괄된다. 사물이 손 안에 있다는 것handiness은 그것이 단순히 당신의 팔 길이로 정해지는 물리적 거리 내에 있다는 의미가 아니다. 어떤 사물이 손닿는 거리에 있을 때뿐만 아니라 당신의 흥미를 끌 때 당신은 그것을 가까이에 있는 것으로 경험하게 된다.

그 결과 우리가 중심이 되는 자아중심적 공간은 물리적 표현으로 이해 가능한 시각 영역에 의해 한정되지 않는다. 사실 당신 몸의 나머지 부분들, 즉 뻗고, 밀고, 제치고, 다가가고, 멀어지는 신체 부위들 역시 자아중심적 공간을 구축하고 당신을 그 공간의 중심에 놓는 일에 관련된다. 덧붙이자면, 커피 맛이 조악하다거나 비스킷 부스러기가 지저분하다고, 컴퓨터 화면의 글자들이 열심히 집중해야 할 대상이라고 여기게 될 당신의 남은 생애의 일부 역시 이 일에 연관된다. 이러한 중심과 관계를 맺는 사물들은 수시로 바뀐다. 또한 자아가 그 불안정한 공간에 녹아드는 정도와 자아가 녹아드는 구역도 다양하다. 나에 대한 인식은 그것이 관계를 맺는 세계 속에서 사라지기도 하고 그 세계로부터 깨어나기도 한다.

이것은 그 공간의 중심인 머리가 다소 이상한 중심이라는 인식을 얼마간 완화해주는 역할을 한다. 글자 뜻대로 하자면 명치나 그와 마찬가지로 신체의 중심에 위치해 있는 기관들이 더 적절할 것이다. 물론 이곳은 눈이 위치하기에 그리 바람직한 장소는 아니다. 눈의 관찰 지점이 유리한 지점이 되고 그 눈이 이끄는 몸이 망루가 되는 것은 두 눈이 몸의 꼭대기 근처에, 150이나 180센티미터 높이의 살덩이 위에 달려있기 때문이다.

이 외에도 분명히 드러난 사실이 또 하나 있다. 바로 자아중심적 공간의 중심이 선명한 점이 아니라는 것이다. 이 중심은 흐릿하고 번져있으며, 크든 작든 몸 전체에 퍼져있다. 우리에게 눈과 귀가 두 개씩 있다는 사실은 우리를 둘러싼 의미 있는 공간에서 중심이자, 그 안에서도 중심적인 머리의 역할을 강화해준다. 이로 인해 두 눈과 머리의 폭만큼 분리되어 있는 두 귀 사이에 더 많은 오류가 발생하지 않는다면, 그 이유는 보이고 들리는 것의 여러 방향이 은연중에 하나의 소실점으로 집중되는 것처럼 보이기 때문이다. 우리가 우리 몸을 경험하게 되는 그 경험들이 결국 모두 '나'라는 의식의 순간이 된다. 앞서 언급했듯이 칸트의 표현처럼 통각의 통일이 존재하는 것이다. 주의를 기울이는 자기가 있는 위치, 즉 자아중심적 공간의 중심이 바로 이곳이며 이것을 우리는 '수렴점'이라고 볼 수 있다.

이 '수렴점'이라는 개념의 이면에 있는 아직 논의되지 않은 직관적 지식은 생각해볼만한 가치가 있다. 우리의 주의를 끄는 모든 것은 그들 스스로의 존재를 우리에게 알리고 있는 것이라고 생각되곤 한다. 그들은 다양한 방향에서 우리를 끌어들임으로써 (이것이 'ad tend'(attend(주의하다)의 라틴어형 : 옮긴이)의 어원적 근거이다) 가까이 다가온다. 그렇다면 우리는 주의를 끄는 대상들과 우리를 연결하는 모든 선의 발생 지점에 위치한다. 의식하는 몸은 단순히 존재하는 사물을 '여기'나 '저기'에 있는 것으로 바꾸어놓는다. 머리는 여기라는 위치를 정의하는데 가장 큰 역할을 하는 신체 부위다. 이는 머리가 저기 있는 것이 무엇인지를 드러내는 원격 수용기들(시각이 주가 되지만 청각도 포함됨)의 소재지이기 때문이다. 자아는 '여기,' '여기 중의 여기,' '저기' 있는 것들 중 '가장 여기에 있는 여기'다.[5]

따라서 우리가 자기에 대해 숙고하면서 스스로를 간파하려고 애쓰며 헤맬 때 우리는 두 눈 바로 뒤와 입 위쪽에 있는 곳, 우리가 세상을 경험하는 통로가 되는 작은 가상의 공간에 우리 자신을 위치시킨다. 이곳이 우리가 있는 곳이라고 생각하는 것이다. 하지만 우리가 생각하는 곳이 그곳일까? 이 질문에 답을 하려면 그 과정에서 아주 흥미로운 질문들이 더 많이 나오게 되는데, 너무 일찍부터 추상적 개념에 빠지지 않기 위해 이 문제는 잠시 미뤄두도록 하자.

지금은 우선 머릿속을 자세히 들여다볼 시간이다.

2장

머리, 생리학적 최고 요리사

온갖 물질이 생겨나는 곳

머리 중 우리가 직접적으로 경험할 수 있는 부분은 제한적이다. 우리 의식이 그 수준까지만 도달하기 때문이다. 그리고 이 점은 우리가 머리와 동일시하는데 장애가 된다. 이에 거의 준하는 또 다른 장애물도 있다. 머리는 엄청난 분량의 일을 처리하는데, 비록 우리에게 득이 되기는 하지만 우리와 상의 없이 그 일이 수행된다는 점이다. 머리가 돌봐야 할 대상은 머리 자체와 머리에 붙어있는 몸이다. 실제로 이 관계는 호혜적이다. 머리가 몸을 보살핌으로써 몸이 머리를 보살피게 된다. 그러나 가장 중요한 핵심은 시인 필립 라킨 Philip Larkin(1922~1985, 영국의 시인 겸 소설가. 대표작으로 〈교회를 방문하다〉 등이 있다 : 옮긴이)이 말한 '육체는 독단적인 결정들로 우리를 에워싼다'[1] 라는 서글픈 표현에 잘 드러나 있다. 이 말은 엉덩이나 비장뿐만 아니라 머리에 대해서도 똑같이 해당한다.

이 같은 사실을 그 무엇보다도 극적으로 부각시키는 것은 우리가 아닌 머리가 자체적으로 분비하는 다양한 분비물을 통해 스스로를 표현하는 방식이다. 머리가 분비를 담당하는 것은 잘된 일이다. 만약 머리에서 일어나는 분비 작용을 우리가 담당해야 한다면 아주 곤란한 상황에 처하게 될 것이다. 분비물은 선택할 수 있는 것이 아니기 때문이다. 따라서 분비작용을 지탱하는 일을 비롯한 여러 메커니즘이 인간적 주체의 본부, 자유행동이 만들어지는 이곳에서 작동한다는 것, 우리가 행동하는 바로 그곳에서 이런 일이 일어나는 것은 다행스러운 일이다.

머리 내부와 주변에서 발생하는 물질의 범위는 참으로 인상적이
다. 그 종류에는 침, 땀, 눈물과 같이 분명히 드러나는 것과 피지와
귀지처럼 좀 더 미묘한 것이 있다. 그리 보기 좋지 않은 점액과 같
은 배출물도 있는데, 점액은 때로 죽은 백혈구와 결합하여 고름이
되기도 한다. 마지막으로 극히 느리게 분비되기 때문에 분비라기보
다 성장처럼 보이는 것들이 있는데, 머리카락이 한 예이다. 이들은
모두 각자 역할과 규제 메커니즘, 원인을 가지고 있다. 여기서 핵심
은 머리의 주인인 우리에게 의견을 묻지 않고 진행된다는 점이다.

소규모 분비작용

머리는 다른 신체부위에서도 생산되지만 얼굴과 두피보다는 훨씬
적게 생산되는 분비물을 전문적으로 담당하고 있는데, 이것이 바로
피지다. 피지는 지방과 모낭 내의 죽은 세포들이 혼합된 물질로 피
지선에서 만들어진다. 지방은 매우 유용하다. 지방은 피부를 유연
하게 유지하고 피부가 지나치게 많은 수분을 잃거나 흡수하지 않도
록 도움을 준다. 여기까지는 좋다. 하지만 불행히도 어떤 상황에서
는 과도한 피지가 생성되어 모공이 막히고 블랙헤드와 화이트헤드
가 형성될 수 있다. 특히 피부 박테리아가 피지를 좋아하므로 이렇
게 쌓인 피지는 감염될 수 있다. 그렇게 될 경우 본격적인 심상성
여드름이 생겨나고, 외모를 살짝 손상시키면서 누구에게나 익숙한
결과가 나타난다.

심상성 여드름이 특히나 잔인한 이유는 신체적 외모를 자신의 가장 중요한 특징으로 여기는 사춘기에 발생하기 때문이다. 이 문제는 우리 몸의 상당히 고약한 아이러니로 인해 한층 더 악화된다. 테스토스테론은 사내아이들을 티 없는 미인들에게 극도로 끌리게 만들지만, 여드름 난 얼굴로 만드는 피지 과다분비의 가장 큰 요인이기도 하다. 바로 이 점이 우리 몸의 고약한 아이러니다. 지금 이 문제를 언급하는 것은 이 책에서 늘 따라다니게 될 주제를 강조하기 위해서이다. 바로 머리가 항상 우리 편은 아니라는 사실이다. 다시 말해, 머리는 그것이 필히 대처하도록 정해져 있지 않은 상황에서 우리가 품는 목표와 포부를 늘 지지해주지는 않는다. 어쨌든 머리가 저지를 수 있는 배신 중에 이보다 더 근본적인 배신도 없다. 누군가를 '여드름 난' 청소년의 모습으로 만들어 무시당하게 하기 때문이다. 본인은 굶주렸으나 상대의 구미를 당기지 못함을 대대적으로 드러내는 결점들이 한데 모여 청소년의 미숙함과 어리석음에 대한 평가가 내려진다.

이보다는 덜 잔인한 증상으로, 염증성 효모균이 피지를 좋아하는 경향으로 인해 발생하는 피지루가 있다. 피지루는 기름진 머리에 기생충 알처럼 달라붙고 어깨 위에 새하얀 망토를 둘러놓는 수많은 비듬을 만들어낸다. 피지는 소량의 분비물이다. 그러나 피부가 지루성이거나 여드름이 난 사람들이 쓰라린 경험을 통해 알고 있듯이, 피지는 한 가지 중요한 원칙을 잘 보여주는 예다. 우리의 행복뿐만 아니라 우리에게 매우 중요한 사람들로부터 받는 평가가 우리 몸이 내리는 결정에 달려있다는 사실 말이다.

또 다른 소량 분비물로 귀지가 있다.[2] 귀지는 이도耳道의 바깥쪽 1/3 부위에서 분비된다. 귀지는 자신의 'auriculaire(프랑스에서는 청각학적 건강에 기여하는 것으로 존중받는 새끼손가락)'을 귓속에 넣는 프랑스인의 눈에 비치는 것보다 한층 흥미로운 물질이다. 귀지는 피지선에서 나오는 분비물과 변형된 땀이 혼합된 물질이다. 귀를 쑤신 직후에 손톱을 물어뜯어본 사람은 알겠지만, 귀지는 매우 쓴 맛이 난다. 물론 이 점이 중요한건 아니다. 수많은 분비물이 그렇듯이 귀지 역시 한 가지 이상의 기능을 수행한다. 귀지는 턱의 운동을 통해 티끌과 먼지를 비롯해 외이도 안에 쌓인 각종 이물질을 밖으로 내보낸다. 또한 이도 내부의 피부에 윤활제 역할을 하여 피부의 건조와 가려움을 막아주고, 항균과 살균 기능도 한다. 그러고 보면 꽤나 대단한 물질이다.

유전적으로 아시아인이나 아메리카 원주민의 귀지는 건조한(회색을 띠고 조각조각 떨어지는) 데 반해 백인의 귀지는 습하고 좀 더 눈에 띄는 황갈색이나 짙은 갈색인 경우가 많다. 귀지의 형태를 관찰함으로써 가령 이누이트 족(에스키모)의 경우처럼 인간의 이주 유형을 추적할 수 있음이 입증되었다. 역사가들이 역사를 밝히기 위해서는 여러 교묘한 이동 경로를 조사해야 한다. 죗값을 치러본 범죄자들이 익히 알고 있듯이, 우리 몸의 상당 부분은 의도치 않은 흔적들을 남긴다. 하지만 눈이 녹으면서 지워진 발자국을 우리 귀가 드러낼 수도 있다고 생각하면 상당히 이상하게 느껴지는 것이 사실이다.

귀지는 원래 보호해야 마땅한 감각기관의 기능을 무력화할 수 있다. 미국의 경우 일주일에 귀지 제거를 받기 위해 전문의를 찾는 환자의 수가 약 15만 명에 이른다. 귀지 제거cerumenolysis의 효과는 때로 기적에 가깝다. 그 효과는 마치 청각적 부르카(이슬람교도 여성이 입는 눈만 내놓는 장옷: 옮긴이)를 벗겨내는 것과 같아서 순식간에 소리의 세상이 환하게 밝아진다. 이것은 우리의 경험이 우리의 감각을 통해 중재된다는 가장 자명한 사실, 즉 우리가 가장 친숙한 방식으로 우리 머리의 뜻대로 움직인다는 사실을 보여주는 두드러진 징후이다. 그러니 1920년대에 상하이 다스제(1917년 상하이에 설립된 중국 최초의 실내 멀티플렉스: 옮긴이) 내에 귀지 추출 전문가들의 전용 자리가 있었다는 사실은 그리 놀랄 일도 아니다.[3]

백인의 귀지는 집게벌레(earwig, '귀 생물'이라는 뜻의 앵글로색슨어에서 유래됨: 옮긴이)와 색깔이 같은데, 여기서부터 온갖 연상의 고리들이 쏟아져 나왔다. 'earwig'라는 이름은 귓속으로 기어들어간다는 데서 유래한 것으로 추측된다. 이 관념도 끔찍하지만 집게벌레를 뜻하는 불어 단어에서 연상되는 이미지는 심지어 더 혐오스럽다. 불어의 'perce-oreille'는 머릿속을 갉아먹는 벌레를 뜻한다. '살며시 속삭이는 교묘한 말로 영향을 끼치거나 끼치려고 시도함'이라는 의미의 'earwigging'은 매우 생생한 의미를 가지는 용어다. 이 용어는 제임스 조이스의 소설 《피네간의 경야Finnegans Wake》 전반에 걸쳐 핵심적 개념으로 작용한다. 꿈을 꾸는 의식의 주체인 H. C. 이어위커라는 인물은 당연히 'earwigger(earwigging하는 사람)'이다.

땀 : 표피내 나선관에서 반_反유토피아까지

앤서니 버지스Anthony Burgess(1917~1993, 영국의 소설가 겸 시인, 작곡가. 스탠리 큐브릭 감독의 영화로 더 유명해진 《시계태엽장치 오렌지》의 원작자이다 : 옮긴이)는 그의 말레이 삼부작 《긴 하루가 저물다The Long Day Wanes》의 첫 단락에서 인상적인 이미지를 우리에게 선사한다. 뚱뚱한 지역 사무관이 눅눅하고 찜통 같은 사무실에 앉아 무기력하게 서류를 들여다보고 있다. 땀방울이 그의 코끝에서 규칙적으로 떨어져 잉크를 번지게 하고, 이곳 식민지의 통치라는 난제를 더욱 불가능에 가깝게 만든다. 버지스는 이렇듯 떨어지는 땀방울을 물시계로 묘사하여 제국의 몰락을 나타낸다. 우리 머리를 지배하는 연상작용은 잠들어있을 때뿐 아니라 깨어있을 때도 자유롭게 일어난다. 나는 이러한 머리의 연상작용을 통해 떨어지는 땀방울의 이미지에서 실력은 뛰어나지만 다한증에 걸린 지휘자의 모습을 떠올린다. 오케스트라를 잘 이끌며 말러의 2번 교향곡을 연주하는 이 지휘자는 악장 사이사이 잠깐의 틈을 이용해 이마와 목덜미, 그리고 땀이 마치 메트로놈처럼 규칙적인 박자로 흘러내리고 있던 코를 닦는다.

발한은 신체 주요 기관에게 있어 체면을 손상시키는 존재처럼 보인다. 겨드랑이는 가장 먼저 땀이 나는 곳은 아니다. 하지만 신속한 반응 세력의 선두에 서는 경향이 있으며, 나트륨 분출의 총력전이 벌어질 때 비교적 초기에 참여한다. 이마의 땀은 자아의 중심에 근접하다는 점 때문에 상징적인 지위를 가진다. 물론 생리학적으로는 겨드랑이 쪽이 더 정확한 표현이 되겠지만, 아담의 저주가 '네 겨드랑이의 땀으로 살라'는 것은 아니었으니까 말이다. 어쨌든 수건으로 닦은 이마, 소금기에 따가운 눈, 엉클어진 머리는 우리 몸이 열 발생량과 방출량 간의 불균형을 조정하고 있음을 보여주는 익숙한 신호다. 이것은 천재 생리학자 클로드 베르나르Claude Bernard(1813~1878, 프랑스의 생리학자로 실험의학과 일반생리학의 창시자이다 : 옮긴이)가 '독립적 생존의 조건condition of free life'이라고 규정한 내부 환경의 항상성에 대한 위협을 저지하는데 필수적이다. 체온을 비롯해 혈압, 수화작용, 혈청 칼륨 및 기타 수십 가지 '변수들'이 엄격한 범위 내로 통제되지 않을 경우 유기체의 전망은 짧고 암울하다.

발한은 분비 활동 중 그다지 동경의 대상은 아니다. 그러나 땀 분비는 상당한 고등 작용의 결과물이다. 인간의 땀은 외분비선에 의해 주로 생산된다. 고등 영장류 이외의 다른 모든 동물에서는 더 지저분하고 악취가 심한 아포크린샘에서 땀이 분비된다. 몸 전체에 분포되어 있는 외분비선은 거의 순수한 소금물을 분비한다. 대체로 몸은 물만 분비하고 소금은 보존하는 쪽을 선호하지만 (실제로 환경 순응 후에는 좀 더 효율적으로 이를 실행한다) 신체가 이용할 수 있는 장소에 물과 소금 두 물질이 혼합되어 있으면 몸은 비교적 묽은, 즉 저삼투압성 혼합액으로 만족한다. 땀은 증발하면서 피부를 식히고, 그 결과 중심 체온이 내려간다. 땀이 1밀리리터 증발할 때마다 580칼로리의 열이 손실되고, 환경 순응이 끝난 성인들은 시간당 최대 2리터의 땀을 흘릴 수 있다. 이 속도가 지속될 경우 육안상으로나 세포 차원에서나, 말린 자두처럼 심각한 수분 상실을 가져와 사망에 이를 가능성도 있다.

외분비선은 놀랄 만큼 정교하다. 담당하는 역할이 워낙 복잡하기 때문에 외분비선 내에는 분업이 존재한다. 즉, 생산(혹은 분비) 부문과 분배 부문으로 나누어져 있다. 분비부는 피부의 가장 아래층인 진피에서도 아래쪽 깊숙이 위치한 고리모양의 관이다. 개별 세포 내의 신호체계는 뇌로부터 자율신경계를 통해 전달되는 명령에 따라 땀의 양과 땀 속의 소금 농도를 조절한다. 뇌의 기저부에 있는 시상하부의 중심에는 온도감응 신경세포가 있다. 중심 체온이 상승하면 이 신경세포들의 발화 속도가 빨라진다. 이들의 민감도는 피부의 온도 수용기의 입력신호에 따라 상향조절 되며, 온도 수용기는 시상하부가 '땀!'이라고 명령하는 기준을 재설정한다.

분배관은 진피를 통과해 올라와서 표피에 진입한다. 여기서 분배관은 나선형의 형태를 취하고, '표피내 나선관acrosyringium'이라는 근사한 이름을 얻는다. 이후 피부 표면까지 연결되어 땀을 쏟아낸다. 땀은 열을 식혀주기는 하지만 때로는 그에 따른 대가를 요구하기도 한다. 생리적 생존은 사회적 사망이라는 비용을 치르고 얻게 될 수도 있다. 피부에서 체취를 일으키는 원인의 대부분은 아포크린샘이라고 할 수 있다. 하지만 외분비샘의 분비물도 사실상 체취에 기여하며 '땀투성이'로 부정적인 평가를 받는데 한 몫 한다. 다른 사람의 체취는 충분히 자주 씻지 않는다는 신호(사실 땀이 악취를 풍기기까지는 시간이 걸리므로)일뿐만 아니라 연인의 몫으로 남겨둬야 할 일정 수준의 신체적 친밀성을 타인들에게 강요하기도 한다. 우리가 매력을 느끼지 않는 타인이 코의 자극을 통해 우리를 자신에게로 이끌어 불쾌감과 짜증을 유발한다. 반유토피아적 악몽을 다룬 조지 오웰George Orwell(1903~1950, 영국 소설가. 사회학적 통찰과 풍자로 유명하며 대표작으로 《동물농장》 등이 있다 : 옮긴이)의 《1984년Nineteen Eighty-Four》에는 파슨스라는 인물이 등장한다. 그는 생각 없는 백치로 '당'에 맹렬하고도 절대적으로 충성한다. 그는 당의 모든 활동, 특히 '빅브라더'와 '혁명'을 축하하는 퍼레이드, 현수막, 운동경기와 관련된 일에 지칠 줄 모르는 열정을 쏟는다. 파슨스를 규정하는 거의 절대적인 특징은 그가 지나가는 모든 공공 및 사적 장소에 남기는 지독한 땀 냄새이다. 그의 악취는 《1984년》 속 시민 사회의 절대적 타락을 구현, 아니 냄새로 형상화한다.

따라서 땀에 부가되는 문화적 의미는 복합적이다. 생명 유지에 쓰이는 이 분비물은 복잡하게 꼬인 단어의 의미망을 가진다. 여자나 남자와 달리 숙녀는 땀 흘리지 않고 발한한다. 'Perspiration(발한)'은 앵글로색슨어가 아니라 라틴 어원의 단어라는 점과 여유 있는 중산층의 세 음절을 가지고 있다는 점에서 유기적 생명과 열악한 위생과의 거리감을 적극적으로 드러낸다. 'Sweat(땀)'은 허둥거리는 노동자 계급의 단음절어로 무뚝뚝한 대답처럼 짤막하다. 단어에 대한 걱정이 현실에 대한 걱정을 앞설 수도 있다. 로이 포터Roy Porter(1946~2002, 영국의 사학자로 의학사에 대한 방대한 연구 활동으로 유명하다 : 옮긴이)는 1791년의 상황을 이렇게 언급했다.

《젠틀맨즈 매거진Gentleman's Magazine》(오랫동안 인기를 누린 영국 잡지(1731~1914). 정기간행물을 지칭하는 '잡지'라는 뜻의 영어단어 'magazine'이 이 잡지의 이름에서 유래됨 : 옮긴이)은 이제 '최하층 계급'만이 'sweat'이라는 말을 쓴다고 하면서 천박한 말이 거의 사라졌다는데 의견을 같이했다. '우리는 나날이 더욱 고상해지고 있으며, 동시에 더욱 고결해지고 있음이 확실하다. 따라서 확신하건대, 세계에서 가장 품위 있고 고상한 민족이 될 것이다.' 저자는 비꼬듯이 이렇게 썼다.[4]

어쨌든 동시대 오스트리아인들보다는 훨씬 앞서 있었다. 마이클 스틴Michael Steen에 의하면, 모차르트가 태어난 거리는 '한가운데를 가로지르는 하수구에서 악취가 풍겼고' '잘차흐강은 그 속에 버려진 오물로 인해 고약한 냄새가 났다.' 그러나 이런 냄새는 '씻지는 않으면서 더러움만 닦아내고 때로는 향수를 들이붓는 사람들에게서 나는 냄새를 가려주는 장점'이 있었다.[5]

온열성 발한은 피부의 대부분에서 발생한다. 정신적인 발한은 좀 더 선택적이어서 손바닥, 발바닥, 겨드랑이, 이마에 국한된다. 그 메커니즘은 제대로 알려져 있지 않지만 정신적인 발한은 우리에게 매우 익숙하며 '식은땀이 난다'는 말은 극심한 불안을 뜻하는 대표적인 수사적 표현이다. 이때 발한의 목적 또한 분명치 않다. 몸의 온도를 낮추면 과열되지 않고도 더 많은 에너지를 연소(두려운 상황에서 필요할 법한 일)할 수 있기 때문이라는 의견이 있었다. 이 의견은 투쟁―도피 반응(fight or flight response, 어떤 긴장된 자극이 주어졌을 때 그 자극에 반응하기 위해 몸의 근육 활동력을 높이는 반응 : 옮긴이)이 어떤 상황에 가장 적절한 반응일 경우에는 괜찮다. 하지만 실수를 두려워하며 그 자리에 꼼짝 않고 서 있는 것이 올바른 반응이라면 문제가 된다.

얼핏 저속해 보이는 이 분출작용에는 너무나 동떨어져 보이고, 난해하고, 미묘하며, 비생물학적인 원인이 있을 수 있다. 언젠가 나는 한 국제회의에서 간질 치료에 대해 발표하는 도중 슬라이드의 오류로 인해 땀나는 불안을 겪었다. (아무도 눈치 챈 사람은 없었다. 아마도 청중들은 시상하부의 다른 기능, 즉 수면에 깊이 빠져있었기 때문이었던 듯하다.) 스트레스로 인한 발한은 분명 거짓말쟁이에게 도움이 되지 않는다. 거짓말하는 도중 쏟아지는 땀은 거짓말 탐지에 사용되는 전기 피부 반응의 근거다. 이때 나는 땀에는 나트륨 이온이 포함되어 있기 때문에 땀이 피부 전도성을 증가시키고, 이 증가치는 기록될 수 있다. 거짓말 탐지기 기록은 쩍하고 벌어지는 턱처럼 내려간다. 끝으로 가장 신비로운 경우는 우리가 고심하며 생각할 때 땀이 날 수 있다는 사실이다. 스트레스를 받으면 주로 이마와 손바닥에서 발한하게 되는데 이는 참으로 적절하다. 이마는 (우리가 들은 바에 의하면) 생각이 가장 주의 깊게 통제되는 장소와 가깝고, 손바닥은 움켜쥐기grasping나 잡기와 연관된 이해apprehension의 어원과 결부되어 있기 때문이다.[6]

롤랑 바르트Roland Barthes(1915~1980, 프랑스의 구조주의 철학자이자 비평가. 주요 저서로는 《비평과 진실》, 《기호학 개론》 등이 있다 : 옮긴이)는 영화 속에 등장하는 고대 로마인들에 대해 장난스러운 평론을 썼는데, 조지프 맹커비츠Joseph L. Mankiewicz(1909~1993, 미국 영화감독 겸 각본가)의 영화 《줄리어스 시저Julius Caesar》에서 음모를 꾸미는 인물들이 늘 얼굴에 땀을 흘리고 있는 점에 주목했다.

모두가 땀을 흘리고 있는 까닭은 모두가 내적으로 무언가를 고심하고 있기 때문이다. 우리는 미덕이 끔찍한 괴로움에 시달리는 현장, 즉 비극의 본무대에 있는 셈이며, 이점을 전달하는 기능을 담당하는 것이 바로 땀이다. 땀이 난다는 것은 생각한다는 것이다. 이는 사고가 맹렬하고 격변적인 작용이며 이 작용에서 땀은 가장 약한 증상에 불과하다는, 사업가들의 나라에 적절한 가설을 기초로 하고 있다.[7]

지금까지 우리는 피부와 시상하부, 외분비샘 간의 한정된 고리로부터 먼 길을 지나왔다. 스트레스 관련 발한을 통해서는 이 세계의 더 많은 영역을 돌게 된다.

비범한 생물인 인간은 심지어 온열성 발한에도 완벽한 매개적 방식으로 관여한다. 최근 들어 우리 모두는 심장을 잘 관리하라는 권고를 듣고 있다. 규칙적인 운동이 이를 위한 하나의 열쇠를 쥐고 있는 듯하다. (전 세계 수많은 생의학 전문가들이 힘들여 수집한 수백만 건의 데이터를 토대로 하는) 가장 권위 있는 지침에 의하면, 심장혈관으로 인한 종말을 막을 수 있는 적합한 운동은 땀이 적당히 날 정도의 운동이다. 느긋하게 걸어서는 죽음을 피할 수 없다. 빠르게 걷거나 천천히 달리는 운동이 필요하다. '매일 적당히 땀 흘리는 사람들'이 오래 산다. 우리는 외분비 기능을 활용해서 적정량 또는 최소 필요량을 측정할 수 있다. 머리가 자신의 소멸을 늦추려는 목적에 이용하기 위해 자체 분비물을 넘어서는 것을 이보다 더 극명하게 보여주는 예는 찾아보기 어렵다.

타액

장 폴 사르트르의 《구토Nausea》에 등장하는 반영웅적 주인공 앙투안 로캉탱은 위기에 사로잡혀 있다. 세상의 우연성을 극도로 예민하게 인식하게 된 것이다. 세상 속 사물들의 존재에는 정당성이 불충분해 보인다. 그들은 단순하고, 무겁고, 둔하게 존재한다. 사물들을 한데 모아 무의미한 연합으로 전환함으로써 단어들은 대상에 대한 통제권을 잃는다. 로캉탱의 몸은 이상하게 그에게 요구된 기정사실에 불과해 보인다. 그는 그의 이름이 달려있는 불쾌한 고깃덩이의 구경꾼이다. 그는 자신의 손을 가만히 살펴본다. 손바닥이 위로 향하도록 탁자에 놓인 그 손은 마치 무력하게 뒤집혀있는 짐승 같다. 그는 의미 없이, 추론의 여지도 없이 존재한다.

나는 존재한다. 그 존재는 달콤하고, 너무나 달콤하고, 너무나 느리다. 그것은 또한 가벼워서 스스로 공기 중에 떠다닌다고 확신할 수 있을 정도다. 존재는 움직인다. 곳곳에서 재빠르게 움직이다가 녹고, 사라진다. 서서히, 서서히. 내 입 안에는 거품기 이는 물이 있다. 나는 그것을 삼키고, 그 물은 내 목구멍을 따라 미끄러지듯 내려가 나를 어루만진다. 그리고 그 물은 내 입 안에서 다시 생겨나, 조용히 내 혀를 만진다. 이 웅덩이는 나이기도 하고, 혀이기도 하다. 또한 목구멍은 나다.[8]

'이 웅덩이'는 확실히 매우 인상적이다. 내 일생 동안 그 양은 3

만 리터 가량이 될 것이다. 이 웅덩이에는 무수한 기능이 있지만 그 중 어떤 것도 로캉탱의 실존적 위기를 해결하지는 못한다. 이것은 음식의 윤활제 역할을 하여 삼키기 쉽게 해주고, 말하는 것을 돕는다(그래서 예로부터 입이 마른 연설가들에게 인공 타액이 제공되었다). 또한 프티알린 효소로 전분의 소화를 시작하고, 내부에 함유하고 있는 다양한 효소와 면역 단백질을 이용해 감염을 막아준다. 이것은 침샘에서 일련의 놀라운 과정을 거쳐 생산된다. 이것에 비하면 땀은 얼간이이고 확실히 일거리도 별로 없다.

타액이 분비관에 들어갈 때 그 이온 구성(나트륨, 칼륨 등)은 타액의 원천이 되는 혈장의 이온 구성과 매우 유사하다. 분비관을 통과하는 동안 여기서 나트륨과 염화물이 떨어져 나가고 중탄산염 이온들이 추가된다. 이로 인해 여러 효소가 작용하기에 적합한 환경이 조성된다. 이 혼합물에 점액도 일부 추가된다. 타액 분비는 자율 신경계에 의해 정교하게 제어된다. 부교감 신경계가 혈액 공급 증가를 통해 직간접적으로 분비세포들을 활성화한다. 이때 다단계 신호화 과정이 수반되며, 이 과정은 칼리크레인과 같이 별난 이름을 가진 효소들에 의해 중재된다.

인상적이기는 하다. 그렇지만 로캉탱의 질문을 계속해보자면, 이것이 과연 나일까? 우리는 어느 정도까지는 타액 분비를 통제할 수 있다. 가령 신맛 나는 감자튀김을 떠올림으로써 침이 나오게 할 수 있다. '신맛 나는 감자튀김을 떠올린다'는 것이 어떤 요소로 이루어지는지를 생각해보기 전까지는 이것은 그저 평범한 일이다. 물론 그것은 문장이 아니라 이미지로 구성되어 있지만, 그 이미지는 종이, 감자튀김 가게 주인, 동네 감자튀김 가게 거리의 불 켜진 공간 등 온갖 다른 요소들로 오염된 이미지다. 여기서 우리는 음식에 관한 생각을 끌어와 사고에 관한 이차적 사고에 음식을 공급하는 경우를 보고 있다. 그럼에도 복잡한 사고에 휘둘리지 않는, 다소 원시적인 이 물질은 거침없이 흘러나온다. 우리의 동물적인 입은 메타사고(통상적 사고의 상위 개념으로, 생각에 대해 생각하기, 즉 자신의 사고를 객관화하는 과정을 가리킨다 : 옮긴이)의 언어를 구사할 줄 아는 것 같다. 이보다는 덜 확실하지만 우리는 스스로를 불안하게 하거나 걱정거리를 생각함으로써 침 분비를 하지 않을 수도 있다.

이렇게 보면 우리가 사는 세상, (우리 세계의 일부를 사용하여 타액 분비의 고차원적인 조정을 증명해보일 수 있는) 우리의 생각, 타액선의 관계는 전혀 단순하지 않다. 그렇기 때문에 우리는 깨어있고 몸에 이상이 없는 한 침을 억제해야할 책임을 느낀다. 인생 그래프를 침 흘리기로 시작해 침 흘리기로 끝나는 것으로 그려도 될 정도다. 혹은 장년기를 입속의 액체 내용물을 성공적으로 단속하는 시기로 정의할 수도 있다.

우리는 침이 흐르는 것을 막기 위해 끊임없이 침을 삼킨다. 다른 수많은 행위와 마찬가지로 삼키기는 의식적으로 시작되고 무의식적으로 지속된다. 우리는 혀를 이용해 침을 모아 그것을 입 뒤쪽으로 쓸어 보내고, 연구개를 들어 올려 코인두를 닫음으로써 침이 코 뒤쪽으로 넘어가지 않게 한다. 침은 인두의 촉각 수용기에 닿고, 이로 인해 우리의 통제 밖에 있는 일련의 사건들이 촉발된다. 후두가 올라가(목울대가 위로 움직이는 것으로 확인이 가능하다) 후두개와 부딪치며,

후두개는 기도를 막아서 침이 폐에 들어가지 않게 해준다. 우리는 순간적으로 숨을 멈춘다. 그런 뒤 인두의 근육이 수축하면서 침을 식도 안으로 밀어 넣는다. 이 시점에서 우리는 일어나는 상황에 대한 통제권뿐만 아니라 그것에 대한 자각도 잃게 된다. 일련의 근육 활동이 식도를 따라 이어지면서 위쪽으로 침을 보내고, 마침내 침은 식도 하부의 괄약근에 도달하며, 괄약근은 열린 후 닫힌다. 이러한 후반 단계는 뇌간의 뇌교와 수질에 있는 여러 뉴런에 의해 조정된다.

이 모두가 매우 인상적일 뿐 아니라 개인적인 것과는 거리가 멀다. 이 자그마한 웅덩이는 지극히 친밀하지만 한편으로는 그저 입속의 하숙생일 뿐이다. 이것은 우리의 가래이지만 결장 안의 배설물이 그렇듯 우리의 일대기와는 거의 아무런 관계도 없다. 물론 침이 없다면 그 일대기는 달라질 것이다. 즉, 그의 일대기에는 만성적으로 쑤시고 만성적으로 감염되는 입의 이야기가 들어가게 될 것이다. 그러나 우리가 앙투안 로캉탱처럼 형이상학적으로 심화된 상태에 있지 않는 한 침은 가장 개인적인 형태의 실존being-here에 완벽하고 쉽게 동화된다. 우리 입에서 생겨나 입에서 데워지는 침의 이러한 양면적 지위는 다소 혐오스러운 사고실험을 통해 알아볼 수 있다.

폴 브록스Paul Broks(영국의 신경 심리학자 겸 과학 작가: 옮긴이)는 우리 신체 중 개인적인 부분과 비개인적인 부분 간의 관계, 우리의 작인과 신체 기제 간의 관계에 대해 많은 생각을 불러일으키는 수필 〈보드카와 침Vodka and Saliva〉에서 정신의학자 앤서니 스토Anthony Storr가 제안한 가상의 상황을 다음과 같이 언급하고 있다.

> 그는 우리가 얼마나 자주 침을 삼키는지를 생각해보도록 했다. 물론 우리는 무의식적으로 늘 침을 삼킨다. 이어서 그는 삼키는 대신 큰 컵에 침을 뱉는다고 상상해보도록 했다. 자신의 침이 가득 담긴 컵에서 내용물을 조금씩 마신다면 어떤 기분일까? 똑같은 침이지만 절대 사양일 것이다! 아무리 얼음과 레몬, 보드카를 듬뿍 넣는다 해도 말이다.[9]

우리 입안에 있는 침의 지위가 어떠하든 간에, 컵에 뱉은 침은 브룩스의 표현에 따르면 '시민권을 포기'한 것이다.

하지만 그것이 완전한 포기를 뜻하지는 않는다. 제아무리 무균 상태라는 확실한 보장이 있더라도 타인의 침을 마시는 것은 자신의 침을 마시는 것보다 더 역겨운 일임이 분명하다. 그렇다 해도 입을 떠나는 순간 침은 그것이 본인의 것이든 남의 것이든 더 이상 입 안의 타액saliva이 아니라 뱉어낸 침spit이 된다. 이를 통해 우리는 침 분비의 수동성에서 침 뱉기의 능동성으로의 변화를 생각해볼 수 있다.

침 뱉기 기술의 습득은 우리가 몸과 맺는 관계, 그리고 몸의 자연적인 유기체적 활동을 선택적이고 고도로 사회화된 삶에 넣는 능력을 보여주는 흥미로운 예다. 구강의 분비물을 의지에 따라 배출되는 미사일로 전환하기 위해서는 입에 특별한 주의를 기울여야 한다. 충분한 양이 모일 때까지 기다렸다가 그것을 입 앞쪽으로 몰아 입 안을 살짝 채우고 볼을 빨아들인 다음 침 덩이를 가볍게 쳐내며 입 밖으로 내보내야 한다. 남학생들이 이 일에 몰두하는 것(전자오락이 널리 보급되기 이전 시절에는 더욱 그렇다)도, 침을 얼마나 멀리 뱉을 수 있느냐가 뛰어난 기술의 척도가 되는 것도 당연하다. (지금도 '침이 닿는 거리'는 근접성을 나타내는 지표다.) 물론 침 뱉기는 다소 무례해서 전복적이다. 대부분의 남학생들이 즐기는 스포츠인 축구 또한 침 뱉기와 연관된다. 이 행동은 흔히 숨 돌리는 휴식의 일환으로써 세트 피스 동작들 사이의 구두점이 된다.

침 뱉기의 역사와 사회학은 거대한 주제이며 매우 적절하기도 하다. 침 뱉기는 우리가 개인이자 몸으로서 자기 자신과 맺는 관계뿐 아니라, 개인화된 몸으로서 타인과 맺는 관계에 있어서도 다양하고 깊숙하게 연결되기 때문이다. 노르베르트 엘리아스Norbert Elias(1897~1990, 유대계 독일 사회학자 : 옮긴이)[10]가 지적했듯이 침 뱉기를 억제하는 에티켓을 통해 예절의 발전사를 추적해볼 수 있다. 16세기에는 '누군가가 내 침에 맞을 수 있으므로' 침을 뱉을 때 고개를 돌리는 것이 좋은 생각이라고 여겨졌다. 18세기에는 침을 뱉은 후 침 위에 발을 올려놓아야 했기 때문에, 어디에 떨어졌는지 못 찾는 일이 없도록 너무 먼 거리에서 침을 뱉지 말라는 권고가 있었다. 18세기 말에는 신사는 벽이나 가구에 침을 뱉지 않도록 하는 규정이 있었다. 19세기에 와서야 어느 때를 막론하고 침 뱉기는 지저분한 행동이라는 인식이 생겼다. 그러나 타구(唾具 가래나 침을 뱉는 그릇)의 발달에도 불구하고, 특히 미국에서는 공공장소들이 가래로 뒤범벅이 되었다. 19세기에 씹는 담배가 인기를 끌면서 미국을 (오스카 와일드Oscar Wilde의 표현처럼) '긴 가래침의 나라'로 만드는데 일조했으며,

디킨스Charles Dickens는 워싱턴을 '담배냄새 밴 침의 본거지'라고 언급했다.

공공장소를 개인적 배출물로 채우는 행위에 대한 본능적 혐오감은 침이 미생물을 함유하고 있으며 질병 감염의 매개가 될 수 있다는 인식으로 인해 더욱 강화되었다. 내가 의대생이었을 때 속옷을 입지 않은 빈민촌의 여자아이들이 도로 위에 쪼그리고 앉아서 놀다가 감염된 가래에 의해 결핵성 난관염(나팔관 염증)에 걸렸다는 얘기를 들은 적이 있다. 그러나 가래에 대한 혐오감은 이것이 감염원이 될 수도 있다는 타당한 두려움보다 더욱 깊숙이 자리한다. 이것은 타인의 몸에 대한 뿌리 깊은 혐오감으로, 오직 성적 욕망만이 이를 극복할 수 있다. 이 문제는 후에 두 개의 머리가 행하는 입맞춤이라는 기이한 행동을 고찰할 때 더 자세히 다루게 될 것이다. 우선 지금은 침 뱉기의 변형에 대해 좀 더 살펴보자.

누군가에게 침을 뱉는 것은 최대의 모욕이다. 이에 비하면 욕설은 아무리 도발적이고 모욕적이라 해도 그저 은유적 행위로 보일 뿐이다. 침은 단어가 분해되는 구강에서 생기므로 침 뱉기는 언어적 신호의 성질을 띤다. 언어학자들이 사용하는 의미로 볼 때, 침뱉기가 가지는 신호는 그것이 지닌 의미로 보이지 않는다는 점에서 임의적이다. 그러나 침 뱉기에는 문법이 없다. 침 뱉기는 얼굴을 주먹으로 치는 것과 같은 즉각적인 잔혹성을 가지고 있다. 또한 욕설과 구타의 중간쯤에 위치하지만 악의적인 측면을 지니고 있다. 이는 강요된 친밀감이자 약한 강간이다. 침 뱉기를 당한 사람은 타인의 몸 깊숙한 곳에서 나온 물질에 직접적으로 노출되기 때문이다.

침이 점액과 섞여 가래에 가까운 상태일 경우에는 역겨움이 더욱 강화되며, 다른 사람 머리의 내밀한 통로에서 내뱉어진 가래일 때는 역겨움이 한층 더 심해진다.

내친김에 가래침 뱉기의 이론과 실제의 본론에서 벗어나서, 가래침을 뱉기 위해 귀, 코, 목구멍의 관에 있는 가래를 끌어 모으는 개인적 노력을 감탄하고 싶지만 자제하겠다. 대신 부끄러운 마음으로 중학생 시절 동급생이었던 D라는 친구와 G의 사례를 상기해보기로 한다. D는 수줍은 성격의 안경잡이 공부벌레로, 부모의 사랑을 듬뿍 받던 외아들이었다. 이름의 알파벳 순서에 따라 교실에서 그는 G의 앞자리에 앉게 되었다. G는 브라일크림을 발라 매만져놓은 D의 머리를 자로 끊임없이 헝클어뜨리는 것으로는 만족하지 못했다. 때때로 그는 코 안으로 들이마시기와 근육 운동을 동시에 사용하여 자신의 기도 속 가장 깊숙한 곳을 뒤져 역겨운 한 입 분량의 침을 만들어냈다. 공부에서는 보이지 않던 집중적인 노력을 통해 침을 천장으로 보낼 수 있었다. 침은 한동안 천장에 붙어 있다가 고무줄처럼 늘어나더니 《아에네이드The Aeneid》(고대 로마의 시인 베르길리우스 작의 서사시 : 옮긴이)의 행간 번역에 몰두해 있는 순진한 D의 머리 위에 떨어졌다. D는 신경쇠약 증상을 보였고, 그 아이를 도울 수 있는 행동을 전혀 취하지 않았던 우리는 부끄러움을 느꼈다. 후에 G는 세금 사기로 감옥신세를 졌다.

침을 뱉는 사람과 그것을 당하는 사람의 불균형은 매우 크다. 그것은 사람 간의 권력 관계를 존재의 근원까지 파고들어간다. 그렇기에 헨델의 메시아 중 다음 구절이 가슴 아픈 동시에 단연 이목을 끈다.

그는 모욕과 침 뱉음을 당하여도 얼굴을 가리지 않았으니[11]

땀으로 번들거리고 핏자국으로 얼룩진 신의 아들의 뺨에 가래가 흘러내리는 이미지는, 만물의 창조주가 인간의 모습을 취한다는 무모한 생각과 충격적인 대치를 이룬다. 인간으로 존재한다는 것은 침을 뱉거나 침 뱉기를 당한다는 것이다. 인간이 자연현상(여기서는 입안에서 침이 분비되는 것)을 능동적으로 이용할 수 있는 상징으로 전환하는 신비로운 과정은 예수의 수난이라는 강력한 가학 피학성 신화에서 절정을 이룬다.

그러나 이것도 수모의 종착지는 아니다. 조지 스타이너George Steiner[12]는 나치 통치하의 폴란드에서 일어난 한 랍비의 끔찍한 이야기를 소개한다.

로지에 사는 한 랍비가 성궤에 든 토라(유대교의 율법) 두루마리에 침을 뱉으라는 강요를 받았다. 목숨을 잃을까 두려웠던 그는 그 명령에 따라 자신과 자신의 민족에게 성스러운 그 물건의 신성을 모독했다. 얼마 지나지 않아 그의 침이 바닥났다. 그의 입이 말라붙었다. 왜 침 뱉기를 중단하느냐는 나치의 질문에 랍비는 입이 말랐다고 대답했다. 그러자 그 '우수 민족'의 자손이 랍비의 입 속에 침을 뱉기 시작했고, 랍비는 계속해서 토라에 침을 뱉었다.

유대인이 악의를 품은 비유대인의 몸을 삼켜야 했던 이 무시무시한 성체^{聖體}의 변형은 신체 상태를 행동으로 나타내는 무대인 세상과의 뒤틀린 관계에 대해 시사하는 바가 있다. 이것은 악의가 가장 직접적으로 드러나는 형태의 침 뱉기다. 인간은 제한된 자원을 무한히 사용할 수 있다는 원칙에 따라, 침 뱉기는 다시 은유로 나타날 수 있다. '네 무덤에 침을 뱉는다'나 '네 어미/조상의 무덤에 침을 뱉는다'라는 모욕은 지극히 추상적이다. 문제의 그 가래는 그것을 가리키는 단어의 지시 대상이다. 이것은 모욕할 수 있는 역량만을 추출해낸 순수한 개념의 가래이며, 그 목표물은 개인이 가진 신성시되고, 신성시 되어야 하는 것을 환유적으로 상징하는 장소(무덤)의 관념이다.

여기서 잠시 예수가 겪었던 수난 중 하나였던 침 뱉기로 돌아가 보자. 이 수난은 추측컨대 예수 그리스도가 탄생하기 700여 년 전 이사야서[13]에서 예언된 것이다. 이 이야기가 사실이든 아니든 간에 구강 분비물이 집단의식으로 통합되는 사례 중 목표물에 침을 뱉는 시점으로부터 700년 전에 준비된 침보다 더 놀라운 예가 과연 있을까? 입 안에서 분출되는 이 작은 웅덩이, 침 거품을 만드는 유아기부터 침 흘리는 노년기까지 평생 동안 우리와 함께하는 이 웅덩이는 인간의 온갖 사악함을 표출할 수 있게 하는 하나의 상징으로 변형될 수 있다. 우리는 몸에서 일어나는 현상을 그 누구도 예측할 수 없는 용도로 활용한다. 인간 외에 어떤 생물이 우표를 핥아서 붙이고 좋거나 나쁜 소식을 담은 봉투를 봉하는데 침을 이용하는가?

콧물에 대한 고찰

코를 하나씩 가지고 있는 사람이라면 말할 필요조차 없듯이 코는 공기가 폐로 들어갈 때 따뜻하게 데워주고 촉촉한 상태로 만들어준다. 공기는 생명을 지탱하는 반면 (사랑 없이 산 사람은 수백만이지만 산소 없이 산 사람은 아무도 없다) 죽음을 불러오기도 한다. 따라서 코는 들이마신 공기를 면역 글로불린 A가 들어있는 점막과 접촉시킴으로써 불필요한 입자를 내보내고 잠재적 병원균에 대해 일차적 방어를 제공하는 필수적인 필터이기도 하다. 면역 글로불린 항체는 미생물을 차단하고 체내에서 미생물의 증식을 막는 단백질이다. 콧속을 감싼 막조직은 점액을 생산하며, 이 점액에는 침과 눈물에도 존재하는, 세균을 죽이는 효소인 뮤라미다아제가 들어있다. 점액은 매우 미세한 털과 같은 조직(섬모)에 의해 쓸려서 이동한다. 섬모는 동시에 움직이며 파도타기와 같은 모양을 만들어내고, 점액을 비강과 부비동에서 비인두 쪽으로 보낸다. 일반적으로 이곳에서 점액이 삼켜질 수 있다.

침입한 미생물은 이런 과정을 통해 그들이 잘 생장할 가능성이 있는 폐가 아니라 살아날 확률이 극히 낮은 산성 지옥인 위 속으로 보내진다. 이 글을 읽고 있는 지금, 어쩌면 당신은 너무나 익숙한 당신의 인두咽頭와 그저 추측해볼 수밖에 없는 내부의 망각 사이의 접경에 머물러 있는 작은 점액 방울을 의식하고 있을지도 모른다.

머리가 하루 동안 생산하는 점액의 양은 약 1리터에 달하고, 이

양은 점막에 염증이 생길 경우 배로 늘어날 수 있다. 일반적인 감기의 원인이 되는 리노 바이러스와 코로나 바이러스가 침입할 때에도 이런 식으로 반응한다. 아침에 일어나는 순간 오늘 머리가 아프겠다는 느낌이 온다. 점액이 코를 막는 동시에 코 밖으로 쏟아져 나오고, 인두에는 유리 조각이 박혀 있는 것 같고, 머리의 두개골 쪽은 마구 쑤신다. 또한 머리가 보고, 듣고, 맛보고, 냄새 맡는 세상은 흐릿하지만 특정 부위(타는 듯한 눈과 끊임없이 콧물을 제거하느라 쓸려 벗겨진 콧구멍)에는 의식이 더욱 집중된다. 우리는 괴로운 머리를 돌보며 과학(혈관 신경을 따라 점막까지 축여주는 코 충혈 제거제), 민간요법(에키나세아(미국 서부에서 자라는 허브의 일종으로 주로 감기의 예방과 초기 치료 목적으로 사용됨 : 옮긴이)), 그리고 이 둘을 섞어놓은 광고에 의지한다. 머리의 주인인 생각하는 사람은 머리의 변화된 상태를 바로잡기 위해 지식을 동원한다.

감기로 인한 가장 두드러진 변화는 생각하는 사람의 머릿속 목소리에는 영향을 주지 않지만 그 사람의 말에서 나타난다. 이 신방언(점액 영어Anglo-Mucus)의 희극적 가능성은 무한하다. 문학에서 이들은 가장 시적이지 못한 이 현상을 겪고 있을 뿐 아니라 어쩐지 이 현상이 주된 특징이 되어버리는 시적이지 못한 인물로 묘사된다. 이 같은 부당한 대우는 토마스 만Thomas Mann(1875~1955, 독일의 소설가 겸 평론가. 대표작으로 《베네치아에서의 죽음》, 《마의 산》 등이 있다 : 옮긴이)의 뛰어난 중편소설 《토니오 크뢰거Tonio Kroger》에서 그 절정을 이룬다. 이 작품에서 주인공은 심야의 발트 해 항해 도중 배 갑판 위에서 별들의 장관에 감화된 한 낯선 이의 시적 사색을 접하게 된다. 크뢰거는 그 사람이 아마도 시('깊은 감정과 외골수적인 생각으로 가득한 사업가의 시')를 쓰기는 하겠지만 '내면에 문학성이 전혀 없을' 거라고 확신했다.[14] 그 타인은 '벨랑콜리,' '이브빙,' '스트레이저스'(melancholy, evening, strangers의 코맹맹이 소리 : 옮긴이) 등을 언급할 때 드러나듯이 코감기에 걸린 상태다. 감기가 그의 시적 야망을 저버린 것이다.

점액은 공기의 이동을 방해한다. 따라서 감기는 비음에 가장 큰 영향을 미친다. 비음은 연구개가 올라가고, 혀가 입을 막고 공기가 콧구멍으로 밀려날 때 발음된다. 그래서 애처롭고 반어적이며, 음향적으로 자기 언급적인 'I have a code in by doze(I have a cold in my nose(코감기에 걸렸다)의 코맹맹이 소리 : 옮긴이)'와 같은 소견이 나오는 것이다. 이 흔한 표현에 들어있는 의식의 층위는 참으로 놀랍다. 내가 걸린 감기를 언급하기 위해 내가 사용하는 말에도 비음을 넣는다. 신체구조의 고통에 의해 가장 큰 영향을 받는 자음의 소리를 섞어 넣음으로써 감기를 표현하는 것이다.

일반적으로 점액은 우습게 볼 문제가 아니다. 우리는 이 물질을 불쾌하게 여기는 경향이 있어서 콧물을 흘리는 아이의 코를 슬그머니 다가가 닦아내고야 만다. (콧물을 흘린다는 것은 유년기, 특히 노동자 계층의 유년기의 결함과 자기 방임 상태를 은유적으로 나타낸다.) 우리는 다른 누군가가 코를 후비거나 힘껏 코를 푼 후 손수건에 묻은 내용물을 확인하는 광경을 볼 때 불쾌감을 느낀다. '너무 많은 정보'라고 여기는 것이다. 콧물snot(이 단어는 콧물을 뜻하는 고대 프리슬란드어이다)은 불쾌한 것의 전형이다. 그럼에도 불구하고 다른 경우와 마찬가지로 여기서도 의학은 인간의 혐오감을 극복하고 이 현상에 대해 사실적인 태도를 택한다. 가래는 질병의 징후와 진단의 단서, 치료법의 증거를 찾기 위한 조사대상이 된다. '이보게, 이게 자네에게는 콧물일지 몰라도 내게는 밥줄이라네.' 한 흉부내과 전문의가 했다는 말이다.

가래의 점도는 생사가 달린 문제가 될 수도 있다. 가래가 기도의 통로를 막을 때 특히 그렇다. 나의 동료의사 하나는 점액 용해제를 이용해 점액 분비물의 점도를 낮추는 방법을 주제로 박사논문을 썼다. 이러한 분비물의 점도는 점액 단백질의 농도와 이 단백질들 간의 화학결합의 존재 여부로 결정된다. 하나의 용제가 이러한 결합을 분리하고 점도를 낮춘다. 적어도 이론은 이랬다. 그렇다면 실제로도 효과가 있을까?[15] 이것이 그 동료가 3년 중 대부분의 시간을 쏟으며 확인하려고 애썼던 문제다. 이 문제에 대한 한 가지 접근법은 직접적이었다. 그는 타액 샘플을 취해 유리봉 사이에 놓은 뒤 용해제를 넣기 전과 후에 타액을 떼어놓는데 요구되는 힘을 측정했다. 실험 결과 약물이 타액의 분리도를 10% 향상시켰고, 따라서 그만큼 가래를 뱉어내는 것이 쉬워질 것으로 추정되었다. 이 결과는 무코다인(호흡기관용 제제 : 옮긴이) 광고를 뒷받침하는 근거가 되었다. 이 광고는 트럼펫 연주자처럼 양 볼이 불룩해진 나이 지긋한 신사가 손수건에 대고 기침을 하는 장면에 '기침병에 걸린 디킨스들을 위한 막대한 가래Great Expectorations for a Dickens of a Cough(찰스 디킨스의 《위대한 유산Great Expectations》과 철자가 유사한 점을 이용해 패러디를 시도했다 : 옮긴이)'라는 자막을 넣은 것이었다.

의학이 가래와 그 유사물질에 대해 취하는 태도는 지저분한snotty 것과는 거리가 멀다. 이점은 내게 상대적으로 균 없이 깨끗한 언어적 탈선을 시도해보라는 신호가 되어준다. 'snotty'라는 단어는 고급화된 듯하다. 우리는 옥스퍼드 영어사전의 도움을 받아 그 이력을 추적해볼 수 있다. 이 단어는 '코딱지나 콧물로 지저분한'이라는 뜻으로 시작해서 '더러운, 비열한, 하찮은, 한심한'의 의미로 나아간 뒤, 일련의 도약을 통해 '화난, 무뚝뚝한, 성마른,' '건방진, 뻔뻔한, 무례한,' '뽐내는, 거만한'의 의미를 갖게 되었다. 다소 혐오스러우면서도 한편으로 딱해 보였던 콧물 흘리는 사람들이 별안간 무시할 수 없는 존재가 된 것이다. 깨끗이 훔친 코 아래로 자신보다 열등한 부류를 경멸하듯 내려다보는 이 사람들은 거만하며, 위협적이기까지 하다. 웹스터 사전에 인용된 도로시 파커Dorothy Parker(1893~1967, 미국의 단편 작가 겸 시인: 옮긴이)의 문장은 이를 잘 보여준다. '내가 전화했을 때 어찌나 거만snotty하던지 당신에게 말 붙이기가 겁날 정도였어요.'

그러나 콧물과 가난과의 연결고리는 여전히 남아있다. 피터 고드윈Peter Godwin은 현대 짐바브웨의 실상을 인상적으로 기술한 글에서 어린 남자아이 하나가 자신의 닫힌 차창에 다가와 구걸을 하는 일화를 소개한다. 고드윈이 차창을 열지 않자 '그 아이는 손으로 흐르는 콧물을 닦아 누런 콧물로 창문에 도와주세요라고 쓴다.'16 콧물을 글 쓰는 재료로, 손가락을 펜으로, 차 유리창을 종이로 사용하는 행위는 로버트 무가베Robert Mugabe(1924~, 짐바브웨의 정치인으로 세 차례 대통령을 지냈다. 부정축재와 철권통치로 세계 최악의 독재자 중 하나로 꼽힌다: 옮긴이)와 그 측근들이 자행한 짐바브웨의 몰락을 나타내는 하나의 척도다. 그들은 짐바브웨 국민을 궁핍한 몸뚱이들로 전락시켰다. 그렇다 해도 육체를 초월하는 인간의 근원적인 역량을 빼앗지는 못했다. 가질 수 없는 도구를 자신의 몸으로 대신하는 이 소년처럼 말이다.

눈물, 무익하거나 그렇지 않거나[17]

귀지, 피지, 땀, 침과 가래를 다루고 난 지금, 일부 독자들에게는 눈물이 반가운 구원으로 여겨질지도 모르겠다. 드디어 어느 정도 품위가 있는 분비물이 등장했다고 말이다. 땀과 마찬가지로 투명하지만 아무런 냄새가 없는 눈물은 흠잡을 데 없는 장소에서 나온다. 따라서 피지, 땀, 침과 같이 민감한 감정적 반응을 일으키진 않는다. 그러나 눈물은 매우 불가사의할 뿐만 아니라 인간이 자아를 이해하는데 중요한 역할을 한다. 인간 세상, 인간의 상황은 흔히 '눈물의 골짜기'로 표현되지만 결코 '콧물의 골짜기'나 '침의 바다,' '귀지 더미'로 묘사되진 않는다.

눈물은 인간 실존의 핵심에 닿는 것을 보여준다. 자유 의지의 본거지가 그 누가 선택한 것도 아닌 단순한 생물학적 사건으로 가득하다는 사실에 대한 충격을 덜어준다. 머리를 맞대고 궁리함으로써 우리는 '일어난 사건'을 '내가 한 행동'으로 만들 수 있다. 우리의 집단적 머리는 개별적 머리의 횡포로부터 우리를 해방시킴으로써 생물학적 메커니즘이 인간적인(때로는 지나치게 인간적인) 목적에 이용되게 한다. 그러나 우선은 생물학부터 살펴보기로 하자.

알프레드 테니슨Alfred Tennyson(1809~92, 영국의 계관시인. 대표작에 《아서
왕의 죽음》, 《인 메모리엄》 등이 있다 : 옮긴이)의 통렬한 시구 '눈물, 부질없
는 눈물, 이 눈물의 뜻을 나는 모르네'에도 불구하고 우리는 대부분
의 눈물이 무슨 의미인지 정확히 알고 있기 때문에, 그 눈물은 부질
없는 것이 아니다. 눈물은 우리가 세상에 관한 수많은 정보를 얻는
통로다. 이 통로는 섬세하고 투명한 창을 적시고 매끄럽게 함으로
써 마찰로 인해 눈이 머는 것을 막아준다. 눈물에는 소금, 물과 함
께 뮤신mucin, 지방과 같은 윤활제와 리소자임, 면역 글로불린과 같
은 항균물질이 들어있다. 이들 덕에 눈은 수분이 유지되고 먼지와
감염으로부터 자유롭다. 눈을 깜박일 때마다 눈꺼풀 근처에 위치한
눈물샘에서 소량의 액체가 나온다. 짧은 어둠이 올 때마다 한차례
비를 동반하는 것이다. 눈이 다치거나 이물질이 자리를 잡게 되면
이 비가 폭우로 바뀌게 되고, 쏟아지는 눈물이 손상을 복구하거나
침입자를 쫓는 동안 우리는 흐릿한 세상을 보게 된다.

이것이 '눈물 흘리기'에 관한 이론이다. 여기까지는 매우 단순하
다. 그런데 이다음부터 매우 기이한, 인간에게만 해당하는 독특한
현상이 나타난다. 다른 포유류들은 눈을 세정하거나 극도의 통증이
있을 때만 눈물을 흘리는 반면에 오직 인간만이 감정적 반응으로
소리 내어 울거나 흐느낀다. 이런 경우 눈물샘이 수축하여 눈이 한
번에 내뿜는 눈물의 양을 늘린다. 생산된 눈물 중 일부는 평소처럼
코로 빠져나가 콧물을 자극하여 흐르게 한다. 나머지 일부는 눈물
관을 넘치게 해서 눈물이 뺨을 따라 흘러내린다. 이에 더해 흐느껴
울기까지 하게 되면 얼굴이 일그러지고 발작적으로 숨을 토해내며

비언어적 발성이 나타난다.

왜 인간이 눈물을 흘리는 유일한 동물인지 그 이유를 설명하기 위한 온갖 이론이 존재한다.[18] 그 중 가장 그럴듯한 가설은 인간이 유난히 미숙하다는 것이다. 울음의 한 형태는 다른 동물에서도 나타난다. 그것은 '분리로 인한 울음separation cry'으로 곁에 없는 어미에게 도움을 구하는 외침이다. 인간은 다른 동물에 비해 미발달한 상태로 태어난다. 그렇기 때문에 인간에게 있어 분리로 인한 울음은 훨씬 커다란 중요성을 가진다. 우리가 타고나는 감각은 우리의 안전을 보장하기에 턱없이 부족하며, 이처럼 불안정한 상태가 놀랍도록 긴 시간동안 지속된다. 생후 2년 된 양이 초원에서 얻는 지혜는, 2살짜리 인간이 지닌 그 어떤 길거리 지혜와도 차원이 다르다. 여기에는 심오한 이유가 있다. 양의 경우에 비해 우리 삶의 훨씬 많은 부분이 추상적 지식이 주도하는 의식적 의사결정에 의해 좌우되기 때문이다. 양은 주로 본능과 메커니즘의 지배를 받는다. 우리는 아무것도 배우지 못한 우리 몸이 따라잡을 수 없는, 수백만 년에 걸친 문화적 진화 속에서 형성된 세계에 살고 있다. 따라서 우리에게 분리에 의한 울음은 중요도가 더 클 뿐 아니라 중요성이 지속되는 기간도 더 길다. 우리는 엄마에게 우리의 고통과 상실감, 이유 있는 공포감을 전하기 위해 운다.

여기까지는 꽤나 단순하다. 울부짖는 소리는 엄마의 부주의나 숲 또는 침실의 어둠을 뚫고 전달된다. 우는 아이들은 생존할 가능성이 더 크다. 진화 과정에서 선택되는 쪽은 침묵함으로써 생명이 위태로워지는 아기가 아니라 발성된 소리로 엄마의 가슴을 찌르는 우는 아기들일 것이다. 또한 '하나 값에 둘(또는 그 이상)'이라는 생물학의 일반적 법칙에 따라, 우는 행위는 엄마의 수유를 유도한다. 한 번의 울부짖음으로 안전과 온기, 음식, 주거를 얻어내는 것이다.

하지만 이것으로는 성인이 우는 원인을 설명할 수 없다. 성인은 더 이상 험한 세상에 던져진 '숲속의 아기'가 아니다. 특히 성인의 울음은 거의 대부분 조용한 흐느낌, 즉 소리없이 눈물을 흘리는 형태로 나타나기 때문이다. 이 현상에 대한 설명은 생물학자들이 제공해준다. 성인은 우는 아기와 같다고 생물학자들은 말한다. 유아기의 해부학적·생리학적 특성이 성숙기와 그 이후까지 지속되는 유형성숙(동물의 성장이 일정한 단계에서 정지되나, 생식선만은 성숙하여 번식할 수 있게 되는 현상)된 뇌를 가지고 있기 때문이다.[19] 인류학자 애슐리 몬태규(Ashley Montagu(1905~1999, 영국계 미국인 인류학자 겸 인문학자로 인종과 성 관련 문제를 대중화했다 : 옮긴이)는 울기(그리고 머지않아 검토하게 될 웃기)는 우리가 평생 동안 유지하는 가장 두드러진 어린아이적 특성이라고 주장하기도 했다.

그렇다면 이것은 생물학적 주제다. 눈물은 고통의 신호로써 신체 부위 중 가장 눈에 띄기 쉬운 곳에 자리잡고 있으며(발가락 사이에 난 땀은 별로 소용이 없을 것이다) 흐느끼는 소리의 지원을 받아 외부의 주의를 끈다. 그러나 인간에게 있어 늘 그렇듯이 생물학적으로 타고난 것은 긴 여정의 시작에 불과하다. 인간은 집단적으로나 개별적으로나 럭비의 창시자인 윌리엄 웹 엘리스와 같다. 축구 경기 도중 엘리스는 공을 잡고 그 상태로 달린다. 마찬가지로 인간이 인간 특유의 궤도를 따름에 따라 이 행동은 무수한 사건을 일으킨다. 그 궤도를 더 따라가다 보면 온갖 기이한 현상들을 찾아볼 수 있다. 규칙 제정을 위한 위원회 회의, 프로 대 아마추어의 위상에 대한 속물적 태도, 영국 럭비 대표팀의 감독직에 클라이브 우드워드 경을 임명하거나 다른 인물을 임명했을 때의 각각의 장점에 대한 논쟁 등이 그렇다. 따라서 생물학적 주제라고 하기엔 한계가 있다. 예를 들어, 슈베르트의 현악 5중주 연주를 듣고 감동한 청중들이 왜 머리 양쪽에서 흘러나오는 귀지를 털어내는 것이 아니라 눈물을 흘리는 이유를 생물학 이론은 설명해준다. 그러나 여전히 풀리지 않은 여러 수수께끼가 남는다.

준생물학적 눈물의 사례를 들어보자. 감정적 눈물(예를 들어 테니슨의 시구 '죽음 뒤 생각나는 키스처럼 다정하고'를 읽고 나오는 눈물)은 신체의 통증이나 화학적 자극물질로 인한 눈물 또는 정기적으로 안구 표면을 매끄럽게 하는 눈물보다 망간과 단백질이 더 많이 들어있다. 감정적 눈물이 과도한 스트레스로 인한 독소를 제거해준다는 견해는 있다. 하지만 감정적 스트레스로 인한 눈물 때문에 체내의 화학적 불균형이 생긴다는 증거는 없다.[20] 게다가 눈물을 흘리는 것은 이런 문제에 대처하는 방법으로는 다소 서툴러 보인다. 나무를 베려고 메스를 든다거나 우유병 뚜껑을 모아서 국가 부채를 갚으려 하는 격이다. 스트레스를 처리하는 데는 신장이 더 적합한 기능을 갖추고 있다. 감정적 울음은 몸의 독소보다 영혼의 독소를 처리하는 용도인 듯하다.

그런데 여기에서도 생물학적 사고는 불가피해 보인다. 울음의 수수께끼 중 하나는 우리가 슬프거나 고통스러워서뿐만 아니라 기뻐서 울 수도 있다는 사실이다. 기쁨이나 안도감이 정서적 해방 작용을 일으켜 억눌려있던 고통과 슬픔을 인식하고 반응할 수 있게 된다. 그렇기 때문에 우리가 흘리는 눈물은 행복감이 아니라 슬픔에 대한 반응이다'라는 견해가 있다. 따라서 울음은 '어긋나있던 감정적 평형상태로 신체를 되돌리는 일종의 심리적 항상성 기제로 간주'될 수 있다는 얘기다.[21] 이 주장은 맞기도 하고 틀리기도 하다. 앞서 발한에 대해 논의할 때 지적한 바와 같이 항상성은 유기체의 생존능력에 결정적인 현상으로써, 이것에 의해 체내 환경이 일정하게 유지된다. 이 기능은 감정적 울음에는 들어맞지 않는 것처럼 보인다. 여기서 평형상태는 생리적 변수의 유지와 모호하게 연관되어 있다.

따라서 이제는 울음이 뿌리를 둔 생물학에서 벗어나 울음이 그 잎을 펼치는 인간의 문화 쪽을 살펴볼 시점이다. 생물학에서 벗어나는 길은(바로 앞서 인용했던) 눈물이 우리에게 축적된 고통과 슬픔을 자유로이 인식하고 거기에 반응하는 결과라는 구절에 암시되어 있다. 시련의 시간 동안 억제되어있던 눈물은 우리가 안도하거나 구출되는 순간 방출된다. 쇼펜하우어Arthur Schopenhauer(1788~1860, 독일 철학자로 염세사상의 대표자로 불린다. 주요저서로 《의지와 표상으로써의 세계》 등이 있다 : 옮긴이)는 아이들이 위로를 받을 때 운다는 점을 지적한다. 즉, 우리를 울게 하는 것은 고통 그 자체가 아니라 고통이라는 생각이다. 눈물을 촉발시키는 감정은 지극히 복잡하기 때문이다. 깨어있는 삶의 상당 부분을 차지하는 우리의 감정은 명제적 사고방식, 즉 우리가 들은 말이나 남들에게 한 말, 또는 머릿속에서 남들에게 한 말과 뒤섞인 상상의 산물이다. 우는 동물은 눈물 흘리도록 스스로를 설득한다.

눈물은 자기 연민, 타인에 대한 연민, 동감, 동정 등 그 이면에 자리 잡은 감정적 사고의 본질에 따라 평가된다. 척도의 가장 아래에는 자신보다 다른 아이가 더 사랑받아서, 아이스크림을 얻지 못해서, 아이스크림이 모래 위에 떨어졌는데 다른 아이스크림으로 바꿀 수 없어서 화가 난 아이의 눈물이 위치한다. 이때 울음은 미숙한 영혼의 상태를 드러내며, 투정, 보채기, 징징대기, 엉엉 울기, 훌쩍이기 등의 형태를 띤다. 무력감을 나타내는 초조와 좌절의 눈물도 있다. 이러한 눈물에는 외부의 목표물을 얻기 위해 안달을 내며 이를 가는 것과 같은 신체적 행동이 수반되기도 한다. 슬픔의 눈물은 우리 모두가 존중하는 눈물이다. 설령 아무리 짜 맞춰진 것처럼 보이더라도 이 눈물은 누구나 다 취약한 고통의 근원에 닿아있기 때문이다. 또한 이 눈물은 우리가 함께하고 싶어 하는 눈물이다. 실제로 우리는 상을 당한 사람이 울지 않으면 걱정 한다. 꺼내지 않은 모든 감정, 배출되지 못한 독소의 영향을 두려워하기 때문이다. 고차원적 울음은 조용한 흐느낌의 형태를 띠는 경향이 있다. 이 같은 울음은 도움이나 다른 사람의 주의조차 요하지 않는다. 이들은 고독을 선호한다. 어두운 숲에서 잃어버린 엄마를 큰소리로 찾지 않는다.

울음은 권력 없는 이들에게 권력을 부여한다. 비난과 눈물의 결합은 내부의 상처를 외부에 보여주고 전달하기 때문에 굉장히 효과적이다. 많은 이들은 자신에게 쏟아지는 비판을 감당할 수 없어서 지긋지긋해진 배우자의 곁에 머무르고 있다. 짠 눈물이 논쟁이 아니고 흐느낌이 변명이 아닐지는 몰라도 이들은 논쟁을 설득력 없고, 건조하며, 계산적으로 보이게 만든다. 울음은 우는 사람의 주도권을 되찾아 줄 수 있다. 흐느낌이 멈추기 전까지는 논쟁이 계속될 수 없는데다가 흐느낌은 언제든 다시 시작될 수 있기 때문이다. 우는 사람은 말 이상으로 논의를 움직이고, 타임아웃을 부르며, 상대가 무력하게 기다리거나 흐느끼는 소리를 누르기 위해 목소리를 높이거나 주먹을 들게끔 만든다.

눈물은 더욱 추상적인 목적에 사용될 수 있고, 염분, 뮤신, 리소자임의 주된 기능이나 길 잃은 아이의 분리 공포와는 무관한 대상을 향할 수도 있다. 배우 에믈린 윌리엄스Emlyn Williams(1905~1987, 웨일즈 출신의 극작가 겸 배우 : 옮긴이)는 켈트어만을 사용한 최후의 한 사람이 사망했다는 소식에 슬피 울었다. 시몬 베유Simone Weil(1909~1943, 프랑스의 사상가로 억압당한 사람들에 대한 사랑과 실천에 평생을 바쳤다 : 옮긴이)는 중국의 기아문제 때문에 눈물을 흘렸다. 스스로 감수성이 예민하다고 여겨서 눈물을 조절할 수도 있다. 장 자크 루소Jean-Jacques Rousseau(1712~1778, 스위스 제네바 출생의 프랑스 낭만주의 철학자 : 옮긴이)를 비롯한 설득력 있는 유행의 선도자들 덕에 눈물은 특별한 감정을 나타내는 신호로 높이 평가받게 되었다. 감정이 풍부한 남자(자신의 도덕성을 훼손하거나, 지도력을 제공하고 여성에게 보호와 경제적 도움을 줄 수 있는 능력을 약화시키지 않고도 눈물을 흘릴 수 있는 남자)가 고차원적 존재의 위치로 격상되었다. 악과 부정에 맞선 선, 관습과 계산이라는 무정한 세상에서 감정표현을 찾는 진정한 사랑 등 이상화된 슬픔을 이용해 눈물을 뽑아내기 위해 소설이 씌어졌다.[22] 이 눈물은 당연히 망간과 단백질이 풍부한, 특별한 눈물이었다.

 억제되지 않은 눈물이 항상 가치 있게 여겨진 것은 아니었다. 눈물을 참거나 억제하는 행동이 깊은 감수성의 증거로 여겨질 수 있다. 스파르타적 가치는 여러 사회, 특히 남성 중심적 사회에서 광범위하게 퍼져있다. 인도네시아의 미낭카바우족과 같은 일부 문화권은 우는 것을 아예 금한다. 또한 우리는 정치인들이 세계대전 전사자 기념비에 화환을 놓을 때 티슈를 몇 통이나 써대기보다는 한 방울 떨어진 눈물을 가죽장갑 낀 검지로 닦아내기를 기대한다. 기 드 모파상Guy de Maupassant(1850~1893, 프랑스 자연주의의 대표 작가. 대표작에는 《여자의 일생》, 《피에르와 장》 등이 있다 : 옮긴이)의 유명한 단편소설에 등장하는 통통하고 사랑스러운 매춘부 불 드 쉬프(boule de suif, 동명 제목의 이 작품의 주인공인 창녀의 별명으로 비계 덩어리라는 뜻 : 옮긴이)가 정치인들에게 이용당해 프러시아 장교와 잠자리를 한 뒤 흘리는 눈물은 그녀의 비애감을 더욱 크게 느껴지게 한다. 우는 사람은 의구심을 불러일으킬 수도 있다. 울음은 마음대로 이용 가능한 일종의 의사소통 방식이라는 인상을 준다. 눈물 흘리는 행위를 비판적으로 보는 이들은 진짜 감정과 그 행위 자체를 즐기는 감상적 생각을 구분하고자 애쓴다. 후자를 선호하는 사람들은 눈물을 부추기는 부조리를 해결하기 보다는 감정적으로 해소하기를 원한다. 문학에서 예를 찾아보면 톨스토이의 작품에 나오는 백작부인이 여기에 해당한다. 이 부인은 연극 속 인물의 고통을 보고는 눈물을 쏟았지만 자신을 태워가려고 바깥에서 기다리느라 동사 직전이 된 마부에게는 냉담한 태도를 보였다. 또한 우리는 신파 영화를 보며 운 후에 조명이 켜지면 얕은 감정을 홍수처럼 쏟아낸 자신이 부끄러워진다.

우리의 삶은 관념 속에 묻혀 있기 때문에 우리의 눈물은 현실보다 허구에 의해 더 쉽게 움직인다. 햄릿은 삼촌이 아버지를 살해하고, 어머니는 살해자인 삼촌과 근친결혼을 한 처지인 자신은 눈물을 흘리지 못하는데 반해 연극에서 왕 역할을 맡은 배우가 헤카베(그리스 전설에 나오는 인물로 트로이의 프리아모스 왕의 첫째 부인: 옮긴이)로 인해 순식간에 눈물을 흘릴 수 있는 것을 보고 경악한다. 루소는 연극적 눈물을 맹렬히 비판했다.

극장에서 우리는 무대 위에 재현된 비극을 보며 울고, 이때의 감정적 반응은 따뜻하게 달아오르는 자기만족감을 만들어낸다. 그런 뒤 극장을 나설 때는 눈물을 닦고 평소와 같이 행동한다. 아니, 어쩌면 이전보다 더 나쁘게 행동할 수도 있다. 루소는 연극이 우리를 행위자에서 목격자로 바꾸어놓으며 불평등과 부정에 맞서 싸우고자 하는 욕구 역시 눈물과 함께 빠져나가 버린다고 생각했다.[23]

톨스토이와 브레히트조차 이보다 더 잘 표현하지는 못했을 것이다. 그럼에도 이처럼 구경거리에서 달콤한 슬픔을 얻는 일은 인간에게 있어 만고불변한 것인지도 모른다. 철학자 알프레드 노스 화이트헤드Alfred North Whitehead(1861~1947, 영국의 수학자이자 20세기의 대표적 철학자: 옮긴이)가 어디선가 언급했듯이 인간은 스스로를 위해 감정을 키우는 유일한 동물이다. 눈물 흘리는 눈은 보이는 것, 관조의 대상인 테오리아theoria('관조 또는 구경꾼으로서 사물을 봄'이라는 뜻의 그리스어 : 옮긴이)를 즐긴다. 아리스토텔레스는 비극은 완벽한 구조와 비율을 통해 두려움과 동정심을 자아낼 때조차 쾌감을 준다고 말한다. 우리는 이상적인 동정심, 이상적인 공포를 경험하고, 우리 영혼에서 일시적으로 이러한 감정들이 깨끗이 정화된다. 혹은 그런 감정들 자체를 찾아냄으로써 그들을 극복하고, 가장 깊숙이 우리를 지배하는 세계의 일부를 손에 넣는다. 눈물 날만한 상황을 눈물 없이 보기 때문에, 현실에서라면 흐릿한 응시로 인해 의식이 모호해진 채로 겪을 만한 사건을 여기서는 또렷이 경험하게 된다. 또한 울음의 초라하고 비은유적인 기원을 상기시키는 결과물, 예컨대 눈물로 인해 쏟아져 나온 콧물, 얼룩진 화장, 부은 눈꺼풀 등을 겪지 않아도 된다.

눈물에 대처하는 또 다른 방법도 있다. 세련된 슬픔에 정통한, 맞춤 슬픔designer sorrows을 표현하는 현대적 남성은 선글라스를 쓴다. 롤랑 바르트가 지적했듯이 선글라스는 타인의 시선으로부터 우리 눈을 가려주지만 그 역할이 너무 노골적이어서 오히려 그 속에 가려진 것을 대대적으로 드러낸다. 선글라스의 어둠은 불행한 연인의 감정 상태를 또렷이 밝힌다. 검은색 안경알은 영혼의 어둠, 그 영혼이 겪은 잠 못 이룬 밤들을 상징한다. '라르바투스 프로데오Larvatus prodeo : 나는 손가락으로 내 가면을 가리키면서 앞으로 나아간다(롤랑 바르트가 《사랑의 단상Fragments d'un discours amoureux》에서 인용한 데카르트의 유명한 라틴어 경구 : 옮긴이).'

아마도 마지막 말은 라신Jean-Baptiste Racine(1639~1699, 17세기 프랑스 고전주의의 대표적 작가. 대표작으로 《베레니스》, 《이피제니》 등이 있다 : 옮긴이)의

《페드르Phèdre》의 몫으로 돌아가야 할 것 같다.

Je ne pleur pas, madame, mais je meurs.
(저는 울지 않습니다, 부인. 그러나 저는 죽습니다.)

괴팍한 눈 밝은 명주원숭이도, 숲 속의 아기도, 숲 속의 어린 영장류도 모두 알고 있다. 우리는 서로를 향해 울부짖거나 그렇지 않으면 죽어야 한다는 것을.

내 머리로 존재한다는 것

우리는 앞서 서두에서 머리 중 삶의 특정 순간에 이용할 수 있는 부분이 거의 없다는 것과 삶의 모든 순간을 통틀어 전혀 이용할 수 없는 부분이 상당하다는 사실을 살펴봤다. 만약 이것이 걱정할 만한 문제로 여겨진다면, 우리가 머리를 장악한다고 간주하면서 스스로를 머리와 동일하다고 생각하기 때문이다. 머리에서 우리가 장악하는 부분이 적을수록 우리 자신으로 여겨지는 부분도 적어진다.

어쩌면 이것은 잘못된 생각일까? 분명 이런 생각은 '나 자신인 머리'를 작고 변동이 심한 것으로 보이게 만든다. 이는 대다수의 시간 동안 스스로에 대한 감각이 없는 뇌, 두개골의 대부분, 외두개골 구조extracranial structures의 상당 부분을 전적으로 배제한다. 또한 나는 머리에 무슨 일이 일어날 때 활성화되는 꽤나 많은 물질과 나 자신을 그다지 동일시하지 않는다. 가령 소량의 침과 내 치아의 뒷면 더 정확하게는 침으로 뒤덮인 치아는 특정한 '내'가 거기에 집중할 때 딱히 '나'로 보이지 않는다. 사실상 그 '내'가 더 열심히 들여다볼수록 '나'로 보이는, '나'라는 존재로 보이는 것은 더욱 찾기 어렵다.

이 점이 단서가 될 수 있다. 주목하는 행위 자체는 그것이 주목하는 대상을 외재화한다. 내가 주목하는 것은 나, 즉 주목하는 주체가 아니다. 가령 내가 입에 주목할수록 입은 더욱 확고하게 내 주목의 대상에서 멀어진다. 주목의 중심이 된, 경험된 조직은 나와 일치하는 무언가가 아니라 내가 관계를 맺고 있는 무언가의 성격을 가지고 있다. 만약 내가 나와 일치하는 육체적 부분을 찾기 위해 머리 이외의 다른 신체 부위를 살핀다면 더욱 빈손으로 돌아오게 될 것이다. 즉각적인 자각이 넘쳐나는 내 머리(특히 입 안)에 비해 발, 비장, 대장은 나라는 존재의 후보가 될 가능성이 더욱 희박하다.

이런 종류의 생각은 필사적인 반응을 야기한다. 가장 흔하면서도 흥미로운 반응은 자기를 몸과 완전히 분리시키는 것, 즉 나는 내 몸이 아니며 진정한 나는 내 몸에 자리 잡은 비육체적인 무언가라고 결론짓는 것이다. 그 무언가는 몸의 운명을 공유하지 않거나 일시적으로만 공유한다. 그것은 영혼일 수도 있고 단지 정신, 즉 사유하는 실체일 수도 있다. 영혼은 도덕, 신학, 형이상학 간의 충돌에서 태어난 혼혈아다. 언뜻 정신은 영혼에 비해 덜 모호한 개념처럼 보이지만 이 역시 결코 단순하지 않다. 정신은 육체의 경험과 세상의 경험, 감정, 의도, (이 모두가 뒤섞인) 사고를 아우른다.

영혼이나 정신으로서의 자기를 육체로부터 분리시키는 순간 내가 어떻게 이 몸과 엮이게 되었는가, 나는 어떻게 몸과 상호작용하는가, 나는 이 몸을 통해 몸과 세상을 어떻게 경험하는가에 대한 온갖 답할 수 없는 문제들이 제기된다. 더욱이 영혼이나 정신은 비개인적인 것으로 느껴진다. 지극히 보편적인 이들의 속성에서 어떻게 특정 개인과 같이 특정한 무언가가 생겨날 수 있는지 이해하기는 어렵다.

나를 생각(사유하는 실체)과 동일시했던 가장 대표적 인물인 데카르트조차도 늘 일관성을 보이지는 않았다.

또한 자연은 통증, 배고픔, 갈증 등의 감각을 통해, 내가 그저 선박에 탄 조종사처럼 내 몸에 자리 잡고 있는 것이 아니라 내 몸과 매우 긴밀하게 결합되어 있으며, 나와 몸이 너무나 뒤섞여 있어서 내가 몸과 함께 하나의 통합체를 이루고 있는 것처럼 보인다는 사실을 가르쳐준다.[1]

그러나 여전히 데카르트는 '진정한 나'의 본질은 생각이라고 여겼다. 《제6성찰Sixth Meditation》에서 그는 '배고픔, 갈증, 통증 등의 이 모든 감각이 사실은 다름 아닌 정신과 육체의 결합에 의해 생산되는 혼동된 형태의 사고'라고 역설했다.[2] 그러나 혼동되지 않은 경우, 이들은 '적절한' 사고(명제와 같이 비개인적인 것)가 된다. 그러니 독일 철학자 게오르크 크리스토프 리히텐베르크Georg Christoph Lichtenberg(1742~1799, 독일 물리학자 겸 계몽주의 사상가 : 옮긴이)가 데카르트의 정신-자기는 비개인적이며, '그것이 생각한다It thinks'나 '생각이 존재한다There is thinking'에 더 가깝다고 한 것도 당연하다. 심지어 데카르트의 유명한 명제를 '그것이 생각한다. 그러므로 나는 존재하지 않는다'로 해석할 수 있다는 말이 나오기까지 했다.[3]

두 번째 반응은 나 자신을 내 몸의 어떤 부분, 심지어 내 머리와도 동일시하지 못하는 것은 우연이 아니라고 제안하는 것이다. 옥스퍼드 학파의 철학자 길버트 라일Gilbert Ryle(1900~1976, 옥스퍼드대학교 교수로서 일상 언어학파의 형성과 발전을 위하여 지도적 역할을 한 영국의 철학자 : 옮긴이)에 따르면 정의하기 힘든 나의 모호함은 계통적인 것이다. 특정 신체 부위(또는 사실상 모든 특정한 사물)와 동일시되지 않는 것이 바로 나에 내재된 속성이기 때문이다. 한 가지 물질은 말할 것도 없고 일련의 경험, 각종 성향, 연속적 사건 역시 마찬가지다.[4] 사르트르는 더욱 급진적인 입장을 보여 나, 즉 나의 실재를 무의 상태와 동일시했다. 그는 '나는 내가 아닌 것이고, 나인 것은 내가 아니다'라는 역설적 결론에 도달했다.

이것을 뒷받침하는 이론이 의식 혹은 대자for-itself 이론으로, 이는 사르트르의 자기 개념의 핵심이다. 대자는 무의 상태이자 '충만한 존재의 심장부에 들어있는 벌레'이며, 존재가 존재하고 그 자신과 관계를 맺게 (자기에 대해서 존재하거나(대자) 그 자체로 존재하게(즉자)) 해준다.[5] 무의 상태nothingness는 모호한 개념이며, 세상과 인간사에서 작용하는 주체로서 그리 설득력 있지는 않다. 무nothing를 다른 차원으로 끌어올리는 '-ness'는 무를 조금 응고시켜 거의 물질적인 실재를 부여하는 듯 보이고, 마치 문법적 속임수처럼 보인다.

그러므로 내가 어떤 존재이고 누구인가에 대한 인식이 내 몸의 어떤 곳에서도 심지어 나의 존재와 가장 가까운 머리에서조차 제대로 된 통제권을 쥐고 있지 못하다는 놀라운 이 상황을 다루기 위해 다른 곳으로 눈을 돌려봐야 한다.

한 가지 방법은 나와 동일시되는 신체를 고찰하는 것이다. 내가 그 몸과 동일시되는 한에는 그것을 일종의 가정이나 전제로 생각하는 것이다. '나는 이 몸(또는 특정 순간에 그 몸의 특정 부분)이다'는 내가 내 몸과 가지는 다른 관계들의 전제가 된다. 이것은 그 관계들의 출발점이자 이 책 곳곳에서 다루게 될 다른 종류의 관계(고통, 소유 등)가 수렴하는 지점이다. 자신의 경험을 체험하지만 자신과 뚜렷한 관계를 가지지는 않는다는 점에서 신생아는 단순히 그 몸이라고 가정해볼 수 있다. 신생아는 서서히 이 몸이 곧 자신이라고 깨닫게 된다. 순간의 자각은 다층적 의미의 '나는 이 몸이다'로 발전한다. 이 시점에서 아기가 이 몸이 자신의 것임을 깨닫게 됨에 따라 아기와 아기의 몸 간의 간극이 발생한다.

그럼에도 불구하고 몸은 두 가지 의미에서 여전히 일종의 심오한 가정으로 남는다. 먼저 우리는 예수 그리스도가 인간으로 지상에 내려왔을 때 인간 육체의 모습을 띤 것과 같은 방식으로 우리 몸을 가정한다. 이는 다른 어떤 경우보다도 심오한 입기의 한 형태다. 즉, 자신의 자기를 입는 것이다. 위험을 무릅쓰고 이 몸을 벗어보자. 그런 뒤 우리는 두 번째 의미로 우리 몸을 가정한다. 즉 우리가 당연시할 수 있고 당연시해야하는 것으로, 개별적 삶을 살아가는데 있어 우리가 작용하는 기점이 되는 기본 가정으로 우리 몸을 가정하는 것이다.

요컨대, 우리 몸은 우리가 디디고 서는 존재적 기반이다. 볼링 선수의 팔이자 보행자의 다리, 구경꾼의 머리인 것이다. 데카르트의 유명한 코기토cogito 논증 ('나는 생각한다. 그러므로 나는 존재한다') 은 불필요했다. 코기토의 결론 중 그 최초 전제에 있지 않았던 것이 단 하나도 없었다는 점에서 이것은 너무나 명백하다. '나는 존재한다. 그러므로 나는 생각한다'라거나 '나다. 그러므로 나다'라고 말했어도 무방할 것이다. 바로 이 점 때문에 그 결론이 확고했던 것이다. 데카르트가 하지 않은 것이 그 자신의 존재에 대한 불확실성에서 그가 존재한다는 확신으로 이르는 여정을 성공적으로 완성했다. 우리는 굳이 우리가 존재한다는 사실을 스스로에게 증명할 필요가 없다. 어찌 그것이 가능하겠는가? 우리의 존재는 모든 증거를 받쳐주는 토대다. 실제로 데카르트가 한 일은 그의 생각하는 몸 전체에 확산된, 그가 존재한다는 깨달음을 전달하고, 존재론적 가정, 즉 그가 존재한다는 가정, 그가 그의 몸을 자신으로 가정한 순간 살아난 가정을 반복한 것이다.

그러나 우리가 바로 전에 언급했던 그 간극은 여전히 존재한다. 그러므로 내가 내 몸 중 어떤 부분을 주시하든 그것은 내가 주시하는 존재이지 나라는 존재는 아니다. 아기가 마침내 자성적 철학자로 성숙하게 되면(일부는 비성숙한다고 생각할 수도 있겠지만) 이 철학자는 그 간극을 메우려고 시도한다. 즉, 자신이 주의 깊게 의식하고 있는 신체부위들과 자신이 가진 관계 속에서 즉각적인 동일성을 찾는다. 그러나 신체와 여러 명시적 관계를 개시하기 이전에 존재했던 신체와의 무조건적인 일체감을 되찾을 수는 없다. 이미 다른 관계들이 그 자리를 대신해버렸기 때문이다. 우리가 신체화embodiment를 파악하려고 애쓰는 과정에서 피상적으로나마 때때로 검토해야할 대상이 바로 이러한 관계들이다.

너무나 까다로운 이 주제에서 벗어나기 전에 몇 가지 더 짚고 가야할 부분이 있다. 첫째, 나는 신체와의 동일성을 찾기 위한 모든 시도는 머리에서 시작하고 머리에서 끝나야한다고 생각했다. 앞서 이 점을 충분히 암시하기도 했다. 그런데 자기의 중심까지는 아니더라도 최소한 신체화의 중심이 머리가 아닌 다른 부분에 있는 것처럼 보이는 경우가 있다. 가령 복통이 있을 때가 이런 경우에 해당한다. 또한, 평소에는 생각이나 기억, 기대의 기쁨이 활성화시키는 공간을 메스꺼움과 불쾌감이 차지해버림에 따라 전자가 사라지는 경우가 종종 있다. 많은 노력을 요하는 활동을 수행할 때 나는 그 활동에 수반된 몸통과 사지로 조금 흩어진다. 그리고 슬프거나 불안할 때 역시 내 신체 중 나와 일치하는 부분이 복부 근처인 것처럼 느껴진다. 두 번째로 짚고 갈 점은 우리 몸 안에서 우리의 위치가 전적으로 내부에 있는 것으로 정해져있다고 생각하는 건 아마도 실수일지 모른다는 것이다. 다른 사람들이 우리와 동일시하는 대상(그리고 다른 사람들이 우리를 확인하는 기준이 되는 대상)은 우리가 무엇이고 어디에 있는지에 대한 우리 자신의 생각에 강력한 영향을 준다. 내 개인적인 경우, 내 얼굴은 내가 그것이고 그것이 나라고 느끼게 한다.

한편, 우리가 생각에 집중할 때는 머리가 투명하거나 심지어 없는 것처럼 느껴지기도 한다. 그럴 때는 바로 이 생각이 우리 존재라고 여겨진다.[6]

3장

인간 역사와 미래를 관통하는 머리의 탄생

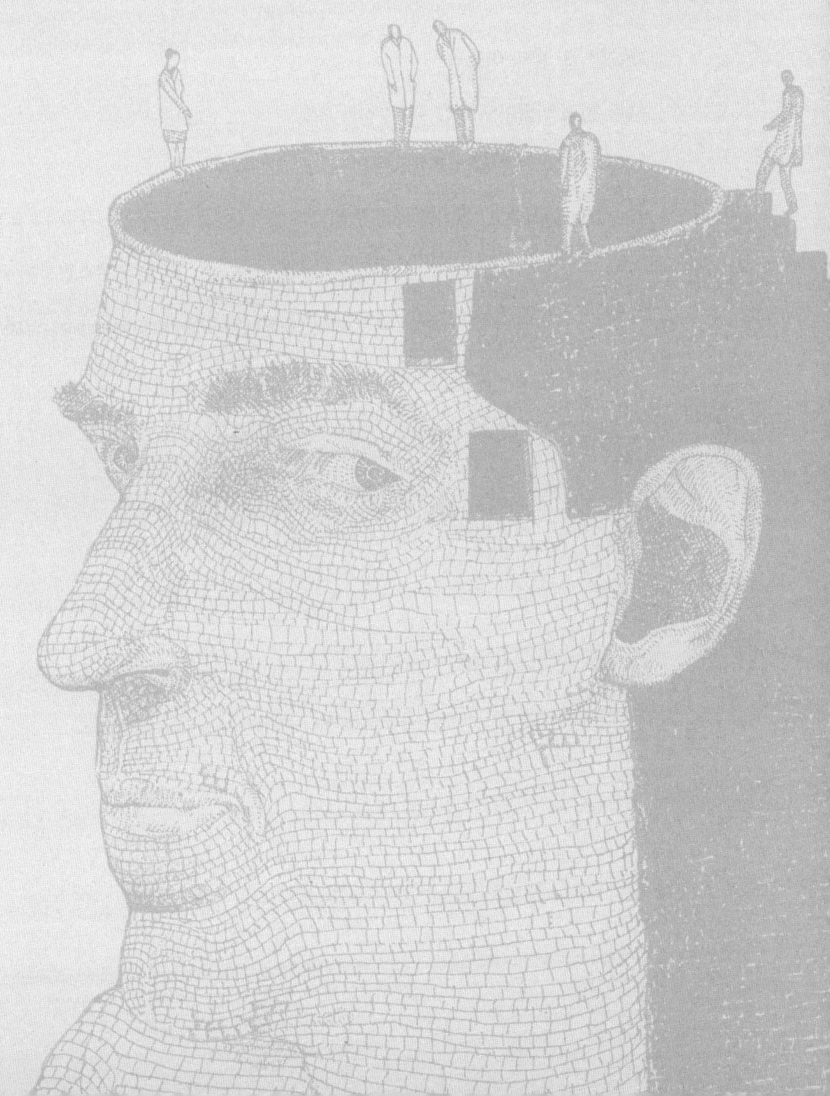

머나먼 곳, 밤과 아침과

열두 번의 바람이 지나간 저 먼 하늘에서

나를 만들기 위한 생명의 물질이

이곳으로 날아오고, 여기에 내가 있네

A. E. 하우스먼A. E. Housman,

《슈롭셔의 젊은이A Shropshire Lad》중 32번째

머리의 형성

우리는 머리(머리의 존재와 그것이 가진 모든 특성)를 당연시하는 경향이 있다. 이것은 그리 놀라운 일이 아니다. 사실 머리를 당연시하는 것, 즉 머리를 전제로 삼고, 가정하는 것은 우리가 우리로 존재함에 있어 핵심이다. 그러나 이러한 태도로 인해 우리 자신의 머리가 존재하지 않았던 때가 있다는 것과 이 머리가 특정한 시기에 생겨났다는 것을 떠올리기가 다소 어려워진다. 물론 우리는 이것을 하나의 사실로, 그것도 상당히 치열한 투쟁 없이는 절대 버리지 못할 그런 종류의 사실로 확신하고 있다. 우리 머리가 세상에 존재하지도, 세상을 관찰하지도 않던 수백만 년의 시간이 있었다는 것을 알고 있다. 그때도 세상은 똑같이 바쁘고, 풍요롭고, 심각하고, 그 자체로 지극히 중요했다.

인간 머리의 형성(임신에서 탄생에 이르는 여정)은 생물권에서 일어난 가장 놀라운 사건 중 하나다. 여기에는 뇌의 형성도 포함되는데, 뇌는 세상에서 가장 복잡한 물체라고 끊임없이 일컬어진다. (복잡성 개념이 여러 뇌가 모여 만들어낸 결과물이라는 사실을 감안할 때 이 주장의 객관성에 조금은 의심이 일어야 마땅하다!)[1] 여기에 더해 뇌 주변에 장착되고 붙은 온갖 장치들, 즉 눈, 귀, 콧구멍, 후신경, 두개골 목근육, 침샘, 입술 등이 있다. 이들 모두는 누가 (특히 머리 본인은 더욱) 의도하거나 실행한 적 없이 저절로 생겨난다. (이 점은 메커니즘에 비해 상대적으로 높은 의식적 작용의 가치에 대해 몇 가지 흥미로운 질문을 제기하며, 왜 인간 의식이 우리에게 그 같은 경쟁적 우위를 제공하는 것으로 여겨지는지에 대해 궁금증을 자아낸다. 뭔가 어려운 일을 하고 싶으면 메커니즘이 주도하게 하자.)

이 시점에서 각종 사실에 몰두하기가 쉬울 듯하다. 머리와 목의 외형이 구성되는 전 과정은 5~6주가 걸린다. 3주째에 세포들로 이루어진 세 겹 배아 원반이 생긴다. 이것이 증식하고 포개지다가 8주째에 접어들면 뇌가 대뇌 반구와 뇌간 등으로 분화된다. 뇌를 감각기관 및 근육과 연결하는 뇌신경, 고도로 발달된 감각기관(양쪽 눈은 수정체를, 중이는 진동을 전달해주는 세 개의 뼈를 가지고 있다), 혀, 입, 코를 갖춰 형태가 분간되는 얼굴, 씹기와 얼굴 표정, 움직임을 통제하고 머리를 지탱해줄 섬세한 근육 조직, 두개골과 구성이 갖춰진 얼굴뼈가 형성된다. 예고도 없이 이런 일이 일어나는 것이다. 이처럼 중대한 사건들, 즉 생존이냐 아니냐를 결정짓고, 생존 가능성이 확정된 경우에는 행복한 삶일지 슬픈 삶일지, 성취의 삶일지 실패의 삶일지를 결정짓는 발달이 일어나는 동안 엄마는 자신이 임신한 사실조차 모르고 있을 수도 있다.

설령 자신의 몸 안에서 전개되는 일을 자각한다고 해도 그저 결과를 기다릴 뿐 상황을 통제할 수는 없다. 배아의 머리는 스스로 조직된다. 여기에는 세 가지 필수 과정이 수반된다. 첫째, 소수의 세포를 수십억 개로 만드는 반복적인 세포 분열이 있다. 둘째, 세포들이 피부 세포, 신경, 수정체 피막 등 다양한 형태로, 서로 전혀 다른 용도에 꼭 맞게 분화한다. 마지막이자 가장 신비로운 과정은 '형태 형성morphogenesis'이다. 이 용어는 세포의 배열을 조정하여 세포들이 조직, 기관, 전체적인 신체로 구성되도록 하는 여러 과정을 의미한다. 형태 형성은 내 귓불의 모든 세포가 함께 붙어있게 하고, 내 눈의 다양한 부분들이 제대로 위치를 잡게 하고, 눈, 귀, 코, 두개골, 얼굴 근육 등이 적절한 형태를 얻고 서로 적절한 관계를 맺도록 해준다.

이런 일이 일어나는 과정에 대해서는 아직 제대로 밝혀진 바가 없다. 다만 과학자들은 이 과정에서 특정 '모르포겐morphogens'이 핵심 역할을 한다는 사실을 확인했다. 이름에서 가리키듯이 모르포겐은 형태 생성기다. 이것은 분할하는 세포들 사이에 퍼지는 가용성 분자이며, 그 농도를 기준으로 세포들에게 무엇으로 분화되어야 할지 지시한다. 모르포겐은 피부 세포가 뼈가 있을 곳이 아닌 피부가 생길 곳에서 만들어지게 해주고, 빛에 민감한 망막 세포가 귀의 달팽이관 한가운데가 아닌 눈이 될 부분의 뒤쪽에 자리 잡게 해준다.

나보다 더 뛰어난 두뇌의 소유자들은 유전자가 머리의 다양한 부분에서 다양한 방식으로 발현되게 함으로써, 적합한 세포가 적합한 장소에 자리 잡고 제대로 연결되게 해주는 요인을 찾고 있다. 이른바 전사 인자 단백질transcription factor proteins이라는 것이 존재하는데, 이들은 다양한 세포의 DNA와 상호작용하고 그 DNA가 발현되는 방식을 결정한다. 이러한 전사 인자 단백질은 전사를 활성화하거나 비활성화할 수 있는 마스터 조절 유전자들에 의해 유전 암호가 지정된다. 또한 어떤 세포가 다른 세포에 붙어서 자리를 잡을지 아니면 계속 이동할지를 결정하는 세포부착분자도 있다. 그런데 이건 시작에 불과하다. 지금 이러한 전략들을 이해하기 위해 애쓰고 있는 당신의 머리를 탄생시키려면 수백만 가지의 세부적 지시가 필요하다.

때로는 메커니즘이 매우 단순해 보이는 경우도 있다. 양쪽 눈이 적절한 거리만큼 떨어지게 하는 지시를 예로 들어보자. 유전자 생성물인 소닉 헤지호그 단백질(SHH)이라는 이름의 단백질은 광대뼈, 이마, 콧구멍 등을 만드는 **뼈판**('얼굴 원시세포')의 성장 여부를 지시한다. 얼굴 원시세포가 성장하면 양쪽 안와가 분리된다. 이 세포들이 성장하지 않으면 안와가 분리되지 않게 되고, 극단적인 경우에는 성장하는 머리에 키클롭스(그리스 신화에 나오는 외눈박이 거인 : 옮긴이)처럼 눈이 하나만 생기게 될 것이다. 반면 원시세포들이 지나치게 성장하면 양쪽 눈이 바깥쪽으로 밀려서 귀와 가까워질 것이다.[2] 물론 이 명백한 단순성은 십억 기가바이트 컴퓨터 스위치의 예, 아니오처럼 믿을만한 게 못 된다.

내 머리의 경우를 보자면, 위에서 언급한 모든 일은 1946년 봄 메리 탤리스 부인의 자궁에서 일어났다. 그러고 보면 내가 바로 어젯밤에 그분과 통화를 하며 그녀가 내 첫 번째 집이었음을 상기시키고, 몇 년 전에 받은 자궁적출 수술은 마치 전후의 빈민가 철거와도 같았다는 농담을 했다는 사실이 꽤나 놀랍다. 우리는 내 존재의 우연성, 그녀의 존재의 우연성에 대한 대화를 나눴고, 그 결과 일어난 우리 존재의 우연성에 대한 이 대화의 우연성에 대해 얘기했다. 그러다 문득 내가 그 속에서 자라나고 그 신체 조직으로부터 삶의 수단을 가져온 바로 그 몸의 주인과 길에서 우연히 만난 타인에게 하듯이 같은 언어를 사용하며 얘기한다는 것이 참으로 이상하다는 생각이 들었다.

이 머리가 존재한다는 건 이상한 일이다. 이 머리는 내가 전혀 모르는 수많은 과정의 결과로 생겨났기 때문이다. 이 머리가 세상의 특정한 장소에서 생겨나 특정한 장소에 등장하여 세상과 관계를 맺고, 이 모든 일이 특정한 시간에 일어났다는 것도 이상하다. 여기서 특정한 것의 힘은 무엇일까? 그 답은 이렇다. 대체로 나라고 할 수 있는 이 머리는 내가 알고 있거나 들어서 아는 수백만 가지 대상 중 하나이며, 이 머리가 들어서 아는 무수히 많은 사물 속의 모래 한 알이다. 이쯤에서 크리스티안 디트리히 그라베Christian Dietrich Grabbe(1801~1836, 독일의 극작가. 근대 사실주의의 선구자로 자신의 비극적인 생애를 작품에 반영했다. 대표작으로 《돈 후안과 파우스트》 등이 있다 : 옮긴이)의 희곡에 등장하는 한 등장인물의 고뇌에 찬 절규가 떠오른다. '단 한번 사는 세상에 하고 많은 것 중 하필 데트몰트의 배관공이라니.'[3] 즉, 세상을 알기 위해 만들어졌는데 자신은 그 세상 속의 그저 하나의 작은 존재에 불과한 것이다.

어머니와 나눈 대화의 한 편에는 지적이고 실존적인 긴장이 있었는데, 이 부분을 좀 더 살펴보고자 한다. 긴장의 밑바닥에는 지금의 이 생각하는 머리가 수많은 우연의 수혜자이며 그 우연들이 이 머리의 정확한 형태와 세상을 통과하는 궤도, 이 머리가 존재한다는 사실 그 자체를 결정지었음을 인정하는 마음이 있다. 이 머리가 존재하고, 그래서 그 존재함에 놀랄 수 있다는 사실은 운명으로 정해지지 않은 일련의 우연한 사건들의 마지막에 위치한다. 순서 중 첫 번째는 어떤 세상이 있다(무無의 상태가 아닌 무언가가 있다)는 것이다. 둘째로는 생명체의 기본 요소인 탄소가 생겨났다. 수소 원자의 진화를 구현한 법칙들에 따르면 이는 상당히 믿기 힘든 일이다. 셋째는 탄소가 빛과 물의 균형이 적절하게 맞아떨어지는 행성에 생겨났다는 것이다. 넷째, 탄소가 점차 다양해진 짝들과 이리저리 움직이는 가운데 생명이 생겨났다. 다섯째, 생명체 이전의 분자 형태에서 다세포 유기체가 생겨났고, 다세포 생명체에서 척추동물이 구현되었고, 유인원이 자연 상태에서 깨어났다. 여섯째, 십만 세대에 이르는 유인원이 지금 이 머리의 부모가 존재할 수 있을 만큼 오랫동안 살아남았다. 일곱째, 백만 가지의 우연으로 부부가 만났고, 두 사람이 특정한 순간에 사랑을 나눔으로써 이 머리에 해당하는 기본 게놈을 만들어낸 난자와 정자의 결합이 이루어졌다. 이 모든 것들은 자신이 존재하지 않았을 확률에 대해 생각하고 있는 이 머리가 존재하지 않았을 확률을 간추린 내용에 불과하다. 우주의 자궁 속에서 나의 회태 기간이 대략 천오백만 년이었다는 것은 놀랄 일도 아니다. 우주가 나를 길러주는 기간은 그보다 짧을 거라는 건 더욱 놀랄 일이 아니다. 우주 대폭발부터 내가 생명을 얻기까지 연속된 일련의 사건들을 돌아보다보면 나는 거의 몇 개월 동안 그 무엇도, 그 누구도 나의 발생happening을 기다리지 않은 우연적 존재라는 점이 더 부각된다.

어쩌면 독자들은 자기 자신에 대해 보편적 가능성의 관점에서 접근하면서 이런 식으로 놀라움을 유발시키는 것이 다소 인위적이라고 느낄 수도 있다. 사실 지식이 열어둔 보편적 가능성의 우주에서 바라보면 그 어떤 (정확한) 실재도 가능성이 거의 제로에 가깝다. 즉, 나는 보편적 경향 중 운 좋은 사례가 되고, 그 경향은 더 광범위한 보편적 경향에 속하고, 이것은 다시 그보다 더 광범위한 보편적 경향에 속하는 식으로 계속되는 것이다. 다시 말해, 내가 내 머리의 존재에 대해 스스로 놀라게 하기 위해 (또한 그 머리의 동공이 확대되게 하기 위해) 동원하는 생각은 가능성의 우주에서 내 머리의 위치를 찾아낸 결과이며, 이것이 머리(더 정확히는 우리 모두의 머리를 합친 것)의 구성 개념이다.

몇 십 년 전 물리학자들은 생명이 존재하기 위해 특정한 기본 조건이 필요한 이유를 설명하려는 시도 속에서 인류 원리Anthropic Principle를 거론하기 시작했다. 원자 속의 힘의 균형이 아주 조금만 (2~3퍼센트 정도) 달랐어도 우주에는 자유 양성자가 없었을 것이다. 수소가 없을 테고, 그 결과 안정적인 행성도, 물도 없을 것이다. 중력과 전자기력의 비율이 아주 조금이라도 달라진다면 모든 별이 푸른 거인 행성 아니면 흰색 난쟁이 행성이 될 것이다. 우리의 유익한 태양도, 지구 행성도, 그 비슷한 어떤 것도 존재 자체가 불가능해지는 것이다. 생명이 탄생할 수 없었을 테고, 그 결과 의식과 지식도 없었을 것이다. 그러나 물리의 법칙이 적용되는 우주에는 반드시 의식 있고 영리한 인간 생명, 특히 의식 있는 물리학자들이 존재하는 것을 가능하게 (사실상 필연적으로) 만드는 법칙과 불변 원리가 있다. 만약 이러한 법칙들이 지배하지 않는 다른 우주들이 있다면 그들의 존재 자체는 가정해볼 수 있지만 그 세계를 관찰하거나 이해하는 것은 불가능하다. 마찬가지로, 내가 거의 실현 불가능해 보이던 내 머리의 탄생에 놀라기 위해서는 내 머리가 존재해야만 한다. 내 존재에 대한 나의 놀람 여부는 내 존재에 달려있다.

우리가 자신에 대해 하는 모든 말(가령 '레이먼드 탤리스는 21세기에 존재한다'라는 말)은 조건부적이다. 우리는 내가 존재하지 않고 이 머리가 거울 속의 이 머리를 보지 못하는 상황은 상상해볼 수 있다. 반면에 레이먼드 탤리스가 (진실하게 또는 진심으로) '레이먼드 탤리스는 존재하지 않는다'라거나 '나는 존재하지 않는다'라고 말하는 것은 도저히 상상할 수가 없다. 내가 (존재하지 않았을 수도 있는데) 실제로 존재한다는 놀라움은 이 두 가지 입장의 중간쯤에 위치한다. 내가 존재하지 않았을 가능성은 있지만 이 가능성을 숙고해보려면 내가 존재해야만 한다.

이게 도대체 무슨 의미일까? 이것은 일단 자궁 밖으로 나온 머리는 자체적 의식을 가지고 자신이 존재한다는 것을 이해하며, 나아가 자신이 자체적 감각과 감각을 넘어선 어떤 것, 즉 지식을 통해 접근하는 세상 속의 한 존재임을 안다는 뜻이다. 이렇듯 우리 머리는 자신이 필연적 존재가 아니며, 생겨나는 모든 것의 존재를 잊어버리는, 거대하고 부주의하며 무관심한 세상 속의 작은 존재임을 날카롭게 자각하고 있다. 이러한 자각은 길고도 험난한 여정이다.

인지 성장

필립 라킨은 아이오나 오피와 피터 오피의 책 《취학 아동의 지식과 언어The Lore and Language of Schoolchildren(1959)》에 대해 아주 재미있는 비평을 쓴 바 있다. 그는 이 글에서 우리 모두 한때 거쳐 간 '아이'라는 존재에 대해 맹렬하면서도 설득력 있는 공격을 가하고 있다.[4] 그는 이렇게 썼다. '가장 먼저 기독교도로서의 내 동정심을 급격히 식혀버린 것은 다시 어린 아이의 상태가 된다는 내용의 구절이었다.' 라킨은 유년기의 상황을 '돈, 열쇠, 지갑, 문학, 책, LP판 레코드' 등이 없는데다가 더 심각한 건 '다른 아이들과 어울리고 그들의 소음과 심술, 자랑, 말대꾸, 잔인성, 멍청함을 견뎌야한다'라고 기술한다. 어린아이를 참기 힘든 존재로 만드는 것은 '오늘도 하루 종일 일하지 않았고, 내일도 일할 필요가 없다'는 점이다.

하지만 그렇다고 해서 이들에게 할 일이 없는 것은 아니다. 그렇게 보이지는 않아도 사실 아동기는 다른 모든 일의 선행조건을 겪어야 하는 시기다. 성장하는 아이는 하나의 세계(아이의 머릿속에 있는 세계는 후에 더 커질 것이다.)를 구축해야 한다. 그럼으로써 어디가 됐든 그 머리는 스스로에게 이해가 되는 세계에 위치하게 되고, 무슨 일이 일어나든 그 머리는 자신이 무엇이고 누구이며, 지금 어디에 있으며, 어디에서 왔고 어디로 가고 있는지, 어떻게 이곳에 왔고 어떻게 저곳에 가게 될지를 알 수 있게 된다. 세계를 구축하는 이 대대적인 과제, 머리가 그 고유의 인식론적 위치에 들어서는 이 과업은 그물처럼 얽힌 길고 복잡한 여정이다. 성장 초기의 기초적 발달과정에 대해 몇 가지만 간략히 언급해 보겠다.

a) 몸을 자신의 것으로 획득한다. '나는 이 몸이다'라는 직관은 자기와 세상, 세상 속에 존재하는 자기에 대한 인식의 토대다. 이 순간적인 인식은 점차 진화한다. 그 인식은 강

화되고, 더 많은 신체부위를 점령하며, 이것이 조직화하여
자기가 되고 자기는 내적 영역으로 확장된다.

b) 머리를 장악한다. 이것은 획기적 사건이다. 어린아이가
'일어나 앉고 사물을 분간'하게 되면 유모차에 앉은 채 여
기저기서 감각경험을 수집한다.

c) 몸의 다른 부분들을 발견한다. 이 과정은 가장 눈에 띄게
멀리 떨어져있는 부위, 즉 손과 발가락에서 시작된다. 손
이 세상을 쥐는 도구가 될 수 있는 사물로 서서히 파악됨
에 따라 아이는 경이로운 눈으로 손을 뚫어지게 쳐다본다.
또한 세 개의 담뱃대 문제로 고심하며 담뱃대를 빠는 셜록
홈즈보다도 더 집중한 채 발가락을 빤다. 머리가 몸의 이
같은 부위와 관계를 맺는 독특한 방식은 우리가 몸을 넘어
세상과 관계를 맺는 독특한 방식의 핵심이다. 우리가 달을
여행한 유일한 동물이 되었다는 사실은 우리가 우리 몸을
탐험하고 발가락을 찾아낸 방식에서 미리 예견된 것이었
다. 이 단계의 중요성은 최근에 나온 정부 정책 제안서에
서 인정된 바 있다. 아동 발달의 모니터링 단계에서 아이
가 손과 발가락을 발견하는 시기, 머리가 손가락과 발가락
을 빨기 시작하는 시기를 주목할 것을 포함시키겠다는 내
용이었다. 이상하게 들릴지 몰라도 이것은 결코 이상한 말
이 아니다. 자기 몸을 자기 것으로 전유하는 행위는 시민
이 되는 필수 조건이다.

d) 세상은 우리가 경험할 수 있는가의 여부와 무관한 대상들

로 이루어져 있음을 깨닫는다. 우리는 보고, 맛보고, 듣고, 냄새 맡고 만져볼 수 없더라도 사물이 존재한다는, 감각 경험에 근거할 수 없는 직관을 얻는다. 이러한 대상들 중 하나가 엄마다. 물론 확신하게 되기까지는 오랜 시간이 걸리겠지만, 우리는 엄마가 잠깐 자리를 비운 것이 영원한 이별이 아니며, 눈에 보이지 않는 것이 죽음이 아니라는 사실을 알게 된다.

e) 다른 사람들이 독립적으로 존재하는 실체라는 직관에서 더 나아가 그들이 나를 인식하고, 세상을 인식하고 있으며, 사물에 대한 다른 관점을 가지고 있다는 직관을 얻는다. 우리는 그들에게 사물들을 가리키고 우리의 세계를 그들과 공유하기 시작한다.

f) 세상의 사물들이 서로 연결되어 있다는 인식을 갖게 된다. 즉, 인과 관계가 존재하고 그 결과 우리가 A 사건을 일으킴으로써 B 사건을 일으키게 될 수도 있으며, 무엇이 있고 무슨 일이 일어나느냐에 있어 정해진 패턴이 있다는 것을 알게 된다. 세상은 어느 정도 예측 가능하고, 어느 정도 이해할 수 있으며, 어느 정도 통제할 수도 있다고 인식한다.

이 모든 단계를 달성하는 데는 채 일 년도 걸리지 않는다. 중요한 기술 몇 가지는 초보자용 패키지로 구성된다. 신생아는 말소리를 구분하는 능력이 뛰어나기 때문에 생후 3일이 지나면 엄마의 목소리를 인지하고 선호할 수 있다.[5] 그러나 초기에 달성되는 성취의 규모를 과소평가해서는 안 된다. 체스 게임에서는 프로그래밍된 컴퓨터가 그랜드 마스터들을 이길 수도 있다. 하지만 두 살배기 아이가 빛을 이해하고 그에 따라 세상을 이해하는 기술은 그 어떤 생명체나 가장 강력한 크레이 수퍼 컴퓨터조차도 비할 바가 아니다. 다른 어떤 시기보다도 생후 첫 2년 동안 가장 많은 변화가 일어난다.

'인지 발달'이라는 딱딱한 용어 아래, 사물의 영역과 공간 및 시간(다음 순간, 다음 주, 다음 해, '나의 미래.' '인류의 미래')에 대한 아이의 자각의 확장이 이루어진다. 시간을 표로 나누게 되고 유아의 끝없는 '지금'은 계속 확장되는 미래로 점차 구체화된다. 머리의 확장이 어느 정도 이루어지는 것과 함께 머리의 세계(머리가 스스로를 그 속에 위치시키는 가능성의 공간)의 대대적인 확장이 수반된다.

a)부터 f)까지의 단계가 없이는 이 중 어떤 것도 불가능하며, 이 단계들은 그 능력이 크게 과장되어 알려져 있는 영장류와도 비교조차 되지 않는다.[6] 이 단계들은 우리의 존재론적, 형이상학적, 인식론적 바탕이 된다. 이 토대 위에서 우리는 존재할 수도 있고 존재하지 않을 수도 있는 사물을 가리키는 언어와 신호 체계를 습득하고, 잘 짜여진 사실적 지식을 구성하며, 문화에 적합한 관습을 익히고, 윤리와 물리 현상의 법칙에 대한 감각, 자연 및 인공적 세계가 어떻게 작용하는지에 대한 인식을 얻는다. 요컨대 카펫 위를 기어 다니며 작은 색깔 얼룩 하나에도 꼼짝 못하는 탁아소의 어린 아이들은 이 단계를 거치면서 백만 가지의 명제적 지식know-that과 방법적 지식know-how을 전략적으로 배치할 수 있게 된다. 이 지식

은 상당히 의미 있어 보이는 중간 목적을 달성하기 위해 이곳저곳, 이 학교 저 학교, 이 나라 저 나라를 돌아다니는 세상 속의 성인으로 도약하는 것이다.

아침마다 새롭다

깨어있는 상태waking를 포착하는 것은 아동기의 혼란과 결함, 무능으로부터의 회복을 상기해내려고 애쓰는 것과 같다. 깨어남 awakening이라면 얘기가 더 쉬워진다. 이것은 시간적으로 더 가깝다. 우리가 아동기를 벗어난 지는 수년, 수십 년이 된 반면 깨어난 것은 단지 몇 시간 전이다. 게다가 우리는 깨어나거나 깨어남을 흉내 내는 일을 매일같이 반복한다. 그렇다 하더라도 잠에서 벗어나는 순간을 포착하는 것은 교양소설(Bildungsroman, 주인공이 그 시대의 문화적·인간적 환경 속에서 유년시절부터 청년시절에 이르는 사이에 자기를 발견하고 정신적으로 성장해 나가는 과정을 묘사한 소설 : 옮긴이)을 쓰는 일보다 더 어렵다. 기록해야 할 변화가 더욱 심오하기 때문이다. 그러나 양쪽 모두 문제점은 비슷하다.

첫째, 변화의 연속성으로 인해 이 과정은 엷게 흩어지는 안개처럼 형체가 없어서 정의하기가 힘들다. 둘째, 소립자를 관찰할 때와 마찬가지로 자기의 관찰은 관찰되는 대상과 충돌한다. 자기 자신을 밝히는 일을 쌍안경이나 펜, 구술 녹음기로 슬그머니 해치울 수는 없는 법이다. 기록 행위는 당신을 기록될 상태로부터 멀리 떨어뜨려 놓는다. 셋째, 이것은 특히 중요한데, 당신은 더 이상 변하기 전, 즉 깨어나는 과정에 있던 사람과 같은 사람이 아니다. 마지막으로, '자각coming to'은 자신뿐 아니라 세상을 자각한다는 의미다.

이 과정이 속도가 느려지거나 중단되었다 재개되기를 반복할 때(두 단계 올라가고 한 단계 내려옴), 가령 술에 취한 밤 이후나 간단한 수술을 받은 뒤 또는 평소와 다른 잠자리에서 일어났을 때와 같은 경우, 자각은 나 자신과 자신의 세계를 이어 붙이는 형태를 취한다. 이 경우는 일반적인 깨어남보다 이해하기가 조금 쉬울 것 같지만 실은 그렇지 않다. 깨어남은 세상 속 자기의 재건이기 때문이다. 되돌아오는 자기를 되돌아오는 세상과 분리할 수 없다는 얘기다. 예를 들어 당신이 커튼을 인식한다면 인식되고 있는 그 커튼은 세상의 중심에 있는 깃발이 된다. 그 커튼은 당신이 있는 곳을 확증한다. 이것이 곧바로 당신의 방으로 이 특정한 날로, 그 순간의 걱정과 희망으로 인도한다. 당신이 있는 곳이 당신이 누구인지를 말해준다.

이건 너무 빠르다. 좀 더 천천히 다시 한 번 시도해보자. 당신은 깨어났을 때 어떤 것을 가장 먼저 인지하는가? 이 질문은 틀렸다. 당신이 기억해낼 수 있는 상세사항에 다다랐을 때는 이미 깨어남의 과정이 상당히 진행된 후다. 알고 보니 목인 부분의 경련, (당신의 육중한 육질을 '나의 몸'으로 전환시키는데 일조하는) 당신의 몸 옆에 있는 따뜻한 몸, 이불의 무게, 알고 보니 환한 달빛인 일광 등은 자기와 분리되어 있는 외부 세계와 내적 세계로부터 분리되어 있는 자기를 점진적으로 발견하고 구성한 결과다. 내적 세계는 자체적 방식에 따라 움직이는(당신 역시 이 방식에 따라야 하는) 허구의 꿈의 세계이며, 자체적인 성장과 쇠퇴의 법칙에 따라 전개되는 내적 자기가 주권을 가지고 있던 세계다.

우리가 일상적인 깨어남을 상기하고 명료화하지 못하는 것은 나약한 의지 때문이(혹은 나약한 의지 때문만은) 아니라 그 의지를 적용할 지점을 찾지 못하기 때문이다. 어떻게 또는 어디에 주의를 기울일지를 모르는 것이다. 장차 기억을 담당할 사람과 그가 기억하게 될 사람이 같은 사람이 아니라는 (그래서 우리가 자신에 대해 가지고 있는 특권적 내부 관점을 부분적으로 얻지 못하게 되는) 이미 언급된 사실을 별개로 하면, 깨어남에 대해 정확하거나 특정한 무언가를 이렇듯 기억하지 못하는 것은 깨어남의 본질적 특성과 연관되어 있다. 깨어남은 포괄적이다. 따라서 깨어남은 이것이나 저것의 문제, 이곳의 대상이나 저곳의 기억, 저 멀리 있는 빛이나 가까운 그림자의 문제가 아니라 전체 위로 떠오르는 여명의 문제다. 그렇다면 상식적으로 어떻게 우리가 자기 빛의 포괄적 변형과 그 빛이 햇빛에 비친 세상으로 또렷이 바뀌는 과정을 (기록은 고사하고) 이해하리라 기대할 수 있겠는가?

따라서 우리는 이 부분을 접어두고, 뒤이어 깨달은 상당히 밝게 드러난 부분에 대한 기억들로 만족해야 한다. 커튼을 인지함으로써 그 커튼이 속하는 세계, 그리고 뒤이어 자기 자신을 인식하게 된다. 당신의 다리 옆에 있는 따뜻한 다리는 흐릿하게 웅얼거리는 소리에서 갓 명료화된 세상과 당신을 단단히 결합시킨다. 완전히 잠에서 깨기 싫은, 몽롱하게 구름 낀 상태를 떨쳐내기 싫은 마음과 다소 상충되게 코를 긁고 싶고 소변을 보러 가고 싶은 욕구가 생긴다.

　이것은 완전한 자기가 되고 싶어 하지 않는 자기에 대한 유익한 사례다. 이때 자기는 완전한 자기가 될 것을 요구하는 세상에 노출되어 있고, 이 요구를 받는 즉시 자기도 세상에 똑같은 요구를 하게 된다. 특히 검은새의 지저귀는 노랫소리가 지금이 봄이라는 걸 알려주고 새의 빛나는 부리가 어린 날의 기억을 점화시켜 몽롱하게 잠에 취한 사람의 꿈에 신빙성을 더해줄 때면, 더욱 완전한 자기가 되고 싶지 않다. 그러다가 어느 순간 착오의 나룻배가 바위에 부딪힌다. 내가 나이고 지금 잠에서 깨지 않으면 늦는다는 사실을 깜짝 놀라며 깨닫는 것이다. 해체되어 있던 자기에서 특정한 자기로의 전환이 급작스럽게 추진된다. 똑바로 일어나고, 정신을 바짝 차리고, 해야 할 일을 걱정한다. 무한한 잠의 영역에서 완전히 벗어나 커프스단추를 더듬어 찾고 커피를 집어 든다.

　우리는 스스로를 자각해야 한다. 이 세계에서는 날마다 불가사의한 재탄생, 자기의 부활이 일어난다. 따라서 이 세계는 내세를 믿는 이들에게 약속된 육신의 부활만큼이나 경이롭다.

추신

누군가 우리 세계를 향한

여행을 시작했는가?

눈도 없이 어둠을 뚫으며

이 장에서는 우리와 머리 사이의 거리를 돌아보았다. 머리의 창조로 이어진 인간 외적인 여러 과정과, 우리보다 앞서 일어났거나 우리를 넘어 무한히 확장될 역사적·물리적 시간에 우리가 끼어있다는 사실은 우리와 머리 사이의 거리를 상기시킨다. 머리를 숙여 편안하게 양손에 두개골 앞 뼈를 받치는 순간 곧바로 알 수 있는 또 다른 암시는 우리가 양 어깨로 지탱하고 있는 물질적 대상인 우리 머리가 우리보다 더 오래 남을 거라는 사실이다.

블라디미르 나보코프Vladimir Nabokov(1899~1977, 러시아 출신의 미국 소설가이자 시인, 평론가, 곤충학자 : 옮긴이)는 그의 멋진 자서전 《말하라, 기억이여Speak Memory(1951)》에서 '처음으로 자신이 태어나기 몇 주 전에 찍힌 영화를 집에서 보다가 일종의 공황상태를 겪은 어느 젊은 시간 공포증 환자'에 대해 쓴 바 있다. 이 청년에게 무엇보다 괴로운 사실은 그가 존재하지 않음에도 불구하고 세상이 별로 달라 보이지 않았던 것과 '아무도 그의 부재를 슬퍼하지 않았다'는 점이었다. 그가 특히나 섬뜩해 한 장면은 '독선적이고 침략적인 관의 분위기를 풍기는, 현관에 놓인 새 유모차의 광경'이었다.[7]

한때 세상이 나를 기다렸다는 것은 참 이상한 생각이다. 즉, 내가 예정된 아기였다는 것이다. 비록 예정되었던 것은 보편적 용어로만 정의되었지만 말이다.

여기서 빈 유모차는 최악이 아니다. 당신을 둘러싸고 있는 세계는 당신이 없는 세계의 지극히 작은 부분에 불과하다. 그럼에도 당신이 없는 이 세상, 150억년의 역사에 너비가 10만 조 광년에 달하며 당신의 머리와 같은 머리 60억 개가 살고 있는 이 우주는 당신이 그 속에서 존재하거나 방황하는 장소로써, 당신의 머릿속에서만 함께 존재한다. 존재하지만 함께 존재하지는 않는 것들을 한자리에 모음으로써 당신이 존재하지 않는 무의 상태라며 당신을 괴롭히는 것은 다름 아닌 당신의 머리다.

4장

공기를 사용해 머리가 하는 모든 것

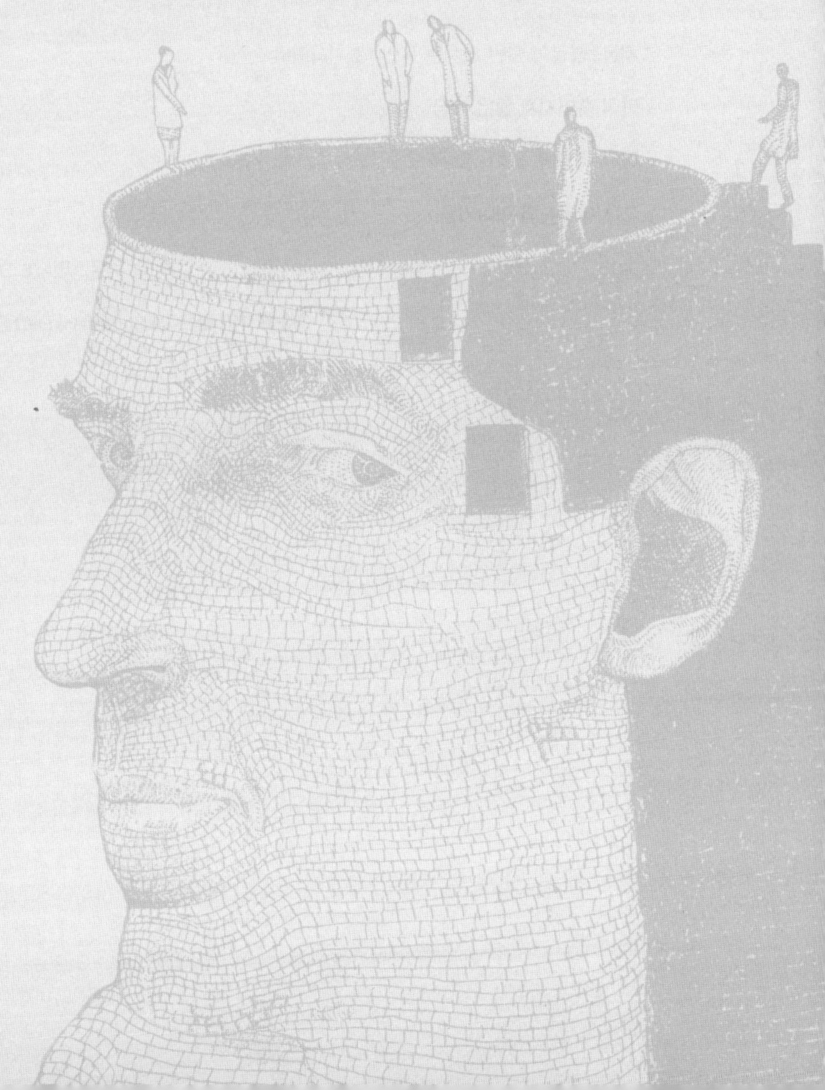

지금, 숨결이 한번 스치는 동안 나 기다리니

아직 흩어지지 않은 지금

어서 내 손을 잡고 말해주오

그대 마음속의 이야기를

A. E. 하우스먼A. E. Housman,

《슈롭셔의 젊은이A Shropshire Lad》중 32번째

호흡과 생명 간의 연결고리

머리는 대기와 끊임없이 거래를 하고 있다. 들이마시는 순간 곧바로 울부짖는 소리로 변환되는 첫 숨부터 마지막 숨까지, 입과 코를 통해 끊임없이 공기의 통행이 이루어진다.

생명과 호흡은 나란히 간다. 생명은 들이마신 공기가 내쉰 공기보다 산소가 더 많고 내쉰 공기는 들이마신 공기보다 이산화탄소가 더 많다는 사실에 달려있다. 그렇다면 호흡이 그토록 쉽다는 건 얼마나 다행스러운 일인가. 숨을 들이마시면 흉강 바닥의 횡경막이 내려가고 늑골이 옆으로 확장되며 이를 통해 가슴의 내부 부피가 증가한다. 이 행위는 입과 코에서 시작되는 바깥 세계와 흉강 사이의 압력 차를 만들어낸다. 공기는 인두, 후두, 기관, 기관지, 세 기관지를 따라 내려가 스펀지처럼 생긴 폐의 주름진 폐포 표면을 팽창시킨다. 그런 뒤 진행과정은 역전되어 폐가 수축되고 공기가 밀려나간다.

모두 아주 간단하다. 아니, 사실은 그렇지 않다. 만약 호흡이 자연적으로 일어나지 않는다면 우리가 과연 호흡을 할수 있을지조차 불확실하다. 횡경막을 어떻게 움직이고, 늑골을 어느 방향으로, 어떻게 움직이는지 아는 것은 태어난 직후에 산소 결핍으로 죽기 전에 재빨리 배울 수 있는 것이 아니다. 게다가 숨쉬기는 시간을 빼앗는 그 어떤 다른 일이 있어도, 아무리 다른 일에 몰두해있거나 바빠도, 심지어 잠자는 동안이나 혼수상태에서도 계속 유지해야 하는 일이다. 프리드리히 데 라 모테 푸케Friedrich de la Motte Fouque(1777

~1843, 독일의 소설가 겸 시인 : 옮긴이)의 동화에 등장한 불쌍한 기사는 참으로 딱하다. 그는 자신의 요정 아내 운디네에게 부정을 저질렀다. 운디네가 그에게 마법을 걸자 기사는 원래 저절로 이루어지는 신체 기능들을 스스로 수행해야 했다. 아이들이 뇌에서 호흡을 조절하는 부위에 발달 이상이 생겨 자연적으로 숨을 쉬지 못하는 극히 드문 희귀병이 있는데, 이 병을 '온딘의 저주Ondine's Curse'라고 부른다.

저주를 받지 않은 사람들은 원하든 원하지 않든 저절로 호흡한다. 사실상 우리가 그것을 막을 도리는 없다. 한번 자신의 기도를 막아 보자. 당신은 채 일분도 지나지 않아 극도로 불편한 상태가 되며 닫힌 후두개에 대고 미친 듯이 숨 막혀하게 된다. 폐에 가득 찬 사랑스러운 숨의 안도감이란! 아이들은 부모를 공포에 떨게 하는 호흡 중지 발작으로 절대 사망에 이르지 않는다. 설령 아이가 의식을 잃을 때까지 (다른 어떤 욕구보다도 깊고 급박한) 숨을 쉬지 않는다고 하더라도 뒤이어 혼수상태가 오는 즉시 다시 호흡이 시작된다.

내게 생명과 호흡 간의 이 연결고리는 아버지가 돌아가신 직후 그분의 침대 곁에 앉아있을 때 사무치도록 또렷이 부각되었다. 2주 동안 우리 가족은 폐렴에 걸린 아버지가 죽음에 저항하면서 가쁘게 숨을 몰아쉬는 소리를 들었다. 그의 헐떡거림은 몇 시간을 몇 세기처럼 느껴지게 했다. 어느 날 오후 아버지가 평소보다 조금 안정된 듯 보였기 때문에 우리는 밤샘 간호를 멈추고 잠시 휴식을 취하기로 했다. 그런데 집에 도착하자마자 병원으로부터 연락을 받았다. 아버지가 돌아가신 것이다. 벌써 식기 시작한 아버지의 시신 가까이 다가갔을 때 고요와 침묵이 느껴졌다. 그것은 아버지의 창백하게 죽은 몸에서 발산되는 듯했다. 나는 완전히 정지된 그분의 모습을 본 적이 없었고, 간신히 버티며 괴롭던 삶에 매일같이 함께 있었던 그 쉴 새 없이 계속되는 규칙적인 움직임에 속박되지 않은 그를 본 적이 없었다. 숨쉬기와 괴로움 모두 끝이 났다.

호흡과 생명 간의 이 연결고리는 세상에 대한 우리의 집단의식에 너무나 경이롭게 작용해왔다. 프네우마(pneuma, 영, 숨을 뜻하는 그리스어. 생명의 원리로서의 공기, 호흡, 정령 따위를 이르는 말: 옮긴이), 즉 숨은 우리 안의 정신이 된다. 그리고 우리 몸에 생기를 불어넣는 의식을 상징하는 호흡은 세상에 활기를 불어넣는 정신이라는 개념으로 투사된다. 하늘 곳곳에 구름을 흩뜨리고 눈비늘 조각들을 바다 속으로 날려 보내는 나무 속에 이는 바람은 우리 영혼을 확대시킨 그림이다. 작가 더들리 영Dudley Young의 표현처럼 '바람, 영혼, 숨을 나타내는 단어들은 사실상 모든 언어에서 뒤섞여 있다.' '그러므로 눈에 보이는 세상, 몸을 움직이고 사실상 이리저리 밀어대는 것은 보이지 않는 세상 즉 영혼이며, 바람이고 프네우마이며, 신성이고 신이다.'[1]

그런데 이것이 머리와 무슨 상관이 있는 걸까? 사실 머리는 공기를 몸으로 들여보내는 편리한 통로일 뿐이다. 공기는 다른 곳으로 가는 중이고 공기의 진짜 일은 가슴과 폐에서 이루어진다. 깊은 숨은 폐를 채우지, 머리를 채우지는 않는다. 머릿속에서 기체의 교환은 모두 혈액을 통해 일어나고, 혈액은 오직 폐에서만 바깥 공기와 접촉한다. 깊은 호흡이 머리를 청소하거나 생각을 더 신선하게 만들어주지는 않는다.

호흡은 무의식적으로 일어나지만 의식적 목적에 종속될 수도 있다. 호흡에는 생각이 수반되지 않지만 생각과 함께 엮이거나 생각에 의해 구체화될 수도 있다. 이 일이 일어나는 곳이 머리다. 이곳에서 인간 정신, 즉 세상의 여러 사물 중 신성과 신에 대한 인식을 뒷받침하는 집단적 의식이 내쉰(그리고 때로는 들이마신) 공기로 외면화되거나 표현된다. 머리는 원래 자기 몫이 아닌 공기를 거리낌 없이 전유하고, 상당수가 인류 이전에는 전례가 없던 용도에 공기를 이용하기 때문이다. 폐는 자기가 무엇을 놓치고 있는지 모른다.

　이러한 용도 중 가장 정교한 것은 말에서 구현된다. 말은 숲과 호수, 구름 전체에 생명을 불어넣는 미풍의 연결성을 대체하는 새로운 연결성을 만들어낸다. 목소리로 엮여진 도시들과 도시 안에서 새로운 구성의 목소리를 엮어내는 목소리가 바로 그것이다. 그러나 이밖에도 공기 머리가 자신, 세상, 세상과 자신의 관계를 표현하는 다른 방식들도 있다. 그럼 지금부터 이 다른 용도들을 살펴보기로 하자.

머리의 헐떡거림

해즐릿William Hazlitt(1778~1830, 영국의 비평가이자 수필가)은 (아리스토텔레스를 인용하여) 다음과 같은 말을 했다. '인간은 웃고 우는 유일한 동물이다. 사물의 존재what things are와 당위what they ought to be 간의 차이를 깨달은 유일한 동물이기 때문이다.'[2] 자연에는 표준이 없다. (그리고, 순전히 우리끼리 얘기지만, 조금 아둔하다.) 존재와 당위가 서로 어긋나고 모순이 드러나는 방식은 여러 가지가 있다.[3] 이 둘의 간극은 우리의 기대가 뒤집힐 때 가장 흔히 목격된다. 그 이유는 바로 우리가 지극히 구체적이고 뚜렷한 기대를 품는 동물이라서 늘 예상치 못한 일을 경험하기 때문이다. 그러나 예상치 못한 일이 꼭 재미있지만은 않다. 우리는 겁을 먹거나, 실망하거나, 안도할 수도 있다.

뜻밖의 일들 중 웃을만한 게 어떤 종류인지를 구체적으로 설명하기란 사실상 매우 어렵다. 얼굴에 뒤집어쓴 크림 파이, 기발한 각운, 음란한 이야기, 성적 풍자, 금발과 아일랜드 사람에 대한 농담, 냉소적인 각주, 찌푸린 표정과 곁눈질, 술 취한 척하기, 표어, 흉내 낸 사투리나 외국어 억양, 간지럼의 공통점이 무엇일까? 정답은 누구도 모른다는 것이다. 물론 그 공통점을 아는 체하려고 애썼던 이들은 많다. 거기에는 상당수의 철학자들이 포함되며 앙리 베르그송 Henri Bergson(1859~1941, 프랑스 철학자. 프랑스 유심론의 전통을 계승하면서도 진화론의 영향을 받아 생명의 창조적 진화를 주장했다 : 옮긴이)과 헬무트 플레스너Helmuth Plessner(1892~1985, 독일의 철학자로 M. 셸러와 함께 철학적 인간학을 정립했다 : 옮긴이)가 그 예다. 빅 개트럴Vic Gattrell이 웃음의 사회적 의미에 대한 재미있고 재기 넘치는 논평에서 언급했듯이, 저 광범위한 현대의 웃음 이론을 살펴보고 있노라면 '웃음이 아닌 것이 아예 바닥날' 정도다.

대다수가 특화된 형태의 웃음에 초점을 맞췄다. 하나의 이론 안에 웃음의 모든 레퍼토리를 다루고자 시도한 이는 아무도 없었다. 웃음을 유발하는 여러 원인을 감안할 때 이 점은 이해할

만하다. 우리는 타인을 비웃거나 조롱하며 웃을 수도, 악의에
차서 웃을 수도 있다. 승리감이나 기쁨, 공감, 놀람, 만족감 때
문에 웃거나 괴로움과 고통에 차서 냉소적으로 웃을 수도 있다.
모순이나 잘못된 행위를 보고 웃을 수도 있고, 재치나 말장난이
라는 언어적 '복병'으로 인해 웃을 수도 있다.[4]

웃음이 엄청난 주목을 받았다는 사실은 웃음이 인간 본성의 깊
숙한 곳에 있는 무언가와 연관이 있지 않을까 하는 은밀한 의구심
을 반영한다. 그 깊이가 어느 정도인지는 나보코프의 글에서 제시
되었다.

> 우리의 가장 먼 '원시 인류' 조상의 뇌에 반사적 의식reflexive
> consciousness이 시작된 시점은 시간 감각이 생긴 시점과 일치했
> 음이 분명하다. 그리고 지구상에서 최초로 시간을 인식한 동물
> 은 최초로 웃는 동물이기도 했다.[5]

미소(농담하기와 웃기)와 시간의 인식을 이렇게 연결한 것이 마음에
든다. 우리는 단지 몸의 갖가지 변화를 통해 시간을 살아가는 것이
아니라 명시적 과거와 명시적 미래를 통해 시간을 경험하는 동물이
다. 우리의 시간 감각은 우리가 구체적이고 명확한 기대를 지닌 동
물이라는 점에 잘 부합된다. 우리는 과거의 기억을 바탕으로 예측
된 미래에 어떤 상황이 전개될지를 예감한다. 그러므로 실제로 일
어난 상황과 일어났어야 할 상황의 차이를 잘 알고 있다. 결과적으

로 우리는 뜻밖의 일에 민감하다. 예상을 뒤엎는 농담의 마지막 반전, 서로 떨어져있는 것들을 솜씨 좋게 이어붙인 각운과 동음이의어 말장난의 경우처럼 서로 분리되어야 할 것들이 함께 모이는 상황, 일상생활 속에서 성적 욕구가 표현될 때 등이 여기에 해당한다. 코미디가 생각의 영역으로 몸이 침범하는 상황(가령 헤겔에 대한 지식을 뽐내는 와중에 가로등 기둥에 부딪치기)을 토대로 하는 경우가 잦은 것처럼 각운과 같은 동음이의어 말장난은 단어의 물질적 소리가 의미의 영역을 방해하도록 함으로써 물질이 정신을 침범하는 또 다른 예가 된다.

존재와 당위의 차이를 나타내는 웃음은 그 차이를 줄이는 역할도 한다. 우리가 어떻게 행동해야 할지, 기대에 어떻게 부응해야 할지, 언어와 육체적 관계의 경계를 어떻게 넘어야 할지 확신이 서지 않을 때 짓는 당황스러운 웃음을 생각해보자. 성과 웃음 간의 연결고리를 보여주는 무수한 사례(타인의 성적 욕구와 행동을 보고 웃기, 관례적인 성적 욕구 표현방식의 어설픔과 그에 이은 사회적, 신체적 어색함을 웃음으로 넘기는 연인들 등)는 책 한 권을 다 채울만한 분량이다.

웃음의 이론에서 웃음이라는 현상 자체로 주의를 돌려보면 더욱 웃음이 이상하게 느껴질 것이다. 웃기 위해 모인 한 무리의 사람들의 소리를 살짝 엿들어보자. 그러면 웃음이 미리 짜놓은 농담과 이야기에 대한 반응인 경우는 극히 드물다는 전문가들의 말이 떠오른다. '가장 자연스럽게 웃음이 발생하는 사회적 상황은 코미디가 아니라 서로 간에 오가는 장난스러움, 집단 내 분위기, 솔직한 감정적 말투가 있는 상황이다.'[6] 한마디로 농담이라는 얘기다. 우리는 웃기 위해 함께 모이지만 정작 우리의 웃음은 연대감을 확고히 하는 방법인 것처럼 보인다. 함께 웃지 않는 것은 참여에 대한 거부다. '나는 그게 재미없어'라는 말은 '나는 너의 세계관에 동의하지 않아. 나는 너를 못 받아들여.'라는 의미의 전달이다. 웃음이 웃음을 낳음으로써 웃음이 거의 끊이지 않을 때 (실제로 이런 경우가 많다) 그 소리는 참으로 이상하게 들린다.

웃음의 표현 방식은 거의 무한하다고 할 수 있다. 숨죽인 웃음, 야유하는 웃음, 시끄러운 웃음, 낄낄 웃음, 크게 소리 낸 웃음, 킥킥 웃음, 깔깔 웃음, 싱그레 웃음 등은 모두 고유의 음향 구조를 가지고 있다. 게다가 이들 웃음에는 각자 고유의 때와 상황이 있다. 의상 규정처럼 웃음에도 정확히 정해진 웃음 규정이 있다. 누군가의 웃는 방식은 다른 사람들에게 비치는 그의 인상에 영향을 준다. 낄낄 웃음의 대표 주자는 신경질적이고 감수성이 풍부한 여학생들이며, 이들은 (밖으로 샐지 모르는 소리를 죽이기 위해 입을 일부 가린 상태로) 다소 악의를 띠고 소리 없이 킥킥 웃기도 한다. (프랭키 하워드Frankie Howerd (1917~1992)와 같은 코미디의 대가의 입에서 나오는 '킥킥 웃음'이라는 말은 우리 모두를 킥킥거리게 만들 수도 있다.) 상류층 남성들은 동류의 사람들과 어울리며 부유하고 화려한 높은 처지에서 그들 주변의 하층민 세계에 대한 견해를 말할 때 시끄럽게 웃는다. 숨죽여 웃는 사람들sniggerers은 그 단어 자체에 어울리게 비밀스럽고 비열한 성향을 가지고 있다. 사전에서 'snivelling(코를 훌쩍이기)'와 지척에 위치해 있는 이 단어는 웃음에 필히 수반되는 날숨이 입을 통해서가 아니라, 지저분한 콧구멍을 통과해서 나오는 사람의 콧속에 있는 콧물을 연상케

한다. 싱그레 웃거나 깔깔 웃는 사람들은 대체로 좋은 사람들이다. 이들의 웃음은 다른 사람을 겨냥하는 경우가 적고 좀 더 순수한 즐거움에 가깝다. 그 웃음에는 일종의 따스한 햇살이 스며있으며, 아마도 이들은 때로 디킨스의 소설에 등장하는 사람들과 같은 순수한 기쁨에 겨워 양손을 문지르기도 할 것이다. 크게 소리 내어 웃는 사람들은 지나치게 오래 계속하지 않는 한 웃음의 매력으로 주의를 끈다. 어쨌든 이들은 상당히 마음씨 좋은 사람들로 보인다. 배로 웃는 폭소는 입을 꼭 다문 비밀스러운 웃음보다 더 진실하고 덜 악의적으로 보인다. 야유하며 웃는 사람들은 상대들이 감당할 수 없을 정도로 대량으로 웃음을 방출한다.

물론 고통으로 인해 야기되는 형태의 웃음도 있다. 저주받은 이들의 광기 어리고 소름 끼치는 웃음, 겁먹은 이들의 발작적인 웃음이 그 예다. 이런 웃음의 음향 구조는 그들이 웃고 있는 정황과 웃음에 수반되는 얼굴 인상에 비해 의미에 대한 큰 단서를 주지 않는다. '음향 구조'라는 어구는 웃음처럼 자발적이고(우리는 모두 상황이 닥치면 어떻게 웃어야 할지 알고 있다)[7] 무질서한 것에 적용하기에는 다소 지나치게 진지한 것 같다.

그러나 표면적 모습은 믿을 수 없다. 평상복 차림을 한 웃음은 음향 구조를 결정하는 규칙이라는 꽉 끼는 코르셋을 속에 숨기고 있다. 이 문제는 웃음과 관련된gelastic 증상을 연구하는 심리학자이자 신경 과학자 로버트 프로바인Robert R. Provine(1943~, 메릴랜드 주립대학교 심리학과 및 신경과학과 교수)이 애정을 가지고 연구한 바 있다. 기본적인 조치는 꽤나 단순하다. 그는 낄낄 웃음, 짧고 날카로운 웃음, 폭소의 음성 분광도 조사를 바탕으로 웃음에는 독특한 기호가 있음을 밝혀냈다.[8] 웃음은 각각 약 75밀리세컨드(1000분의 1초) 길이인 짧은 모음과 유사한 일련의 음(음절)으로 이루어져 있으며 이 음절은 약 210밀리세컨드씩 떨어진 일정한 간격으로 반복된다. 이렇듯 고도로 체계적인 음 구조는 더욱 엄격한 체계에 종속된다. 특정 웃음은 특정 모음을 고수해야 한다. 즉, 웃는 사람은 '하-하-하'나 '호-호-호'를 선택할 수는 있지만 '하-호-하-호'를 선택할 수는 없다. 이 같은 잡종음의 배출에 대한 저항이 존재하는 것이다. 변동이 있는 경우는 주로 연속된 소리 중 첫 번째나 마지막 음에 적용된다. 프로바인은 '차-하-하'나 '하-호-호'를 용인될 만한 변형의 예로 제시하고 있다.

이 구조는 모든 형태의 웃음에서 분명히 드러난다. 그렇기에 우리는 너털웃음과 낄낄 웃음, 야유하는 웃음과 킥킥 웃음이 모두 동일한 행동 집단에 속함을 알 수 있다. 몇 가지 다른 특징도 있다. 터져 나오듯이 발성된 폭발적인 웃음은 강한 화성 구조를 가지고 있으며, 각각의 배음은 다수의 낮은 주파수(여성은 약 502헤르츠, 남성은 약 276헤르츠)로 이루어진다. 또한 이 웃음은 시간적으로 대칭을 이룬다. 녹음된 한 차례의 웃음소리를 거꾸로 재생하면 처음 만들어진 원래의 방향으로 재생했을 때와 소리가 유사하다. 유일하게 불균형이 나타나는 부분은 진폭이다. 웃음소리는 음 초반에서 후반으로 넘어갈 때 공급된 공기가 떨어짐에 따라 점점 약해지는 경향이 있다.

우스꽝스럽기까지 한 웃음의 이상한 속성을 강조하기 위해 지금까지 웃음의 음향 구조를 길게 설명했다. 간지러워서 숨을 가쁘게 몰아쉬는 것과 정형적이고 규칙적인 헐떡거림 간에 어떤 관련이 있을 거라는 짐작은 가능하다. 하지만 헐떡거림과 아리스토텔레스의 어떤 구절의 오역에 대한 냉소적인 비평 간의 연관은, 규범 호흡의 또 다른 사례를 거론하지 않고는 생각하기가 어렵다. 복잡하거나 최소한 추상적인 경우가 많은 웃음의 대상과 웃음의 과정 간의 부조화는 우리의 묘한 상황을 극명하게 보여준다. 그 묘한 상황이란 우리가 유기적 신체의 주어진 조건들을 이용하여 우리 몸이 예측하지 못한 온갖 우발적 사건과 상황을 표현하고 그들과 상호작용 해야하는 방식을 말한다. 이는 성관계만큼 기이하지는 않다. 발기한 남근이 자체 윤활된 질 속으로 돌진하는 행위는 자기 자체로 가치를 인정받으리라는 희망을 가장 적절하게 표현한 것인 척 가장해야 하는 동시에 세상에 대한 달콤한 위반이기도 하다.[9]

웃음과 간질임의 관계조차도 전혀 간단하지가 않다. 또한 사람이 스스로를 간질일 수 없다는 사실은 육체를 부여받는 게 어떤 것인지, 그리고 자기 몸과 동일시하는 것과 그 몸을 경험하는 것 사이에 어떤 관계가 있는지에 대한 흥미로운 정보를 간접적으로 제공해준다. 신경심리학자 크리스 프리스Chris Frith(영국의 손꼽히는 신경심리학자로 현재 런던 대학의 웰컴 재단 신경영상센터에서 명예교수로 재직하고 있다. 저서로는 《인문학에게 뇌과학을 말하다》 등이 있다.: 옮긴이) 등이 발견한 바처럼, 우리가 스스로를 간질일 수 없는 이유는 일반적으로 뇌가 몸의 자체적 움직임으로 유발된 감각들을 차단하기 때문이다. 자기 간질이기와 관련된 움직임들도 여기에 속한다.[10] 스스로 초래한 감각은 예측 가능하다. 뇌의 곳곳을 순환하는 운동 명령은 무슨 일이 일어날지를 뇌에게 알린다. 뇌가 하는 일은 예기치 못한 일들을 처리하는 것이므로 자기 간질이기와 관련된 완전히 예상되는 감각은 등록되는 경우가 거의 없다. 반면에 우리가 다른 사람들로부터 간질임을 당할 때는 뇌 주위를 돌며 우리에게 무슨 일이 일어날지 알려주는 운동 활성의 흔적이 없다. 그러므로 예상할 수 없이 갑작스럽게 일어나는 감각은 억제되지 않으며, 사실상 최대한으로 경험된다. 예측 불가능한 시간 간격으로 간질임을 전달하는 변덕스러운 로봇을 이용한 자가 간질임은 다른 사람에 의해 간질임을 당하는 것과 마찬가지다. 매우 간지러운 이 상황은 간지러운 감각이 운동신경 프로그램에 기록되지 않는 감각이며 예측할 수 없다는 사실을 확증해준다. 또한 다른 사람들이 간질일 듯한 조짐이 있을 때도 뇌는 실제 간질임과 같은 방식으로 활성화된다. 우리는 예측 불가능한 것을 예측하는 것이다.

간질임이 중요한 이유는 또 있다. 간질임이 인간 이외의 영장류, 특히 침팬지에게 있어 웃음의 자극제로 나타나기 때문이다. 사실 이들의 웃음은 진정한 의미의 웃음은 아니다. 프로바인의 설명에 따르면, 간질임을 당한 침팬지는 숨을 들이쉬고 내쉴 때마다 '숨을 헐떡이는 소리'를 낸다. 그에 반해 인간의 웃음에서는 한 번의 들이마신 숨이 연속적인 날카로운 모음 소리로 분할된다. 더욱이 침팬지가 내는 소리는 지금 이 시각 이 장소에만 속해 있으므로 그 소리를 유발하는 물리적 자극, 예컨대 간질임, 놀이 등이 지속되는 동안만 유지된다. 간질임이 멈추면 헐떡거림도 멈춘다. 이색적이고, 종종 고차원적이며, 많은 경우 추상적인 지시 대상을 가지고 있는 인간의 웃음이라는 준언어적 현상과는 너무나 동떨어진 것이다. 인간의 웃음을 야기하는 가장 근본적인 촉매제인 실제 상태와 이상적 상태의 불일치에 대한 인식 역시 침팬지와는 완전히 거리가 멀다.

이러한 불일치에 대한 인식을 얻기 위해서는 자신의 개인적인 경험과는 별개로 사물의 상황, 즉 바깥세상out there에 대한 인식을 충분히 발전시켜야 한다. 이는 곧 무언가를 사실이라고 여기는 인식이다. 이 같은 명제적 자각은 인간에게만 고유한 것이며 그 이유는 인간 본성의 핵심과 직결된다.[11] 현 상황이 사실이라는 인식이 충분히 형성되어 있을 때만 현 상황과 가능했던 다른 상황을 비교할 수 있다. 이러한 비교는 오직 인간의 머리에서만 일어난다. 이것이 바로 이 세상에서 내 머리와 그와 유사한 머리들이 이 세상의 다른 사물들을 웃기다고 생각하고 웃는 유일한 동물인 이유다.

웃음은 그 자체로도 웃을 거리가 된다. 누군가 재미난 얘기를 하다가 웃음이 터져버려서 중단되었을 때, 우리는 이후 이야기가 재미있을 거라고 예상한다. 심지어 웃기지 못하는 사람들에 대한 농담도 있다. 이런 농담은 은밀한 형태를 취할 수 있다. 지금은 고인이 된 코미디언 밥 몽크하우스Bob Monkhouse(1928~2003, 영국의 코미디언)가 했던 농담도 그랬다. '그들은 내가 코미디언이 되고 싶다고 했을 때 웃었습니다. 그런데 내가 정말 코미디언이 됐지요. 지금은 그들이 웃지 않습니다.'

웃음은 전염된다. 우리는 웃고 있는 사람과 한자리에 있거나 심지어 녹음된 웃음소리가 들릴 때도 웃는 경향이 있다. 웃음의 전염성이 어느 정도인지는 1962년 한 여자 기숙학교에서 일어난 사건

에서 잘 드러나는데, 이 일로 인해 그 학교는 6주 동안 문을 닫아야
했다.[12] 그 사건은 여학생 3명이 내리 몇 시간 동안 통제 불능 상태
로 웃음을 터뜨리면서 시작되었다. 급기야 기숙학교 학생 159명 중
거의 절반 가까운 수가 웃음에 전염되어 길게는 한 번에 16일 동안
이나 웃음을 멈추지 않았다. 학교가 폐쇄되고 아이들을 집으로 돌
려보냈다. 하지만 여러 지역사회와 타 학교에까지 이 증상이 확산
되었다. 학교 문을 다시 열려던 시도는 끔찍한 결과를 낳았다. 이
웃음 전염병이 계속된 2년의 기간 동안 빅토리아 호수 동쪽 해안
일대의 기숙학교 14곳과 해당 마을과 도시 전체가 감염되었다. 탄
자니아의 응샴바Nshama라는 곳에서는 주민 만 명 중 이백 명 이상
이 통제 불가능한 웃음 질환에 걸렸다. 아무도 죽지는 않았지만 사
람들이 동요하고, 당황하고, 기진맥진했으며 일상생활에 지장이 생
겼다.

　이 같은 상황에서의 웃음은 웃어넘길만한 문제가 아니다. 일반적
인 호흡이 전혀 우습지 않은 일이 되는 경우도 있다. 웃음은 인간
고유의 것이지만, 동시에 전적으로 비인간적인 것일 수도 있다. 우
리는 함께 웃을 때 규범을 확인하고 우리의 연대감을 확인한다. 그
러므로 우리는 규범을 모르는 이들, 우리와 다른 이들을 보며 함께
웃는다. 웃음은 불량배와 폭력배의 가장 강력한 무기 중 하나다. 상
대를 모욕하고 굴욕감을 주기 위한 비웃음, 빈정거림, 우롱, 조롱은
일상적 잔인성의 주된 재료다. 무례를 동반한 웃음이나 악평은 주
장한 바를 확증하지만, 그 확증의 정도는 타당성이나 논리보다 더
강력하다. 게다가 이는 다른 사람들의 판단을 강화시킨다. 웃음의

전염성은 판단의 전염성으로 전환된다. 당신을 보고 웃는 평가자들은 서로의 웃는 얼굴에서 평가에 대한 확증을 찾는다. 웃음으로 하나가 된 그들은 막강한 팀이 되어 비웃음을 당하는 사람을 위축시킨다. 다수가 내린 직접적인 판단 속으로 사람을 몰아가는 이런 웃음에는 항의할 도리가 없다.

조소에 대처하려면 기품이나 최소한 고도의 대응 기술이 있어야 한다. 조롱당하는 사람이 솜씨가 좋으면 자신을 향한 비웃음에 함께 끼어들어 상처를 주고 굴욕을 안기는 상대방이 정말로 재미있는 척을 한다. 그러나 괴롭히는 사람은 이점조차 유리하게 이용할 줄 안다. 그들은 부드럽고 애정 어린 농담과 악의 섞인 조롱 사이의 선을 넘나드는 방법을 잘 알고 있다. 또한 괴롭힘을 당하는 사람이 어깨를 으쓱하며 대수롭지 않게 넘어가지 않도록 상황을 밀어붙이는 법을 알고 있다. 자신의 희생양이 마침내 화를 내면 그는 유머감각이 없다며 그 사람을 책망할 것이다. 사실 유머감각의 부재는 더 많은 웃음을 부른다. 농담을 이해하거나 받아들이지 못하는 것은 그 자체로 웃음거리가 된다. 특히 그 사람이 농담의 대상일 때는 더욱 그렇다. 《뜻대로 하세요As You Like It》(영국의 극작가 셰익스피어의 4대 희극 중 하나: 옮긴이)에서 실리아가 말했듯 '바보의 아둔함은 재치의 숫돌이다.' **13** 삶의 대부분을 자신의 땀과 남들의 환희가 합쳐진 지독한 혼합물에 뒤덮인 채 보내는 사람들이 있게 마련이다.

인간은 유일하게 웃는 동물일 뿐만 아니라 웃음에 대해 숙고하는 유일한 동물이기도 하다. 이들은 웃음을 유발할만한 방법들을 구상하고, 무엇이 재미있고 무엇이 재미없는지를 생각하며, 왜 똑같은 무언가를 누구는 재미있어 하고 누구는 재미없어 하는지 (때로는 애처로울 정도로) 궁리한다. 무엇보다도 인간은 성과 웃음을, 또는 대개 둘을 함께 집중적으로 다루는 연예 산업을 통해 생계를 꾸려간다. 이들은 심지어 웃음을 글로 받아써서 그 소리를 '하-하'와 '호-호'와 '히-히'와 '티-히'로 형식화하고, 웃음을 여러 종류 중 특정한 방식으로 표현함으로써 그 웃음과 웃는 당사자에 대한 평가를 내린다. 가령 나는 되도록 '티-히'하며 웃는 사람보다 '호-호'하며 웃는 사람으로 기록되고 싶다. '티-히'는 악의적인 환희가 번뜩이는 저속함에 가까워 보이기 때문이다.

가장 파괴적인 웃음은 성적 욕구에 따른 행동에서 오는 위험을 이용한다. 알렉산더 포프Alexander Pope(1688~1744, 영국의 시인 겸 비평가: 옮긴이)가 자신의 천부적 재능으로 140센티미터 신장을 상쇄할 수 있으리라 믿으며(포프의 적대자들은 그를 '꼽사등 두꺼비'라고 불렀다) 친구 메리 워틀리 몬터규 부인Lady Mary Wortley Montagu(1689~1762, 영국의 시인 겸 서간문 작가: 옮긴이)에게 청혼했을 때, 그에게 돌아온 웃음은 웃은 사람과 당한 사람 모두가 죽은 지 250년이 지난 지금까지도 여전히 오싹한 공포감을 전해준다. 메두사의 '일그러진 끔찍한 얼굴'이 '여성의 웃음에 대한 남성의 공포감'을 상징한다는 카밀 파글리아 Camille Paglia(1947~, 미국의 작가, 사회 비평가 겸 저명한 페미니스트 이론가: 옮긴이)의 주장은 근거가 빈약해보이기는 하지만 심리학적으로 상당한 타당성이 있는 것도 사실이다.[14]

가장 슬픈 웃음은 미친 사람의 웃음이다. 부적절한 웃음은 정신병의 초기 징후다. 정신분열증 초기 환자는 개인적 비극이나 타인의 비극 앞에서 (어쩌면 이를 극복하는 하나의 방법으로) 웃을 수 있다. 또한 우리 모두는 주로 자기 혼자 웃는 별난 사람들에 익숙하다. 이런 사람의 웃음은 의사소통의 한 방식이 아니다. 다른 사람들과 더불어 살아가는 세상 속에서 뭔가 어긋난 것에 대해 공유하고 나누는 대응 방식이 아닌 것이다. 오히려 그의 웃음은 그 자신과 타인들의 세계 사이의 거리를 나타낸다. 타인들은 현재 존재하는 상황이고 그의 머릿속 세상은 이상적인 상황이다. 통상적으로 우리는 혼자 있을 때보다 다른 사람과 함께 있을 때 웃는 빈도가 30배 늘어난다. 정신병자의 경우에는 수치가 뒤바뀐다. 그들은 세상과 함께 웃지 않고 세상을 보고 웃는다. 세상 또한 그들을 보고 웃음으로써 이에 화답한다.

헬무트 플레스너의 말처럼 궁극적으로 웃음은 우리가 세상에서 돌출되어 나온 별난 동물이며 세상 속에 완전히 녹아들지 못하고, 완전히 자리 잡지 못했음을 보여주는 표식이다. 우리는 때로 울지 않기 위해 웃는다. 그리고 때로는 '웃음의 눈물'을 흘릴 때까지 웃는다.

호흡의 몇 가지 다른 용도 :
기침, 하품, 재채기

머리는 공기에 대해 스쳐가는 관심 정도밖에 없는 구조물 치고는 공기와 관련해 상당히 많은 일을 한다. 기침, 하품, 재채기, 콧방귀, 헛기침, 오르가즘 흉내 등은 머리 호흡이 얼마나 놀랍도록 다양한 방식으로 이용될 수 있는지와 폐로 들어가거나 폐에서 다시 나오는 공기에서 얼마나 광범위한 도구들이 만들어질 수 있는지를 보여준다.

우리가 인간세계를 창조하고 그 세계가 자연을 차단하기 전에, 우리는 우리의 운명을 최초로 발견했던 자연세계 속에 잘 적응했다. 그러나 여기서 뛰어난 적응이란 보편적인 종류에만 해당될 뿐이다. 여러 가지 상황 변화, 특정 장소와 특정 시간이라는 우연적 요소들이 간과되었다. 따라서 호흡이 전반적으로 볼 때는 훌륭히 실행된 좋은 아이디어일지라도 여기에 결함이 생길 가능성은 항상 존재한다. 가령 깊은 숨을 들이쉴 때 필요한 공기뿐만 아니라 전혀 필요 없는 것들 한두 가지를 끌어들이게 될 수도 있다. 먼지, 날파리나 기타 생물학적 침입자 등 유기적 세계의 표본들, 음식이나 다른 인공물의 파편 등이 여기에 해당한다. 이런 물질들이 배출되지 않으면 그리 오래지 않아 폐가 가득 차게 되고, 폐는 가슴 안에 있는 한 쌍의 돌덩이처럼 딱딱하고 쓸모없는 물건이 될 것이다.

그래서 기침이 존재한다. 기침은 짧게 숨을 들이마신 뒤 후두가 일시적으로 닫히고, 뒤이어 호기 근육이 수축하고 후두가 열린다. 그렇게 해서 생긴 고압의 센 공기 덕에 먼지, 진딧물, 비스킷 부스러기, 가래와 같은 자체 생성물이 기도에서 제거된다. 기침 반사는 기도 내막에 있는 감각신경의 자극에 의해 유발된다. 이러한 자극은 강렬하고 참기 힘든 간지러운 느낌으로 나타난다.

기침은 거의 불가항력적이다. 심지어 기침이 나올지도 모르겠다는 생각만으로도 목구멍을 청소하고 싶은 욕구가 시작될 정도다.

이러한 생각이 특히 강력하게 작용하는 경우는 기침을 하지 말아야할 중요한 이유가 있는 상황에서다. 가령 피아노 협주곡 중 영혼을 얼릴 듯이 고요한 악절이 연주되고 있을 때, 단 한 번의 커다란 기침소리가 3천 명의 신경을 건드릴 수 있다. 자신의 모습을 들키지 않고 다른 사람을 관찰하고 싶을 때도 마찬가지다. 에니드 블라이튼Enid Blyton(1897~1968, 영국의 아동문학가 : 옮긴이)의 작품 《다섯 악동들 The Famous Five》의 막내 앤이 보여주는 가장 큰 특징은 그들이 범죄 행위에 가담한 도둑들을 염탐하는 도중에 참을 수 없이 기침을 하고 싶어 하는 욕구였다. (우리가 앤에게 느낀 동정심은 인간의 연대감이라는 직물 위에 또 한 땀의 실을 수놓았다.)

따라서 기침만큼 생물학적이고 무의식적인 메커니즘도 없다. 그럼에도 불구하고 역시 인간이란 존재에 걸맞게, 이렇듯 분명한 생리적 목적과 명백한 의미를 지닌 이 현상이 때로는 지극히 모호한 갖가지 의미를 지닌 인간적 상징으로 전환되기에 이르렀다. 비명, 고함, 외침과 달리 기침의 소음은 부차적인 것에 불과하다. 즉, 기침 소리는 그 기능과는 아무런 연관이 없다. 어쩌다 소리가 나지 않는다 해도 이 공기의 폭발은 역시나 침입 물질을 배출할 것이다. 기침 소리를 가져다가 자신의 목적에 이용하는 것은 바로 우리다. 우리는 기침 소리를 얻기 위해 기침을 한다. 이렇게 하는 이유는 우리 자신에 대한 관심을 끌기 위해서이고, '여기 내가 있다!'라든가 혹은 그저 '나!'라고 말하기 위해서다. 한 마디로 기침은 기침하는 사람의 존재를 분명히 하기 위해 실행된다.

간질거림 때문이 아니라 자신의 존재감을 배가시키려는 욕구로 인해 촉진되는 이러한 기침의 용도는 자신의 존재, 타인에게 비치는 자신의 존재에 대한 꽤나 복잡한 인식에서 비롯된다. 얼마나 복잡한 인식인지는 뒤이은 전개과정에 의해 명확해진다. 이 기침은 자신이 간과되었다고 느끼는 사람을 지원하기 위해 만들어진다. 이러한 기침에는 여러 가지 변형된 형태가 있다. 가장 복잡한 형태 중 하나는 '이류 시인의 조심스러운 기침'이다. 이 기침, 혹은 그 개념은 기침의 몇 가지 차원을 이끌어 내거나 혹은 몇 가지 차원으로 뻗어간다. 공개 낭송에 앞서 행해질 수 있는 목 고르기, 초조감을 나타내는 기침, 앞서 말했듯 자신의 존재를 가리키는 기침 등이 여기 해당한다. 목 고르기, 즉 준비 차원의 목구멍 청소하기는 그 자체로 대중연설가나 (후두 상태를 점검하고 초조감을 사전에 처리하려는) 다소 어려운 말을 하기 직전인 사람을 나타내는 표식으로 분리될 수 있다. 이는 다시 청중을 조용히 시키기 위해 인용 부호로 표시된 기침을 하거나 상당히 형식화된 특정한 기침을 나타내는 문어 단어를 말로 뱉는 경우 '에헴!'으로 양식화될 수 있다.

이 같은 복잡성도 기침이 일상생활에서 성가신 전달수단이 되는 것을 막지는 못한다. 기침하는 사람은 의식적이든 무의식적이든 '나는 괴롭다,' '나는 아프다,' '나는 숨이 막힐지도 모른다,' '나는 도움이 필요하다'라고 말하고 있다. 어린아이들은 걱정하는 부모의 주의를 잡아채는 이 소리를 통해 힘없는 사람의 힘을 강력히 드러내는 법을 순식간에 익힌다. 이것은 반대 방향으로 작용할 수도 있다. 언젠가 나는 미혼에 외동딸인 기술자와 함께 일한 적이 있다. 그녀의 삶은 나이 드신 어머니의 자잘한 기침에 완전히 지배되고

있었다. 그 기침 때문에 연휴가 취소되었고 오래 사귄 남자친구로
부터 최소한 한 번 이상 결별 통보를 받았다. 그녀에게 내적인 힘과
자신감을 부여해서 어머니의 기침 독재를 극복하게 해준 인지행동
치료 전문가에게 극찬을 보낸다. 현재 이 기술자는 결혼해서 아이
들도 있는데, 이 아이들의 자잘한 기침이 할머니를 계속 각성시켰
으면 하는 바람이다.

잔기침은 더 심각한 증상을 대중들에게 상기시킨다. 특히 에이즈
로 인하여, 대중들은 폐결핵이 세계의 많은 지역에서 흔히 나타나
는 현실이라고 기억하게 되었다. 이러한 지역에서는 말장난으로 치
부해버리기에는 기침coughin에서 관coffin으로 가는 길(기침과 관을 뜻하
는 영어단어의 발음이 같은데서 착안한 동음이의어 말장난이다 : 옮긴이)이 너무나
잘 다져져있다.

기침이 야기하는 상세한 상태와 전문가적 주의는 가래 낀fruity 기
침과 마른dry 기침, 밭은hacking 기침과 개 짖는 소리barking 기침 등
의 풍부한 상징을 낳았다. 또한 병리학적인 범위 밖에 있는 다른 유
형의 기침도 있다. 경고성 기침과 속임수 기침이 여기에 해당한다.
아마도 독자 여러분은 퀴즈쇼 '누가 백만장자를 꿈꾸는가?Who
Wants to be a Millionaire?'의 그 악명 높은 에피소드를 기억하고 있을
것이다. 객석의 공모자는 기침을 이용하여 참가자에게 정답을 알려
주었고, 참가자는 기침을 통해 공모자의 머릿속 정보를 이용할 수
있었다.

강사들은 청중들이 자는 동안 말을 하는 비상한 재주를 부린다.
청중이 내적 이동을 겪고 있음을 보여주는 기본 신호는 하품이다.

경험 많은 교수들은 하품의 여러 특징에 익숙하다. 가령 입이 크게 벌어짐으로써 내시경의 도움 없이도 학생의 식도를 볼 수 있다거나 팔레스트리나Palestrina(1525~1594, 이탈리아의 교회음악 작곡가 : 옮긴이)의 사라진 미완의 멜로디처럼 세 음으로 구성된 날숨소리 같은 것들이다. 하품 나는 시간에 일어난 피곤함으로 못 견딜 지경이지만 자신의 미래를 걱정하고, 자신에 대한 교수의 평가에 신경 쓰는 좀 더 예의바른 학생들의 억눌린 하품도 익숙하기는 마찬가지다. 이들은 콧구멍이 벌어지고 아래턱이 불룩하게 부풀며, 얼굴이 미묘하게 뒤틀리고 눈물이 새나간다.

　강사들에게는 불행한 일이지만 하품도 웃음처럼 전염성이 있는데, 다만 그 정도가 더 심하다. 심지어 하품 생각을 하는 것만으로도 충분하다. 지금 이 글을 읽고 있는 당신도 앞서 웃음에 대한 부분은 완전히 무표정한 상태로 읽었을지 모르지만 지금 이 문장에 도달할 즈음이면 분명 하품을 했을 것이다. 하품은 다소 더 단순하기는 하지만 웃음과 비슷한 메커니즘을 가진다. 깊은 들숨과 그보다 짧은 날숨 사이에 짧은, 절정의 끊김이 들어가는 것이다. 여기에 각종 장식이 더해질 수도 있다. 하품의 목격자들은 으르렁거리는 소리, 울부짖는 소리, 음률 등 단순한 행동을 꾸며주는 음향적 뒤틀림 장식을 보게 될 것이다.

　표면적 유사성은 웃음과 하품의 심오한 차이를 더욱 부각시킨다. 극에 달한 환희는 세상의 다양성과 헝클어진 예측 불가능성에 대한 즐거운 놀람을 나타낸다. 한편, 가장 일반적인 형태의 하품은 세상이 단조롭고 뻔하며, 재미없고 시시하다는 인식에 대한 반응이다.

진부한 표현, 케케묵은 농담, 핵심 없는 사실 나열, 변화 없는 전망, 끝없이 반복되는 업무 등은 피로감을 유발하여 하품 중추를 자극한다. 웃음은 세상이 놀랍다고 말하고, 하품은 세상이 뻔하며 기대한 것과 다를 바 없다고 말한다.

그렇지만 뻔한 것은 그 자체로 뻔하지 않다. 직업상 당연한 것을 당연시하지 말아야 하는 철학자들은 권태의 신비에서 자주 영감을 얻곤 했다. 20세기의 가장 위대한 철학자라 할 만한 마르틴 하이데거는 권태의 무nothingness에서 철학이 탄생했음을 증명하겠다고 주장했다. 하이데거는 복잡하고 풍부하며 무한히 다양한 세계와 그 세계 속의 그만큼 복잡하고 다양한 우리의 삶을 상당히 지루한 것으로 여길 수 있다는 기이한 사실에 대해 숙고했다.[15]

그러므로 요람에서 무덤에 이르는 삶의 여정 중 대략 25만 번 가량 하게 되는 하품이 쉽사리 이해되지 않는 것은 당연하다. 그 원리에 대한 해석의 수만 봐도 하품이 현재 통용되는 해석의 범위 밖에 있다는 것을 분명히 알 수 있다. 하품을 하면 대량으로 숨을 들이마시게 된다. 여기서 그럴듯한 하품의 원인을 찾을 수 있다. 즉, 우리가 졸릴 때 호흡량이 줄어들기 때문에 산소 수치가 떨어진다는 것이다. 하품은 혈중 산소량을 복구하기 위한 반응이라는 얘기다. 그러나 불행히도 졸릴 때 산소를 흡입하는 것이 하품을 억제하지는 않는다. 이로써 이 이론은 무너졌다.

하품의 전염성에 초점을 맞춘 이론들도 있다. 유인원 연구가들은 유인원 한 마리가 하품을 하면 그 하품은 다른 유인원들도 하품을 하게 할뿐만 아니라 다른 장소로의 이동과 다른 행동 양식의 실행도 유발하는 것 같다고 말한다. 어쩌면 하품은 의사소통을 하고 사회적 행동을 조율하는 수단으로써 일종의 '여기 싫증난다. 가자'와 같은 의미를 담은 동의의 끄덕임이다. 이러한 해석에는 많은 문제점이 있다. 첫째, 하품의 전파는 다소 무작위적으로 이루어진다. 유인원의 경우에서조차 하품의 활발한 전파와 장소 및 행동 변경 간의 연관성이 다소 약하고 인과관계의 단서는 그보다도 더욱 미약하다. 둘째, 우리와 세계상이 완전히 다른 유인원을 통해 우리를 이해하는 것은 언제나 위험이 따른다. 더욱이 모든 척추동물이 하품을 하는데, 푸른 박새와 악어를 통해 우리를 이해하려면 더 자유로운 상상의 도약이 필요하리라 여겨진다. 셋째, 인간은 혼자 있을 때 하품하는 빈도가 상당히 잦은데, 혼자서 하품하는 사람이 가상의 타인들과 의사소통하고 있다고 주장하는 것은 무리다. 넷째, 우리는 인간 태아가 임신 약 11주부터 하품을 시작한다는 사실을 알고 있다. 이때 태아는 제한된 공간에서 혼자인 경우가 대부분이므로 신호를 보낼 상대가 없다. 태아가 자궁 밖 세계가 제공할 지루한 연설을 기대하고 있을 가능성은 희박해 보인다. 태아가 자신의 자궁 내 영역에 싫증이 났다는 개념도 가능성이 없기는 마찬가지다. 어떤 세상에 대한 희미하게 잘 들리지 않는 소문만 들으며 아홉 달을 혼자 보내는 일이 우리 같은 사람들에게는 다소 지겨울 수도 있다. 하지만 작은 반점 같은 생명 물질에서 욕구와 권리에 대한 강력한 감각을 가진 2.5킬로그램짜리 아기로 자라는 일만으로도 아이는 충분히 흥미로울 거라고 예상할 수 있다.

뇌의 다양한 부분의 활성화 상태를 보여주는 신경 영상은 하품에 관한 몇 가지 흥미로운 사실을 제공한다. 피험자들에게 사람들이 하품하는 모습을 담은 영상을 보여줬을 때 주로 사회적 신호에 대한 반응과 연관된 부위가 밝게 표시된다. 이들 부위는 피험자들에게 무작위의 입 움직임을 보여줬을 때는 같은 방식으로 밝아지지 않는다. 그러나 밝게 나타나는 뇌 부위는 거울뉴런시스템(mirror-neuron system, 관찰 혹은 간접경험만으로도 내가 그 일을 직접 하고 있는 것처럼 반응한다는 것)과 연관된 부위가 아니다. 이 체계는 우리가 보고 있는 행동을 흉내 내고 싶을 때 활성화된다.[16] 이를 근거로 과학자들은 전염성 하품이 진정한 모방 행동이 아니라 자동적 행동이라고 결론짓는다. 앞으로 알게 되겠지만 우리는 이 결론을 조금 신중하게 다룰 필요가 있다.

하품을 설명하는 가장 단순한 가설이자 내게는 가장 타당하다고 여겨지는 해석은 하품이 방어적 폐 반사라는 것이다. 이 반사작용은 폐 팽창을 적절히 유지해주고 스펀지 모양의 폐, 특히 산소와 이산화탄소의 교환이 일어나는 폐포에 있는 기포가 파열되는 것을 막는다. 이런 면에서는 기침과 약간 비슷하지만, 기침의 경우도 그렇듯이 인간의 머리를 통해 들어오거나 나가는 그 어떤 교환도 단순하거나 단순한 상태가 지속되지 않는다. 하품하는 다른 동물들과 달리 인간은 무의식적으로 하품을 유발하는 것들을 알리기 위해 의도적으로 하품을 이용한다. 우리는 동료들과 함께 하품을 할 뿐만 아니라 그들을 향해 하품을 하기도 한다.

상대가 나를 향해 하품하는 것은 비웃음을 당하는 것만큼이나 감정을 상하게 한다. 지루한 사람으로 여겨지는 것은 지루함을 느끼는 것보다 당황스럽다. 우리 자신에 대한 이 비평 행위가 모욕적인 이유는 이 행위가 겉으로는 무의식적으로 보이지만 결과적으로는 진심이기 때문이다. 물론 지루함의 신호인 하품을 의식적으로 정교하게 다듬을 수 있다. 사람들 앞에서 하품할 때 우리는 예의상 입을 가려야 한다. 그래야 다른 사람들이 우리가 내쉰 숨을 맡지 않아도 되고 우리의 구강 속 광경을 코 앞에서 보지 않을 수 있기 때문이다. 이러한 생물학적 비즈니스가 제대로 수행될 수 있으려면 입을 가리는 동작이 간헐적으로 이루어져야 한다. 그래서 예의바르게 하품하는 사람은 입을 막기보다는 가볍게 두드린다. 이 행동은 다시 하품을 상징하고, 이를 통해 하품을 당하는 사람을 상징하는데 이용될 수 있다. 다른 경우라면 난공불락일 권위가 전복될 수 있다. 벌린 입을 두드리는 행동만으로 저녁 데이트, 해외 휴가여행, 직장, 결혼이 요약되고 평가될 수 있다.

우리가 존재를 깨닫는 곳이자 상당 부분 당연시하는 이 세계에 우리의 우월함을 전하는 이러한 방법은 우리가 신경과학자들이 말하는 자동적 행위automatisms와는 차원이 다른 존재임을 보여준다. 우리는 불만 있는 유인원과도 거리가 멀고, 정교한 폐 구조를 지탱하거나 혈중 산소 농도를 유지하는 일과도 거리가 멀다. 감히 말하건대, 절대 하품할 만한 존재가 아니다.

재채기는 기침보다 드물게 나타나고, 수행하는 의사소통의 역할도 더 적다. 일반적으로 우리는 재채기를 통해 이목을 끌지는 않는다. 그러나 생물학적 목적은 상당히 유사하다. 재채기를 유발하는 요인은 먼지, 꽃가루, 침입 병원균, 코담배 등에 의한 코나 목구멍

점막의 자극이다. 메커니즘은 좀 더 복잡하다. 코 안의 신경 말단이 자극을 받으면 신경 자극이 삼차 신경절을 지나 뇌간에 있는 뉴런 집단으로 전달되는데, 이들을 재채기 뉴런이라고 부른다. 이들 뉴런이 안면 신경을 따라 다시 콧구멍으로 자극을 보내 점액을 분비하게 하고, 때로는 눈물샘으로도 자극을 보내 눈물 몇 방울을 짜내게 하며, 눈 주변 근육으로도 자극을 보내어 눈이 감기게 만든다. 이와 동시에 재채기 중추는 척수를 통해 호흡기 근육으로 자극을 전달하여 강제 날숨을 유발한다. 이러한 과정을 통해 불쾌한 물질의 제거에 이용되는 수단과 그 물질을 손수건(지난 한 세기 정도)이나 손등(그에 앞선 수백만 년)에 연속 포격으로 보내는 호흡 폭발이 발생한다.

재채기에 대한 최소한의 기억과 가장 간략한 조사만으로도 바닥이 한없이 깊은 서랍이 드러난다. 조금만 파헤쳐도 자유 낙하 상태에 이른다. 다음번에 재채기하는 사람에게 '신의 축복이 있기를bless you'이라고 외칠 때는 그 말에 얼마나 유서 깊은 역사가 들어있는지 기억해야 할 것이다.[17] 이 인사말은 거대한 사슬의 고리 혹은 기도의 조직망이다. '재채기를 할 때마다 시종들에게 축복의 말을 강요했던'(침울하고 비사교적인 사람이었던) 티베리우스 카이사르Tiberius Caesar(BC 42~AD 37, 로마제국 제2대 황제 : 옮긴이), 공포와 재채기를 연결시킨 역병, 신의 도움을 구하는 아이슬란드의 기도, 탐험가 존 해닝 스피크John Hanning Speke(1827~1864, 영국의 아프리카 탐험가 : 옮긴이)에 의하면 원주민들에게서 나타난 유일한 종교의 흔적이 '누군가 재채기를 할 때마다 아라비아어로 탄식이나 기도를 내뱉는 관습'이라는

19세기 적도 아프리카, 모든 인간의 삶과 행적을 담은 책을 늘 넘기고 있는 세계 대법관이 어떤 사람에게 해당하는 책장을 넘기면 그 사람이 재채기를 한다는 태국의 이야기 등이 모두 이 인사와 연결되어 있다.

크세노폰Xenophon(BC 430?~BC 355?, 그리스 역사가로 소크라테스의 제자 : 옮긴이)이 그리스와 페르시아의 전투에 참전해 겪은 일을 기록한 《아나바시스The Anabasis》에는 유명한 장면이 있다. 아테네의 장군 크세노폰은 자유 아니면 죽음을 좇아 그를 따르라며 병사들에게 격려 연설을 했다. 연설의 끝자락에 누군가가 재채기를 했는데 이것은 신들의 지원을 의미하면서 사기를 드높이는 신호였다. 그러나 보로디노 전투의 끔찍한 학살이 있기 전 이른 아침 시간에 나폴레옹이 했던 재채기는 축복을 불러오지 못했다. 8만 명이 죽고 셀 수 없이 많은 사람이 부상을 당했으며, 전체적 피해는 러시아 전역을 넘어 종국에는 프랑스로까지 확산되었다.[18] 이보다는 끔찍함이 덜한, 재채기와 관련한 국가들 간의 상호작용의 예로는 독일의 한 버스에서 재채기를 한 영국 귀족 소녀의 이야기가 있다. 소녀의 뒤에 있던 중년의 독일 남성이 의례적 인사말 게준트하이트Gesundheit!(독일어로 '건강'이라는 뜻이며 영어권에서도 건강을 기원하는 인사말로 쓰인다 : 옮긴이)를 건네자 소녀가 기쁜 표정으로 돌아보며 이렇게 말했다. '아, 영어를 할 줄 아시는군요!'

이유는 확실치 않지만 재채기는 상당한 쾌감을 줄 수 있다. 재채기가 막 나오려고 하면서 나오지 않는 상황은 매우 짜증스러운데, 이는 작은 오르가즘을 얻지 못하는 것과 같다. 우리 중 25퍼센트에 해당하는 사람들은 막 나오려는 재채기를 그 느낌이 사라지기 전에 시원하게 터뜨리기 위해 재빨리 태양이나 강한 불빛을 본다. 코담배를 맡는 사람들은 재채기를 주요 오락 활동으로 만든다. 이들은 몸이 그 주인을 일시적으로 점유하게 되는 작은 황홀경을 찾아 콧구멍과 손수건, 엄지손가락 아래 힘줄 사이에 있는 작은 공간, 즉 해부학적 코담배갑을 담배가루로 검게 물들인다.

이제 비언어적 호흡에 해당하는 것들 중 끝에서 두 번째 예로 옮겨갈 차례다. 그것은 바로 오르가즘과 관련된 호흡이다. 더 구체적으로 말하면 여성의 오르가즘이다. 이보다도 더 구체적으로 말하자면 거짓 오르가즘에 관해서다. 여성 오르가즘에서 가장 두드러진, 혹은 일반적인 측면은 오르가즘과 동시에 일어나거나 그것의 전조가 되는 헐떡거림, 끙끙거림, 흐느끼기, 놀람과 기쁨의 절규다. 오르가즘에 꼭 소리가 수반될 필요는 없지만 발성된 소리는 상대 남성이 훌륭한 애인이고, 그의 사랑 행위로 인해 사랑받고 있으며, 그가 여자의 영혼에 접근할 수 있는 특권을 가지고 있고, 더할 나위 없이 잘하고 있음을 나타내는 증거다. 따라서 헐떡거림은 수많은 것들을 알리는 신호지만 그 중 어느 하나도 분명하지 않다. 여기에는 그 경험에 대한 고마움과 그것을 가져다준 솜씨에 대한 칭찬이 포함된다. 그 외에 '당신은 나를 다른 곳, 어떤 특별한 장소로 데려갔고 그곳에서 우리는 아주 특별한 일체감을 누렸어요'라는 의미이기도 하다. 혹은 이 중 어떤 것에도 해당되지 않을 수도 있다. 가장 극단적인 성행위조차도 모호함으로 싸여있을 수 있다.

이제 마지막으로 조금은 덜 까다롭고 아마도 인간의 시간 중 더 많은 부분을 차지하는 것, 즉 투덜거림을 다룰 시간이다. 이 주제는 워낙 광범위하기 때문에 불만을 나타내는 투덜거림인 헛기침으로 애기를 국한시켜야 할 듯하다.

헛기침은 그 방법이 가진 외관상의 조악함과 꾸밈없는 신체적 특징, 그리고 그 이유가 가진 추상성과 복잡성 때문에라도 우리의 주목을 받을 만하다. 종종 억제된 기침소리에 가까운 헛기침은 소리의 덩어리이고 원시 언어적 원형 음소다. 이런 특징에도 불구하고 일반적으로 헛기침은 상당히 고등적인 자극에 의해 촉발된다. 자극의 예로는 '세상'이라는 이름의 비현실적인 대상, 끝없는 풍문 속에서 새로운 유행이나 경향을 드러내는 신문의 기사들이 있다. 헛기침은 기성사회의 일원이라는 개념과 밀접하게 연관되어 있다. 이들의 살찐 몸은 헛기침을 만들어내기에 딱 맞는 도구가 된다. 이 몸은 주변 세상에서 일어나는 많은 일들과 장기적으로 빚는 만성적 갈등 상태로 인해 고혈압과 비만을 가지고 있을 가능성이 크다. 비만과 관련된 신체 현상 중 하나는 헛기침이라는 거친 날숨이 옆쪽으로 비틀거리며 사라지는 순간 흔들리는 아래턱이다. 이 몸은 아마도 사립 중학교를 다녔을 것이고 어쩌면 일정 기간 군복무를 했을 수도 있으며, 변화가 자신의 특권을 위협한다는 이유만으로도 새로운 것에 저항할 것이고, 개 이빨 무늬의 체크 재킷을 입고 있을 것이다. 이 몸은 샤이어 지역(the shires, 영국의 여러 주 중 'shire'를 어미로 하는 주의 총칭. 특히 초원과 농지가 많은 중부지방 : 옮긴이) 출신이겠지만 그것이 뱉는 헛기침은 주로 실내에서, 아마도 도시의 실내, 좀 더 정확히 말하면 신사 클럽gentleman's club에서 일어날 것이다. 그곳에서 뜻 맞

는 사람들에 둘러싸인 그 몸은 헛기침을 할 때마다 메아리치는 헛
기침으로 보답 받으면서 헛기침을 더 자주하게 될 것이다. 헛기침
뒤에는 과격하게 신문 페이지를 넘길지 모른다. 신문 속에는 헛기
침을 부르는 새로운 분노할만한 거리가 펼쳐질 것이다. 앞 단락에
서 볼 수 있듯이, 헛기침하는 주체나 헛기침 당하는 대상이나 우리
가 고정관념을 만들고 인식하기는 똑같이 쉽다.

공기 머리의 끝없는 목록

우리는 머리호흡headwinds의 목록을 결코 샅샅이 규명하지 않았다.
음(mming, 맞장구나 찬성의 뜻: 옮긴이), 콧노래(humming), 음(umming, 주저
나 의문을 나타냄: 옮긴이), 아아(ahing, 기쁨, 놀람, 한탄 등을 나타냄: 옮긴이)나
숨 막힘(gasping, 놀람이나 고통으로 인한 숨막힘)이나 한숨, 콧방귀, 코골기
를 생각해 보라. 너무나 다양한 기능을 가지고 있는 휘파람도 있다.
휘파람은 스스로에게 즐거움이나 위안을 주고, 좋아하는 선율로 어
둠을 채움으로써 마술 같은 분위기를 퍼뜨린다. 또 자신의 존재나
놀람을 나타내거나 성적 희롱의 수단이 되기도 한다. 끝부분마다
휴지기가 있는 들숨 조각으로 오랫동안 코미디언이 주정뱅이를 흉
내낼 때 사용해 온 딸꾹질과, 공기처럼 가볍기보다는 묵직한 감이
있는 혀차기도 생각해 보자. 1960년대 초반에 잠시 본거지에서 영
국으로 건너온 요들 부르기도 한 예이다. 또한 캑캑거리기spluttering
도 빼놓을 수 없다. 이것은 비스킷이 엉뚱한 곳으로 들어갔을 때나

말이 그것이 전하고자 하는 감정의 무게에 눌려 무너졌을 때, 배우가 충격이나 놀람을 표현하고자 할 때 나타난다. 이 모든 순수한 현상에 더해 혼합적인 현상도 있다. 반사적 즐거움을 억누르는 상태를 나타내는데 동원되는 웃기, 기침, 헐떡거림, 침뛰기기, 내뿜은 담배 연기가 곁들여진 미소와 하품, 찌푸림과 머리 흔들기를 동반한 혀차기 등이 그 예다. 그리고 하품이 웃음을 유발하거나 무분별한 웃음이 놀람과 비난이 담긴 호흡을 부추기는 경우처럼 머리호흡은 연속적으로 일어날 수도 있다. 도움을 받고, 변형되고, 악기에 사용되어 트럼펫, 트롬본, 플루트 등을 부는 날숨은 말할 것도 없다.

이 목록에는 끝이 없다. 하지만 나는 거울 속에서 본 해부학적 구조에서, 그리고 2장에서 살펴본 광범위한 분비물을 생산하는 생리학적 최고 요리사에서부터 얼마나 먼 길을 왔는지 간략히 고찰하면서 이 장을 끝맺으려 한다.

이 장에서는 머리가 우리에게 대접하는 물질, 즉 침과 땀, 콧물, 눈물 등 갖가지 목적으로 머리에서 나오는 물질을 머리 달린 우리가 어떻게 처리하는지에 대해 생각해보았다. 비생리적이고 상징적인 인간 고유의 목적을 위해 이 정교한 생리적 분비물들을 우리가 어떻게 통제하는지 살펴봤다. 이는 우리가 자신의 머리와 얼마나 떨어져있는지를 현저히 보여주는 증거였다. 머리는 그 자체를 초월한다.

우리는 이 장을 통해 공기와 같이 우리 몸에 들어오고 나가는 단순한 물질들을 크게 변형시키는 것이 가능하다는 것, 그리고 생물학적 사건을 인간적 행동으로 만드는 것이 가능하다는 것을 확인했다. 그러나 이것은 시작에 불과하다. 이제 모든 머리 호흡 중에서도 가장 강력한 것에 의해 확장된 거대한 가능성의 우주에 막 들어서려는 참이기 때문이다. 그 주인공은 바로 말speech이다.

다른 머리와의 만남,
의사소통

이것은 모음의 신기원이다. 그 이전에는 귀뚜라미 소리였고, 그 이전에는 나무에 부는 바람 소리였다.

고트프리트 벤 Gottfried Benn, **<태초의 광경**Primal Vision>

모든 것을 아우르는 이 바람, 지난 10만 년에 걸쳐 축적되어 60억 개의 머리가 만든 강풍이 된 이 바람이 불어와 가능성의 우주를 열어젖혔고, 이 공간에서 개인 및 집단 의식이 그 존재를 차지한다. 나는 실패를 예견하면서 우리가 다루려는 주제에 접근하려 한다. 말에 대한 말은 문제가 있다. 말이 어떻게 스스로를 말로 표현할 수 있겠는가? 하지만 이 질문은 그 자체로 답이 된다. 말은 모든 말을 포괄하는 '말'이라는 단어를 포함한다. 또한 모든 문장을 의미하는 '문장'이라는 단어가 있고, 모든 단어를 포괄하는 '단어'라는 단어도 있다. 따라서 우리는 모든 언어적 관점에 대한 언어적 관점의 환영을 가지고 있다. 우리에게는 갈라지고 모이는 모든 것을 함께 모으는 단어들이 있고, 그것이 곧 말이다. 인간 언어에 대한 가장 근본적이고 의미 깊은 진실 중 하나는 그것이 메타언어, 즉 언어에 대한 언어로 온통 채워져 있다는 것이다. 말은 가장 정교하게 다듬어진 자의식의 본거지로 스스로를 의식한다. 나는 말을 할 때 내가 무엇에 대해 말하는지, 왜 말하는지, 누구에게 말하는지, 말을 통해 무엇을 얻고자 하는지 안다. 그리고 내가 말하고 있다는 사실을 안다.

우리는 지금 현기증 나는 영역에 들어섰다. 간단히 이 점을 짚고 넘어가자. 우리가 말에 대해 말하는 것, 인간이 자신과 나눠온, 수많은 가닥으로 얽혀있는 이 대화에 대해 얘기하는 것이 얼핏 가능해 보이기는 하다. 하지만 막상 뒤따르는 결과는 어린아이의 물통으로 바닷물을 잡으려는 시도이며 그나마 그 물통 자체도 그 바닷물의 일부로 만들어진 것이다.

말은 내쉰 숨으로부터 만들어지며, 입술, 혀, 입천장, 목구멍에

의해 정교하게 조형된다. 이들 기관은 경이로울 만큼 신속한 협력
작업을 통해 파열음과 순음, 단절된 소리와 이어진 소리, 열린 모음
과 닫힌 자음을 만든다. 이러한 소리들은 무한히 복잡한 말들과 연
결되어 있으며 그 말에서 우리는 곧바로 의미와 의도를 식별한다.
높아지고 낮아지는 어조와 음량은 내뱉은 말이 주장인지 질문인지,
기원이나 탄식이나 악담인지를 나타낸다. 친절한지 공격적인지, 아
첨하는지 조롱하는지, 정보를 주는지 오도하는지 여부와 상대방이
그저 들을 뿐 아니라 엿듣기도 바라는지를 보여준다. 발언되는 말
은 스스로를 조롱하고 풍자할 수도 있고, 스스로의 진실성을 주장
하며 그 진정성의 진심을 전할 수도 있다.

　따라서 호흡은 생명이라고 할 수 있고, 이 호흡은 생명이 지탱하
는 의식을 구체적으로 표현한다. 이미 우리는 조상들이 프네우마
속에서 내부 세계와 외부 세계, 인간 정신과 자연 세계 간의 연결고
리를 직관적으로 이해했다는 사실에 경탄한 바 있다. 프네우마, 즉
신의 힘은 바람 속에 드러났고, 그 바람은 나무에 생명을 불어넣고
숲이 하나로 움직이게 하며, 육지와 바다를 연결시키고, 새의 곤두
선 깃털을 질주하는 구름과 울리는 동굴과 연결시킨다. 말 속에 존
재하는 프네우마는 인간의 집단 의식을 한데 모은다. 인간의 집단
적 의식은 인간의 본성이고, 우리의 공동 이해를 통해 굴절된 자연
세계이며, 공유된 인간 세계이고, 개별적 자기가 관계를 맺는 여러
개별적 세계다. 이러한 제2의 자연이 가장 정교한 표현에 도달하는
공간은 도시라는 목소리의 연결망이다. 각각의 목소리는 바깥세상
에서 공유된 수많은 것들을 연결하고, 무한한 화자들의 집합체에서

개별적 위치를 차지한다. 도시의 불협화음은 인류 이전부터 존재해 온 바람과, 이 시대를 살고 있는 우리들에게 자연이 보여주는 무관심인 폭풍에 대한 인간의 대답이다.

멀리 떨어진 산에도 큰 영향을 주는 열기류와 마찬가지로, 내쉬는 공기를 따라 입 밖으로 나오고 들리는 우리의 생각은 'gassing'(수다 떨기, 잡담이라는 뜻. 문자 그대로는 '가스를 내보냄'이라는 의미가 있다 : 옮긴이)이라는 말로 간단히 무시되기 일쑤다. 하지만 바로 그 활동을 통해 인간은 자연을 변화시켰다.

추상적 관념을 사용하는 말은 사물의 상태를 말하고, 부정하며, 사물의 상태를 어떻게 추측하거나 확신하는지를 말하고, 무엇보다도 가장 본질적으로 사물이 존재함을 말한다. 말은 아침부터 밤까지, 유아기 후반부터 노망이 드는 마지막 순간까지 우리와 함께 한다. 우리는 크게 소리 내어 말하지 않을 때도 공기 없는 생각의 말 속에서 혼잣말을 한다. 우리는 말을 통해 스스로에게 공포, 희망, 기대와 같은 감정과 계획, 심지어 말할 계획까지 불어넣거나 끄집어낸다. 우리는 스스로를 가르치고, 격려하고, 인도한다. 우리는 꿈에서도 말을 하고 우리가 말하고 있는 꿈을 꾼다.

머리가 이렇게 말에 열중하는 이유는 입이 저녁거리를 뜯어먹거나 물어오거나 둥지를 엮는 일로 바쁘지 않기 때문이다. 머리는 이처럼 정교하게 조형된 머리의 미풍微風을 자유로이 만들어낸다. 그러기 위해서는 아래에 설명된 기관이 조화롭게 연계되어 활동해야 한다.

기류의 형태로 동력을 공급하는 풀무와 유사한 호흡 활성체,
후두(목구멍 아래에 위치하며 에너지를 변형시킴)에 있는 발성음 발전
기, 개인의 목소리 양식이 형성되는 인두(목구멍 위쪽에 위치)에 있
는 음향 형성 공명기, 구강(입)에 있는 말 형성 조음기.[1]

이것은 두 살배기에게 기대하기에는 엄청난 일처럼 보이지만 실
제로 두 살배기가 자신의 기본 욕구needs(좀 더 정확하게는 요구wants)를
언어적으로 표현하지 못하는 경우는 드물다.

여기서 놀라운 점은 다른 어떤 동물도 말을 하지 않는다는 게 아
니라 우리가 말을 한다는 사실이다. 그런데 우리도 아주 오랫동안
말을 하지 않았으며, 그 기간은 크로마뇽인 이후 4만 년 정도인 것
으로 여겨진다.[2] 그러므로 말은 상당히 뒤늦게 나온 산물이다. 말이
어떤 경로로 생겨났는지는 전혀 알 수가 없다. 가장 초기에 나온 가
설은 말이 여러 신들에게서 나왔다는 것이었는데, 이는 인간이 떠
올릴만하다고 여겨지는 꼭 그만큼의 생각이다. 집단 의식을 형상화
하는 말은 우리 중 그 누구보다도 위대하다. 사회학자 에밀 뒤르켐
Emile Durkheim(1858~1917, 프랑스의 사회학자이자 교육자. 《사회학 연보》를 창간하
여 뒤르켐 학파로 불리는 사회학의 한 학파를 형성했고 근대 사회학의 틀을 잡는데 결
정적인 공헌을 했다 : 옮긴이)이 주장했듯이 우리는 이 같은 사회 인식을
신성한 존재에 투영한다. 현재 우리는 신이 언어에서 비롯됐다고
생각하는 쪽을 더 선호한다. 즉, 태초에 말이 있었고, 말은 태초 이
전에 존재한 신을 만들었다. 우리는 말의 탄생에 대해 초자연적 이
야기가 아닌 사실적 이야기를 선택한다. 그러나 그런 이론은 그렇

고 그런 이야기Just-so stories인 경향이 있으며, 이런 이론들에 달린 명칭에서도 많은 언어학자들이 얼마나 이들을 경멸적으로 대하는지가 드러난다.

'딩-동ding-dong'이론은 말이 사물의 소리를 모방한 데서 생겨났다고 주장한다. 그러나 이 이론으로는 소리 없는 사물과 추상적 존재를 표현한 단어들을 설명하기가 어렵다. 이 같은 한계는 최초로 말을 한 사람들이 동물이 내는 소리를 흉내 냈다고 하는 '바우-와우bow-wow'이론에서 더욱 명백히 드러난다. 더욱이 두 이론 중 어느 쪽도 단어의 정확한 의미, 단어들이 어떻게 다양한 방식으로 결합될 수 있는지를 결정하는 문법, 단어들이 다양한 어조로 발음됨으로써 각기 다른 대상을 뜻하거나 다양한 유형의 말하기 행위인 질문, 명령, 욕설, 인사 등에 참여한다는 사실을 설명하지 못한다. 이러한 비판은 조금은 더 가능성이 커 보이는, 언어가 기쁨의 탄식과 고통의 신음에서 나왔다는 견해('푸-푸pooh-pooh' 이론)나 손동작의 구술적 표기에서 나왔다는 견해('타-타ta-ta' 이론), 노동가에서 나왔다는 견해('요-헤-호yo-he-ho' 이론), 경고성의 으르렁거림에서 나왔다는 견해('어-오uh-oh' 이론)에도 똑같이 적용된다.

우리가 내쉰 숨이 정보로 전환되는 과정을 이렇듯 너무나 다양한 지점에서 출발하여 재구성할 수 있다는 사실은 그 위치 중 어느 것도 확신하지 말아야 함을 뜻한다. 그럼에도 불구하고 이들 이론은 말 자체를 설명할 수 있는 잠재적 가능성을 제공한다. 말과 어떤 추정상의 기원을 연결 지을 때 말의 속성 중 한 가지 단면을 이해할 수 있기 때문이다. 우리가 자신과 타인에게 사물을 구체적으로 표현하는 가장 확실한 방법, 즉 언어에 대한 모든 설명은 무엇보다도 우리가 명확하게 표현하는explicit animals이라는 사실을 반드시 설명할 수 있어야 한다. 내쉰 공기를 소리로 전환하여 다른 사물들과 실현되거나 실현되지 않을 가능성들을 가리키는데 이용하는 성향은 자신과 물질세계, 다른 인간들에 대한 명백한 인식을 전제로 한다. 이러한 고차원적 자의식과 다른 사물과 사람에 대한 의식이 어디서 유래되었는지는 깊은 수수께끼로 남아있다.[3]

로버트 프로바인이 제안한 것처럼 말이 정말로 웃음에서 생겼다고 가정한다면 우리는 여기서 두 가지 사실을 상기해볼 수 있다.[4] 첫째, 말은 고도로 규율화되고 분할되고 조직화된 호흡이다. 앞서 밝혔듯이 웃음 역시 자체적 규율이 있다. 간질임을 당한 침팬지의 오르락내리락하는 헐떡거림과 달리 인간의 웃음은 일정한 간격을 두고 통제된 길이로 반복적인 모음으로 나타난다. 인간에게는 웃음의 음운 조직, 즉 음 선택의 통제와 연속된 음의 선택을 조정하는 웃음의 문법에 준하는 것이 존재한다. '호호'를 집중적으로 발성하는 사람들은 '하'나 '히'를 도중에 삽입할 수 없다. 또한 사물의 실제 상태와 이상적인 상태 간의 차이를 가리키며 '상상 좀 해봐!'라고 말하는 듯한 웃음은 거의 지시적 성격을 가지고 있어서 이러이러한 것이 사실임을 언급해준다. 물론 둘 사이에는 심오한 차이가 존재한다. 언어의 소리는 소리의 체계에 속한다. 음소의 소리는 오직 다른 음소와의 대비 속에서만 각자 해당하는 소리로 들린다. 즉, 말소리 한 단위는 그 소리와 다른 소리들과의 차이로 정의되는 위치를 얻는다. 그리고 언어의 문법은 제한된 일련의 규칙들 속에서 특징을 꼬집어낼 수 없는 복잡성을 가지고 있다.

그렇다 해도 이 웃음 관련 이론은 언어에 있어 핵심적인 것이자 웃음이 그 결핍 요소들을 통해 드러내는 무언가를 건드리고 있다. 언어는 욕설, 위협 등 정보 전달이 아니라 말이라는 수단을 통해 타인의 의식에 영향을 끼치는 것을 주된 목표로 하는 끝없이 다양한 발화 행위를 수행하는데 사용될 수 있다. 그러나 언어의 본질적 목적은 어떤 것이 사실임을 주장하는 것이다. 웃음 역시 예측된 사실과의 차이를 표시함으로써 어떤 것이 사실임을 표시한다. 그러나 이 표시는 불완전하게 표현된다. '그것'은 모호한 놀람, 즉 외침 소리, 팽창된 동공, 올라간 손에서 완전히 벗어나지 못한다.[5] 그에 비해 말은 사실인 것이나 사실일 수도 있는 것, 사실이 아닌 것(추론을 통해 사실이 나오는)을 콕 집어내고, 들어올리고, 잘 보이도록 내민다.

말은 존재하는 것에 대한 간결하고, 정교하고, 포개지고, 광대한 표현이다. 실제로 존재하는 것은 보편적 가능성의 실현으로 제시된다. 물론 우리는 존재하는 것을 말하면서 우리 자신에 대한 어떤 것도 함께 말한다. 우리가 어떤 존재인지 말하고, 우리 자신을 드러내고, 이미지를 유포시킨다. 가령 내가 당신에게 어떤 사실을 얘기할 때 나는 내가 얼마나 정보에 밝은지 또는 얼마나 도움이 되고 싶은지, 내가 당신을 어떻게 생각하는지를 말한다. 모든 발화 행위는 세상 속의 어떤 가능성과 나 자신에 대한 무언가를 동시에 표현하거나 연상시킨다. 말하고, 대화하고, 속삭이고, 소리치고, 주장하고, 설득하고, 단언하고, 설교하고, 달래고, 아첨하는 머리는 최소한 세 방향을 가리킨다. 세상을 향한 바깥쪽, 자신을 향한 안쪽, 대화자를 향한 바깥쪽이 그것이다.

　말하는 사람은 단어를 사용한다. 단어는 모든 사람의 소유다. 우리 입은 그보다 수천 년 전에 생겨난 소리를 형상화한다. 우리 입술은 녹아 없어진지 오래인 입에서 오르내린 의미와 결합한 파열음을 두드린다. 말하는 동안 우리는 공기와 역사, 숨과 기억이 뒤섞인 혼합물을 의식 너머로 내뿜는다. 우리는 우리 것이 아닌 혀로 말한다. 그럼에도 우리는 빌려온 언어를 소유물로, 가장 즉각적이고 친밀한 표현방식으로 만든다. 우리는 모국어, 방언, 문화 속에서 개인 언어, 즉 우리만의 고유한 말하기 방식을 만들어낸다. 단어 선택, 문장 구조, 억양과 음을 활용하는 방식 등은 공통의 언어가 우리의 사유 재산임을 의미한다. 특유의 형태를 가진 친절함이나 잔인성, 유익함이나 방해, 무지와 지식, 우울함과 기쁨 너머에는 그것을 우리 것으로 결정짓는 특별한 억양의 의미 바람, 특이하게 혼합된 모방과 흉내가 있다.

　그리고 이 단어들은 우리 자신의 고유한 목소리로 실현된다. '목소리는 인간으로 존재하는 게 어떤 것인지의 핵심에 놓여있다.'[6] 목소리의 음조와 음색, 음악적 소리와 불협화음은 그 속에 존재한다는 것이 무엇인지에 대한 암시를 주는 듯하다. 목소리의 결은 몸과 생각 사이에 놓인 교차점을 나타낸다. 낮은 목소리 속에 저녁의 음조를 가진 소녀, 화난 런던 토박이의 날카롭게 윙윙거리는 모기 소리, 목구멍에서 매끄럽고 둥근 조약돌 위로 당밀이 흘러내리는 듯한 대주교의 목소리. 이러한 목소리들은 이들의 고향인 자기의 나라가 가진 분위기를 생중계한다.

말의 대양, 조형된 공기로 구성된 추측의 거대한 바다, 언제나 활동적인 우리의 입이 팽창시킨 부풀어 오르는 가능성의 우주는 무한히 넓고 한없이 깊다. 이곳에서 추상의 폭풍은 기쁨과 슬픔, 전쟁과 평화, 계몽과 미신을 부르고, 수많은 화자들이 세상을 수놓는다. 우리는 내쉰 공기를 통해 맨체스터에서도 라트비아에 대해 편견 섞인 비판을 할 수 있고, 재무성의 경제 모델이나 새로 산 셔츠에 대한 우리의 견해에 동의를 구할 수도 있으며, 배우자의 부정에 욕설을 퍼붓거나 전쟁이 날 거라는 소문에 한숨 쉴 수도 있고, 얼굴이나 먼 행성의 아름다움에 기뻐할 수도 있다. 우리의 머리라는 베틀의 북은 말을 이용해 거대한 직물을 짠다. 사물이 아니라 사실로 채워진 세계를 엮는 것이다.

말의 상호작용을 통해 한 세대 머리의 집단 지성이 추가되고, 각 세대는 앞선 세대의 경험, 고통, 발견, 지혜의 수혜자가 될 수 있다. 불과 몇 천 년 전 인간의 집단적 머리가 글쓰기를 발견했던 그때, 가능성의 공간은 인간의 몸을 넘어 더욱 확장되었고, 축적된 의식, 수십 억 줄기의 의식에서 흘러나와 쌓인 퇴적물이 한 세대에서 다음 세대로 전달되면서 집단 산사태가 되었다. 극히 짧은 시간 안에 글쓰기가 나타나 우리 삶을 지배함에 따라 우리는 담화와 머리 공기headwinds 간의 연결 관계를 거의 잊을지도 모른다.

언어학 전문가들은 음운학, 음성학, 음소론, 형태 음소론, 통사론, 의미론, 의미 통사론, 어용론, 문체론, 사회 언어학, 물리학, 신경학, 사회학, 인류학을 통해 말의 기적을 파헤친다. 이들 학문은 함께 힘을 합쳐 더 많은 말로, 즉 발성된 것들의 기저에 깔려있으면서 그들이 그토록 정확한 의미를 띨 수 있게 해주는 것을 발성하는 메타 바람meta-breezes으로 말 그 자체를 포착하려고 시도한다. 그럼에도 다른 사람들이 하는 말의 대부분은 우리를 지루하게 한다. 말은 장황한 이야기로 전락하고, 대화는 숨 돌리는 사람이 청자가 되는 목소리 경쟁에 불과하다.[7]

수백만 가닥으로 이루어진 우리의 말에는 오랜 시간의 때가 묻어 있다. 급격히 증가하는 군중들이 나누는 수십억 가닥의 대화는 피로로 가득하다. 상쾌함과는 거리가 먼 진부한 표현의 말과 예측된 답변, 관습적·형식적·가식적·대략적 발언에 우리는 염증을 느낀다. 말하기는 끝없이 계속되기 때문이다. 우리는 서로에게 말하지 않을 때는 자신에게 중얼거린다. 우리 머리는 표현되고, 침묵된 생각들로 가득 차있다. 우리는 마지막 병을 앓을 때도 말을 하고, 무덤에 들어가면서도 산산이 쪼개지는 자기에게, 그리고 끝없는 듯 보이는 우리의 대화를 영원히 뺏기게 될 다른 이들에게 낮게 속삭인다.

결국 우리는 말 없는 동물들보다 더 안전하지 않다. 우리가 살고 있는, 수많은 겹으로 이루어진 저것의 거대한 거품은 언젠가 터질 것이기 때문이다. 현재로서는 이 거품을 계속 띄워둘 수 있다. 그리고 수많은 지식과 무지, 슬픔과 기쁨이 머리가 내뿜는 공기 속에서 탄생한다. 이렇듯 공기를 내보내는 목적은 몸의 탄생과 연관된 여러 유기적 과정에도 제대로 알려지지 않은 것이다. 폐가 자신이 방출하는 퀴퀴한 공기에 무슨 일이 일어나고 있는지 알게 된다면 참으로 기가 막힐 것이다.

내 머리의 즐거움과 고통을 경험하기

두통이나 치통이 있는 사람이나 오랫동안 기다렸던 햇살의 따뜻함을 느끼거나 갈증을 풀어주는 얼음물을 마시고 있는 사람이라면 어느 정도는 자신이 곧 머리이며, 머리일 수밖에 없다는 것을 의심할 수가 없다. 이 같은 경험은 우리의 경험이 양도 불가능하다는 사실을 강력하게 상기시킨다. 지금 이 아픈 치아는 우리가 어쩔 수 없이 겪어야하는 것이고, 따라서 어떤 의미에서 존재하는 것이다.

아니, 꼭 그렇다고 할 수는 없다. 이미 언급한 바와 같이 우리는 결코 우리가 주목하는 신체의 어떤 부위와도 정확히 일치하지는 않는다. 그렇지만 주목하게 되는 통증은 통증이 있는 부위와 우리의 거리를 좁힌다. 통증은 통증이 있는 바로 그 부위가 아닌 다른 부위를 비롯하여, 통증을 느끼는 나를 완전히 잠식한다. 그리고 통증 부위가 발일 때와 달리 머리 안에 위치할 때 이런 현상이 특히 두드러진다. 아픈 치아는 아프든 그렇지 않든 발에 느끼는 통증과 달리 지극히 가깝고 개인적이다.

고통은 존재being와 소유having의 중간에 위치하는 것처럼 보인다. 우리는 '치통을 가지고 있다(I have toothache)'라고 말하지만 시간이 좀 지난 뒤에는 '나는 치통이다(I am toothache)'라거나 '치통이 날 가졌다(Toothache has me)'라고 말해도 상관없다. 우리는 '나는 이 통증을 가지고 있다(I have this pain)'에서 '나는 통증 안에 있다(I am in pain)'로, 그리고 '나는 통증이다(I am pain)'로 옮겨간다. 처음에는 고통이 나와 나 자신 사이를 가르는 방해물처럼 여겨진다. 나는 잠자리에 들며 통증이 사라지기를, 내가 더 이상 그것을 견딜 필요가 없기를 바란다.

그러나 이 통증이 지속된다면, 조만간 그것은 더 이상 나의 밖에 있는 것이 아니게 된다. 즉, 밖으로서의 나me-as-outside가 되는 것이다. 지그문트 프로이트Sigmund Freud(1856~1939, 오스트리아의 신경과 의사로 정신분석의 창시자 : 옮긴이)는 만년에 수 년간 턱암으로 고생한 뒤 그 자신을 '통증의 바다 속 작은 섬'이라고 표현했다.

신체의 특정 부위에 희미하게 자리 잡는 배고픔과 갈증은 존재와 소유 사이 중간쯤 위치한다. 따라서 금욕적이라고 여겨지는 영국인들은 '나는 배고프다/갈증난다(I am hungry/thirsty)'라고 하는 반면 프랑스인들은 '나는 배고픔/갈증을 가지고 있다(I have hunger/thirst)'라고 한다는 사실은 흥미롭다. 배고픔이 더 심할수록 영국인이 더 제대로 표현한 것이 된다. 언젠가 헨리 밀러Henry Miller(1891~1980, 미국 소설가로 대표작은 《북회귀선》, 《남회귀선》 등이다 : 옮긴이)가 말했듯이 배고픈 사람은 하나의 충족되지 않은 거대한 위장이다. 그러나 이 두 나라 국민들은 피곤과 그들의 관계에 대해서는 의견이 일치한다. 아마도 피로감은 본질적으로 흩어져있고 특정 신체 부위에 국한되지 않기 때문에 양쪽 국가의 경우 모두 피로한 것이지 피로를 가지는 것이 아닌 듯하다.

이 아픈 머리는 나이며 지극히 가깝고 개인적이지만, 그 통증은 비개인적이다. 이 점은 충치와 같이 몸 전반에 일어나는 일반적인 과정에 그 원인을 돌릴 수 있을 때처럼 우리가 통증의 출처를 떠올리는 경우에만 명백한 것이 아니다. 통증은 그 드러난 내용 면에서도 비개인적이다. 통증은 어떤 몸의 것도, 어떤 사람의 것도 될 수 있다. 그렇지만 그것은 내 개인적 존재의 구석구석을 채우고, 자기의 토양에 피어나는 개인적이고 선택되고 경작된 의미 위에 제초제를 뿌린다. 그 꽃 위에는 누구의 이름도 적혀있지 않지만 내가 견뎌내야 하고, 그 통증은 내가 아니지만 나는 그것에서 벗어날 수 없다. 따라서 그것은 단순히 의미의 부재가 아니다. 절대적인 반反의미anti-meaning다.

신체적 고통은 매개되지 않은 지각이 자기 세계와 자기 인식의 삶으로 분출된 것이다. 이 고통은 친밀하면서도 이질적이며 피할 수 없다. 그러므로 신체적 고통은 다른 어떤 것보다도 우리 존재에 더 가깝지만 동시에 지금 우리 모습으로부터는 너무나 멀다. 반反의미(전前의미pre-meaning, 무無의미un-meaning)의 출현은 외계인의 착륙이지만 내부에서 비롯된 착륙인 것이다. 아마도 이점에서 고통의 깊은 친밀성이 비롯되는 듯하다. 내가 머리를 부딪칠 때 생기는 감각은 내가 깨어나기 전의 동물, 한때 나였던 아기와 나를 연결시킨다.

고통은 딱히 우리인 것은 아닌we-not-quite-are 몸과 우리의 양면적 관계를 부각시킨다. 고통은 선택하지도 않은, 우려할만한 사안을 우리에게 강요하고, 우리를 우리가 아닌 어떤 것으로 언제든지 만들 수 있다. 그리고 이것은 우리 자신에 가까운 신체부위, 가령 입 같은 부위에까지도 적용된다. 가장 친밀하고 가장 일관되게 구현된 자기인 부위가 나와는 전혀 상관없는 속성을 가진 것으로 드러난다. 타성他性의 비수가 우리의 치아 속에 숨어있는 것이다. 심지어 혼자 잠들 때도 우리는 잠재적 적과 동침하고 있다.

너무 침울해지기 전에 이번에는 머리가 가진 즐거움들을 떠올려보자. 여름 아침 산책길에 뺨에 닿는 상쾌한 바람, 멋진 요리나 사랑하는 사람의 혀로 가득 차는 입, 다른 누군가의 팔을 벤 머리의 기쁨 등이 여기에 해당한다. 그러나 불행히도 이들은 모두 환영받는 것이고 사실상 조르고 간청하여 얻는 것이기 때문에 고통에 비해 여리고 빈약해 보인다. 우리는 지속되지 않을 육체적 행운을 두려워한다. 이점에서 우리는 옳다.

공기 없이도 의사소통이 가능할까?

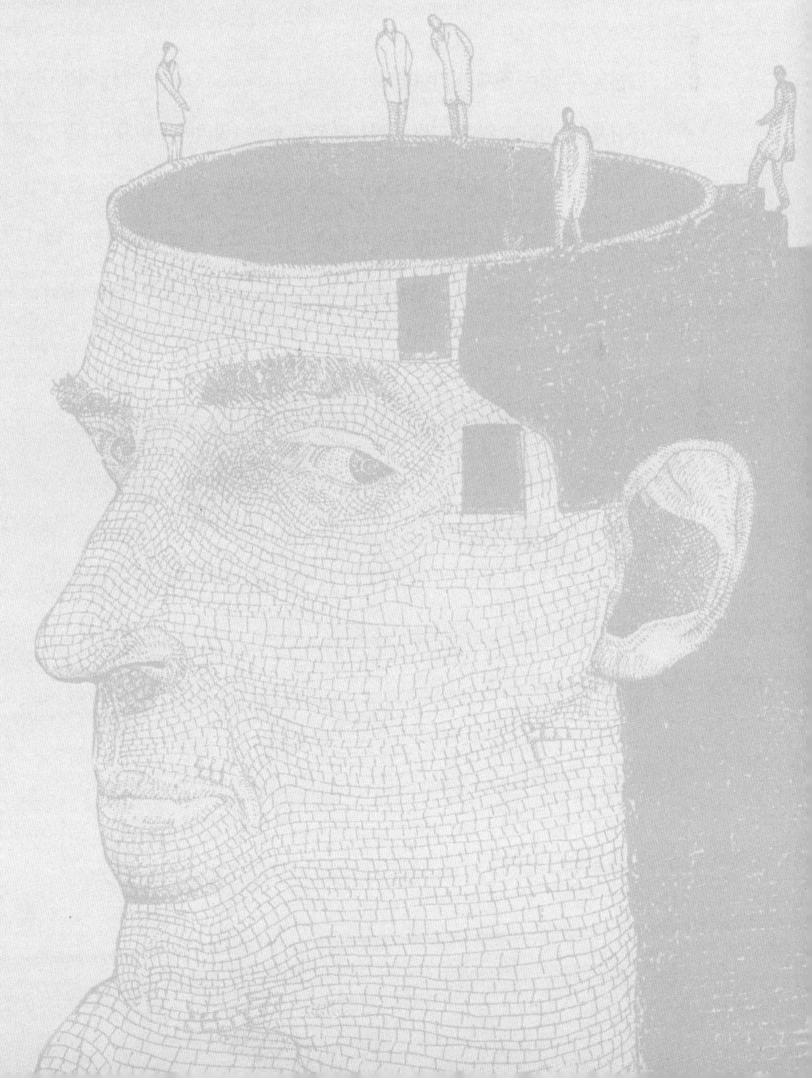

《참을 수 없는 존재의 가벼움The Unbearable Lightness of Being》에서 테레자는 거울 속의 자신을 응시하고 있다. 그녀는 자신의 코가 매일 1밀리미터씩 자란다면 어떻게 될까 의아해한다. 그녀의 얼굴이 알아볼 수 없게 되기까지는 얼마나 시간이 걸릴까? 그리고 그 얼굴이 더 이상 테레자처럼 보이지 않는다면 그때도 테레자는 여전히 테레자일까?

밀란 쿤데라 Milan Kundera, 《**소설의 기술**The Art of the Novel》

머리의 여러 구멍에서 배출되는 공기는 인간들 사이의 가장 정교하고, 가장 강력한 의사소통 수단이다. 공기는 지구를 바꿔놓았다. 그렇지만 머리는 공기 없이도 의사소통을 할 수 있다. 왜냐하면 머리는 들을 수 있을 뿐 아니라 볼 수도 있다. 따라서 말을 내뱉지 않고도 한없이 큰 의미를 지닌 신호를 내보낼 수 있기 때문이다. 비록 그러한 소리 없는 신호들은 말에 의해 구축된 맥락에 의존하는 경우가 많긴 하지만 말이다. 머리는 긍정의 의미로 끄덕이거나 부정의 의미로 내저을 때처럼 한 덩어리로 작동할 수도 있다. 그러나 그중 일부만을 동원해 분위기, 태도, 지식을 전달하고, 정보를 주고, 경고하고, 조종하고, 다른 머리에게 인사하는데 활용하는 경우가 더 많다. 독일 철학자 G. C. 리히텐베르크가 얼굴을 지구상에서 가장 흥미로운 표면이라고 일컬은 데는 그만한 이유가 있었다.[1] 우리는 다른 겉면에 보내는 주의와는 매우 다른 차원의 예리한 주의를 얼굴에 기울임으로써 이 흥미로운 대상에 보답한다. 얼굴을 식별하고 이해해서 그것이 누구의 얼굴이며 무엇을 시사하는지 아는 것은 우리의 비범한 능력이다.

아기들은 그들이 내던져진 정신없이 변화무쌍한 감각 데이터 속에서 일찌감치 얼굴에 특별한 주의를 기울이는 법을 익힌다. 신생아들은 얼굴을 구분하지는 못하지만 다른 어떤 것보다도 얼굴과 유사한 자극에 크게 집중한다.[2] 아기는 생후 두어 달이 지나면 개별 얼굴을 인식할 수 있게 된다. 이때 아기에게는 엄마의 얼굴이 그 자리에 있는지 없는지 여부와 그 얼굴빛이 가장 중요한 문제이고, 이 세상의 태양이다. 결국 우리는 얼굴 인식 전문가가 되어 수백만 얼굴의 보관소에서 사랑하거나 미워하는 얼굴 하나를 판별해내고, 그 얼굴이 무엇에 주목하는지 판단한다. 그리고 1초도 지나지 않아 그것이 아름다운지 못생겼는지, 매력적인지 매력 없는지, 친절한지 잔인한지, 기쁜지 화났는지, 악의를 가졌는지 선의를 가졌는지, 정직한지 거짓인지를 간파한다.[3] 심지어 우리는 뺨의 색깔에서 날씨도 알아볼 수 있다. 또한 거의 최단시간 내에 그 얼굴에 얼굴 주인에 관한 방대한 신상 정보를 첨부할 수도 있다. 그들이 우리의 부모, 형제자매, 동료라는 거시적인 사실부터 가장 최근에 봤을 때 그들이 다소 불친절했다는 미시적 사실에 이르기까지 우리의 일대기와 얼굴 주인의 일대기 중 교차하는 부분에 관한 인상적인 관련 자료를 추가할 수 있다.

매력적이거나 매력적이지 않음. 어떤 얼굴을 아름답게 만드는 것이 무엇인지를 포착기는 거의 불가능하다. 어떤 멜로디가 영혼을 얼려버릴 정도로 감미롭게 느껴지는 이유는 무엇일까? 그래서 안으로부터 햇빛이 비치는 것 같은 느낌을 받고, 우리가 가능성으로 빛나는 세상에 살고 있으며 삶은 모험이라고 느끼게 되는 것은 왜일까? 여기에 제시될만한 답변들은 아무런 답이 될 수 없다. 아름다운 얼굴의 기분 좋은 구조와 조화와 신비의 경우도 이와 마찬가지다. 커다란 눈, 도톰한 입, 매끈한 피부, 어두운 애수 같은 얼굴의 장점들은 그 얼굴에 의해 전달되는 감각, 즉 얼굴이 다른 형태의 행복, 다른 형태의 의식을 약속하거나 경험한다는 것을 보여주지 못한다. 또 그것이 평범한 일상의, 평범하게 비춰진 가시적인 세계와는 동떨어진 보이지 않는 세계에서 왔거나 그런 세계의 가시적인 표면이라는 것도 보여주지 못한다. 얼굴의 아름다움은 광경과 감각, 표면과 의미 사이에서 머뭇거린다. 바로 이 때문에 소설가들이 그들의 작품 속 인물들을 묘사할 때 해부학에서 해석학으로, 물질적인 것에서 인간적인 것으로 재빨리 옮겨가는 것이다. 작가들은 아름다운 눈이나 장밋빛 볼을 표현하기 위해 '생기 있다' 같은 용어들을 사용하고, 그 과정에서 욕망과 도덕적 판단을 혼동하는 세상과 결탁한다. 잡티 많은 얼굴은 잡티 많은 영혼 탓으로, 흉터 난 얼굴은 흉터 난 영혼 탓으로 돌릴 수도 있으며, 이는 자기만족적일 수있다. 그 흉터를 만들어낸 타격 이후에 타인들의 호기심 가득하고, 외면하고, 탐탁지 않아하고, 잔인한 시선이 주는 또 다른 타격을 견뎌낼 수 있으려면 특별한 기품이 필요하다.

군중 속에서 얼굴 하나를 판별하는 일은 하나의 도전이다. 여기에는 세상이 제시하는 감각대상sensibilia의 커다란 캔버스에서 작은 얼굴 표면들을 분리해내고, 다른 얼굴들로부터 해당하는 얼굴 하나를 골라내는 과정이 수반된다. 얼굴 인식과 관련된 극적인 장애로 신경외과 전문의들이 '안면실인증prosopagnosia'이라고 부르는 질환이 있다. 이것은 발작이나 뇌 손상으로 인해 얼굴 지각과 기억을 조정하는 뇌 부위에 영향을 받았을 때 나타날 수 있다.[4] 몇몇 경우에는 자신과 가장 가까운 사람들의 얼굴조차 못 알아보기도 한다. 말할 필요도 없이 이런 증상은 극심한 혼란을 야기하고 사회생활을 어렵게 한다. 또 다른 예로 '카그라스 증후군Capgras syndrome'이라는 질환의 경우는 친숙한 얼굴에 대한 정서적 반응의 상실이 나타난다. 이 장애를 겪는 환자들은 그들과 가까운 누군가가 사기꾼이거나 그 사람과 꼭 닮은 사람이라고 믿는다. 다음으로는 낯선 사람의 얼굴을 보고 잠시 멈칫하다가 그 사람이 배우자임을 깨닫는 경우같이 일반적인 실수가 있다. 그 망설임의 순간에 우리는 한 사람의 신원과 그를 식별하는 기준이 되는 것 사이의 분열을 자각한다.

신원identity과 신원 확인identification. 이 두 용어는 정말 비슷해 보이지만 의미상으로는 너무나 다르다. 이들의 커다란 차이는 우리 자신의 경우에 특히 두드러지게 나타난다. 나인 것, 내가 나라고 느끼는 것, 나로 확인되는 기준이 되는 것은 사실상 서로 닿아있지 않다. 이는 단지 나는 내 얼굴로부터 보고 상대방은 내 얼굴을 보기 때문이거나 단순히 내 얼굴이 내게는 투명하고 상대방에게는 불투명하기 때문만이 아니다. 그보다는 얼굴의 불변적 구조, 현재의 순간적 평가, 시간적으로 확장된 자기 간의 분열 때문이다. 얼굴과 영혼의 이력서는 조건부로만 서로 연결되어 있다. 아무개양의 사랑스러운 성격은 타인들에게 욕망이나 감탄, 심지어 흥미조차 불러일으키지 않는 그녀의 못생긴 얼굴을 바꿔주지 않는다. 또한 아무개씨의 위험한 파괴적 성향이 그의 잘생긴 외모라는 추천서를 조금이라도 달필에 못 미치게 하거나 더 구겨지게 하거나 설득력이 떨어지게 하지 않는다. 그렇기 때문에 셰익스피어가 언급했듯이 '얼굴만 보고는 마음을 읽을 길이 없다(《맥베스Macbeth》에서 던컨왕이 한 말: 옮긴이).' 어느 정도까지는 모든 얼굴이 포커 페이스다.

그렇다 하더라도 우리는 대체로 얼굴을 통해 확인되고, 일정 수준까지는 그 얼굴과 동일시된다. 만약 비트겐슈타인의 말처럼 '인간의 몸이 인간 영혼의 최고 초상'이라면 거기서 얼굴은 (초상화가들이 인정하듯) 이 초상화의 핵심이다. 초상화 중에는 얼굴만 그린 것이 많다. 양쪽 다리나 엉덩이, 비장만으로 이루어진 초상화는 장난이 될 것이다. 당신은 아마 내 얼굴을 가리키면서는 '저 사람이 레이먼드야'라고 말하겠지만 내 다리를 가리킨다면 '저건 레이먼드의 다리야'라고 말할 것이다. 옥스퍼드에는 처웰강에서 이어진 어느 구역에 남성들이 알몸 목욕을 하는 목사의 기쁨Parson's Pleasure이라는 장소가 있다. 지금처럼 관대하지 않던 시절의 어느 날, 배를 타고 가던 한 무리의 여성들이 길을 잘못 들어 그 옆을 지나갔다. 당황한 남자들이 모두 수건을 낚아채서 자신의 은밀한 부위를 막았는데, 단 한 명만은 예외적인 행동을 했다. 그 사람은 모리스 바우라 Maurice Bowra(1898~1971, 영국의 고전학자로 오랜 기간 옥스퍼드 와덤 칼리지의 학장을 지냈다 : 옮긴이)였다. 그는 수건을 얼굴에 대면서 '옥스퍼드에서 나는 주로 얼굴로 알려져 있다'라고 말했다.

　머리가 공기 없이 의사소통하는 방식은 거의 말에 준할 정도로 방대한 주제이므로 핵심적인 예 세 가지를 선별했다. 끄덕임, 눈짓, 미소가 그것이다.

끄덕임과 눈짓

국무총리의 의회 질의시간에 공문서 송달함 앞에 있는 총리 뒤에 앉은 장관들이 총리가 하는 말에 필사적으로 동의를 표하는 모습은 우리 모두에게 익숙한 광경이다. 뒷창문에 매달린 강아지처럼 고개를 끄덕인 모든 이들 중에서도 전 내무장관 존 리드John Reid 박사가 가장 적극적이었으며, 그는 21세기의 가장 위대한 디토헤드dittoheads (특정 아이디어를 먼저 생각해 낸 사람을 추종하거나, 그 아이디어가 자신의 생각과 같다고 여겨 무비판적으로 이념이나 생각에 동의하는 사람) 중 하나로 역사에 길이 남을 것이다. 우리 의사들은 일정한 간격으로 고개를 끄덕이도록 배우는데, 이는 우리가 경청하고 있을 뿐만 아니라 정확히 꼬집어 말할 수는 없지만 어떤 면에서 환자들이 하는 말에 동의한다는 것, 최소한 그 말을 이해하고 그에 공감한다는 것을 보여주기 위해서다.

공기 없이 이루어지는 머리의 신호들은 상황이 제대로 설정되어 있는 경우 심오한 메시지를 전달할 수 있다. 이는 실제보다 우리를 더 놀라게 할 만한 일이다. 사실 머리를 내렸다 올리는 동작을 조정하는 것보다 더 단순한 일도 없을 것이다. 우리는 이 동작의 지원에 힘입어 경제 동향에 대한 의견에 동의를 표시하고, 모임에 신입회원이 들어오는 것을 지지하고, 가장 중요하거나 전혀 중요하지 않은 요청에 따를 수도 있다. 끄덕임은 주장, 청원, 요구 중에서도 가장 추상적이거나 구체적인 것, 역사가 담긴 것, 개인적이거나 비개인적인 것, 형식적이거나 격의 없는 것들 속에 섞일 수 있다. 끄덕임으로 많은 것들을 통과시킬 수 있지만, 이는 방대한 분량의 기초 작업이 있을 때만 가능하다. 아무리 가벼운 끄덕임이라도 수많은 개념과 기준, 세계의 이면 깊숙이 가 닿는다.

그러니 끄덕임에 그토록 많은 억양과 방언, 어조와 음량이 있는 것도 당연하다. 우선, 우리가 힘들여 자세히 설명하는 무언가에 대해 조급하게 동의하거나 이미 허락한 일에 대한 소심한 요청에 응하는 사람의 재빠른 끄덕임이 있다. 이것은 '그래, 그렇게 해'라는 끄덕임이며, 더 짧게는 퉁명스러운 끄덕임으로 줄일 수 있다. 느리고 길게 이어지는 끄덕임도 있는데, 이는 상대방이 그에게 주어진 무언가를 수용하거나 동의하게 하려는 것이다. 부자연스럽게 눈을 크게 뜨고 상대를 쳐다봄으로써 끄덕임을 부각시키는 동작은 이 끄덕임이 떨거나 경련이 일어난 것이 아니라 의식적인 의사소통임을 분명히 하려는 것이다. 미세한 끄덕임은 소리가 없을 뿐 아니라 잘 보이지도 않는다. 카드에서 부정행위를 할 수 있도록 내 경쟁적 우위를 당신 마음대로 쓰게 한다는 의미다. 그런데 이것은 시작에 불과하다.

끄덕임은 눈짓과 짝을 이루는 경우가 많다. 누가 누구에게 눈짓을 하는지, 어떤 상황에서 하는지, 왜 무엇을 눈짓하는지를 다룬 눈짓에 대한 안내서를 만든다면 여러 권을 채울 수 있을 것이다. 눈짓(일시적으로 한쪽 눈의 시야를 막음) 혹은 더 정확히 눈짓하는 사람의 다재다능함은 제대로 인식되지 못한다. 눈짓은 여러 세대와 성별을 아울러 등대 불빛을 보내고, 내가 전하고자 하는 정보 뿐 아니라 상대에 대한 나의 태도도 전달한다.

우리는 어린이들에게 부모 혹은 부모에 준하는 사람으로서 일반적인 상냥함을 표하기 위해 눈짓을 한다. 아이들이 심각하고 권위적이며 요구 많은 세상이 주는 중압감을 느낄 때 이 행동으로 그들과의 결속감을 보여줄 수 있다. 눈짓은 내면의 삼촌이 내면의 부모에게 보내는 일시적 도전이다. 눈짓은 '걱정하지 마. 세상은 그렇지 않더라도 난 네 편이야'라는 말과 같다. 또한 '난 심각하지 않아,

이건 심각한 뜻이 아니야'라거나 '걱정하지 마, 마음에 담아두지 마'라는 의미일 수도 있다.

이성 간에 오가는 눈짓은 전반적으로 더 위험하다. 성인 여성에게 보내는 눈짓은 면박이나 따귀로 이어질 수 있다. 눈짓을 받는 대상은 상대가 생색내는 듯한 느낌을 받을 수도 있다. 그뿐 아니라 이런 경우의 눈짓은 남성이 여성의 의식적 대상이기보다 여성이 남성의 의식적 대상이 되는 비대칭적 상황을 구축함으로써 성적 특징을 부여하기도 한다. 눈짓은 또한 멍청이들의 영역에도 발을 걸치고 있다. 이 곳에서는 치마 속에 손을 넣고 싶다는 성적 욕구를 가진 사람도 언어적이고 형식적이며 사무적이고 성과 무관한 관계가 이루어지는 세상을 극복해 가야 한다.

눈짓하는 사람이 여성인 경우에는 더욱 위험한 상황이 된다. 희극적 눈짓은 '안녕, 선원 아저씨'라고 외치는 것과 같고, 성적인 주도권을 쥔다. 이 눈짓은 '어서 와요, 당신이 뭘 원하는지 알아. 어서 가져가보지 그래?'라고 말한다. 또한 눈짓하는 남성을 조롱하고 주도권을 되찾기도 한다. 눈짓하는 여자는 단지 인식의 대상이나 욕망에서 비롯된 반쪽 인식의 대상이 아니라 스스로 인식을 가지고 있다. 그녀는 단순한 대상이 아니라 주체다. 눈짓하는 여자는 눈짓의 역사에 눈짓을 하고, 남성의 시선 속에 갇힌 여성들의 무력함에 반기를 든다.

진지함을 전복시키는 특성이 있긴 하지만 눈짓은 상당히 진지한 문제다. 작은 행동에도 불구하고 우리가 그것을 열중하여 탐지하려하는 것도 당연하다. 눈짓은 단순한 눈 깜빡임부터 눈을 완전히 꼭 감는 것이나 눈짓과 고개 끄덕임을 동반하는 것까지 다양하다. 끄덕임이 동반되는 것은 흥미롭다. 얼굴 절반의 경련과 동반하여 머리가 비스듬히 회전하는 이 동작은 긍정의 끄덕임과 부정의 고개 젓기의 중간쯤에 위치한다. 가시성을 높이려고 그 글자 크기를 늘리는데 사용하는 수단조차도 양면적이고 미심쩍고 어려운 당신을 위한 눈짓이다.

계산된 눈짓은 무의식적으로 일어나는 사건을 의도적 행동으로, 반사 작용을 계산된 신호로 전환하는데 있어 우리가 얼마나 멀리 나아갈 수 있는지를 보여준다. 그러니 많은 철학자들이 눈짓과 깜빡임의 차이를 결정론과 자유 의지, 즉 유기체로서의 인간과 어느 정도 의식을 가진 주체를 가르는 이정표로 사용한 것도 놀랄 일이 아니다. 눈을 보호하는 깜빡임을 취해 그것을 반으로 나누어 의미를 강화하는 것, 그리고 이를 명확히 하도록 설정된 맥락에서 메시지를 보내는 것은 사람의 생물학적 몸이라는 여건donnée과 그 사람과의 거리를 강조하는 것이다. 눈짓을 결정하는 과정에서 우리는 과거의 경험, 문화적 역사 속에 잠겨 있는 현재의 커다란 조각, 점진적으로 발전하고 힘들게 쟁취한 상징적 이해를 동원한다. 이 커다란 지렛대를 이용해 육체라는 덩어리로 부여받은 것을 조작하여 그것을 우리의 목적, 즉 세상 속에서 독특한 존재감을 만들어내려는 목표에 종속시킨다.

물론 눈짓하는 이들이 모두 육체적인 것은 아니다. 차 안에서 눈짓하는 사람은 내가 의도한 이동 방향을 알려주는 지표다. 그 눈짓은 최소한의 시선으로 축소된 지시로써 간헐적인 것이 지속적인 것보다 더 많은 주의를 끈다는 사실을 이용한다.

미소

57개의 근육을 움직여야 미소가 만들어진다.

미카엘 호프만Michael Hofmann, <첫날밤First Night>

눈짓의 유효성은 우리가 얼굴을 얼마나 정밀하게 (인쇄물이 아무리 작아도, 활자가 제아무리 딱딱한 고딕체여도, 글을 쓰는 상대의 얼굴과 읽는 내 눈 사이를 비추는 빛이 아무리 성에 차지 않아도 상관없이) 판독하는지를 상기시킨다. 평생을 바쳐 얼굴표정을 연구한 사회 심리학자 폴 에크먼Paul Ekman에 의하면 모든 문화권에서 같은 방식으로 얼굴에 나타나는 일곱 가지 기본 감정이 있는데, 바로 슬픔, 분노, 놀람, 두려움, 기쁨, 혐오, 경멸이다.[5] 이들 표정은 타고난 것이며 학습되지 않는다. 바로 이 점 때문에 눈이 보이지 않음에도 불구하고 선천성 맹인들이 눈이 보이는 사람들과 똑같이 일곱 가지 감정에 각각 해당하는 얼굴표정을 지을 수 있다. 이 표정들은 매우 짧게 지나갈지도 모른다. 지속시간이 짧게는 0.2초에 불과한 이 '미세표정micro-expressions'은 의사가 억압되거나 감춰진 감정을 밝히게 해주는 중요한 단서다.

　이 모든 표정은 중요하다. 이들은 당신 영혼의 현재 상태, 너와 나 사이에 일어나는 상황, 당신이 어떤 사람인지, 내가 어떤 사람인지에 대해 말해준다. 이들은 놀라운 안면근육의 운동성을 이용하는

데, 이것은 안면근육이 다른 근육과 달리 서로 직접적으로 연결되어 있고 뼈에 연결되어 있지 않다는 해부학적 사실에 기인한다. 즉, 안면근육은 내적 의미와 외적 의미의 바람 속에 펄럭이는 조각들이다. 에크먼에 따르면 얼굴 표정을 짓는 데는 43개의 근육이 사용된다. 시골 마을이 그렇듯 작은 근육일수록 더 이국적인 이름이 붙어있다. 한 예로 콧구멍을 팽창시키고 윗입술을 올리는데 관여하는 미세한 근육인 상순비익거근Levator labii superioris alaeque nasi을 들 수 있다. 에크먼은 얼굴 움직임 해독법Facial Action Coding System을 개발했는데, 이 시스템은 눈에 보이는 얼굴 형상 1만 가지를 식별해내며 그 중 3천 개에는 의미가 담겨있다.[6]

우리가 지닌 타인의 얼굴 표정에 대한 강한 민감성은 우리가 동료들과 교환하는 미소를 탐지, 분류, 해석하는 능력에서 특히 두드러진다. 이 점은 앙구스 트럼블Angus Trumble이 상기시켜 주듯이 미소가 '우리 몸이 할 수 있는 가장 즉각적으로 표현되는 근육의 수축'이기 때문이기도 하다. 미소는 원시적 의사표현이다. 생후 두 달 된 아기들은 엄마를 보며 미소를 짓는데, 이는 정말로 의도한 미소처럼 보인다. 초상화 속의 미소는 '인격, 행동, 기질을 광범위하게 평가할 수 있는 편리한 약식 정보'를 제공한다.[7]

트럼블은 자신의 미소를 품위있는 미소, 음탕한 미소, 유쾌한 미소, 기만적인 미소, 신중한 미소로 분류하고 있다. 그러나 이러한 분류는 얼굴 표정에 대한 기초적인 분류에 불과하다. 얼굴에서는 너무나 미묘하고, 꼭 미소라 할 수는 없는 매우 다양한 형태인 싱긋 웃음, 능글맞은 웃음, 찌푸림으로 변화하며, 많은 경우 분류할 수 없는 일들이 일어난다. 우리는 어떤 미소가 따뜻한지 또는 차가운지를 평가한다. 의식적이든 무의식적이든 우리는 미소가 주로 입에서만 일어나고 있는지 눈의 움직임까지 수반되는지를 기록하고 그에 따라 그 미소의 진실성과 친밀함에 대해 결론을 내린다. 우리는 미소가 자발적인지 억지로 한 행동인지, 자신감 넘치는지 수줍은지, 억제되지 않은 것인지 난색을 표하는지, 상냥한지 못마땅한지, 솔직한지 불가사의한지 파악한다.

그러니 수많은 사람들이 거울 속에 비친 자신의 얼굴을 들여다보며 마주치는 얼굴들을 위해 얼굴을 준비하는 일에 수많은 시간을 할애하는 것도 당연하다.[8] 어릴 적 나는 낄낄거리고, 실없고, 미숙한 나의 싱긋 웃음을 권태로운 현명함으로 바꾸고 싶은 마음이 간절했다. 그래서 혼자 방에 있을 때는 번갈아가며 나쁜 사람과 훌륭한 사람처럼 웃어보는 것을 즐겼다. 그 중 가장 이상적인 형태는 비애와 연민, 이해를 담아 세상을 바라보는 체호프 풍의 미소였다. 그것은 결점으로 가득한 세상을 향한 결점 없는 미소였다.

미소와 웃음의 관계는 명확하지도 만족스럽지도 않다. 이 둘의 연결 관계는 sourire(환한 미소)가 억제된 rire(웃음), 즉 일종의 '하위 웃음under-laughing' 이라고 여겨지는 불어에서 분명히 드러난다. 미소와 웃음은 같은 자극에 대한 양자택일 반응이자 세련된 교양이나 심지어 사회적 위치의 지표로 간주될 수 있다. 1754년 2월 17일에 체스터필드 백작Earl of Chesterfield(1694-1773, 영국의 정치가 겸 문인. 예절, 사교술, 세속적인 성공비법 등에 관한 안내서인 《아들에게 보내는 편지Letters to His Son》, 《대자에게 보내는 편지Letters to His Godson》의 저자로 유명하다 : 옮긴이)은 이런 말을 했다. '평민은 자주 웃지만 절대 미소 짓지 않는다. 반면에 좋은 가문의 사람들은 자주 미소 짓지만 웃는 경우는 드물다.'[9] 이것이 유행병학적으로 볼 때 타당한지는 확실치 않지만 백작이 왜 이런 주장을 했는지는 짐작해볼 수 있다. 미소는 못생긴 이를 드러내거나 유독한 가스를 내뿜거나 자신의 주변에 있는 사람들의 청각적 공간을 침범하는 시끄러운 소음을 만들거나 요실금을 야기하거나 (미소 짓다가 오줌을 지린 사람은 없다) 홍조와 눈물을 비롯해 오래 지속된 웃음 한바탕으로 생기는 여러 증상들로 얼굴이 평정을 잃고 흠 잡히게 만들지 않는다. 더 깊숙이 들어가면, 미소는 외부의 확인을 바라지 않는 좀 더 사적이고 미묘한 즐거움을 표시한다. 즉, 상호 보완적인 '우리'가 아니라 자립적인 '나'가 그 중심이 된다. 우리는 다른 사람들이 재미있다고 여기는 것에 대해 웃고, 스스로 재미있는 것에는 미소를 짓는다. 태생 좋은 사람들(이들의 옷, 재산, 토지, 권리는 존재하는 물질로 내면화되었다)보다 소유하고 있는 독자적 자산이 적은 평민은 사람들을 모아 함께 웃으며 즐거움을 확인하려 할 것이다.

미소는 환희를 뛰어넘는다. 미소는 단순히 현재 상황과 바라는 상황 간의 차이를 표시하는 행위가 아니다. 잔인하고, 기쁨에 차고, 애정 넘치고, 득의양양하고, 체념 섞인 미소는 세상을 자기 것으로 만들기 위해 애쓰는 의식의 표준적인 활동 하에서는 나올 수 없다.[10] 우리는 주로 즐거움, 다정함, 인사, 동의를 나타내는 미소를 짓는다. 그러므로 미소를 그저 강도가 약하거나 공기가 필요 없는 웃음으로 볼 수는 없다. 미소의 여러 형태 간의 변화는 웃음에 대응되지 않는다. 싱긋 미소에서 냉소적 미소, 능글맞은 미소에서 양보의 미소, 피곤한 미소에서 염세적인 미소로 통하는 길은 숨죽인 웃음과 킥킥 웃음, 히히 웃음과 시끄러운 웃음, 억눌린 헐떡거림, 넘치게 가득 담은 가방처럼 몸 안에 가득 채워져 몸통 전체가 흔들리는 웃음과 만개한 너털웃음 사이를 오가는 여정 중 어떤 자리에도 표시할 수 없다.

미소를 관찰하는 이들은 얼굴 가득히, 귀에서 귀 사이로 나오는 빛의 반대쪽 극에 위치한 미묘한 요소를 찾는다. 직업적으로 남성을 유혹하는 여인의 수수께끼 같은 미소가 사그라지며 권태감이 드러나는 지점. 할 말이 바닥난 현학자의 (디킨스의 말을 빌리면) '겨울철 관의 놋쇠 손잡이에 비치는 햇빛'처럼 새파랗게 질린 얼굴에 어리는 미소. 최악의 예상이 실현된 사람의 우체통 구멍 같은 미소. 눈물 사이로 미소가 나타나는 순간과 우는 이들이 자신의 '물기 어린 미소'에서 읽어낸 감정의 변화에 스스로 놀라는 순간. (이런 구절은 평범한 언어가 가진 놀라운 재주로 사람을 미소 짓게 한다.) 반짝이는 미소는 입술이나 치아보다 빛과 더 관련이 깊은 눈의 활약을 요구한다. 미소는 비틀림, 비꼼, 조롱, 자조, 악의, 의기양양함, 흡족함, 만족감, 자기만족, 불쾌감, 병약함, 냉소, 억제, 인내심, 자제, 관대함, 아량을 보이는 것으로 간주될 수 있다. 미소의 강도는 따뜻함, 차가움 같이 온도로 해석될 수도 있고, 여기에 더 많은 추상적 차원을 부여할 수도 있는데, 특히 그 미소의 진정성이 쟁점이 될 때 더욱 그러하다. 그래서 창백한 미소, 억지 미소, 판에 박힌 미소, 고정된 미소, 냉담한 미소 같은 표현이 있는 것이다. 어떤 특별한 감정과도 상응되지 않는 공허한 미소도 있다.

그의 공허가 드러내는 영원의 미소
얕은 개울물이 줄곧 잔물결을 일으키며 흐르듯이.[11]

미소는 무의식적일 수 있으며, 이런 미소는 특히 구름의 한 틈으로 햇빛이 나오는 것처럼 구조적으로 찌푸린 얼굴에서 나올 때 식별하기 쉽다. 미소는 계산되거나 무의식적인 것인 양 연출될 수도 있고, 상대방의 기운을 꺾고 불편하게 만들기 위해 지어낼 수도 있다. 상대가 빤히 쳐다보는 것만으로도 이미 나쁜 상황인데 이유 모를 미소를 받는 것은 훨씬 더 기분 나쁜 일이다. 턱에 달걀이 묻었나, 뭔가 멍청한 말을 했나, 무심결에 해서는 안 될 말을 했나, 저들이 나도 모르는 나에 관한 뭔가를 알고 있는 걸까?

왕족의 미소는 특히 귀중하게 여겨진다. 지금은 고인이 된 어느 여왕의 모후는 체셔 고양이(루이스 캐럴의 《이상한 나라의 앨리스》에 등장하는 항상 웃고 있는 고양이 캐릭터: 옮긴이)처럼 미소를 지었고, 백성들이 그 미소를 보며 환호할 수 있도록 차를 타고 드넓은 지구 곳곳을 다녔다. 그녀의 핵심이었던 미소는 그 가운데를 차지한 누런 치아에도 불구하고 항상 눈부신 미소로 묘사되었다.

이 같이 공개적인 미소의 반대편에는 혼자 짓는 미소가 있다. 우리는 과거를 회상하거나 뭔가 고대하고 있는 일을 생각할 때, 어떤 성취나 싫은 일을 끝낸 데서 오는 만족감에서, 논리적 증거나 멜로디의 아름다움에 감탄해서, 남에게 들었거나 직접 만들어낸 농담으로 인해 혼자 미소 짓고, 뭔가를 불현듯 이해했거나, 하는 방법을 파악했거나, 어떻게 한 건지를 파악했을 때 '아하' 미소 즉 만족감의 미소를 짓는다. 일반적으로 미친 사람은 웃음에서도 그렇듯이 타인을 향해 미소 지을 때보다 혼자 미소 지을 때가 더 많다. 이런 미소는 바깥세상을 향한 의사 전달이기보다는 자신의 세상의 한쪽에서 다른 쪽으로 비추는 달빛에 가깝다.

미소의 가장자리 영역에는 덧없는 미소, 미소의 그림자, 그리고 가장 포착하기 어려운 미소의 환영이 있다. 생각해보라. 미소의 환영이라니. 여기서 형용사, 부사는 대상이 되고, 이 대상은 과거와 개념과 그 자체에 사로잡힌다. 이밖에도 억제된 미소와 뺨 속의 혀 미소가 있다. 이 미소는 조롱하고 있는 것을 감추기 위해 입술을 통제하느라 취하는 동작으로 인해 이렇게 불린다.

미소 중에서도 삶을 증진시키고, 파괴하고, 희망을 나눠주고, 절망을 야기하는 정도가 가장 큰 형태는 사랑과 성을 둘러싼 미소다. 수줍은 미소, 당혹스러운 미소, 따뜻한 미소, 침대로 오라는 미소, 여기로 오라는 미소 등이 그 예다. 성적이고 유혹적이며 환영하는 듯한 미소의 따뜻함 속에는 당신을 향한, 그것도 오로지 당신만을 향한 몸의 온기가 응축되어 있다. 오직 당신만이 줄 수 있는 상대방의 쾌감이 그 미소 속에서 빛나고, 받은 쾌감의 만족감 속에 기쁨과 감사의 마음이 사랑의 미소 안에서 만난다. 그 기쁨은 매우 크고, 미소가 사라졌을 때의 불행도 그만큼 크다.

미소는 본질적으로 변덕스러우며 끊임없이 놀라움을 안긴다. 극도로 심각하고 긴장된 상황 속에서 문득 남학생같이 싱긋하고 미소 짓는 경우를 생각해보자. 블레어 전 총리는 이렇듯 급작스러운 표정 전환volte-face의 달인이었다. 진지함에 있어 그가 가진 자격은 도전 불가능한 것이다. 총리는 나라에서 가장 어른스러운 사람이기 때문이다. 그런 그가 (이 나라에서 가장 어른스러운 질문에 가장 어른스러운 답변이 나오는) 총리의 질의 시간에 어느 반대 인사에게 보낼 반론을 구상하고 있다. 아이디어가 떠오른다. 그는 만족스럽다. 그 순간 득의에 찬 비판 너머로 그 유명한 남학생 같은 싱긋 웃음을 짓는다. 이것은 곤란에 처하기 직전에 있는 학생의 미소이고, 웃지 말아야 할, 혹은 적어도 그 순간만은 웃지 말아야 할 대상을 향해 웃거나 지나치게 웃게 될 위험에 처한 학생의 미소다. 그도 우리 중 하나다. 그도 결국 인간이다.

미소에 하자가 있을 때 사회적인 피해가 너무나 크다는 것은 놀랄 일이 아니다. 또한 이것이 극도로 정밀하게 조정되는 것임을 감안할 때, 미소가 손상되기 쉬우며 그 신호가 영구적인 두꺼비 언어로 전락해버릴 수 있다는 것도 결코 놀랍지 않다. 얼굴 한쪽의 표정 근육으로 연결되는 신경에 이상이 생기는 질환인 안면 신경 마비 Bell's palsy에 걸린 사람의 반쪽 미소는 놀란 얼굴과 독자적으로 반쯤 벌린 구강의 결합처럼 보인다. 이 미소는 따뜻한 마음이 부족해서가 아니라 해부학적으로 분리된 것이다. 누가 우리를 있는 그대로 사랑하고, 누가 우리의 진정한 친구인지 알 수 있는 순간이다.

심지어 이보다도 더 의욕을 꺾는 질환은 파킨슨병 Parkinson's disease이다. 이 병에 걸리면 동작을 개시하고 방향 전환을 조정하는 기능이 손상된다. 파킨슨병 환자에게는 가장 힘겨운 결핍, 즉 얼굴 표정의 결핍이 발생한다. 고정되고, 미소가 없는 그 얼굴은 음울함이나 공허함, 화강암처럼 변화 없는 내면을 나타낸다. 이 상태는 자신의

미소가 보답 받지 못하는 것을 원치 않아 미소를 보류하는 타인들
로 인해 외부로부터 더욱 강화된다. 이 환자는 자신의 미소가 다시
자신의 기운을 크게 북돋워주는 반동 효과마저도 빼앗기게 된다.
미소가 뜸해지면 우울감이 야기된다.[12] 11월의 한기가 영혼에 스며
들고 세상의 낙엽들이 으스러지며 새까만 고통이 오는 것도 당연하
다. 미소를 지으면 온 세상이 함께 미소 짓고, 눈물을 흘리면 홀로
눈물 흘리게 될 것이다.

7장

홍조에 관한 위대한 진화

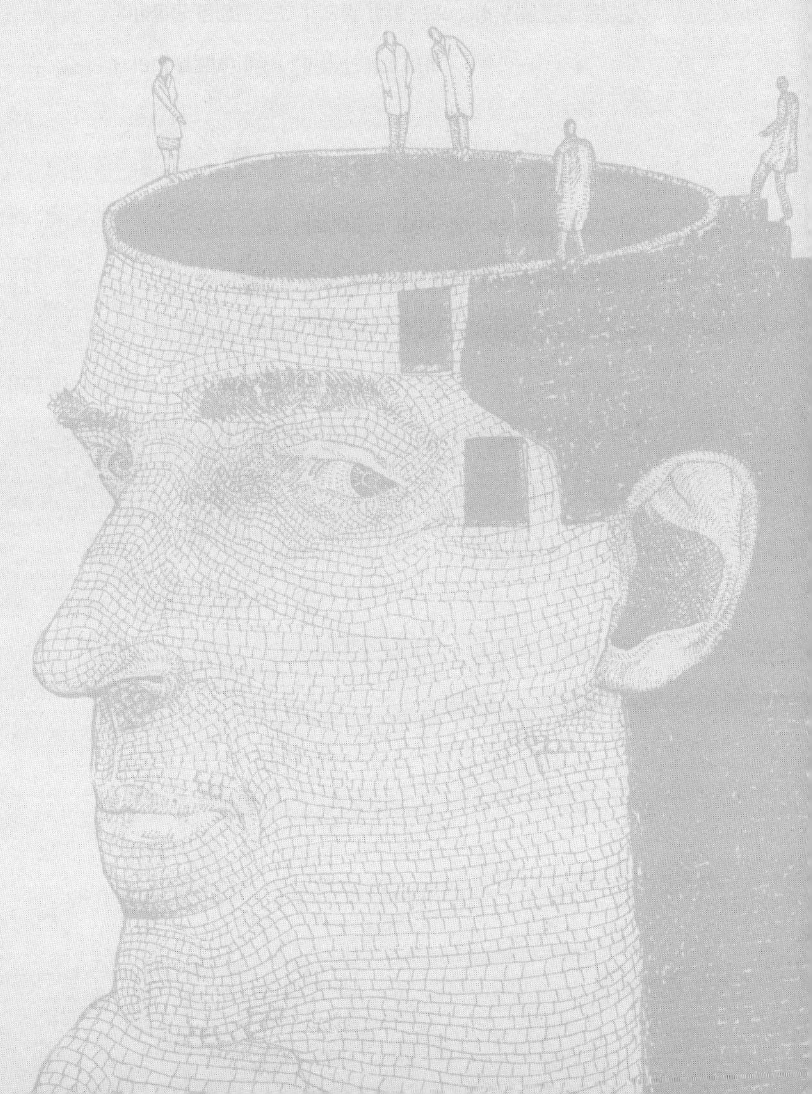

인간은 얼굴을 붉히는 또는 붉힐 필요가 있는 유일한 동물이다.

마크 트웨인 Mark Twain, 《**적도를 따라서**Following the Equator》

에피메테우스는 선조들이 내게 준 이름,

과거의 일들을 깊이 생각하고 되돌아보는 자,

공들인 생각의 유희 속에서 신속한 행위가

점점 형태가 연결되는 희미한 가능성의 영토에 닿는다.

요한 볼프강 폰 괴테J. W. von Goethe, 《**판도라**Pandora》

인간의 얼굴은 우주에서 가장 많은 신호가 있는 표면이다. 성난 얼굴, 찌푸린 얼굴, 일그러뜨린 입술, 치켜 올라간 눈썹, 주름 잡힌 이마, 불룩하게 부풀리거나 홀쭉하게 빨아들인 볼과 미심쩍어하고, 장난스럽고, 정답고, 의심하고, 경멸하고, 고함지르고, 외롭고, 겁내고, 지친 표정들, 몸서리치게 질겁하기, 입을 꽉 다문 분노, 온 몸에 퍼진 초췌함 등은 얼굴 전체에 끝없이 열을 지어 가물거리는 표정들의 범주 중에서 작은 표본에 불과하다. 그러나 그 중에서도 우리가 특별히 주목할 만한 비범하고 훌륭한 표현력을 가진 얼굴 신호가 있으니, 그것은 바로 홍조다.

무엇보다도 홍조는 얼굴에서 발산되고 또 다른 사람의 얼굴에서 읽는 의미 중 상당수가 능동적으로 의도된 것이 아니라는 사실을 보여준다. 첫째, 모든 계산적이고 비계산적인, 친절하고 이기적인 자의식에도 불구하고, 얼굴 표정이 다른 사람들에게 비치는 방식은 거의 얼굴의 구조만큼이나, 그리고 타인들이 우리를 매력적이거나 매력적이지 않다고 여기는 정도만큼이나 통제를 벗어나있다. 둘째, 모든 얼굴 표정이 자유의사로 이루어지지는 않는다. 끄덕임, 눈짓, 미소는 대개의 경우 의식적으로 나타나지만(그렇지 않다면 원래의 기능을 수행할 수 없을 것이다), 이들 외에 안면 경련 같은 무의식적인 현상들도 있으며 그중에서도 단연 첫째가 홍조다.

홍조의 신경 기반neural basis은 홍조 연구가 가진 특수한 어려움으로 인해 확실한 규명이 어렵다. 특정 연령과 성별의 지원자들을 이용한다고 항상 도움이 되지는 않는다. 이 점은 젊은 여성들로 실험을 진행한 연구자의 경험에서도 드러난다. 실험 조건 하에서 선정적인 자료에 노출시킴으로써 홍조를 유발하려는 시도는 실패로 끝났다. 실험이 중도에 끝나고 실험자가 피험자들에게 도와줘서 고맙다는 인사를 했을 때, 피실험자들은 자신들의 비협조적인 볼에 대해 사과하면서 얼굴을 새빨갛게 붉혔다.

좀 더 최근에 이루어진 연구는 홍조가 여러 요소들의 결합으로 나타난다는 것을 증명해 보였다. 그 중 가장 중요한 요소는 아드레날린에 대한 반응으로 수축하지 않고 팽창하는 얼굴 정맥(얼굴의 소혈관으로 연결됨)의 독특한 자극 반응성과 볼에 있는 혈관의 해부학적 구조다. 이 혈관들은 밀도가 높고 직경이 넓으며, 피부 표면과 가깝고 조직액으로 덮인 정도가 덜하다.[1]

생리학적인 얘기는 이쯤 해두자. 심리학적 측면은 이보다도 더욱 복잡하고 파악하기 어렵다. 홍조는 원치 않는 사회적 주목과 자의식의 증가와 연관된다. 우리는 당혹하고, 부끄럽고, 불확실할 때, 노출 및 알몸 상태를 의식할 때 얼굴을 붉힌다. 이 현상은 맨 처음 유치원생 또래 아이들에게서 나타난다. 이 시기에는 외부 및 내부에 대한 머리의 자각이 정교해지면서 사회적 자기social self가 형성된다. 홍조는 사춘기에 절정을 이루며, 이 시기에는 사회적 불안과 자기 인식 또한 절정을 이룬다.[2] 홍조의 기능은 명확하지 않다. 특히 주목의 대상이 되고 있음을 이미 과도하게 인식하고 있는 사람에게 더 많은 주목을 불러온다는 점에서 더욱 그렇다. 홍조는 발가벗고 있다는 인식을 외부로 퍼뜨린다. 홍조가 체면을 지키는 비언어적 수단이며 타인의 부정적 반응을 완화하는 수단, 즉 생리적 측면의 선제적 자기 과실 인정mea culpa이라는 견해가 있었다. 실제 여러 연구

결과 사람들은 실수를 저지른 사람이 얼굴을 붉힐 때 실수에 좀 더 관대하게 반응하는 것으로 나타났다.[3]

어쨌든 홍조는 성적 약탈자들에게는 신이 내린 선물이다. 예쁜 얼굴을 붉히면 예쁘장함을 강화할 수도, 그렇지 않을 수도 있지만, 붉힌 얼굴은 따뜻한 육체성을 표면으로 끌어냄으로써 얼굴에 성적 느낌을 부여한다. 음란한 말로 수줍은 여자를 얼굴 붉히게 만드는 수위 약한 가학성은 여자의 치마 밑 공간을 탐험하는 수단이다. 프로이트파 학자들에 따르면, 붉어진 볼이 충혈된 성기의 대리인인지 여부와 상관없이 빨갛게 달아오른 홍조는 긴장한 여자의 불안정한 혈관 운동, 즉 신체의 자체 경험을 생생하게 부추긴다. 여자의 뜨겁게 달아오르는 뺨은 그녀를 유혹하게 될 사람의 시선을 볼록 렌즈로 승격시킨다. 당혹스러운 웃음이 곁들여진 생생한 볼연지는 그녀가 유혹에 취약하며, 심지어 저항하면서도 구애자가 원하는 것을 자신도 원하고 있다는 것을 보여주는 확실한 표식이다.

이런 얘기로 정신이 산만해지는 것을 피하기 위해 성적인 것과 절대 무관한 남성의 홍조에 집중해보고자 한다. 홍조는 그 위로 우리의 일상적인 순간이 떠오르는 심연을 들여다볼 수 있게 해주는, 바닥이 유리로 된 배와 같다. 이것은 이 책의 핵심 주제 중 하나인 인간과 동물 사이에 벌어진 커다란 간극을 직접적으로 탐구할 수 있는 타당한 구실을 제공한다. 우리는 해부적으로는 분리되어 있고 생리적으로는 독자적인 인간의 머리에서 나오는 분비물들이 합쳐져 여러 신호의 집합체, 명시적인 공통의 문화로 통합되는 과정을 살펴본 바 있다. 동물과 달리 우리는 여러 정신의 공동체에 속하며,

그 안에서 순간순간 존재한다. 이 공동체로의 입장은 우리가 몸을 자신의 것으로, 즉 우리 자신으로 가정하면서 시작되는 자의식을 통해 이루어진다. 이러한 자의식은 우리가 생애 첫 몇 년간 통합된 인간 의식으로 성장하고, 그것을 흡수하고, 그것에 동화되는 과정에서 복잡하게 주름 잡히며 대대적으로 정교해진다. 거의 처음부터 독립적인 유기체로서의 우리는 동물이 이해되듯 이해되지 않을 것이다. 독립적인 뇌로서의 우리는 그보다도 더 이해하기 어렵다.

어느 한 번의 홍조 이야기는 인류가 유기체적 상태에서 깨어난 후 인간의 의식이 떠나온 여정을 평가하는 방법이 될 수 있다. 또한 그 이야기는 현재의 공기, 과거의 공기, 호흡할 수 있는 공기, 문자로 전환되는 공기 사이를 화강암처럼 영속적으로 누비고 지나감으로써 내가 공기를 통한 의사소통과 공기 없는 의사소통 사이에 설치한 인위적 경계를 부수적으로 무너뜨린다. 어쨌든 이것은 말(상대적으로 후발 주자이기는 하지만, 무엇보다도 머리를 동물의 왕국의 다른 어떤 신체 기관도 알지 못하는 위치로 보내준 명시성의 형태)의 일정 측면을 다시 한 번 깊이 들여다볼 수 있는 기회를 제공한다.

계기

나의 표본이 된 홍조는 노인 병동에서 나와 함께 일하는 44세의 수간호사 라이언의 뺨에서 피어났다. (그의 홍조를 덜어주기 위해 가명을 썼다.) 그 홍조는 환자들을 한 병동에서 다른 병동으로, 즉 페인트칠을 할 H1 병동에서 환자들이 들어갈 H2 병동으로 옮기는 최상의 방법을 정하기 위해 소집한 회의에서 그가 한 발언으로 인해 야기됐다. 모여 있던 팀 사람들 앞에서 수간호사 라이언은 두 번째 병동을 '헤이치2' 병동이라고 말했다. 그 과잉된 유사 에이치meta-aitch는 홍조를 불러왔고 그것은 그의 머리 뿌리까지 번졌다. 나는 자기 배반의 수치감으로 뒤범벅된 그가 몸을 꿈틀거리며 땀 흘리는 것을 볼 수 있었다. 아무도 눈치채지 못한 듯했지만 그는 모두가 알아챘다고 여겼던 것 같다.

그를 돕고 싶었던 나는 활발히 나서서 회의 내용을 더 자세한 세부 계획으로 진행시켰다. 나는 그의 당혹감이라는 작은 사건을 더 큰 화폭에 옮김으로써 축소하려는 시도는 하지 않았다. 무디게 빛이 떠오르는 새벽의 중심에 있는 진홍빛처럼 그의 홍조가 사그라질 거라는 기대를 품으며, 홍조에 관한 역사의 위대한 진화 이야기를 언급하지 않았다. 그러나 정확히 이것이 내가 지금 하려고 하는 일이다. 홍조는 얼굴을 분홍빛으로 만드는 근원인 의식의 대수층을 끌어옴으로써 생겨난다. 나는 현대의 홍조가 때로 괴테의 에피메테우스(그리스 신화에 나오는 프로메테우스의 동생이자 판도라의 남편으로 그 이름은 '나중에 생각하는 자'라는 의미다 : 옮긴이)의 역할을 맡으려 한다는 것을 이야기하고자 한다.

말

태초에 말이 있었다. 그 태초가 언제였는지는 아무도 모른다. 물질

세계와 그 속에 있는 감각을 가진 짐승들의 경험의 실어증은 어쩌면 4만 년 전에, 10만 년 전에, 수십만 년 전에 끝이 났다. 지금까지 많은 이론이 나오기는 했지만, 말 없는 우주에 어떻게 말이 생겨나게 되었는지를 아는 사람은 아무도 없다. 여러 이론 중 동물의 외침과 인간의 담화 사이의 간극을 메우는데 근접한 것도 없다. 5장에서 살펴봤듯이 그 간극의 규모를 파악한 이론조차도 극히 드물다. 최소한 우리는 이 간극을 측정해보도록 하자.

구름, 냄새, 피부의 점 등 의미를 가진 사물은 많지만 그 의미들 중 의도된 것은 단지 소수에 불과하다. 그러나 인간의 말은 독보적인 수준으로 의미를 '의미'한다. 그러므로 이것은 주로 추상적인 가능성들을 제시한다. 인간의 말은 일반적인 감각의 무리에 의해 포착되는 지시대상들을 가정함으로써 '어쩌면 존재하는 것'을 이처럼 놀랍게 조형한다. 지시대상들은 반드시 실재할 필요가 없다. 그 자리에 존재할 필요는 더욱 없다. 말을 통해 그려진 부재absences는 같은 기준으로 측정할 수 있거나 측정할 수 없는 여러 형태로 나타난다. '더 이상 없다,' '아직은 아니다,' '절대 아니다'나 '보이지 않는 곳에,' '시야 밖에'나 가정법과 기원법이나 거의 확실한, 가능한, 불가능한 등이 그 예다.

여기서 핵심은 이 중 어떤 것도 쉿 하는 소리, 짖는 소리, 깩깩거리는 소리, 부엉부엉 우는 소리로 표현될 수 없다는 점이다. 살랑살랑 거리는 소리, 우르르 울리는 소리, 우렛소리는 더욱 불가능하다. 말의 각성은 불명확한 우주 속의 인지적 폭발이었다. 거위goose를 향해 '구우goo'라고 말한 첫 번째 사람은 세상을 보는 새로운 눈을 떴고, 스스로를 보기 시작했다. 유일하게 인간만이 홍조를 띠게 만드는 그 자의식과 사회적 주목을 자각한다.

간접 화법

말하는 유인원들은 말하기 시작한지 얼마 후에 타인들이 한 말을 전달하는 요령을 터득했다. 가령 X는 Y가 이러이러한 말을 했다고 말했다, Z는 자기 말을 인용한다, 이런 식이다.

단순히 흉내나 모방이 아니라 과거의 말에 관한 진짜 현재 말이자 내뱉어진 것의 의도적인 복제인 간접 화법은 동물이 내는 소리와 한층 더 먼 무한한 차이를 나타낸다. 간접 화법은 5장에서 언급했던 어떤 측면, 즉 동물의 의사교환 체계 중에서 단연 독특한 인간 언어가 메타언어로 가득 차 있다는 사실을 반영한다. 메타언어는 고차원적 의식을 표현하고 창조한다. 말을 다른 사람이나 자신의 것으로 귀속시키는 행위는 인간이 서로에 대해 놀랄 만큼 자각하고 있음을 명백히 보여주는 증거다. 당신이 내가 이러이러한 말을 했다고 말하거나, 기억해내거나, 심지어 사실과 다르게 주장하는 순간, 당신은 매우 특별한 주체로서의 나에 대한 당신의 복합적인 개념을 드러낸다. 즉 내가 의미를 만들어 내거나 전달하기 위해 정말 내가 의미하는 단어들을 내뱉는 활동을 하는 사람이라는 생각을 표현한 것이 된다.

우리는 중요한 의미를 제공하는 원천이 타인이라는 것을 알고 있다. 이것은 우리에게 큰 권력을 부여하고, 우리는 물질적이고 생물학적인 세계의 무한한 비자의식적 에너지들을 통해 전달되는 사건에서 성격이 전혀 다른 사건을 끌어낼 수 있다. 이러한 권력은 우주의 수명 중 첫 99.998퍼센트에 해당하는 시간 동안은 미지의 것이었다. 그런데 지금은 그 권력이 도처에 존재한다. 워낙 흔히 존재하고 있어서 우주의 많은 부분이 우리가 의도한 의미들로 직조한 공동의 세계라는 인간 중심적인 착각도 용서가 될 정도다.

이것은 왜 우리의 노출이 조약돌 혹은 사실상 세상 속의 생명이 있거나 없는 다른 모든 사물의 노출보다 복잡하고 포개져 있으면서도 동시에 벌거벗고 있는지 그 이유를 설명해준다. 우리는 엄청나게 확장된 노출 표면을 가지고 있다. 수간호사 라이언의 뜨겁고, 자체 존재감을 가진 빨간 볼에는 유서 깊은 유래가 있다. 비록 그가 그 순간에는 혼자라고 느꼈지만 역사적으로는 혼자가 아니었다. 그가 볼을 붉힌 시점은 유일한 순간이었을지 몰라도 그가 느낀 불안은 유일한 것이 아니었다. 말을 하고 말에 대해 말하는, 따라서 주름진 의식을 가지고 있는 사람이라면 모두 볼이 빨개질 위험을 안고 있다. 홍조를 유발하는 기폭제는 사람에 따라, 때에 따라 다르지만, 모든 인간은 볼을 붉히기에 손색이 없는 존재다.

기록문자

우리는 지금 장기적 관점을 취해 험난한 자각의 여정을 되짚어보고 있으며, 그 과정에서 수간호사 라이언의 홍조에 다다랐다. 이제 다음 단계는 글, 또는 더 광범위하게는 말의 기록inscription이다. 기록은 의도된 의미를 따뜻한 입과 몸으로 데워진 공기로부터 해방시키고, 대화자 집단을 한없이 확장시킨다. 사라지지 않는 기록된 말을 통해 생각의 초기 흔적은 유형의 존재로 굳어진다. 여러 생각이 온 세상에 닿고 여러 시대에 메아리치게 된다.

글은 갑작스럽게 등장한 인간의 말보다도 더 늦은 후발 주자다. 생겨난 지 9천 년밖에 되지 않은 글은 물질세계의 역사 중 고작 0.00005퍼센트를 장식한다. 우주에서 상대적으로 역사가 긴 것들과 글에 관한 지식은 기록이 인간의 의식을 얼마나 먼 곳까지 미치게 해주는지를 보여주는 증거다. 또한 글을 통한 인간 의식의 집단화가 벌레 같은 몸을 초월할 수 있게 해주거나 최소한 초월하는 무한한 세상을 그려볼 수 있게 해준다는 것을 보여준다.[4]

글은 생각이나 경험을 직접적으로 포착하지 않는다. 글은 이차적 언어다. 글의 기호들은 관습적인 기호의 관습적인 기호다(관습적이라 해도 일차적 관습이 되는 몸짓이나 그림과 상반된다).[5] 그러니 글이 탄생하기까지 그토록 오랜 시간이 걸린 것도 놀랍지 않다. 정말 놀라운 것은 글이 등장했다는 것 자체다. 특히 필기script는 필사transcription가 아니기 때문에 그렇다. 글쓰기의 주된 과제가 단어의 소리를 말에서 간접적으로 포착함으로써 언어를 기호화하는 것일지라도 우리가 글 쓰는 방식대로 말을 하는 경우는 드물다.

자모로의 표기

수간호사 라이언의 홍조의 원인을 추적하려면 아직도 갈 길이 멀다. 먼저, 천재적인 셈족들(아랍어나 히브리어와 같은 셈어를 사용하는 종족으로 알파벳과 유일신 사상을 전 세계에 전파했다 : 옮긴이)이 자모의 원리를 도입하고 이를 통해 기록문자와 목소리를 분리시키지 않았다면 라이언은 볼을 붉히지 않았을 것이다. 말로 표현된 단어와 달리 글로 쓰인 단어들은 이제부터 문자로 이루어지게 된다.

자모로의 표기는 수많은 단계를 거쳐 간 점진적인 과정이었다. 우선 그림 문자에서 단어 중심의 문자체계로의 전환이 이루어졌다. 그림 문자가 대상의 관습적인 형태를 표시했다면, 문자체계는 단어를 단일한 기호로 표시했다. 그 후 일어난 비약적 도약은 소리 중심의 음절 문자체계의 발명이었다. 이는 유한한 수단으로 무한하게 활용하는 기능(이것은 언어학자들의 경외감 어린 표현을 빌린 것인데, 인간의 머리가 하는 일 중 너무나 많은 것에 이런 표현이 적용된다)을 글에 부여해주었다. 이 체계 하에서 여러 기호는 공통의 의미가 아닌 공통의 소리를 표시하는데 사용되었다. 마지막으로 우리의 지표인 홍조보다 겨우 3~4천 년 전 음절이 자음과 모음 소리로 분해되었다. 이것이 진정한 문자의 탄생이었다.

이러한 과정은 같은 음으로 이름이 시작되는 사물의 그림으로 음을 표시했던 두음서법acrophonics을 비롯한 과도기적 형태들은 상상할 수조차 없을 정도로 눈부신 도약이었다. 매 단계마다 비범한 업적이 이루어졌다. 가장 사소해 보이는 진보라 할지라도 실제로는 높은 문턱을 넘는 커다란 도약이었다. 한 예로, 셈족의 기록 문자가 쓰고 버린 여분의 자음 기호들을 이용하여 그리스인들은 자신들의 모음을 나타내서 자모를 완성했다. 이 기호들이 그리스인들의 언어 중 어떤 음과도 일치하지 않았기 때문이다.

그리고 이 모든 일이 하느님이 자신의 유일한 아들의 인간화된 육체에 자신의 말씀을 새기고자 시도하기 1천 년 전에 일어났다고 일각에서는 말한다. 딱 제때에 나온 셈이다. 글이 훨씬 뒤에 나왔다면 십자가에 못 박힌 예수는 잊혀져가는 기억이 되었을 것이다. 그러나 결과적으로 홍조보다도 더 급진적이고 대대적인 규모로 일어난 혈액의 재배치의 정당성이 글로 인해 입증되었다.

철자법 : 문자를 발음하기

표기된 말은 이제 자모와 따로 분리해서 생각할 수 없게 되었다. 즉, 표기된 말은 타협 불가능한 순서로 배치된 일정하게 정해진 글자들과 동일시되었다. 그리하여 정확한 철자법 규정이 탄생했다.

사람들은 철자법을 학습했다. 이러한 학습에는 반복해서 철자 읽기, 더 구체적으로는 수간호사 라이언에게 해악의 근원이었던 소리 내어 철자 읽기가 포함되었다. 소리 내어 철자 읽기, 즉 정확한 철자를 정확한 순서로 똑똑히 발음하기 위해서는 철자를 골라내는 음성적 수단이 필요하다. 철자가 단어들에 기여하는 음을 단순히 반복하는 것으로는 충분치 않다. 주어진 철자가 다양한 단어에 수많은 음을 제공할 수 있기 때문이다. 예를 들어, 't(티)'는 'tune(튠)'과 'the(더)'에서 각기 다른 소리를 낸다. 그래서 우리는 철자에 그 음과는 다른 공식적인 이름을 붙인다. 이 혼란을 가중시키는 요소이자 수간호사 라이언의 빨간 볼에 이르는 길에 놓인 또 하나의 장애물은 이들 이름 자체가 발음될 수 있어야 한다는 점이다. 여러 음을 상징하는 철자들의 이름은 다시 여러 철자로 이루어진 음들로 구성된다. 가령 'tee(티)'는 't'와 'e'와 'e'로 이루어진다.

'H'

심연에서 올라오는 우리의 여정은 이제 거의 막바지에 이르렀다. 수간호사 라이언이 벌거숭이로 노출된 상태를 겪었던 그 일에 가까워지고 있다. 라이언의 홍조에 이르기까지는 이제 단 몇 백 년의 준비 시간만 더 있으면 된다. 그러나 그의 빨간 볼이 빛났던 공간인 바깥 세상에 도달하기 전에 먼저 신비한 철자 'h', 일명 'aitch(에이치)'의 운명을 열거해볼 필요가 있다.

　음운학자들에게 'h'는 소리가 들릴 수 있을 만큼만 성문聲門이 좁아지는, 단순한 모음 전의 호흡에 해당한다. (한번 발음을 시도해보자.) 개인적으로는 'h'를 목소리와 기도, 폐, 그리고 '나는 존재한다'라고 말하는 사람의 살아있는 몸, 즉 살아있는 정신의 프네우마와 가장 가까운 철자라고 생각하고 싶다. 감상적이고 낭만적인 감정을 덜고 봤을 때는 모음과 자음의 중간에 위치한 혼종 형태의 철자로 여겨진다. 두 역할을 오가는 만능 주자 'y'와 달리 'h'는 양쪽 역할 중 어느 쪽도 제대로 해내지 못한다. 자음의 섬유질 같은 강인함도, 모음의 풍선 같은 개방성도 지니지 못한 것이다.

이 같이 어정쩡한 상태가 'h'의 이름(또는 'aitch'의 이름)이 왜 그리 이상한지를 설명해줄 수 있을 것이다. 이 철자는 그것이 실제로 기여하는 음과 동떨어져있다. 우리가 'o'를 'oh(오우)'라고 부를 때 그 이름은 적어도 그 대상이 가진 소리의 일부를 형성하고, 자신의 역할 중 하나를 재연한다. 'a' 역시 적절한 자음과 연합하여 실질적인 역할을 수행할 때 'a'가 내는 음 중 하나를 낸다. 'pee(피)'는 최소한 'p'가 내는 소리로 시작한다. 그렇다면 어떻게 'h'는 '에이치'라고 불리게 되었을까?

'에이치'는 알파벳의 이 여덟 번째 철자의 이름이 후기 라틴어의 'aha(아하)'(적어도 이때는 이름에 들어있는 음이 포함되어 있다)와 중세 영어의 'ache(에이크)'를 거치며 지나온 천 년에 이르는 길의 마지막 단계다. 이 여정에서 'h'는 숨이 바닥나고 자신과 일치하는 바로 그 마찰음을 잃게 되었다. '아하'가 '에이치'가 되었을 때 이 철자의 'h'는 무기음無氣音 속에 묻혔다.

역사적 사회언어학

수수께끼 같은 이름 문제는 이쯤에서 접기로 한다. 그러나 'h'에는 또 다른 사연이 있다. 이 사연은 말이 하는 일이 그 말의 지시적, 혹은 사실적 내용을 넘어서는(또는 거의 무관한) 경우가 얼마나 많은지를 상기시켜준다. 이 문제를 이해하기 위해서는 잠시 문어에서 벗어나 구어로 되돌아갈 필요가 있다.

'H'는 속물이다. 이 철자는 가난하고, 신분이 낮고, 궁핍하고, 블루칼라층인 사람들보다 부유하고, 신분이 높고, 생활이 넉넉하고, 화이트칼라층인 사람들의 입을 더 선호한다. 물질을 움직이는 사람보다 추상적 개념을 다루는 사람, 논밭을 경작하는 사람보다 사무실을 운영하는 사람을 선호한다. 이것은 사회적 지위를 나타내는 중요한 지표다. 따라서 높은 곳을 향한 열망을 품는 볼 빨간 동물의 홍조로 곧바로 연결된다. 즉, 푸른 옷깃을 흰색으로 물들이고, 자신의 손에 물질세계와의 마찰로 생긴 단단한 굳은살이 적었으면, 정신노동보다 육체노동의 흔적이 적었으면 하고 바라는 호모 사피엔스 사피엔스들의 사례다.

《옥스퍼드 영어사전Oxford English Dictionary》은 'h'를 (자신은 전혀 죄 없는 쪽인 것처럼 비난조로) 이렇게 설명하고 있다. '철자 H의 올바른 취급방법은 사회적 지위를 나타내는 쉽볼렛(shibboleth, 어떤 특정한 집단이 다른 집단 또는 외부인을 구별해 내기 위해 사용하는 단어나 문구 : 옮긴이)로 정해졌다.' 그 정도가 크든 작든 우리가 내뱉는 모든 말이 타인들이 우리를 분류하거나 정형화할 수 있게 하는 쉽볼렛이기는 하지만, '에이치'의 부재는 단연 눈에 띈다. 어떤 단어에서 '에이치'가 없다는 것, 이 꼬마요정의 날숨, 이 작디작은 헐떡거림을 빠뜨린다는 것은 당신의 태생을 밝히는 행동이다. 에이치를 빼놓지 않는 사람들은 단번에 당신의 지위를 알아보고 당신이 그들 중 하나가 아니라는 것을 간파할 수 있다. 청각적 무無로써 없는 것과 다름없는 탈락된 'h'는 출세주의자를 폭로해 내는 것으로 유명하며, 특정 사회 집단으로 들어서는 자격을 박탈시킨다. 혹 잠시라도 저들이 당신을 그들의 일원이라고 생각했다 해도 이제는 당신의 회원자격이 무효라는 사실을 확신하게 된다. 그러한 자격은 교양이 아니라 외적으로 나타나는 것을 기반으로 하기 때문이다.

전통적인 풍속 희극에서는 이런 현상의 원인이 벼락부자이기 때문으로 그려진다. 시간이 부정한 돈을 정화해주므로 결국에는 돈이 교양이 된다. 그러나 그런 교양도 충분해야 한다.[6] 스스로 정당하게 벌지 않은 재물은 깨끗해지고, 좋은 집안 사람들 틈에서 성장하다 보면 몇 세대 지나지 않아 좋은 집안 사람이 된다.

'에이치'의 부재는 소설가를 비롯한 여러 사람들이 어떤 인물이 말한 내용을 '사실적'으로 기술할 때 무신경하게 생략부호(')로 표시할 만큼 중요하다. 에이치의 부재aitchlessness나 에이치 감소증aitchopenia은 해당 화자에게 주연이 아닌 단역이나 카메오, 성격배우의 운명을 부여한다. 에이치를 발음하지 않는 사람은 중심에서 벗어난다. 대도시나 가까운 곳이 아닌 시골이나 먼 곳, 샹들리에로 장식된 방이 아닌 노천 시장이나 들판, 권력의 영향력을 행사하기보다 당하는 위치, 인간의 의식이 어느 정도는 깨어있지만 최상의 수준은 아닌 위치에 존재하는 것이다.

홍조

이제 수간호사 라이언의 얼굴을 붉게 만든 실수에 이르렀다.

포함된 철자들의 이름을 발음함으로써 단어를 말하는 참으로 흥미로운 행위를 하는 과정에서 라이언은 '에이치'의 시작 부분에 원래는 없어야 할 에이치를 덧붙였다. 그의 '헤이치'는 음운론의 역사상 전혀 행해진 적 없는 것으로, 에이치에게 중세시대에 잃어버렸던 기식음氣息音을 되돌려주려는 시도였다. 아니, 그의 잉여적 'h'는 원래는 있어야 할 곳에서 'h'를 빠뜨릴지 모른다는 만연한 불안감의 영향을 드러낸 것이었다. 그것은 소량의 내쉰 공기처럼 사소한 어떤 것, 구강에서 나온 작디작은 산들바람이 탈락되었을 때 얼마나 커다란 소리가 날 수 있는지에 대한 예민한 자각으로 인해 촉발된 과잉 보상이었다. 소리 내지 않은 부드러움이 있어야 할 자리에 연구개 마찰음이나 거친 기식음을 배치한 행위는 거친 이미지로 비칠 수 있는 사람이 품은 부드러움에 대한 열망을 드러냈다. 그 결과 뺨을 화끈거리게 하는 수치심이 이어졌다.

물론 개인적인 경험이긴 했지만 라이언의 불안감은 자신의 사회적 존재에 만족하지 못한 선조들로부터 물려받은 것이다. 그의 '헤이치'는 지위 향상을 꿈꾸는, 그러나 상승하는 도중에 저지당할 운명에 놓인 이들의 말씨에 속하는 것이었다. 잉여적 'h'는 빨간 볼이라는 흔적 없이 상승하고 싶어했던 도피자들을 물고 늘어졌다. 그것은 그들의 현재 모습이 아니라 그들이 갈망하는 모습을 드러냈다. 혹은 전자와 후자 간의 거리를 발설했다. 요컨대 라이언의 홍조는 그와 같은 종족을 대표하는 집단적 수치심을 상징했다. 이것은 종족의 비밀 누설이며 자기 폭로다.

결론

지금까지 우리는 연이은 수수께끼와 마주했다. 말, 간접화법, 기록 문자, 자모로의 표기, 단어를 개별 철자로 분리하기, 철자의 이름 짓기와 이름 말하기, 사람의 자체 목소리를 통해 전달되는 사회적 자기인식이 그것이다. 이들은 볼 붉히는 사람 중 누구도 느끼지 못할 만큼 깊은 곳에 자리 잡은 수수께끼들이며, 인간이 홍조라는 불편을 가능케 하기 위해 얼마나 먼 길을 와야 했는지를 보여준다.

8장

세상과 마주하는 시각

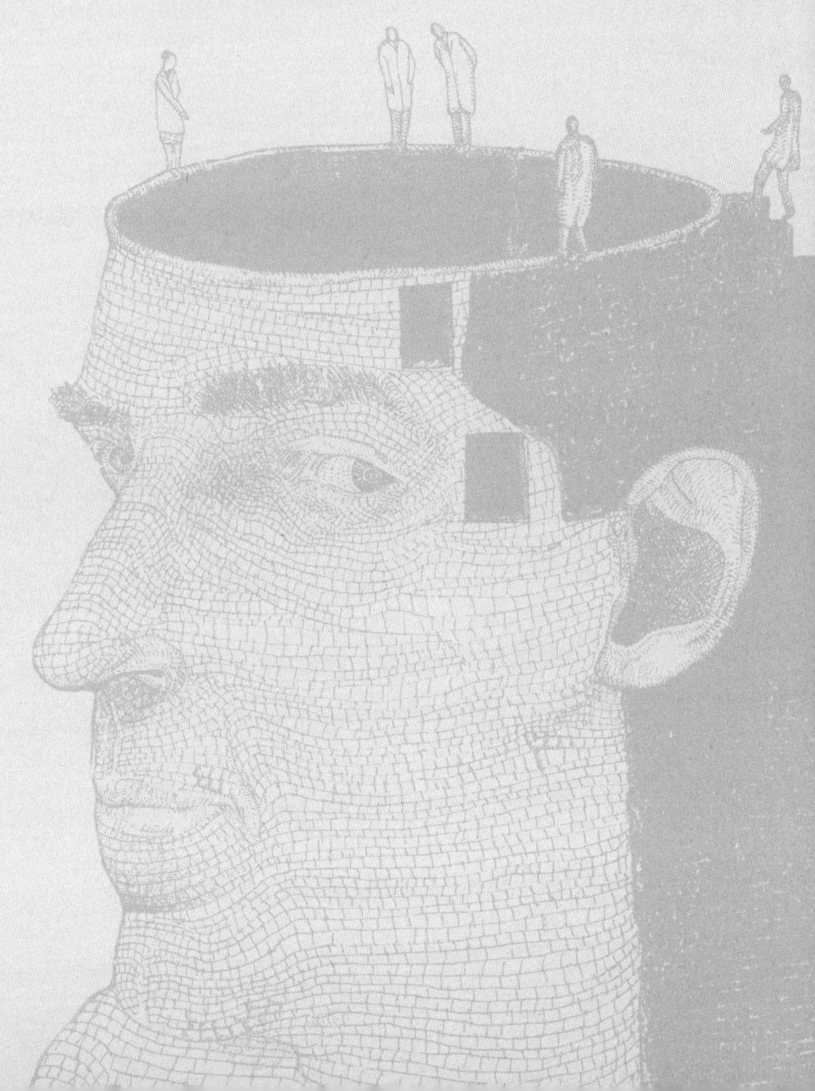

가시적인 것의 불가피한 양상.

제임스 조이스 James Joyce, 《**율리시즈**Ulysses》

첫 시선[1]

4백만 년에서 8백만 년 전의 어느 시점에 아프리카의 기후가 악화되었다. 지구 온도가 하락하면서 춥고 건조한 환경이 조성되었다. 지구는 살기 힘든 곳이 되었고 나무의 양이 감소했다. 우리의 영장류 조상들은 평원으로 쫓겨났다. 상대적으로 나무가 없는 초원 생활에서는 직립 자세가 더 유리했다. 직립 보행에 장애물이 되거나 양팔로 이 가지에서 저 가지로 매달려 건너는데 도움을 주는 나무가 적었기 때문이다. 그리하여 유인원들은 두 다리로 걷는 법을 배웠다.

다른 영장류들도 이따금 직립 자세를 취하기는 하지만 절대적인 두발 동물은 인간뿐이다. 게다가 오직 인간만이 큰 걸음으로 걸을 수 있다. 매 걸음마다 앞으로 내딛은 다리의 반대쪽 팔이 흔들리며 몸통의 비틀림을 보완함으로써 직립 보행의 안정감을 높여준다. 직립 자세는 머리를 긴 받침대 위의 상반신으로 올려놓는다. 이는 특히 시각, 청각과 같은 원거리 감각에 유리하게 작용하고, 촉각과 후각 등의 근거리 감각에 비해 상대적으로 그 중요성을 증가시킨다. 크게 강화된 시각 능력을 갖추며 위로 올라간 머리는 몸을 일종의 망루로 만든다. 그 결과 시각은 감각을 통해 바깥 세상에 관해 얻는 정보 중 90퍼센트를 담당한다. 이는 우리가 주위의 자연세계, 더 넓게는 물질세계와 맺는 관계, 다른 인간들과의 관계에 큰 영향을 끼쳤을 뿐만 아니라 자기 인식에도 어마어마한 영향을 미쳤다.

이들 각각에 대해서는 차례로 고찰해볼 예정이다. 그러나 먼저 우리의 주체성과 직접적으로 밀접한 관계가 있는 눈을 하나의 객체로서 잠시 살펴보는 것이 옳을 듯하다.

눈을 '복잡한 기관'이라고 말하는 것은 상황을 과소평가하는 것이다. 가장 평범한 응시를 유지하는 데만도 수많은 미세 기관의 정교한 협동 작업이 필요하기 때문이다. 그 원리는 꽤나 단순하다. 눈은 빛을 흡수하여 처리하는데, 바라본 풍경의 가시적 표면이 눈 뒤쪽으로 지나가는 시신경에서 신호의 형태로 전환되는 방식을 취한다. 이 시각 신호가 다시 뇌에서 처리되면서 처음의 가시적 표면이 재현된다.

얼핏 간단해 보이는 이 이야기에는 몇 가지 근본적인 문제가 있다. 빛 에너지의 신경 신호로의 변환은 빛이 빛에 대한 자각으로 전환되고 빛의 형태가 외양의 형태로 전환되는 과정, 요컨대 풍경이 보이는 것이 되는 과정을 설명하지 못한다. 빛이 눈을 통해 뇌로 전달되는 과정은 꽤 명확하지만, 응시가 주의를 기울여 빛을 원천이거나 원천이었던 대상에 귀착시키는 과정은 전혀 명확하지 않다. 마지막으로 3차원 시공간 감각과 풍부하고 복잡한 시각 세계의 구성은 빛을 수확하는 망막의 2차원 표면을 감안할 때 놀랍고 심지어 불가사의하기까지 한 성과다. 시각만이 아니라 모든 감각 경험에 적용되는 이러한 근본적인 문제들은 다음 장에서 다루겠다. 우선 지금은 이 경이로운 구조물을 찬양하는 데만 집중하고 싶다. 설령 시각에 대한 충분한 설명은 아닐지라도 이것은 필수적인 선행 조건이다.

가시적 세계에서 반사된 빛은 안구를 둘러싼 투명한 막인 각막을 통해 눈으로 들어온다. 각막은 눈의 초점력 중 ⅔를 제공한다. 이 부분을 할퀴어 본 사람은 알겠지만 각막은 극도로 예민하다. 몸의 다른 어떤 곳보다도 신경 말단이 더 **빽빽**하게 밀집되어 있기 때문이다. 두께는 0.5밀리미터 정도에 불과하지만 다섯 층으로 이루어져 있으며, 이 중 몇몇 층은 각막의 손상을 막는 역할을 담당한다. 가장 안쪽에 있는 층, 즉 각막 내피는 세포 하나만큼의 두께에 불과하지만 그럼에도 중책을 맡고 있다. 각막에 물이 고이지 않도록 눈물을 퍼냄으로써 각막을 투명하게 유지하는 일이다.

빛과 의미를 유입시키는데 사용 가능한 각막의 양은 홍채가 얼마나 확장되는가에 따라 달라진다. 홍채는 조절 가능한 조리개로 눈동자에 색깔을 부여한다. (눈의 불투명한 흰자위는 '공막'이라고 부른다). 홍채는 눈 내부의 빛 수준을 조절하여 어두울 때는 팽창하고 밝은 환경에서는 수축한다. 홍채는 감정에도 영향을 받는다. 위험한 상황에 처하면 홍채 중앙의 비어 있는 공간인 동공이 확장된다. 아편을 투여하면 동공이 작아지며, 헤로인 중독자의 핀 끝만큼 작은 동공은 병원 응급실에서 흔히 볼 수 있는 광경이다.

최근 들어 홍채는 ID 카드와 생체인식 기술에 대한 논쟁을 통해 정치의 장으로 들어섰다. 생체인식 기술을 활용해서 출국이나 입국을 희망하거나 보험금을 청구하고자 하는 개인의 신원을 확인할 수 있다. 홍채 스캔은 홍채의 고리, 홈, 반점을 검사하고, 2백 가지가 넘는 비교 대상 특징을 분석한다. 이 정도면 지구상 모든 개개인의 고유한 특성을 파악하고도 남을 정도다. 언젠가는 은행들이 현금 자동 입출금 거래에 대해 홍채 스캔을 일상적으로 적용하게 될지도 모른다.

눈의 전체적 색깔은 우리가 보여주는 즉각적이고 지속적인 인상에 크게 기여한다. 그러나 인물의 성격과 파란 눈에 푸른빛을 부여하는 화학물질인 인돌 모노머indole monomer가 연상시키는 것 간의 연관성은 다소 빈약하다. 이점은 '푸른 눈동자'가 토마스 하디 Thomas Hardy(1840~1928, 영국의 소설가 겸 시인. 대표작은 《귀향》, 《테스》 등이 있으며 《푸른 눈동자》 역시 그의 소설 제목이다 : 옮긴이)의 작품 속 여주인공의 사랑스러운 순수함이나, 그에 비해 순수함이 다소 떨어지는 프랭크 시나트라Frank Sinatra(1915~1998, 미국의 대중가수이자 작곡가, 영화배우. 감미로운 목소리로 많은 인기를 얻은 미국의 대표 가수 중 한 사람이다 : 옮긴이)의 유혹적인 매력, 여행 작가 브루스 채트윈Bruce Chatwin(1940~1989, 영국의 소설가 겸 여행 작가 : 옮긴이)이 응시하는 아득한 수평선의 느낌을 모두 환유적으로 상징할 수 있다는 사실에서 드러난다. 많은 사람들이 조지 오웰의 선명한 푸른 눈에 대해 언급하면서 그 눈을 그의 명료한 시각, 강인한 정신과 용기를 갖춘 인품, 정직성과 연결시켰다. 그러나 실제로 조지 오웰의 외적 인격public persona은 성적 좌절감과 여성들의 관심을 얻지 못한 외모로 고통스러워했던 불성실하고 비사교적인 에릭 블레어(조지 오웰의 본명 : 옮긴이)와 일치하지 않았다.[2] 그러나 조지 오웰이 가진 한 쌍의 눈의 색깔은 화학적 조성으로 정해진 것이다.

홍채의 둥근 창을 통해 들어온 빛은 수정체를 통과한다. 각막이 초점을 맞추는 역할의 대부분을 담당한다면 수정체는 가까운 곳과 먼 곳에 있는 물체를 똑같이 또렷하게 볼 수 있도록 미세 조정을 담당하는 렌즈다. 수정체는 탄력성이 있으며, 제약이 없다면 구형에 더 가까울 것이다. 그러나 다수의 방사 섬유(모양소대)가 수정체를 뻗지 못하도록 받치고 있기 때문에 원반형에 더 가깝다. 이 모양은 원거리 물체를 볼 때는 문제가 없다. 망막에 초점이 맺히게 하기 위해 광선을 많이 굴절시키지 않아도 되기 때문이다. 그러나 물체가 바로 가까이 있을 때는 수정체가 더 둥근 모양이 되어야 한다. 이 경우 모양체근이 수축하여 모양소대의 장력을 느슨하게 풀어줌으로써 수정체가 볼록해진다.

망막, 홍채, 수정체는 안구의 앞부분을 채우고 있는 안방수로 뒤덮여 있고, 여기서 영양을 공급받는다. 안방수의 압력은 모양체근을 지탱하는 모양체에 의해 분비되는 하루 4cc와 스펀지 모양의 입체 망상조직인 섬유주를 통해 눈에서 빠져나가는 양의 균형을 맞추어 정교하게 조절된다. 방수의 유출이 차단되면 그 결과 높아진 안압이 시신경을 압박하고, 이런 높은 안압상태가 지속되면 시신경이 점차 손상을 입게 된다. 이 과정은 통증 없이 진행될 수도 있지만 그 결과는 치명적이다. 먼저 주변 시력을 잃게 되어(터널시야) 세상을 그냥 보지 못하고 주의를 기울여 응시하게 되고, 결국은 시력을 완전히 상실하게 된다. 녹내장을 제때 발견하지 못하거나 제대로 치료하지 않아서 노년을 끝없는 암흑 속에 보내게 된 이들이 많다.

수정체와 망막 사이에는 유리체라는 공간이 있다. 이것은 안구 용적의 대부분을 차지하며 안구 특유의 형태를 만들어준다. 유리체는 미세한 투명막으로 에워싸인 투명한 젤리 형태의 유리액으로 채워져 있다. 셰익스피어를 공부하는 학생들에게 이 유리액은《리어 왕King Lear》3막 6장에 등장하는 글로스터 백작의 실명과 뗄 수 없는 연관성을 가진다.

> 콘월: 더는 못 보도록 미리 처리하자. 나와라, 더러운 젤리!
> 자, 아직도 빛이 보이느냐?
> 글로스터: 온통 칠흑 같은 어둠뿐, 위안을 주는 것은 아무것
> 도 없구나.

이제 빛은 최종 목적지인 일곱 층으로 이루어진 망막에 도달하고, 이곳에서 신경 흥분으로 전환된다. 빛이 모든 층을 통과하여 신경절 세포에 도달하고 상호 연결된 세포들의 매우 복잡한 조직망에 의해 처리되고 나면 이 세포조직의 끝에 연결된 시신경이 변환된 빛을 뇌로 실어 나른다. 이 과정이 복잡한 이유 중 하나는 망막이 다양한 빛 조건 하에서 작용해야 하기 때문이다. 캄캄한 밤에서 햇빛 비치는 밝은 낮으로의 변화는 주변 조명이 1억 배만큼 변하는 것에 해당한다. 빛에 대한 눈의 민감성은 놀라운 수준이다. 최대치로 어둠에 순응하는 조건 하에서는 빛에 민감한 간상체 5~14개에 의해 흡수된 광자 한 개 만으로도 시감각을 일으키기에 충분하다.[3] 시각적 순응이 없다면 정상적인 햇빛에도 눈이 부실 것이고 어둑한 곳에 있는 물체는 보이지 않을 것이다. 주어진 여건에 따라 적응하는 망막의 능력은 대대적인 연구 노력에도 불구하고 여전히 어둠에 싸여있다.[4]

망막에는 특수화된 광수용기인 원추세포와 간상세포가 수백 만 개 들어있다. 망막에서 가장 민감한 부위는 황반이며, 대부분의 원추세포가 이곳에 분포되어 있다. 황반은 중심 시력과 미세한 세부 요소를 보는 기능을 담당한다. 원추세포는 비교적 강한 입사광을 필요로 하고 색채 시각을 지원한다. 황반의 중앙에는 중심와가 위치해 있다. 중심와는 원추세포가 가장 많이 밀집해 있는 곳이며, 현재 당신 눈의 움직임에 의해 이 문장에서 나오는 빛을 받아들일 수 있는 위치로 조정되어 있다. 간상세포는 대부분 망막의 바깥쪽에 분포되어 있다. 이들은 그리 밝은 빛을 필요로 하지 않지만 세상을 흑백으로 보여준다. 간상세포는 야간 시력에 특히 중요하다.

우리는 불변하는 것보다 움직임과 변화에 더 민감하다. 이점은 순응에 있어 확실한 이득이 된다. 우리는 자동 조종 장치 상태에서 깨어나 새로운 것, 즉 사물의 가장자리, 시야에 들어오는 새로운 것들, 정지해 있지 않고 움직이는 실체들을 자각할 필요가 있다. 변화에 대한 민감성의 강화는 신경계 전반에서 분명히 나타나지만 그중에서도 특히 망막에서 훌륭히 예시된다. 망막은 퍼져있는 빛보다 작은 반점이나 고리 모양의 빛 또는 빛과 어둠의 경계에 훨씬 더 민감하게 반응한다. 이를 가능케 하기 위해 광수용기는 중심-주변 수용장을 가지고 있다. 다시 말해, 최대 반응이 나타나기 위해서는 중심부가 밝고 주변부가 어둡거나 아니면 그 반대여야 한다. 특정 수용기가 자극을 받으면 그것이 주변에 있는 수용기들을 억제할 것이고 그 결과 주변 수용기들도 이 수용기를 억제하게 된다. 가령 A세포가 전력을 다해 발화할 수 있으려면 그 인접 세포 B가 동시에 발화하지 않는 것이 최선이다. 이런 상황은 해당 자극이 작은 점이나 얇은 고리, 날카로운 형태의 빛일 경우에 일어난다.

망막에서 나온 신호를 뇌로 전달하는 시신경은 망막에 큰 구멍을 남긴다. 빛에 전혀 반응하지 않는 이곳은 문자 그대로의 원형적 맹점이다. 우리는 맹점을 보지 못한다. 즉, 우리에게는 시야에 각각의 시신경에 대응되는 두 개의 구멍이 있는 것으로 느껴지지 않는다. 이것은 우리가 존재하지 않는 것을 채워 넣는 경향이 있다는 사실, 더 일반적으로 말하자면 우리가 보리라 기대하는 것을 보고, 보이는 광경에서 중요한 핵심을 끌어내는 경향이 있음을 보여주는 강력한 예이다. 또한 이것은 강렬한 은유이며, 관점의 중심에 우리가 보지 못하는, 혹은 일부분만 보거나, 왜곡되거나 간헐적인 형태로 보는 무언가가 있다는 사실을 상기시키는 물리적 증거다. 그 무언가는 바로 우리 자신이다.

보기를 더 깊이 들여다보기[5]

이제 다른 감각들에 비해 시각이 특별한 이유가 무엇인지 생각해보고, 시각의 이러한 우월성이 우리가 물리적 환경과 맺는 관계에 어떤 영향을 주는지에 관해 고찰해보자.

우선, 시각 대상은 우리 자신으로부터 볼 수 있는 거리에 있다. 그 대상은 내 눈, 사실상 머리와는 별개로 '저기'에 위치한다. 이렇듯 사물이 가진 머리로부터의 독립성은 머리의 움직임과 그 물체의 움직임이 각기 독립적으로 일어난다는 사실을 통해 분명히 드러난다. 즉, 물체가 움직이지 않는 상태에서 머리가 움직일 수도 있고, 그 역의 경우일 수도 있다.[6] 여기서 중요한 점은 이것이 사실임을 단지 추론하는 게 아니라는 것이다. 우리는 이것이 사실임을 본다. 대상뿐만이 아니라 나를 그 대상으로부터 분리시키는 거리도 볼 수 있다.

이런 현상은 시각 외의 그 어떤 감각에서도 찾아볼 수 없다. 우리는 냄새와 우리 사이의 거리를 냄새 맡지 않는다. 우리와 냄새나는 물체 사이에 공간적 거리는 있을 수 있어도 사실상 후각적 거리라는 것은 존재하지 않는다. 여러 냄새 간의 거리나 우리가 냄새 맡는 사물들 간의 거리를 냄새 맡을 수 있는 것도 아니다. (냄새는 대상을 제공해주지 않는다.) 우리는 자신과 만지는 대상 간의 거리를 만질 수 없다. 내뻗은 팔의 경험을 통해 간접적으로 촉각적 거리를 경험한 것으로 간주할 수 있을지는 몰라도 이 거리는 만질 수 있는 것들로 이루어져 있지 않다. 중간에 끼어드는 만질 수 있는 것들은 장애물이 되기 때문이다. 마찬가지로 대부분의 소리가 그렇듯이 어떤 소리가 '저기'라는 멀리 떨어진 출처에서 나온다고 결론내릴 수는 있지만, 그 소리의 출처와 우리 사이의 거리를 듣지는 못한다. 희미한 소리는 가까운 곳에서 나는 비교적 조용한 소리일 수도 있고 먼 곳에서 나는 비교적 큰 소리일 수도 있다. 즉, 시끄러운 사물의 소리가 나오는 위치는 눈에 보이는 사물의 위치와는 달리 하나의 추론이다. 철학자 피터 스트로슨P. F. Strawson(1919~2006, 영국 철학자로 1950년대 이후 영국 철학계에서 일상 언어학파를 주도했다 : 옮긴이)의 표현처럼 소리는 '본

질적으로 공간적 특성을 가지고 있지 않다.'[7]

둘째, 우리는 보이는 대상에 대해 우리가 지금 지각하고 있는 것보다 그 이상의 것이 있음을 본다. 이것은 후각은 해당되지 않는, 시각이 우리에게 초월적인 대상을 제공하는 측면이다. 그렇다면 촉각은 우리에게 대상을 제공하지 않는가? 내가 무언가를 만지거나 들어 올리거나 누르거나 깨물 때 그 이상의 뭔가가 있다는 느낌, 이 물체는 내가 만지고 있는 표면 이상의 것이라는 느낌을 그것의 무게와 내 손가락이나 치아에 대한 저항력을 통해 감지하지 않는가? 물론 그렇기는 하다. 그러나 내가 무언가를 쳐다볼 때 느끼는 것과는 방식이 다르다. 이점에서 추가적인 고찰의 필요성이 확실해진다. 이는 인간 세계의 본질적 속성이다.

어떤 대상을 볼 때 나는 그 가시적 표면이 보이지 않는 깊이나 내게 드러내지 않은 표면을 감추고 있다는 것을 본다. 사물의 앞면은 뒷면을 가리고, 윗면은 아랫면을 가리고, 바깥쪽은 안쪽을 가린다. 요컨대 시야는 불투명한 사물들, 즉 상당 부분이 보이지 않고, 다른 사물들을 차단할 수도 있는 실체들로 구성되어 있다. 만약 사물이 완전히 투명하다면 그들은 보이지 않을 것이다. 즉, 가장자리도 그림자도 시각적인 알맹이도 없을 것이다. 요컨대 시각적 폭로는 명시적 은폐에 달려있다. 시각적으로 감춰진 것은 보이는 것의 필요조건이다. 이 점은 시야 내부뿐만 아니라 시야 주변에도 적용된다. 시야는 어떤 범위 내로 한정된다. 일부는 실제이고 일부는 개념적인 이 선은 보이는 것과 보이지 않는 것들 사이의 모든 부분적 경계선과 합류하며, 그 선 자체도 눈에 보인다. 그리고 이에 더해 크고 연속적인 형태의 보이지 않는 것, 즉 시야 범위 밖인 머리 뒤쪽에 있는 것이 존재한다.

이 모든 것에서 새로운 사실이 추론된다. 바로 가시적인 것은 연속적이라는 점이다. 청각적 장이나 후각적 장, 촉각적 장이 존재하지 않는 방식으로 시각적 장은 존재한다. 소리와 소리 사이의 공간 자체는 소리로 이루어져 있지 않다. 이미 언급했듯이 소리에는 공간적 성격이 내재되어 있지 않기 때문이다. 이를테면 공간 속 서로 다른 지점에 위치한 여러 소리의 점을 연결해 볼 수는 있다. 그러나 점과 점 사이의 틈을 메우고 있는 것은 소리로 이루어져 있지 않다. 냄새는 완전히 퍼져 있을 수도 있지만 시공간적으로 명백히 연속적이지는 않다. 또한 물질적 실체의 연속체를 촉각으로 추적하는 것이 가능하긴 하지만 이 연속체를 전부 한꺼번에 만질 수는 없다. 어느 때든 촉각은 신체의 접촉하는 표면에 국한된다. 접촉하지 않은 표면들은 만질 수 있는 가능성으로만 존재할 뿐이다. 이는 시각과는 큰 차이를 보인다. 시각에서는 시야 내에 보이는 모든 것이 서로 즉각적인 관계 속에 존재한다. 가시적인 것과 가시성이 있는 비가시적인 것, 즉 우리가 볼 수 있는 것과 볼 수 없음을 볼 수 있는 것들의 연속체를 형성한다.

이 모든 점은 나 자신과 별개로 존재한다. 어떤 시야에 속해 있으면서 그 속에서 다른 사물들과 관계를 맺고 있는 대상 그 자체에 대한 인식을 내게 제공한다.[8] 눈과 우리 자신, 시야의 대상 간의 실제 거리는 중요하다. 보는 사람은 그가 보는 것 속에 빠져있지 않다. 시각은 우리를 사물의 바다 위로 솟아오르게 한다. 우리는 보이는 것을 자각하기 위해 그것과 섞일 필요가 없다. 인간은 고등 포유동물 중 유일하게 높은 곳에 위치한 머리에서 대부분의 감각 정보를 얻는다. 이러한 머리는 우리와 대상과의 거리를 끊임없이 상기시키는 존재다. 시각의 수단이 되는 빛은 콧구멍에 스며드는 냄새나 촉각을 전달하는 충돌보다 고상하다. 세상 곳곳을 냄새 맡으며 살아가는 동물은 자연세계의 배설물 속에 코를 박고 있기에 곱절만큼 진창 속에 있는 셈이다.

인간은 동물 중 유일하게 지속적이고 복잡한 자기 인식을 보유하고 있다. 이 인식은 맨 처음 그들의 몸을 자신의 것으로 전유하는 데서 출발했다. 인간은 육화된 주체embodied subjects다. 나는 '나는 이것이다'라는 인식을 가지고 있고, 여기서 '이것'은 가장 우선적으로 나의 몸이다. 이것은 시야를 내가 명시적인 중심이 되는 어떤 것으로 만든다. 나는 굵은 엄지손가락처럼 두드러진다. 나는 대상들과 관계를 맺고, 그 대상들은 나와 관계를 맺는다. 물론 이 관계는 대칭적이지 않다. 내가 보는 대상들은 시야 속에 존재하지만 나는 그들의 시야 속에 존재하지 않는다(이에 대한 예외는 잠시 후에 살펴보기로 한다). 나는 주위의 세상을 주위에 있는 것으로 본다. 그리고 그 세상 속에 위치한 나는 주위에 있는 그 세상의 사물들을 내가 보고 있다는 사실을 본다. 이에 더해 나는 내가 그들을 특정한 각도, 특정한 관점 등에서 본다는 사실을 본다. 그 결과 나는 다른 각도와 다른 관점에서 볼 것이 더 있다는 사실을 본다.

나는 시야에서 자신을 하나의 관점으로써 경험한다. 이 관점은 가능한 여러 관점 중 하나에 불과하며, 나는 가능한 관점 중 오직 하나의 관점에서 보고 있음을 본다. 다른 시각과 다른 시야가 가능하다. 다른 위치와 다른 관점에서, 다른 시간에, 나 자신이 볼 수도 있고 다른 사람들이 볼 수도 있다. 기타의 것들은 잠시 후에 살펴보기로 하자. 우선 지금은 가시화될 수 있는 더 많은 것들이 존재하는 시야의 중심에 내가 있다는 인식에 따른 몇 가지 근본적인 인지적 결과에 초점을 맞춰보기로 한다.

그 첫 번째는 수동적 또는 임의적 경험에서 능동적 탐구로 가는 변화다. 우리는 몽롱한 상태로 보기에서 멍청히 바라보기, 주시하기, 빤히 보기, 자세히 들여다보기, 뚫어지게 보기, 관찰하기, 끝으로 조사하기까지 광범위하게 펼쳐지는 탐구의 변화도를 가정해볼 수 있다. 이러한 변화를 촉진하는 것은 보는 주체인 인간이, 자신이 중심이 되는 세계 위로 올려진다는 사실이다. 인간은 세상이라는 진창과 분리되어 있다는 점에서, 즉 촉각이나 미각의 경우처럼 그 것과 직접적인 접촉을 통해서가 아니라 빛이라는 매개를 통해 연결된다는 점에서 그 진창 위로 올려진다. 이러한 상승은 문자 그대로 머리의 상승, 즉 머리가 직립한 몸의 꼭대기로 올려진 상태로 나타난다. 그 이상의 뭔가가 있다는 인식과 우리가 경험하는 것과 별개로 그 바깥에 존재한다는 인식이 합쳐진다. 따라서 우리는 그저 자신의 경험 속에 녹아있는, 감각력을 가진 동물에서 더 많은 경험과 지식 그 자체를 얻고자 여러 경험을 찾아내는 존재가 되는 길로 들어서게 된다.

결국 우리가 지식, 더 광범위하게는 인지에 대해 사용하는 상징의 대부분이 시각을 토대로 이루어진다는 점은 적절하다. 시각이 없었다면(여기에 추가로 한두 가지 것들, 예컨대 내가 《손 : 인간에 대한 철학적 탐구The Hand : A Philosophical Inquiry into Human Being》에서 논했듯이 마주볼 수 있는 엄지손가락이 달린 완전히 발달된 손이 없었다면)[9] 어떻게 사물을 경험하는 짐승이 지식의 대상과 조우하는, 사물을 아는 동물이 될 수 있었을지 상상하기가 어렵다. 우리는 사물을 '마음에 그린다'거나 '상상한다'는 말을 하고, 상상력을 가지고 있거나 공상적인 사람들에 대해 얘기한다. 지적인 사람들을 '시각이 밝다'라고 표현하고, 통찰력이 있다거나 특정 방식으로 사물을 본다거나 '사색한다'라고 평하며, 우리를 둘러싼 세상에 대한 우리의 감각을 세계관이나 세계상으로 표현한다. 사실, 우리가 하나의 연속체인 그 세상 또는 어떤 세상 속에 위치한다는 느낌은 눈앞에 있는 것을 하나의 시각적 장을 차지하는 존재로 통합하는 시각의 산물이다. 체계적 방식으로 이론을 세우고, 관찰 결과를 뒷받침하기 위해 이론을 찾고, 심지어 이론에 대한 이론을 보유한 최초의 인간이었던 그리스인들은 이론의 개념을 테오리아theoria에서 끌어왔다. 테오리아는 보기나 조망을 뜻한다. 그리스인들은 공평한 구경꾼 자세를 존중했다. 이러한 구경꾼에게 있어 시각적 거리 혹은 분리는 한발 더 나아가 감각적 몰입을 넘어서서 모든 종류의 개입으로부터 거리두기, 그 자리에 있는 사물에 대한 바라보기 또는 순수한 관조였다.

설령 선천성이라 할지라도 시각 장애인들이 정상 시각인 사람들과 완전히 다른 세계상을 가지고 있다거나 그들에게는 자신과 별개의 사물이나 세상을 구성하는 연속적인 감각장에 대한 직관이 없다고 제안하고 싶은 생각은 전혀 없다. 시각 장애인들은 볼 수 있는 사람들이 수천 세대에 걸쳐 장악하고 규정한 세계에서 성장했다. 이들은 모유와 함께 인간의 인식론과 존재론을 삼켰고, 인지 성장 과정 동안 양육을 받았다. 나머지 사람들과 마찬가지로 시각 장애 인들도 그들 세계의 대부분을 '규격품의 상태로off the shelf' 얻으며, 훨씬 더 많은 것을 흡수한다. 이 규격화된 세계는 거의 대부분 말을 통해 중재된다. '저기,' '왼쪽으로 몇 미터,' '몇 킬로미터 거리'와 같은 표현들은 일상생활 속의 공간 형이상학을 끊임없이 반복하며, 시각 장애인들은 눈이 보이는 사람들만큼 완벽하게 이러한 삶에 참 여한다. 시각장 속에 가시화된 하나의 연속체로서의 공간 개념은 눈이 보이든 보이지 않든 상관없이 우리가 세상과 실질적으로 맺는 관계의 모든 측면과 우리가 세상에 대해 하는 모든 말을 관통한다. 정상 시각인 사람들이 볼 수 있는 것은 시각 장애인들의 세계상 속 에서도 마찬가지로 명시적이다.

시각의 형이상학적 중요성에 대한 이 논의에서 나는 조사하는 의 식의 초기 단계에 대해서만 얘기했을 뿐, 앞서 여러 장에서 논했듯 이 지식의 세계를 크게 확장시킨 글은 물론이거니와 언어에 대해 전혀 언급하지 않았다. 시각과 언어 간의 깊은 연결고리는 잠시 고 찰해볼 만한 가치가 있다. 언어는 단지 자극에 대한 반응으로써 물 질 혹은 자연세계로 연결된 일련의 외침이 아니라, '무언가가 사실 이다'라는 의식적 주장이다. 언어는 세상 속 사물들과 직면하고, 그 들의 독립적 존재를 인정하고, 그들의 공적 현실을 인지한다. 즉, 사물들이 우리가 속해있는 공동체의 공유된 의식에 이용될 수 있음 을 인정한다. 눈으로 투입된 빛이 응시로 변형되어 눈으로부터 가시적인 거리에 있는 그 빛의 출처와 마주하게 만드는 시각 및 그 신비한 연금술과 언어의 이 같은 특성을 연결시키는 것이 지나치게 비현실적인 시도는 아닐 것이다.

이렇듯 의식과 경험을 그것이 나온 것으로 추정되는 출처로 되돌리는 현상은 신경철학자들이 설명할 수 없는 부분이다.[10] 그러나 이것은 인간 주체에 의해 경험되고 확산된 빛이 그것을 확산한 대상의 개별적 존재에 대한 지식으로 전환되는 과정의 핵심이다. 이는 말하는 주체 속에서 정교화되며, 이들 주체의 머리 공기는 존재하는 것에 대해 그것이 존재한다고 단언한다. 대상과 연결되어 있는 동물은 인과관계의 일부에 불과하며, 자신이 그 자체가 아닌 다른 것으로 그 인과관계 속에 위치하고, 그것과 직면해 있다고 자각하지 못한다. 대상을 보는 인간이라는 동물도 물론 인과관계의 망 속에 위치한다. 그러나 인간의 경우에 그 점이 명시적으로 드러나며, 인간은 그 조직망과 관계를 맺고 있음을 인식하고 그것을 명시적인 탐구 대상으로 자각한다. 눈에 분명히 보이는 대상이 보이지 않는 것을 숨기고 있음을 안다. 이러한 원시적 명시성이 언어와 '저 x가 사실이다,' '이러이러한 것이 존재한다'고 하는 주장으로 바뀐 것은 한참 후의 일이었다. 아마도 앞서 언급했듯이 겨우 4만 년 전쯤일 것이다. 다른 사물이 자신과 분리되어 있다는 인식을 가진 인간과 그러한 인식이 없는 다른 고등 영장류의 행보가 결정적으로 갈리게 된 시기는 언어가 등장하고 그에 따른 극적인 변화가 일어나기 수십만 년, 어쩌면 수백만 년 전이었다.

유기체적 상태에서 이렇듯 시각적(그리고 뒤이은 언어적) 자각이 일어남에 따라 생겨난 이득은 당연히 엄청났다. 머리가 위로 올려진 동물은 비록 최종결과(죽음)는 변함이 없지만 전과 다른, 더욱 유리한 조건에서 자연과 상호작용한다. 그는 더 안전하고 편안하며, 어떤 면에서는 헤아릴 수 없이 더 풍부한 삶을 살게 된다. 그러나 여기에 득만 있는 것은 아니다.

자연과 우리 사이에 벌어진 간격에서 비롯된 득과 실은 아주 일찍이 아리스토텔레스에 의해 확인되었다. 아리스토텔레스가 지각을 '감지되는 형태를 물질 없이 수용할 수 있는 능력'[11]이라고 정의했을 때 그는 시각에 대해 생각하고 있었음이 분명하다. 내가 저기 있는 사물을 쳐다볼 때 그 형태는 내게 들어오지만 그것을 구성하고 있는 물질은 들어오지 않는다. 바로 이 지점에서 인간과 자연세계 간의 간극이 발생하고, 감각 경험이 '이러이러한 것이 존재하거나 사실이다'라는 지식으로 전환된다.

이러한 지식이 (가정, 제안, 사실, 이론, 관념 등 온갖 다양한 담화의 표현 형태에서) 대대적으로 정교화 되고 접혀짐에 따라 인간 세계, 즉 우리를 자연으로부터 구분하고, 어떤 측면에서는 우리를 우리의 발생 시작점인 몸으로부터 구분하는 하나의 문화권이 탄생한다. 따라서 머리는 스스로와 분리되어 있다. 그 결과 우리는 자체적으로 깊이 분리된 생명체로서 즉각적으로 경험하는 것과 우리가 알고 있고 삶에서 주의를 기울이는 것 사이의 간극을 경험한다. 이점은 우리에게 단지 삶을 사는 것이 아니라 삶을 이끄는 특권을 부여하지만, 동시에 우리는 파악하기 어렵고 불만족스러운 현재에 의해 분리되어 가능성, 그 어떤 경험도 상응되지 않는 관념, 후회스러운 과거, 두려운

미래로 인해 깊은 불행과 내부로부터 잠식되는 기분을 느낀다.[12]

시선을 그 기원에 더 가까운 쪽으로 돌려보자. 나는 스스로를 시각장 속의 한 관점으로, 그리고 때로는 일종의 내 관점의 설치 장소로 자각하며, 몸 더 구체적으로는 머리를 응시의 물리적 토대이자 인접한 주변 환경으로 자각한다. 제대로 보는데 어려움이 있거나 시각에 통증이 있을 때 특히 이렇게 될 가능성이 크다. 육체적 불쾌감이라는 부르카에 뚫려 있는 구멍을 통해서 보는 숙취 상태의 혼란스러운 응시, 눈부심 때문에 손으로 가린 응시, 싸구려 안경 사이로 곁눈질하는 응시 등은 스스로를 보이는 광경의 조건으로 자각하며, 스스로가 그 보이는 광경 속에 위치해 있음을 자각한다. 흐릿하기는 하지만 정상적인 상황에서도 이러한 자각은 존재한다. 수시로 나는 눈 귀퉁이를 세상의 귀퉁이의 물질적 존재로서 흘끗 보며, 그 귀퉁이로부터 세상을 본다. 잠시 멈춰서 당신의 응시에 인접한 신체적 주변 환경에 대한 스스로의 자각에 주의를 기울여보자. 이러한 환경은 당신에게 눈의 존재를 자각시킴으로써 당신의 관점에 말 그대로 위치를 부여한다. 당신의 관점은 특정 위치를 점하고 있을 뿐 아니라 하나의 관념적 지점에서 더욱 광범위한 것으로, 관점이 흐릿해진 경우에는 가변적이고 순간적인 것으로 확대된다. 이러한 현상은 눈을 깜박일 때나 응시가 눈물로 희미해질 때, 눈이 따가울 때 특히 명백하다. 이때 나는 관점이 그것을 존재할 수 있게 해주는 기관에 번져있음을 생각한다.

내가 순수한 형이상학적 주체 또는 자아중심적 공간의 중심에 있는 기하학적 점이 아니라 내 관점에 비친 광경 앞에서 불완전하게 지워진 불순물 섞인 관점이라는 사실은 세상 속의 하나의 주체로서 나 이외의 다른 사물들과 마주하는 나의 독특한 존재를 강조한다. 이러한 불순물 상태는 유기체적 기원으로부터 반쯤 깨어나고 부분적으로 분리된 육화된 인간 주체라는 변칙적인 상태를 분명히 드러낸다. 개별적 관점에 해당하는 응고된 덩어리들이 다른 응고된 덩어리들과 효과적으로 힘을 합쳐서 집단적 관점을 형성하였고, 이 관점이 조망하는 광경은 감각 경험의 태곳적 범위를 훨씬 넘어서서 먼 과거와 아득한 미래와 별의 안쪽까지 가닿는데도 불구하고 나름의 문제가 있다. 우리는 무한한 세상 속에 있음을 자각하지만 그 세상에서 우리의 위치가 어디인지는 확신하지 못한다. 우리는 그 세상과 멀리 떨어져 있다. 인간 존재의 형이상학적 조건을 개인적 문제로 경험할 수 있는 뒤틀린 천재성을 지녔던 카프카Franz Kafka(1883~1924, 유대계 독일인 작가로 현대 인간의 실존적 체험을 극한까지 표현하여 실존주의 문학의 선구자로 높이 평가받는다. 대표작은 《변신》 등이다 : 옮긴이)는 '텅 빈 공간에 의해 모든 것으로부터 분리'되어 있다고 말한 바 있다.[13] 주변 세계를 객관화하는 것은 하이데거가 말했듯 일종의 '탈경험화de-experiencing'다. 우리와 세상의 일치성이 깨지고, 우리는 이질적 대상들과 마주한 주체가 된다.[14] 그리고 마침내 지식 안에서 그려진 거대한 공간은 우리를 축소시킨다. 즉, 우리는 확장되는 인식의 세계에서 점차 작은 존재가 된다.

　암울한 분위기로 이 단락을 마무리하고 싶지는 않다. 지금이 오락적 응시의 즐거움을 상기해보기에 좋은 시점인 듯하다. 예컨대 이는 바라보기의 기쁨을 찾아보거나 가볍게 취한lichtbetrunken 기분 좋은 상태의 즐거움이다. 이러한 즐거움은 너무나 선명하고 다층적으로 주름 잡혀 있다. 나는 캔버스 위의 색채와 형태, 표면과 깊이, 물감의 재료와 그것이 상징하는 것들 간의 다양한 긴장감을 즐기고, 장인의 재능에 감탄하고, 화폭이 전하는 사건, 얼굴, 도시, 신화적 과거에 대한 이야기를 이해하고, 화가나 미술의 발전상을 배우고, 누군가와 동행하고 그들에게 좋은 인상을 심어주기 위해 미술관에 간다. 나는 도시의 거리 곳곳을 돌아다니며 관객, 산책자, 구경꾼, 게으름뱅이, 한량, 참견쟁이로서 '정신'이라고 부르는 흥미로운 구성체를 넓히고 싶은 여행자로서, 수많은 다양한 즐거움에 참여한다. 시골길을 산책할 때 우리는 머리를 자연 속으로 실어 나르고, 온갖 경치를 끌어모은다. 등산길에서 잠시 멈춰 한숨을 돌리면 생리적 지옥 위에 시각적 천국이 펼쳐진다. 우리는 세상 속 멋진 구석을 구경하며 이국적인 지역에 불완전하게 인식하는 시선을 보낸다. 게다가 이런 일에 얼마나 많은 노력을 쏟는지 모른다. 산책 클럽에 가입하고, (빗물이 흐르는 차창 사이로 풍경을 감상하는 동안 먹힐 운명인) 샌드위치를 준비하고, 입장권, 여행안내서, 화폐를 구입하고, 언어, 문화, 풍습, 건축, 식당에 대해 벼락치기로 공부하는 등 각종 노력이 이어진다.

슬프게도 여기서조차 달콤함과 광휘만 있는 것은 아니다. 우리가 찾는 경험이 그것을 찾게끔 만든 생각과 항상 일치하지는 않는다. 경험을 위해 추구된 경험은 기억과 예상을 통해 기대하는 것보다 명확성, 정연함, 순수함의 정도가 떨어질 수 있다. 우리는 알거나 상상하는 것과 경험하는 것 사이의 간극과 계획한 것과 우리 앞에 놓인 것 사이의 간극에 직면한다. 해변의 놀이는 해변의 놀이에 대한 생각과 그다지 일치하지 않는다. 해수욕은 준비와 복귀로 나뉠 뿐 그 사이에는 별다른 것이 없다. 휴가는 복잡하게 얽힌 준비와 계획, 계획에 대한 계획으로 이루어지며, 우리가 가져간 걱정거리들을 떨쳐낼 즈음이면 이미 집으로 돌아갈 시간이 된다. 우리는 그 경험을 완벽하게 만들 온갖 방법을 시도한다. 디지털 카메라는 광경을 포착하거나 그것을 포착하고 있다는 느낌을 갖게 해줌으로써 그 풍경에 열중하지 못한다는 사실로부터 신경을 분산시킨다. 완벽한 경험을 추구하는 시도는 절대 충족될 수 없다. 우리는 머릿속의 눈으로 본 것에 부합하는 광경을 찾기 위한 헛된 시도 속에 쓰고 또 쓰고, 사고 또 살 수밖에 없다.[15]

관찰당하는 것

귀는 받아들이고, 눈은 본다. 사람은 자신의 귀나 코가 아니라 눈으로 위협을 가할 수 있다.

루트비히 비트겐슈타인, 《쪽지Zettel》

자신의 시야 속에 자신이 존재함을 자각하고, 불투명성과 그로 인한 가시성을 자각하고 있는 응시하는 사람은 자신이 응시의 대상이 되기도 한다는 사실을 알고 있다.

동물들도 우리의 응시를 되받을 수 있지만, 우리에게 가장 깊은 인상을 주는 것은 같은 인간의 응시다. 순수한 악의가 담긴 응시로 우리를 꼼짝 못하게 하는 육식동물 앞에서 겁에 질린 먹잇감이 될 때나 목숨이 위태로울 때 우리는 무력감을 느끼지만, 그렇다 해도 그 육식동물은 여전히 우리와 동등한 존재가 아니다. 이 동물은 자연현상과 감각을 지닌 존재 사이의 어디쯤에 위치한다. 위협으로 가득 차 있지만 그것은 우리를 평가하지 않기 때문이다. 그러나 우리와 같은 인간들은 우리를 평가한다. 그들의 발톱은 우리의 육체가 아니라 영혼을 뚫고 들어온다.

　기본적인 문제로 들어가 보자. 응시에 대해 가장 영향력 있는 응시를 보낸 사상가는 사팔뜨기에 근시가 있고 키가 작은 프랑스 철학자로, 볼테르Voltaire(1694~1778, 프랑스의 작가이자 대표적 계몽사상가 : 옮긴이) 이후 가장 유명한 인물인 장 폴 사르트르였다. 그는 헤겔 철학의 색조가 입혀진 렌즈를 통해 뚫어지게 응시하였고, 그 결과 다소 암울한 결론에 도달했다.

　헤겔Georg Hegel(1770~1831, 칸트 철학을 계승한 독일 관념론의 대성자. 모든 사물의 전개를 정正·반反·합合의 3단계로 나누는 변증법은 그의 논리학과 철학의 핵심이다 : 옮긴이)에게 있어 인간의 가장 깊은 갈망은 다른 인간들의 인정acknowledgement에 대한 갈망이었다. 하이데거의 말처럼 '인정은 그것이 향해가는 대상이 그것을 향해오게 한다.'[16] 헤겔은 모든 자의식은 다른 자의식에 의해서만 충족될 수 있다고 말했다. 이 점이야말로 우리를 다른 동물들과 차별화하는 것이다. 동물들은 음식과 물을 갈망하는 반면 인간은 타인의 인정에 굶주리고 목말라 한다. 인간은 사랑에 열광한다. 이 점은 좋기도, 나쁘기도 하다. 좋은 이유는 사랑받고 싶어하는 욕구로 인해 타인에게 예의바르게 행동하게 되기 때문이며, 이것이 도덕의 기초다. 그러나 이 점은 나쁘기도 하다. 우리가 다른 이들을 좋아하는 척 가장하여 자신의 목적을 추구하기 위해 기만적 행위를 하도록 부추길 뿐만 아니라 권력 다툼의 토대가 되기도 하기 때문이다. 각 개인은 상대가 자신을 인정해주기 바라지만 정작 자신은 항상 상대를 인정하지는 않는다. 모두가 노예가 아닌 주인이 되고 싶어한다. 사르트르는 바로 이 점에 매료되었다.[17]

이러한 사르트르의 철학적 결론 이후, 누구나 A가 B를 쳐다볼 때 무슨 일이 일어나는지 알고 있다. B는 A의 시각장 속 하나의 대상으로 전락한다. 뒤이어 B가 A를 쳐다보고, A를 하나의 대상으로 전환하려고 시도한다. 그럼으로써 격투가 시작되고, 그 와중에 A는 B를 자신의 세계 속에 위치시키려 애쓰고 B는 A를 자신의 세계 속에 위치시키려 애쓴다. 다행히도 인간들 간의 상호작용은 이처럼 단순하거나 적나라하지 않다. 설령 이러한 갈등이 주된 관계라 할지라도 그 갈등은 그것이 일어나는 통로인 여러 삶과 사안에 의해 정교화되고, 제한되고, 수정된다. 우리의 마주침은 일대일로 일어나는 경우가 드물다. 일대일 관계조차도 (더 중요할 수도 있는) 다른 관계들의 역사에 둘러싸여있고, 다른 열중할 거리가 있는 사람들 간의 관계다. 그렇기 때문에 우리가 다른 이들의 시야 속에 있음에도 불구하고 함께 협력하여 일할 수도 있고, 만족하거나 별다른 느낌 없이 나란히 존재할 수도 있다. 사회는 교대로 응시하는 무리의 무한한 집합체로 간주될 수 있다. 우리는 몸으로부터 우리를 분리시키는 여러 층으로 이루어진 자기의 껍질 속에 숨은 채 서로의 시야에 들어서고, 타인의 시선에 노출되지 않고 그 시선과 관계를 맺지 않는 상태를 유지한다.

그러나 고문, 성적 사랑이나 미움의 순간과 같이 극단적인 상황도 있다. 이 경우에는 누가 누구의 세계에 위치하는가의 문제가 시각적 존재로 전락한 두 사람 간의 적나라한 다툼으로 요약된다. 그러나 이는 일상생활 속에서 흔히 발생하는 상황이 아니다. 일상적 삶에서 우리와 타인의 마주침은 외부나 내부의 군중에 의해 희석되고, 서로가 열중하는 일들로 인해 흐려지고, 공통 의제와 과제, 목표, 책임에 의해 갈등이 약화된다. 주된 갈등은 언제라도 분출될 수 있지만 그런 경우는 드물다.

왜 응시가 인간관계의 매력적인 상징이 되는지, 그리고 사르트르와 같은 각색의 대가의 손을 거치면 설득력 있는 상징이 되는지 파악하기는 어렵지 않다. 주목할 만한 예로, 엿보는 사람은 자신이 보는 세계를 소유하지만 그가 엿보는 모습을 들킨 것을 깨닫는 순간 그의 응시는 다른 응시의 대상이 되고 그 자신이 타인에게 소유된다. 또한 홀로 공원을 산책하는 사람은 다른 사람이 있는 것을 발견했을 때 그 공원에 자신만 있지 않다는 사실을 깨닫는다. 다른 이의 응시는 나를 그들의 세계에 위치시킴으로써 세상의 중심에서 이탈시킨다. 나 역시 관찰 당하기 때문에 나는 '내가 관찰하는 모든 것들의 주인'이 아니다. 나는 그 자리에 존재하는 것을 평가하고, 분류하고, 소비하는 입장에서 평가 당하고, 분류되고, 소비되는 입장으로 바뀐다. 투명하고 보이지 않는 주체에서 다른 주체에게 가시화된 불투명한 객체로 전락하는 것이다. 어느 전사의 황금 방패에 비친 자신의 응시를 본 메두사가 돌로 변한다는 신화 속 이야기는 응시하는 자가 응시를 받는 순간 몰락한다는 주제의 흥미로운 변주다.

그러나 이는 매력적인 은유이기는 하지만 실제 상황을 정확히 반영한 이야기는 아니다. 보는 사람이 그가 관찰하는 세계의 중심이 되는 낙원은 결코 존재한 적이 없다. 우리가 어떤 세계에 명시적으로 자리 잡는 순간 우리는 이미 혼자가 아니다. 우리는 타인, 많은 경우 다수의 타인과 관계를 맺고 살아가기 시작한다. 보는 사람은 구경꾼인 경우가 대부분이다. 시각에서 기초가 되는 것은 우리를 초월하는 어떤 것으로 세상을 보는 인식이다. 그 결과 우리는 우리의 세계 속의 중심이라고 느끼는 만큼 그 세계의 주변부에 있다고 느끼는 경우도 많다. 비록 주변에 있다는 인식이 일종의 중심에 놓여있기는 하지만 말이다. 다른 어떤 때보다도 이 점이 명백히 드러나는 경우는 다른 누군가에 의지해 그가 우리에게 거기에 무엇이 있는지 말해주도록 할 때다. 우리가 필요로 하는 정보는 세상이 얼마나 우리의 인식 범위 밖에 있는지를 분명히 보여준다.

이 점은 가리키기pointing에서 명백히 드러난다.[18] 누가 무언가를 내게 가리켰을 때 나는 가리켜진 것을 보기 위해 가리킨 사람의 관점을 취할 수밖에 없다. 상대가 내게 준 정보를 받기 위해서는 나는 그가 의도하는 바를 이해해야 한다. 또한 그러기 위해서 그가 어디서 왔는지를 파악하는 과정, 즉 그의 세계, 그의 관점 속으로 들어가는 것을 상상하는 과정이 필요하다. 상대의 입장에 나를 대입시켜야 하는 것이다.

사르트르는 이를 두고, 상대를 자기 세계 속에 있는 대상으로 전환하려는 자의식 간의 가상의 다툼이라고 했다. 하지만 그보다는 전형적인 인간적 상호작용에 더 가깝다. 인간의 매개체는 어떤 식으로든 함께 적응해 나가는 여러 생각의 공동체 안에서 구축되고, 유지되고, 전파되는 지식의 세계다. 집단화된 의식, 우리가 살아가는 세계의 중심에는 나의 관점보다 타인의 관점에 대한 직관이 자리한다. 이러한 직관은 나의 관점이 하나의 관점에 불과하다는 객관적으로 정확한 사실을 수용하는데서 비롯된다. 타인들은 우리의 주권에 대한 영구적 도전이지만 우리가 주권을 지니는 세계는 이러한 이해에 따른 공동의 산물이다.

그렇지만 응시의 위력과 관찰당하는 데 따르는 깊은 불편함을 과소평가해서는 안 된다. 내 몸에서 나와 상대의 눈으로 들어가는 빛은 그 상대의 자기와 그의 세계에 뿌리깊이 자리한 평가로 얼룩져서 나온다. 그 평가는 숨겨질 수도 표현될 수도 있고, 긍정적일 수도 부정적일 수도 있지만 그 영향력은 부정할 수 없다. 바보스럽게 비친다는 괴로움, 타인의 시선에 노출되어 있다는 고통은 치통만큼이나 생생하고, 심지어 치통보다도 더 참기 힘들 수도 있다. 나를 뒤덮는 상대의 응시가 들어있는 빛은 한 개인에게서 나오는 것이지만 커다란 권력도 함께 지니고 있다. 상대의 응시는 그의 내부에서 비롯되고 내가 완전히 알 수도, 결코 수정할 수도 없는 내 권한 밖의 일이다. 하지만 그 응시가 속해 있는 숨겨진 판단과 사고의 세계는 공동체에 의존하고 있다. 이는 내가 통제할 수 있는 능력 밖에 있는 것이다. 우리 중에는 깔보는 듯한 표정을 최고로 잘 짓는 대가들이 있다. 이런 사람들과 얘기하다보면 평가되고, 취조 당하고, 입지가 훼손당하는 것 같은 기분이 든다. 내가 하는 모든 말은 그저 그럴싸한 이야기로 변하고, 그들에게 ‘안녕하세요’라는 인사를 건네는 것조차도 왠지 이상하고 수상쩍은 행동을 한 것처 럼 여겨진다.

시선의 교환은 타인과의 상호작용에 특징을 더하는 인정과 비인 정의 중요한 한 부분이다. 이러한 상호작용이 사르트르가 말한 사 력을 다하는 실존적 싸움에 못 미치는 경우라도 마찬가지다. 내가 당신의 다리를 보면 그 다리는 나를 돌아보지 않는다. 그러나 내가 당신의 눈을 쳐다보면 그 눈은 나를 마주본다. 당신이 눈을 돌리지 않는다면 나는 당신의 응시를 들여다본다고 말한다. 수정체와 유리 액, 망막, 시신경, 뇌를 지나 나에 대한 당신의 의식까지 침투할 수 없음에도 불구하고 내가 당신을 쳐다보거나 들여다보고 있다고 느 끼는 것은 당신의 눈이 당신이 자신의 관점이 뿌리내리고 있는 발 생 지점이라고 느끼는 곳이기 때문이다. 나의 응시는 당신이 위치 해 있다고 여기는 지점을 건드린다. 설령 나의 자기가 비방당하고 있다고 느낄지라도 당신의 응시 속에서 나의 자기 인식은 강화된 다. 응시가 나의 자기와 가장 가까운 신체 부위를 노골적으로 향해 있을 때 이러한 자기 인식은 더욱 강화된다. 흔히 말하는 것처럼 자 의식을 갖게 된다.

시선 교환에 적용되는 규칙이 너무나 복잡하다는 사실은 그리 놀 랍지 않다. 그러한 복잡성에 일조하는 것은 비대칭적 관계들로 이루어진 세계 속에서 시선이 가진 잠재적 대칭성이다. 일부 문화권이나 특정한 상황에서는 상대의 시선을 마주보지 않는 것이 정해진 예의다. 이는 자신이 상대방만큼 중요하지 않은 사람이라는 표시이기 때문이다. 신하는 왕의 시선을, 여성은 남성의 시선을 마주보지 않는다. 사회적 지위나 성별에 따라(여성의 경우는 대부분의 문화권에서 둘 다에 해당) 정숙한 몸가짐을 취하기 위해서는 시선을 낮춰야 한다. 불공평하고 비대칭적인 세계에서 대담한 응시는 그 세계를 소유하지 못했으면서 소유하고 있는 양 행동하는 이들을 상징한다. 즉, 그들은 반항적인 하급자, 건방진 청년, 왈가닥이 된다.

다른 상황에서는 이와 반대의 경우가 성립되기도 한다. 보는 사람은 시선을 받는 사람이 마주 쳐다보기를 기대한다. 이는 상대가 주의를 기울이고 있다거나 자신의 존재나 인간성이 인정받고 있다는 증거가 된다. '내가 말할 땐 날 쳐다봐!'라는 외침은 말 안 듣는 아이의 나태한 주의를 잡아끌기 위해 애쓰는 성난 부모가 내뱉는 익숙한 말이다. 이에 대한 반응으로 노려봄으로써 상대를 굴복시키려 하는 반항적인 시선이 나올 수 있다. 눈을 맞추고, 대화하는 상대의 시선과 상호작용하지 못하는 것은 자폐증의 주된 증상 중 하나다. 자폐증은 자기에 대한 통합된 인식이 결핍되어 있으면서 타인의 자아에 대한 인식도 떨어지는 질환이다.[19]

우리는 시선을 맞추지 않는 전문가들의 행동에 기분이 상한다. 그들이 우리의 인간성을 충분히 인정하지 않는 채 우리의 문제를 다루고 있을 수 있기 때문이다. 이 점은 의료업에서 특히 중요하다. 우리의 걱정이나 고통이 그저 한 가지 질병의 사례로 전락될 경우

심히 기분이 나빠진다. 눈을 쳐다보는 의사는 우리가 단순한 업무 대상이 아니라 인격체라는 태도를 전달한다. 근래에는 의사들이 정기 평가를 받을 때 환자와의 면담 장면을 녹화하는 경우가 많으며, 눈을 맞추는 의사가 좋은 점수를 받는다. 그러나 이 상황은 일반적 처방으로 제공할 수 있는 것보다 복잡한 경우가 많다. 환자가 수줍어해서 의사가 더 신중해야하는 경우가 있다. 그러나 이제 의사의 시선은 더 광범위한 시선 속에 포함되었고, 상식과 진정한 감수성이 규칙과 규정에 맞서 살아남기 위해 애쓰고 있다.

응시가 그토록 전복적인 이유는 그것이 잠재적으로 상대방의 인간성을 인정하는 것이기 때문이다. 응시는 이력이라는 껍질, 즉 기존 체제를 부식시킨다. 《전쟁과 평화Voina I Mir》(러시아의 작가 톨스토이의 장편소설 : 옮긴이)에서 피에르 베주호프는 전쟁 포로가 된다. 그는 잔인하기로 악명 높은 사령관 다부(그는 열병장 검열 시 병사들의 콧수염을 잡아 뜯었던 인물이다) 앞으로 끌려간다. 그는 어쩌면 처형될 상황에 놓였다.

다부는 다시 고개를 들어 피에르를 주의 깊게 응시했다. 몇 초 동안 그들은 서로를 쳐다봤고, 이 표정이 피에르의 목숨을 구했다. 서로를 응시하던 그 행위는 그들을 전쟁과 법정 너머로 데려갔다. 그들은 두 명의 인간이었으며 그들 사이에는 연대감이 존재했다. 무한한 경험의 공유가 이루어진 한 순간이 있었고, 그 속에서 그들은 모두 인류의 아이이며 형제임을 알았다.[20]

모든 응시가 이렇게 상대의 인간성을 긍정하는 것은 아니다. 적대적 응시에는 다양한 변형이 존재한다. 우선 코 아래로 내려다보는 경멸의 시선이 있다. 상대를 하나의 표본으로서 조사하는 검열의 시선도 있다. 이 시선에는 긴 역사가 있으며 심지어 원형까지 존재하는데, 그 한 예가 손잡이 달린 쌍안경을 통해 대상을 들여다보는 응시이다. 이밖에 무관심의 일별도 있다.

응시의 힘은 사랑을 다룬 문학작품에서 증명된다. '그녀의 눈에 담긴 사랑이 너울거리고 감미로운 죽음을 발산한다.'[21] 돌체스틸누오보(Il dolce stil nuove, 이탈리아어로 '감미롭고 새로운 문체'라는 뜻. 단테가 《신곡》의 〈연옥편〉에서 썼고, 13~14세기의 일부 시인들이 쓴 문체: 옮긴이)의 경우처럼 시의 한 사조 전체가 연인이 불운한 시인을 쳐다볼 때 부지불식간에 영혼에 스며드는 싸늘한 공포와 심지어 치명적 병에 집중하기도 했다.

> 그녀를 뚫어지게 응시했던 나는
> 생명을 잃을 위험에 처해있다.
> 그녀의 눈 속에서 본 사람으로부터
> 크나큰 상처를 받았기 때문이다.[22]

전능한 남성의 강렬한 응시가 있고, 유혹하는 사람의 계획적이고 여유로운 응시도 있다. 《전쟁과 평화》에 등장하는 어린아이만큼이나 순수한 나타샤는 단지 몇 분간 아나톨레 쿠라킨의 시선을 받은 후 자신의 약혼자인 안드레이 공작을 배신할 운명에 처한다.

그러나 그의 눈을 들여다봤을 때 그녀는 자신과 다른 남자들 사이에 평소 존재하던 정숙함의 울타리가 그들 둘 사이에는 더 이상 존재하지 않는다는 것을 깨닫고 충격에 빠졌다. 그녀가 이 남자와 몹시도 가깝다고 느끼기까지는 고작 오 분의 시간밖에 걸리지 않았고, 그녀는 자신에게 무슨 일이 일어나고 있는지 알 수 없었다.[23]

시선의 힘은 안달루시아 문화(8세기 초 이슬람 지배의 영향으로 스페인 남부의 안달루시아 지역에서 생겨난 문화: 옮긴이)에서 극적으로 증명된다. 존 리처드슨에 따르면 피카소의 천재성과 그의 전설적인 유혹의 힘의 밑바탕에는 mirada fuerte(강렬한 응시) 의식이 자리 잡고 있다.[24] 피카소의 커다란 두 눈과 강렬한 응시는 그가 바라보는 세상을 소유했고, 그럼으로써 그는 세상을 변형하고 그만의 고유한 것으로 재탄생시킬 수 있었다.

안달루시아인이 어떤 사물에 시선을 집중시키면 그는 그것을 움켜쥔다. 그의 눈은 대상을 붙잡아서 조사하는 손가락이다. 'mirada fuerte'에는 호기심, 적개심, 질투의 요소가 담겨있다. 그러나 성적 요소 또한 존재한다. 빛나는 눈빛은 지극히 에로틱하다.[25]

노려보는 눈빛으로 변형된 응시는 일종의 무기다. 우선 다른 응시에 제압되지 않으려는 응시가 있다. 직접적이고 원시적인 적대적

힘의 주장인 이러한 응시는 상대에게 먼저 눈을 깜박이지 않도록
도전을 걸고, 상대의 대응에 하나하나 반응한다. 비수 같은 눈빛으
로 노려보는 것도 가능하다. 이런 시선을 받은 사람은 눈으로부터
악의적인 의도가 전달됨에 따라 공포감에 얼어붙을지 모른다. 그
희생자는 주도권을 양보하고, 입이 바싹 마른 상태로 뒤이어 무슨
일이 일어날지만 기다린다. 이러한 시선의 폭력성은 그것을 당하는
희생자의 내적 의식을 태워버린다. 이 점에서 가장 강력한 시선은
창가에 비친 얼굴처럼 갑자기 불쑥 나타나는 응시다. 응시와 시각
의 언어가 이야기 전반에 스며있는《나사의 회전The Turn of the Screw》
(미국 작가 헨리 제임스의 중편소설로 유령을 다룬 소설의 대표적인 작품으로 꼽힌다 :
옮긴이)에서 식당 창문 밖에 나타난 끔찍한 피터 퀸트의 유령을 떠올
려보라.

　응시에 영향력이 있듯이 응시의 억제에도 영향력이 있다. 가령
상대가 나를 보고 나는 그 시선을 받지만 그것에 답하지는 않는다.
나는 상대의 주목해달라는 요청은 거부하고 내게 주어진 주목은 즐
긴다. 혹은 상대를 슬쩍 훔쳐보지만 상대는 내 시선과 마주치지 않
게 하거나 심지어 내가 보고 있는 것조차 눈치채지 못하게 한다. 나
는 가슴을 쳐다보거나 눈물을 보는 등 상대의 모습을 그가 알지 못
하는 사이에 혹은 그가 내 행동을 의식하고 있음을 내가 안다는 사
실을 알리지 않은 채 마음껏 취하고 싶어한다. 나는 상대가 그 사실
을 알지 못하는 사이 상대에 대한 정보를 훔쳐낸다. 지식이 힘이라
면 알려지는 것, 그리고 자신이 알려진다는 사실을 모른 채 알려지
는 것, 혹은 자신이 선택하거나 허락하지 않은 방식으로 알려지는

것은 일종의 무력한 상태라 할 수 있다.

들키지 않게 보고, 응시에 답하지 않으면서 응시하는 방법 중 가장 흔히 쓰이는 방법은 짙은 색안경을 쓰는 것이다. 이것이 바로 부모님이 '범죄형'이라고 부르는 사람들이 어두울 때도 이런 안경을 선호하는 이유다. 이들은 타인의 시각적 외양을 얻기보다 강탈한다. 선글라스를 쓴 사람과 대화하는 것은 분명 당혹스러운 일이다. 내가 나이지리아에서 항상 성내는 젊은 의사로 비치던 시절을 떠올려 봐도 그렇다. 그곳 연구실의 표본이 제자리에 있지 않는 일이 몇 번이고 되풀이되었다. 운반을 맡고 있던 청년은 병동에서 연구실까지 오는 길에 잡담을 즐기는 사람이었다. 나는 그에게 불평을 쏟아 놓곤 했다. 그러다 그가 나를 보며 웃을 때 그의 미러 선글라스에 비친 나 자신의 화난 백인의 모습을 본 뒤에는 그 문제를 포기해버렸다.

모든 응시는 어떤 의미에서 일방적이다. 그 응시가 어떤 토양에서 자라나는지, 억제된 것이 무엇인지, 응시하는 사람은 무슨 생각을 하고 있는지 우리가 알 수 없기 때문이다. 가령 이런 경우가 그렇다. 그날 저녁에 우리는 참으로 재치가 넘쳤고, 좋아하는 여자에게 커다란 인상을 남긴 것 같이 보였다. 그런데 후에 알고 보니 감탄한 듯했던 시선과 함께 그녀가 지었던 수수께끼 같은 미소는 차마 말하지 못했던 우리 얼굴에 묻은 달걀 조각 때문이었다. 가장 정직한 얼굴에서 나오는 가장 솔직한 시선, 그 시선이 바라보는 대상을 노출시키는 것만큼이나 스스로를 노출시키는 듯한 이런 시선에도 숨겨진 역사가 있다. 우리의 시선에 사랑으로 답하는 가장 가까운 사람의 눈을 들여다볼 때나, 있는 그대로의 모습으로 보이고 있다는 느낌을 받을 때조차 서로 맞물리는 눈빛으로 알 수 없는 거대한 어둠의 세계가 여전히 존재한다.

물론 우리를 올바로 이해하고 있는 그대로 보는 시선이 존재한다. 그것은 신의 시선이다. 이 시선 속에서는 모든 심판관과 권위자가 합쳐지고, 모든 신호가 풀이되고, 자기self는 일시적인 흔적이 아니라 영원히 평가되는 불변의 영혼으로 응결된다. 신은 응시하는 인간들이 얻을 수 없는 완전한 지식을 가지고 있다. 이러한 응시는 두려움의 대상이다. 다행히 이 응시는 상상 불가능한 것이기도 하다. 신의 관점은 특정한 시점이 없는 전망a view without a point이기 때문이다. 이 관점이 조망하는 곳은 모든 곳이기도 하고 그 어떤 곳도 아니기도 한 사물의 궁극적 진리다.[26] 이런 시선은 인간의 비인간적인 시선만큼이나 불가능하다.

따라서 우리의 응시 이면에 있는 진실을 얻을 수 있는 곳은 어디에도 없다. 우리 자신조차도 그것을 알지 못한다. 그렇다고 해서 우리는 시선을 해독하려는 시도를 멈추지 않는다. 우리는 사람들의 눈에서 성격을 읽을 수 있다고 믿는다. 우리는 짙은 코발트빛 홍채에 넋을 잃을 만큼 매료되고, 이것이 순결한 정신과 일치하는 것이라 생각한다. 우리는 지적이고 아름다운 시선에 대해 이야기한다. 그러나 이들은 인지 및 정신적 현실과는 아무런 관계가 없다.

우리는 눈을 쳐다보고 시선을 읽는 데 익숙하다. 인간은 최대 1미터 떨어진 곳에서 2밀리미터 이내의 안구 움직임을 인지할 수 있으며 이런 기술은 아주 어릴 때 발달된다. 이와 연관된 크리스 프리스의 글을 소개해본다.

> 안구 움직임에 대한 이 같은 민감성은 우리가 타인의 정신세계 속으로 들어가는 첫 걸음을 뗄 수 있게 해준다. 누군가의 눈의 위치를 통해 우리는 그가 어디를 보고 있는지 정확히 파악할 수 있다. 또한 사람들이 어디를 보고 있는지를 알면 그들이 무엇에 흥미를 느끼는지도 찾아낼 수 있다.[27]

눈은 미묘하고 복잡한 방식으로 계획적인 의사소통의 수단으로 사용될 수 있다. 가령 눈을 크게 뜨는 동작, 눈썹을 이용해 안와 틈새를 크게 팽창시키는 동작은 누군가의 존재, 즉 당신의 뒤에 무언가가 있으며 당신이 지금 눈치 없이 굴고 있음을 알리는 조용한 경고로 사용된다. 달리 이유를 알 수 없는 강렬한 응시로 전환함으로써 시선의 강도를 높일 수도 있다. 이 방법을 통해 나는 당신에게 무언가를 전달하고 있다는 사실을 드러내지 않은 채 그것을 전달한다. 또 다른 방법으로 눈을 일종의 지시봉으로 사용할 수도 있다. 내가 특정 방향을 보면 실제 지시봉으로 가리킬 때처럼 당신에게 그 방향을 보도록 지시하는 것과 같은 효과가 생긴다. 그럼으로써 내가 보고 있는 것을 당신이 보게 되고, 그 대상은 갖가지 이유로 내가 당신에게 알리고 싶어하는 것일 수 있다. 응시는 그 자체로 신호다.

응시의 강렬한 의미를 고려해보면 우리가 강의를 하거나 청중에게 연설을 할 때 수많은 이들의 응시를 견뎌낼 수 있다는 사실이 참

으로 놀라워 보일지 모른다. 우리가 이런 응시를 감당할 수 있는 이
유는 어쩌면 청중이 하나의 시선으로 뭉쳐지고 이 시선에 기여하는
각각의 시선은 나머지 시선들에 의해 축소되기 때문이거나, 우리가
청중 가운데서 한두 명의 얼굴을 골라내어 이들에게 개인적으로 연
설을 전달하기 때문이다. (전문가들은 3열 중간을 고르라고 말한다.) 교사들
은 질문에 답할 사람을 선별해 냄으로써 상황을 역전시킬 수도 있
다. 이 경우 지목받은 사람들에게 모든 시선이 쏟아지게 되므로 그
들이 수적으로 압도당하는 느낌을 받게 되는 것이다.

　바이킹의 '스콜Skol'이라는 건배 구호로 이 장을 마무리하고자 한
다. 스콜은 바이킹 전사들이 적군의 빈 해골에 술을 따라 마시며
외친 말이다. 이렇게 함으로써 각각의 전사는 나머지 전사들과 눈
을 맞추게 되고 그들이 다른 마음을 품고 있지 않은지를 검증한다.
해골은 생명의 빛이 꺼지고 보는 사람이 더 이상 시선에 답할 수
없게 되는 응시의 종말을 상기시키기에 좋은 도구다.

감각의 방

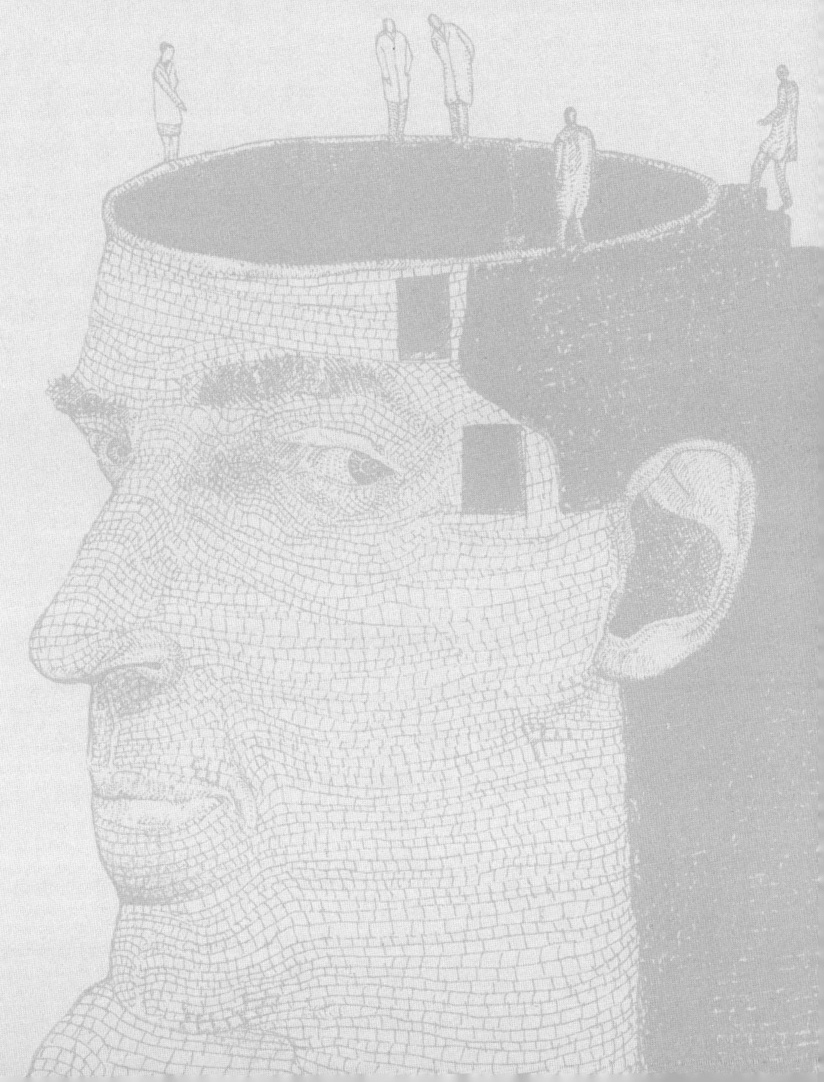

머리라는 방의 신비

머리는 음악과 소음, 의미 있는 소리와 의미 없는 소리를 모으는 청음 초소이고, 냄새를 맡고, 그 냄새를 즐기거나 싫어하는 냄새 탐지기이며, 좋고 나쁜 맛의 감별사이고, 스스로를 주의 깊게 공부하는 학생이다. 머리가 이 모든 것을 동시에 하거나 겪는다는 사실은 우리를 첫 번째 기항지로 인도한다. 감각실 안에서 일대 혼란(의식 consciousness이 의식적 혼란conscious mess이 되는)이 있을 것 같지만 내가 아는 한 그렇지 않기 때문이다.

매 순간 나는 보이는 것들을 보고, 생각하는 것들과 상상하는 이미지, 떠오르는 기억들에 주목할 뿐만 아니라 머리의 자기 수용적 망령에 사로잡힌 채 소리를 듣고, 냄새를 맡고, 맛을 본다. 일각에서는 이 점을 전혀 문제 있는 것으로 보지 않는다. 그들은 시각, 소리, 냄새, 맛과 머리가 무겁거나, 따뜻하거나, 쑤시거나, 아프거나 그저 그 자리에 있다고 알려주는 감각들이 각각 고유의 입력 경로를 가지고 있다고 주장한다. 입사 에너지에 의해 촉발되는 이들 경로가 깔끔하게 구획되어 있는 뇌 영역들로 신경 충동을 전달하고, 그에 따라 여러 경험이 서로 뒤섞이지 않는다는 것이다.

그러나 이 깔끔한 모형에는 수많은 문제점이 있다. 깔끔하게 서로 분리 보관된 감각 정보들이 동일한 의식의 일부로 경험되고 동일한 '의식의 장conscious field'[1]에 속하기 위해서는 어떻게든 이들이 한데 모여야 한다는 문제가 있다. 감각의 방으로서 머리의 익숙한 측면에 대해 살펴보기 전에, 잠시 의식에 대한 신경계적 설명의 부적절함에 초점을 맞춰 이 문제에 대해 좀 더 얘기해보기로 하겠다.

이 글을 읽고 있는 지금 당신은 뺨에 느껴지는 가려움을 자각하고 있을지 모른다. 이 감각은 우연히 들려오는 새소리, 음악, 언쟁 같은 소리나 당신의 엉덩이에 느껴지는 의자의 압력, 책을 붙잡고 있는 손가락의 감각, 이 페이지에 있는 문장들의 모습, 당신이 지금 읽고 있는 내용에 대해 논평하는 웅얼거리는 소리 등과 동일한 의식의 순간에 속한다. 어떻게 이 모든 다양한 감각들이 그들의 개별적 정체성을 잃지 않고 동일한 의식의 순간으로 합쳐지는 것일까? 어떻게 이들이 걸쭉한 혼합물로 섞여버리지 않은 채 하나의 전체로 통합되는 것일까? 이 문제가 어려워 보인다면, 내 주변에서 일어나고 있는 일이 무엇인지를 이해하기 위해 장시간에 걸친 일관적인 의식 활동을 설명하기란 더욱 쉽지 않다. 내가 현재 경험하고 있는 소리와 광경 등을 이해하기 위해서는 이러한 정보들이 기억을 통해 침투되어야 한다. 이 방법을 통할 때만 현재를 통해 이해 가능한 과거에서, 이해 가능한 미래로의 원활한 이동이 이루어질 것이다. 그러나 이렇게 구체화되는 과거의 기억과 미래의 기대는 현재와 구분된 상태로 유지되어야 한다.

이 문제에 대해 자세히 고찰해보고, 우리가 정연하게 분리된 상태를 유지해야할 뿐만 아니라 합쳐져야 하는 이유를 상기해볼 필요가 있다. 우리가 살고 있는 복잡한 세계에서 효과적으로 작용할 수 있는 책임 있는 주체가 되기 위해 반드시 필요한 장기적이고 명시적인 의식의 내적 연결성에 대해 생각해보자. 이러한 주체의 시간적 틀은 거대하고 다차원적이다. 이 점을 내가 교수로서 빈번히 하는 일인 해외에서의 강연을 들어 예증해보고자 한다. 얼마 전 홍콩에서 있었던 일로, 수개월 전에 맡았던 일을 완수하기 위한 일정이었다. 이 같은 일은 다차원적으로 엮인 의식의 순간들을 한데 모으기 마련이다. 가령 주최자와의 서신 왕래를 통해 연설 제목을 논의하던 순간, 연설 내용을 준비하던 띄엄띄엄 분산된 시점들, 마지막으로 임상의학자로서 신경써야 할 수천 가지 다른 일에 몰두한 상태로 걷고, 택시와 비행기를 타며 적시 적소에 홍콩으로 찾아가기 위해 온갖 종류의 함축적이고 명시적인 지식을 동원했던 순간들이 있었다. 그리고 이 모든 순간 내내 각종 경험들이 감각의 방으로 끊임없이 밀려들어옴에 따라 나는 감각 자료의 바다 위를 떠다녔다.

그 계획이 처음 제안된 지 수개월 후에 약속된 장소에서 성공적으로 강연한 것이 강연을 들은 청중들에겐 유감스러운 일 일지도 모르겠다. 하지만 이 사례는 이루 말할 수 없이 정교한 내 삶의 내적 조직과 긴 시간에 걸친 그 확장성을 보여주는 놀라운 결과물이다. 신경과학이 우리를 실망시키는 부분이 이 지점이다. 인간의 두뇌 속에서 일어나는 전기의 폭발은 어쩐지 나나 당신이 가지고 있는 정교하게 조직화된 정신에 어울리지 않아 보이기 때문이다. 의식을 뇌의 개별적 구획들 위에 표시된 모듈로 쪼개는 것도 이 문제를 완화해주지 않는다. 단지 필요한 모듈의 수가 무한해 보이기 때문만은 아니다. 정신을 모듈 단위로 쪼개는 것은 감각 정보들을 질서 정연하게 구분해두는 목적에는 알맞다. 하지만 감각 정보들을 의식의 순간에 함께 모아야 할 필요성은 충족시키지 못한다.

그러나 문제는 이보다 더 깊은 곳에 있다. 강연을 하는 동안 내 행동을 유지하기 위해 뇌 속에서 일어나야 하는 온갖 일들을 생각해본다면 (정통 신경과학을 토대로 할 때) 다양한 기능으로 이루어져 엄청난 수로 서로 겹쳐지는 초소형 전자회로의 이미지를 떠올리는 것도 무리가 아니다. 이렇게 되면 이 전자회로들이 어떻게 서로를 방해하지 않을 수 있는지 이해하기가 어려워진다. 이와 유사한 예를 하나 들어보겠다. 집중적으로 내린 우박의 영향으로 연못 속에 생겨나 물결의 온갖 내부 발생원으로 인해 가중된 백만 개의 물결의 집합을 떠올려 보자. 홍콩에서의 연설 계획에 상응하는 여러 순간들처럼 각각의 물결이나 물결의 집합이 개별적 정체성을 유지할 수 있는지를 어떻게 설명해야할까? 그 설명은 불가능해 보인다. 궁극적으로 신경계가 모든 것을 의미로 가득 찬 현재의 의식적 순간에 융합되게 하면서도 고도로 구조화된 가깝고 먼 과거와의 관계를 유지하고 마찬가지로 구조화된 미래의 기대와 책임, 일정, 야망, 인생 계획까지도 아우를 수 있어야 한다는 점을 상기해보면 그 가능성은 한층 더 낮아진다. (가장 광범위한 의미에서) 내가 어디에 있는지, (가장 깊은 의미에서) 내가 누구인지를 알기 위해서는 이 순간에 모든 것을 한데 모아야 한다.

모든 것을 한데 모으는 것을 신경학적 관점으로 이해하기 어려운 이유는 많은 것들이 여전히 분리된 상태로 유지되어야 한다는 점 때문이다. 뇌 속의 여러 사건들이 통일체로 합쳐져야 하지만 그와 동시에 뇌는 수많은 계획과 행동, 미세 계획, 미세 행동을 별개로 유지해야 한다. 설상가상으로 그러한 별개의 계획들은 모두 다른 계획들의 가능성의 틀을 제공한다는 점 때문에라도 수천 가지 다른 계획과 연결되어야 한다. 강연을 위한 나의 홍콩행은 내가 다른 초청들을 거절했던 것, 홍콩에 제때 도착할 수 있도록 그날 일정을 조정한 것, 출발하기 며칠 전부터 특별히 신경 써서 감기 걸린 사람과 거리를 뒀던 것을 설명해주는 이유가 된다. 잔물결들의 형태가 서로에게 개방되어 있더라도 그 형태들의 개별성은 유지되어야 한다.

그러나 상황은 더 복잡해진다. 내가 계획한 활동들을 계획되지 않은 무수한 사건들 속에서 실행할 수 있으려면 순간순간의 의식이 포괄적 개방성을 유지해야만 한다. 그럼으로써 내가 강연장으로 가는 길을 건널 때 나를 치여 죽일 수도 있었던 자전거 탄 사람을 피할 수도 있고, 시간표가 짜여있는 직무를 수행하러 가는 길에 강당 밖에서 또 다른 주최 측 인사가 인사를 건네오는 동안 네 번째 단계를 고려할 수도 있는 것이다. 가정된 의식의 신경 생리학적 기반을 생각할 때 우리는 삶의 평범한 측면들이 가진 복잡성을 간과하는 경향이 있다. 신경 과학이 그것으로 설명 가능한 것보다 훨씬 많은 것을 설명할 수 있다고 신경 신화학은 주장한다. 그러나 그러한 주장은, 수많은 층으로 이루어져 있고 무한히 접혀 있으면서도 훌륭한 구조와 체계를 갖추고 있는 우리에 대해 극단적으로 빈약한 이야기를 바탕으로 예측할 때만 그나마 조금이라도 타당성이 있어 보인다.

우리는 다음과 같이 이 문제를 간단히 요약해볼 수 있다. 뇌에 대한 전체론적 설명을 채택하여 의식의 통일성을 이해하려 시도할 경우 극복하기 어려운 난관에 부딪치게 된다. 서로 분리되어 있어야 하는 수많은 다양한 것들이 서로 분리된 상태를 유지할 때 의식은 왜 잡탕죽처럼 뒤섞이거나 정신착란 상태에 빠지지 않는지 그 이유를 설명하기 어렵다는 난관이 생긴다. 마찬가지로, 뇌나 정신에 대한 국부적 혹은 모듈 차원의 해석을 채택해 삶의 다양성이라는 문제를 해결하려 할 경우에도 극복하기 어려운 난관에 부딪친다. 우리가 능동적이고 일관적인 삶을 살기에 충분할 만큼 모든 요소들이 어떻게 하나로 합쳐질 수 있는지를 설명하는 과정에서 어려움이 생긴다.

삶은 능동적이다. 나는 단순히 여러 현상이 일어나는 소재지가 아니라 그들을 실행하는 주체다. 활동은 다차원적일 수 있다. 가령 나는 이 책을 쓰는 동안 전화 소리에 귀를 곤두세우기도 하고, 글쓰기에 지쳐서 잠시 이 일을 중단하고 어렴풋이 듣고 있던 아래층에서 흘러나오는 음악에 귀를 기울일 수도 있다. 또한 삶은 일관적이다. 지난 화요일이나 작년에 했던 일을 다음 주 화요일이나 내년에 떠올린다 해도, 내가 했던 일을 옹호하거나 이용할 수 있다.

다양성과 반쯤 예상된 뜻밖의 것들에 대한 수동적 개방성 가운데서 통일성과 통제의 문제는 심각한 문제점을 부각시킨다. 이 모든 다양성이 궁극적으로 속하는 일인칭, 즉 지금 여기에 있는 나라는 것이 존재한다는 사실을 설명해야 하는 문제가 그것이다. 이 같이 하나로 통합시키는 나가 없다면 뇌 또는 정신은 그저 아무것도 깃들어있지 않은unhaunted 모듈로 이루어진 아교질의 부유물이 될 것이다. 이것이 인지 과학자들이 뇌를 설명하는 방식이다. 많은 신경 과학자들이 자기라는 것이 존재함을 부정하는 이유는 바로 이 때문이다. 그들이 신경학적 관점에서 찾거나 이해할 수 없는 것은 존재할 수 없는 것이 된다.

일인칭의 개념은 내가 혼란스러운 세계 속에서 책임 있는 주체가 되기 위해 필요한 의식의 통일성을 부각시킬 뿐 아니라 더 깊은 논점으로 연결된다. 지금 여기라는 나에 대한 의식, 고통을 겪는 주체, 세상 속의 하나의 관점이 되는 책임 있는 생물의 발단이 무엇인가 하는 것이 바로 그 문제이다. 내 뇌가 지금 여기서 나에 대한 의식을 제공한다는 말은 아무 소용이 없다. 이것은 나의 뇌이고, 지금이고 여기이기 때문이다. 전통적인 신경과학의 유물론적 관점을 통해 들여다봤을 때 뇌는 벽돌이나 조약돌처럼 세상 속 하나의 대상에 불과하며 고유의 소유권을 가지고 있지 않다. 따라서 '나는 지금 여기에 있다'라는 인식은 물론이거니와 '나는 이것이다'라는 근본적 인식의 근거를 제공하지 않는다.

우리의 세계 모형, 그리고 우리와 세상 간의 상호작용을 가능케 하는 감각의 방의 내부로 뛰어들려는 지금, 이 모든 점을 명심해둘 만한 가치가 있다.

청음 초소

소리를 듣는 머리를 생각해보면 다음과 같은 이미지들이 떠오른다. 아무런 움직임 없이 가만히 선 채 먼 곳에서 흘러나오는 소리와 신호를 거둬들이고 있는 사람. 우주의 거대함에 귀를 쫑긋 세운 채 갈수록 더 깊은 거리에까지 이르고, 의식을 영원히 확장하며, 위성으

로부터 반사되어 나온 목소리를 포착하는 기술로 인해 미치는 범위
가 확장된 작은 머리. 우주의 먼 곳, 먼 과거의 시간으로 거슬러간
거대한 전파 망원경처럼 시인 릴케가 '침묵으로부터 나오는 끝없
는 전갈'이라고 부른 것, 인간과 소리를 듣는 인간의 귀가 존재할
수 있게 한 기원을 귀 기울여 듣는 인간의 집단적 머리.

청각 혹은 모든 감각에 대해 생각해볼 때 우리는 메커니즘을 들
여다봄으로써 그 기적을 이해하고 감각의 신비를 인정할 수 있다.
따라서 우선 청각의 메커니즘에 관해 살펴보고, 소리를 식별하는
우리의 기적적인 능력에 관해 이야기할 때 잠시 숨을 고른 후, 끝으
로 공기 중의 진동에서 소리의 세계로의 전환이라는 신비를 들여다
보고자 한다.

그럼 먼저 멋진 메커니즘의 세계로 들어가 보자. 귀는 세 부분으
로 나뉜다. 가장 바깥쪽 부분은 귓바퀴와 외이도로 구성된다. 중이
는 공기로 채워져 있는 빈 공간, 즉 고실로 이루어져 있다. 중이는
고막tympanic membrane이라는 정식 명칭을 가진 귀청에 의해 외이와
분리된다. 중이강 안에는 이소골이라는 3개의 작은 뼈가 서로 연결
되어 있으며, 이들은 각각 추골(망치뼈), 침골(모루뼈), 등골(등자뼈)이
라는 이름을 가지고 있다. (인간이 자신의 신체와 맺는 독특한 관계로 인해 신
체 부위의 이름을 바로 그 동일한 신체의 힘을 확대하기 위해 제작할 수 있는 도구의 이
름에서 따온다는 것은 참으로 흥미롭다.) 그리고 마지막으로 내이가 있다. 내
이는 놀라운 구조물로 이루어진 신체 내에서도 가장 놀라운 구조물
중 하나이며 최소한 서너 단락 정도는 그 이야기에 할애할 만하다.

내이는 미로 속에 놓인 미로다. 바깥쪽의 골미로는 귓바퀴 바로

위와 뒤쪽의 측두골 내에 있는 정교한 모양의 공간으로 외림프액이라고 부르는 체액으로 채워져 있다. 골미로는 3개의 주요 부분으로 나뉜다. 전정과 세반고리관, 달팽이의 껍데기처럼 생겼다 하여 와우각이라 부르는 나선형 관이 그것이다. 골미로 속에 떠있지만 그 공간 중 작은 부분만 차지하고 있는 막미로는 내림프액이라는 다른 종류의 체액으로 채워져 있다. 각 반고리관은 반원형의 관으로 이들은 모두 전정 내부에 있는 낭, 즉 난형낭으로 연결되어 있으며, 이 낭은 다소 중복된 이름이 붙은 또 다른 낭인 구형낭과 연결된다. 와우각 안에는 끝이 차츰 좁아지면서 말려있는 달팽이관이 있다.

막미로를 구성하는 이러한 요소들 각각에는 예민한 신경종말이 들어있다. 신경종말이 활성화되면 신경 충동을 일으키고, 신경 충동은 제8뇌신경을 경유해 뇌까지 전달된다. 이 신경은 소리로 인해 촉발된 충동을 전달하는 것뿐만 아니라 평형과 관련된 정보도 담당하고 있다. 난형낭과 구형낭은 중력의 방향을 탐지함으로써 머리가 어떤 위치에 있는지 알 수 있게 해준다. 이들 평형기관 속에는 민감한 막에 싸여있는 평형석('이석耳石')이 들어 있다. 평형석은 귓불 아래로 내려오는 귀걸이가 그 사람이 신체 정중선에서 얼마나 벗어났는지 보여주는 방식으로 머리의 위치를 알려준다. 혼란스러운 신호는 지독한 어지러움이나 현기증을 유발한다.

공간에서 가속운동을 하거나 몸을 회전시키면 반고리관에 있는 내림프액의 관성 지연이 일어나 감각 유모가 자극된다. 아이들은 빙글빙글 도는 동작을 통해 이것을 실험하는 것을 좋아한다. 몸이 회전을 멈춘 뒤에도 내림프액은 계속 움직임으로써 운동 감각이 지속된다. 그 결과 정지해 있다는 시각 및 수용기 상의 단서와 움직임이 계속된다는 전정 기관의 보고 사이에 단절이 생겨 흥분이나 구역질을 야기한다.

내이의 구조물들 중 가장 놀라운 기관은 청각에 관여하는 달팽이관이다. 달팽이관의 작용 원리는 평형을 담당하는 기관들의 원리와 유사하다. 이곳과 관련된 감각 종말들은 내림프액에 잠겨있다. 소리 내는 공기에서 생겨난 진동이 이 매개물을 통해 전달되면 달팽이관 유모세포 내의 섬모가 자극을 받는다. 유모 세포들을 자극하는 전단 작용이 이온 통로를 열어 전기화학적 작용이 일어나고, 이것이 신경 충동이 되어 청각 피질까지 이동한다. 이 세포들은 코르티 기관에 자리 잡고 있으며, '신체의 마이크'라고 일컬어지는 이곳은 달팽이 나선관으로 연결되는 기저막 위에 위치한다. 지금까지의 모든 과정은 귀에 도달하는 음파를 약 20배 증폭시키는 목적만을 달성했다. 이제 수용된 음파가 지각되는 과정이 시작된다.

이후 일어나는 현상에 대해 우리가 이해할 수 있는 것은 상당 부분 게오르크 폰 베케시Georg von Bekesy(1899~1972) 덕분이다. 그는 전화 수신기 디자인을 전문으로 했던 헝가리 출신 공학자다. 베케시는 역공학(reverse engineering, 소프트웨어 공학의 한 분야로 이미 만들어진 시스템을 역으로 추적하여 처음의 문서나 설계기법 등의 자료를 얻어 내는 일 : 옮긴이)에 관한 몇 가지 멋진 실험에 근거하여 코르티 기관이 다양한 음조를 구분하는 방식, 즉 우리가 여러 소리를 구분하고 인식하는 근간을 이해하게 되었다. 그는 민감한 코르티 기관이 위치해 있는 기저막이 전체 길이 중 각기 다른 지점에서 각기 다른 주파수에 반응한다는 사실을 발견했다. 고주파나 고음은 달팽이관 입구 가까이에 있는 막을 진동시킨다. 저주파는 달팽이 나선관의 먼 곳까지 이동해 안쪽에 있는 막을 진동시켜 코르티 기관 내 유모 세포를 흥분시킨다. 이것이 음높이 지각의 위치 이론이다.

우리가 다양한 음높이를 세밀하게 식별하는 능력을 확보하기 위해서는 이밖에도 더 필요한 것이 있다. 식별 가능한 음높이 하나 당 겨우 십여 개 정도의 유모 세포만이 관여하고 있으며, 기저막이 충분히 예리한 공간 식별력을 가지고 기계적으로 공명하는 것을 상상하기 어렵다. 한 가지 제안된 메커니즘은 공명이 최고치에 달한 미세 영역의 양쪽에서 유모 세포의 발화가 적극적으로 저지된다는 측면억제lateral inhibition다. 이런 방식으로 잠재적으로 넓게 확장될 수 있는 진동이 최고치로 밀어 넣어지고 가로 1밀리미터의 백분의 몇 정도에 불과한 미세 영역으로 좁게 국한된다.

유모 세포는 경외 어린 시선을 받을 만하다. 달팽이 나선관과 연결된 기저막에는 1만 6천에서 2만 개의 유모 세포가 줄지어 자리 잡고 있다. 기저막의 미세한 움직임이 유모 세포를 흥분시켜 이 세포들과 접합되어 있는 신경에서 활동 전위를 일으킨다. 각 유모 세포에는 약 1백 개의 부동 섬모가 모닥불 위 나뭇가지들처럼 서로 기댄 모습으로 배열되어 있다. 기저막이 음파에 맞춰 떨릴 때 부동 섬모는 해초처럼 물결모양으로 움직이면서 신경 충동을 뇌로 전달한다. 부동 섬모의 움직임에서 신경 충동으로 전환되는 전기 기계적 변환은 세포 전반과 세포 내부에서 신호 전달이 이루어지는 분자 수준의 긴 연쇄 작용을 수반한다.

이 정교한 구조물들을 통해 가동되는 여러 메커니즘, 즉 음파를 증폭시키고, 음파의 다양한 주파수를 분리하고, 음파의 기계적 움직임을 뇌에서 일반적으로 통용되는 형태인 신경 충동으로 변형하는 것은 일상적인 듣기의 기적을 이루기 위해 반드시 필요한 과정이다. 그리고 이것은 기적이다. 우리는 바스락거리는 낙엽, 접근하는 포식동물의 발걸음, 새들의 지저귐, 수천 가지 특색을 가진 물소리와 같은 자연의 소리를 식별하고, 교통 소음, 천이 공기를 가르는 소리, 주전자의 물 끓는 소리 등 인공적 산물의 잡음을 이해한다. 우리는 친구들이 하는 말을 듣고, 분석하고, 이해하며, 수천 명 중에서도 그들의 목소리를 골라낼 수 있다. 우리는 노래와 수많은 악기가 연주하는 음악을 즐긴다. 더구나 우리는 이 일에 얼마나 능숙한지 모른다. 바스락거리는 낙엽이 얼마나 말랐는지, 흘러나오는 물방울이 큰지 작은지, 쓰다듬고 있는 천의 재질, 목소리에 실린 불친절하거나 따뜻한 어조를 들을 수 있고, 브루크너의 교향곡에서 개인적 아픔이 공적인 멋진 화음으로 확장될 때처럼 오케스트라의 집단적 소리에서 애조 띤 울림을 들을 수 있다.

일상생활 속의 복합음은 그들의 서로 다른 주파수와 음의 길이, 시간적 변동 패턴, 증감하거나 지속적인 소리의 세기에 따라 수용된 뒤 우리가 아는 그 소리로 통합된다. 신경 생리학자들은 이러한 통합이 뇌에서 어떻게 일어나는지를 언젠가 이해할 수 있을 것으로 기대한다. 이 생각에 대한 회의를 표하기 전에 듣기의 모든 성취를 대표할만한 한 가지 업적, 즉 말의 청취에 대해 살펴보고자 한다.

입 밖에 낸 말은 음소가 뒤범벅된 것이다. 음소는 'big'을 구성하는 'b,' 'i,' 'g'처럼 말소리의 단위다. 음소는 일반적 범주 하에 위치할 경우에만 화자가 무엇을 말하고 있는지에 대한 추측을 바탕으로 해서 그 자체로 인식될 수 있다. 상황에 따라 같은 소리가 다른 음소로 구성될 수도 있고, 같은 음소가 다른 소리로 표현될 수도 있다. 여러 화자 사이에서나 시간차를 두고 한 명의 화자 내에서 변주된 온갖 발언에서 음소를 확인하는 것은 다양한 단서에 의존하는 형태 인식이다. 우리가 들은 소리가 모음인지 아닌지 알기 위해서는 그것이 리듬감 있는 소리로 구성된 진짜 음성인지 혹은 무성 자음이고 규칙적 리듬이 없는지를 들을 수 있어야 한다. 이러한 두 등급 사이에는 리듬감이 숨어있는 소리가 있다. 물론 리듬 없는 마찰 잡음이 섞여있다. 말하는 속도와 음량, 어조가 달라지면 모든 특징적 단서들이 재설정된다. 이는 말과 흐느껴 우는 것을 동시에 하거나 입에 뜨거운 감자를 넣은 상태로 말할 때처럼 극단적으로 나타날 수도 있다. 이런 경우라 해도 나는 여전히 상대의 말을 이해할 수 있다.

연속된 음소를 추출해내는데 반드시 필요한 음향 처리는 첫 걸음에 불과하다. 이에 더해 강세와 어조를 탐지해야만 상대가 의견을 피력하는지 질문을 하는지, 기분이 좋은지 짜증이 났는지를 구분할 수 있다. 또한 완전한 단어 소리를 구성하려면 음소들이 한 덩어리로 적절히 응집되어야 한다. 그 다음은 상대가 뜻한 바를 이해할 수 있도록 내용 전체를 한데 모으고 머릿속에서 조용히 되풀이하는 문제가 있다. 이 같은 작용이 일어나는 속도와 그들이 거대한 언어적 지식의 동원을 요하는 속도는 눈 깜박할 정도의 시간밖에 걸리지 않는다. 'big' 같은 단어가 3개의 독립적 음소를 가지고 있다는 사실에서 입증되듯이 현기증이 날 정도로 빠르다.

또 다른 예를 들어 듣기의 기적을 좀 더 파헤쳐보기로 하자. 나는 어떤 소리를 듣는 즉시 그 소리가 나오는 방향을 안다. 이는 소리가 양쪽 귀에 도달하는 서로 다른 타이밍에 달려있다. 왼쪽에서 나오는 소리는 내 오른쪽 귀보다 왼쪽 귀에 먼저 도달한다. 위치 추정은 상대적인 시간차를 바탕으로 이루어진다. 그러나 정확히 왼쪽이나 정확히 오른쪽에 도달하는 소리의 경우에조차 그 차이는 대략 1/1000초 정도밖에 되지 않을 것이다. 그럼에도 어떤 대상이 왼쪽에서 오른쪽으로 지나갈 때 그 소리를 재배치함으로써 그 움직임을 추적하는 것은 전혀 어렵지 않다. 이 점은 (8장에서 살펴봤듯이) 시각과 달리 소리는 거주자들을 위치시키는 고유의 공간을 창출하지 않는다는 점에서 특히 인상적이다. 소리의 소재지는 감각 경험으로부터 구성된다.

또 한 가지 기적이라 할 만한 것이 있다. 배경에 있는 다른 소리에서 특정 소리를 골라내는 능력으로 '칵테일파티 문제'라고 부른다. 이 상황에서 나는 내 주의를 요하는 시끄러운 다른 대화들에다 여러 목소리 사이의 공간을 채우는 음악까지 있는 와중에 특정 대화를 들어야 한다. 이는 억수 같은 빗속에 생긴 물웅덩이에서 한 방울의 빗방울과 연결된 모든 물결을 골라내는 것과 맞먹는 상황이다. 이에 더해 화음을 들을 수 있는 능력도 있다. 우리는 소리가 하나의 만족스러운 전체로서 서로 맞물리는 것을 듣는 동시에 그 만족스러운 전체를 구성하는 각각의 음을 들을 수도 있다. 우리는 시끄러운 파티장에서 대화를 시도할 때 귀에 거슬리는 배경 음악까지도 들을 수 있다. 청각에 대해 알면 알수록 이러한 능력을 당연시하기가 어려워진다.

청각 메커니즘에 대해 아는 내용은 이 기적을 설명하기에 한참 부족하다. 그리고 이 기적의 중심에는 수수께끼가 존재한다. 궁극적으로 우리는 공기 중의 진동이 어떻게 머릿속에서 유익하거나 무의미한 소리, 배경이나 전경이 되는 소리, 거슬리거나 아름다운 소리가 되는지 알지 못한다. 인간의 의식이 없다면 공기 중의 진동은 그저 공기 중의 진동일 뿐이다. 인간에게 들리는 파장이 가진 내재적 특성은 청각적 범위 밖에 있는 초음파 진동처럼 우리가 들을 수 없는 것들의 특성과 별로 다를 바가 없다. 우리는 어떻게 물리적 에너지가 경험된 감각으로 변하는지 알 수 없다. 음파에서 전기화학적 활동인 신경 충동으로 변하는 것처럼 어떤 형태의 에너지에서 다른 형태의 에너지로 변형되는 것은 에너지가 그 에너지에 대한 의식으로 변형되거나 (시각의 경우처럼) 에너지의 발원지인 표면에 대한 의식으로 변형되는 것과는 다르다.

왜 고주파 음은 고주파 음처럼 들리고 저주파 음은 저주파 음처럼 들리는지 그 이유도 분명하지 않다. 소리에 따라 기저막의 다른 위치가 진동하는 것도 이러한 질적 차이를 설명하지 못한다. 달팽이관의 바닥과 꼭대기 사이의 30밀리미터가 더블베이스 소리와 피콜로 소리 간의 차이를 설명해주는 이유가 될 수 없다.

왜 특정 신경 충동이 특정 경험과 연결되고 유사한 다른 신경 충동은 전혀 다른 경험과 연결되는 것인지, 예컨대 왜 시각 경로에 있는 충동은 빛의 경험을 제공하고 청각 경로에 있는 충동은 소리의 경험을 제공하는지는 여전히 수수께끼로 남아있다. 에너지가 경험으로 바뀌는 곳이 뇌라고 믿는다면 이러한 경험이 연결되어 있는 서로 다른 구조물, 즉 눈과 귀에 호소할 수 없다. 사실상 이 이유는 순환 논리처럼 보인다. 청각 경로에서 소리를 얻고 시각 경로에서 시각을 얻는 것은 그것이 원래 그들이 하는 일이기 때문이다.

이미 앞서 지적했듯이 공기 중의 진동은 원래 소리가 없고 빛은 원래 밝은 것이 아니므로 이것은 이유가 될 수 없다. 머리를 지금처럼 놀라운 감각의 방으로 만들어주는 감각 종말에 작용하는 에너지에 원래 내재되어 있거나 그러한 에너지와 반드시 동반되는 주관적 경험이란 존재하지 않는다. 끝으로 소리나 광경이 감각 경로와 신체 너머에 있는 장소와 대상에 귀속되어야 할 이유도 전혀 없다. 저 사물에서 나오는 빛을 왜 저 사물이나 저 사물의 외양으로 봐야 하는가.

이 메커니즘과 기적과 신비는 대부분 우리가 볼 수 없는 곳에 감춰져 있고, 지금껏 그것을 밝히기 위해 비범한 독창적 능력이 필요했다. 그리고 청각 경로 중에서 가장 눈에 띄는 부분이 가장 덜 중요한 부분이라는 점은 아이러니다. 우리는 반 고흐의 청력이 자해로 손상되지 않았다는 것을 확신할 수 있다. 별로 중요하지 않은 구조물치고 귀에는 인상적일 정도로 많은 이름이 붙어있다.[2] 아담의 후예들은 멋지게 주름 잡힌 이 구조물의 다양한 부위에 애정 어린 주의를 기울여 왔으며, 그 중 가장 아름다운 부위는 접혀있는 테두리다. 귀에는 이륜, 대이륜, 이륜의 와 또는 주상와, 이갑개, 이주,

대이주, 귓불(귀걸이가 걸리는 곳), 외이도가 있다. 이 모든 이름 중에서도 가장 흥미로운 연상 작용을 일으키는 것은 '다윈결절Darwin's tubercle'이다. 이것은 귀 테두리에 있는 작은 돌출부위를 가리킨다. '다윈결절'은 귀를 비롯한 신체의 나머지 부위가 어떻게 생겨났는지 설명하는데 있어 그 누구보다 많은 기여를 한 사람인 다윈과 귀를 연결시킨다. 우리가 사는 세상은 너무나 많은 예기치 않은 방식으로 함께 엮여있다.

나와 귀는 전반적으로 절제된 관계를 맺고 있다. 귓바퀴가 유양돌기에 드리우는 그림자는 머리 중 내가 감독하지 않는 영역들을 보여주는 가장 대표적인 예다. 내가 럭비 선수나 권투 선수였다면 이러한 부위들과 더 많은 대화를 나눴을지도 모른다. 누가 내 귀를 잡아당긴 지도 수년이 되었다. 귓바퀴 견인을 당한 예 중 가장 기억에 남는 것은 미술 선생님에 의해 일어난 사건이다. 그는 최전방 공격수를 맡은 국제 럭비 선수이기도 했다. 선생님은 형편없는 내 그림 솜씨에 잔뜩 화가 난 상태였다. 나는 내 귀가 원래 자리인 머리 중간 아래가 아니라 머리의 ⅘ 지점 위에 달린 것 같은 느낌이 들었다. 미술 선생님은 내 귀를 잡아당겨 자신의 생각을 분명히 전달했다.

꽃양배추 모양으로 찌그러진 귀에는 접촉성 스포츠보다 심오한 원인이 있을 수 있다.

아편 흡연이 유행하던 1800년대 후반 꽃양배추 모양의 귀는 거의 아편 사용의 증상으로 여겨졌다. 이것은 딱딱한 나무 베개

가 있는 아편 침대에 오랜 시간 누워있어서 생겨난 결과였다.[3]

　귀에는 뭔가 중심을 벗어나는, 심지어 탈착식 도구와 같은 특성이 있다. 실험용 쥐의 등에서 자란, 가공된 조직으로 만든 귀 모형은 귀가 뒤늦게 붙여놓은 일종의 추가 기관임을 강조하고 있다. 이 점은 일정 방식으로 빛이 비칠 때 매력적으로 빛을 투과시키는 박쥐귀(대이륜이 제대로 구부려져 있지 않아 형성이 덜된 귀로 귀의 중간에 주름이 없고 펴져 있어서 귀가 돌출되어 있다 : 옮긴이)의 경우에 특히 그러하다. 앤드류 마가 BBC 정치부장에서 은퇴한 요즘, 나는 그가 최신 사건을 보도할 때 다우닝 스트리트 바깥에 서 있는 가로등 불빛에 빛나던 그의 귀가 그립다. 그러나 박쥐귀의 가장 강렬한 사례는 프란츠 카프카의 귀다. 카프카의 귀는 그의 여윈 얼굴과 마른 몸으로 인해 강조되었고 그는 이러한 자신의 귀를 의식했다. '그 감촉에 내 귓바퀴는 풀잎처럼 생기 있고, 거칠고, 차갑고, 물기 어린 것처럼 느껴졌다.'[4] 타인들에게 진지한 사람으로 보이는데 그의 귀가 아무런 역할을 하지 않았다면, 그리고 그가 여자들과의 관계에서 운이 더 좋았다면, 현대 문학의 역사가 어떻게 바뀌었을지 궁금하다.

　철학자 루트비히 비트겐슈타인은 사람이 눈으로는 위협할 수 있어도 귀로는 그럴 수 없다고 말한 바 있다. 그러나 열심히 귀 기울여 듣는 사람에게 많은 말을 하고 있는 자신을 발견할 때가 있다. 이때 그 청자는 감사원이 되고, 우리는 우물 밑으로 떨어지듯 그들의 평가 속에 빠지는 것처럼 보인다. 침묵은 큰 외침만큼이나 강력하다.

미각과 후각

미각은 시각에 비해 원시적이다. 미각 자체만으로는 우리가 체외의 사물들을 사실로 받아들이도록 납득시키지 못한다. 우리는 맛을 맛본다. 물론 우리가 맛을 볼 때 사용하는 혀는 고형체로서 그 맛을 내는 사물을 만지며, 그 사물의 독립적 존재를 입증하는 것도 혀다. 미각은 단지 맛의 문제가 아니라 생존의 문제이다. 미각은 식욕을 자극하고 독성 물질로부터 우리를 보호한다.[5] 미각의 바탕을 이루는 요소들, 즉 의문의 여지가 없는 원형적 미각은 네 가지에 하나가 더해진다. 이들은 단맛, 신맛, 쓴맛, 짠맛과 제5의 미각인 우마미 umami이다. 우마미 맛은 우마미 수용기를 자극할 수도 있는 특정 아미노산이나 글루타민산나트륨MSG으로 인한 고기맛, 감칠맛이다.

첫 4개의 맛은 '일단 먹고 봐라suck it and see'는 태도에 따른 위험성이 덜하다. 우리는 뱉어내거나 삼키라는 권고를 동시에 듣는다.

우리가 설탕 맛을 좋아하는 이유는 우리에게 탄수화물이 절대적으로 필요하기 때문이다. 우리가 소금 맛을 갈망하는 이유는 우리가 염화나트륨을 반드시 섭취해야 하기 때문이다. 쓴맛과 신맛이 혐오와 회피 반응을 유발하는 이유는 대부분의 독성 물질이 쓴맛이 나기 때문이며, 상한 음식이 신맛이 나기 때문이다.[6]

일본인들에게는 오랫동안 알려져 있지만 서방세계에서는 상대적으로 새로운 맛인 우마미까지도 확실한 생물학적 근거를 토대로 미각적 승인을 얻는다. 이 맛이 단백질의 기초가 되는 아미노산에 대한 식욕을 자극하기 때문이다. (베이컨이 우마미 수용기를 크게 자극하는 이유는 아미노산이 풍부하게 들어있기 때문이다. 이러니 보건당국의 경고가 베이컨을 향한 욕구 앞에 힘을 못쓰는 것도 당연하다.)

기본적인 미각 촉발제들은 미뢰를 자극한다. 미뢰는 미각 유두 속에 30~100개씩 무리지어 존재하는 세포 집단이다. 이것은 '신경 상피' 세포라고 불리는데 그 이유는 피부와 신경계 사이의 중간 영역에 속하기 때문이다. 혀를 내민 뒤 살펴보면 특히 혀 앞쪽에 작은 빨간 점 같은 것들이 보인다. 이것은 양송이버섯과 형태가 닮은 버섯 유두이다. 이밖에도 덜 눈에 띄는 엽상 유두, 성곽 유두, 미뢰가 없는 실유두 등이 있다. 미뢰는 대부분 혀에 분포되어 있지만 입안의 다른 부위에서도 발견된다. 우리가 입에 문 것이 무엇인지 파악할 수 있게 해주는 5천 개에 가까운 미뢰가 존재한다.

기본 원리는 동일하지만 다양한 기본 맛은 그와 연결된 미뢰를 각기 다른 방식으로 자극한다. 관련된 물질은 침에 용해되어 미뢰 가운데에 있는 구멍을 통해 미뢰 세포로 들어간다. 열쇠에 해당하는 분자가 자물쇠와 일치하면 그 분자는 수용체 세포막과 결합한다. 이는 직간접적으로 칼슘 이온이 수용체 세포로 유입될 수 있게 해주는 일련의 단계적 반응을 촉진한다. 그 결과 신경 전달 물질이 방출되어 신경 경로를 흥분시킨다. 신경 경로의 종착지는 두 곳으로 나뉘는데, 미각의 의식적 지각을 담당하는 체성 감각 피질과 음식을 뱉거나 주방장을 부르는 것과 같은 행동 반응을 담당하는 것으로 알려진 시상하부 및 기타 부위가 그것이다.

그러나 맛은 단순히 짠맛, 단맛, 쓴맛, 신맛의 하행 4도로 이루어진 미각적 화음이 아니다. 감기에 걸려본 사람이라면 누구나 알고 있듯이 맛은 주로 후각과 연관된다. 후각이 없다면 사과즙과 양파즙 또는 사과 조각과 순무 조각 맛의 차이를 느낄 수 없다. 맛의 차이를 느끼는 것은 미각으로 구분 가능한 범위를 훨씬 벗어난다. 우리가 정말로 관심을 갖는 요소인 풍미는 맛과 냄새, 질감(이 점에서 구강 내부는 발포성 느낌, 질척한 느낌, 바삭한 느낌, 물렁한 느낌을 등록하는 촉각에 예민한 기관임을 드러낸다)을 비롯해 체온과 같은 기타 신체적 특징에서 비롯되는 결과다. 바삭하지 않은 사과 푸딩, 차가운 홍차, 아삭아삭한 감자가 우리에게 제공하는 맛은 허사일 뿐이다. 수박은 맛에서 결핍된 부분을 눈 같은 질감으로 보완한다. 소리 역시 여기서 한 몫을 한다고 볼 수 있다. 자갈길처럼 오도독거리는 셀러리나 튀긴 치즈 스틱의 찍 늘어지는 소리 등이 그렇다.

미각의 복잡성은 다양한 감각들이 함께하는 구강 내 협동 작업을 훨씬 넘어선다. 미각은 음식, 와인, 친구, 성적 상대, 취미에 있어 취향을 나타내는 지표다. 친밀한 관계는 우리에게 서로에 대한 욕구를 부여하는 취향의 공유를 바탕으로 형성된다. 우리가 서로를 좋아하는 이유는 비슷한 성향 때문이다. 우리의 미각 수용기의 구성이 유사한 것이다. 또한 우리는 감식력을 훈련하고 새로운 즐길 거리를 정력적으로 익히는 등 미각을 습득하기 위해 열심히 노력한다.

미각은 자극에 빨리 적응한다. 주어진 물질에 대한 지각은 몇 초

내에 희미하게 사라져버린다. 이러한 미시적 비극은 우리의 일생에 걸쳐 거시적 차원으로 복제된다. 노년이 되면서 미각(그리고 후각)이 약해지고 희미해지는 것이다.

> 그대 평생의 노력에 왕관을 씌워주기 위해
> 노년을 위해 남겨둔 선물을 열어주겠네.
> 첫 번째는 매혹도 없고, 아무런 약속도 없이
> 수명이 다해가는 감각의 차가운 마찰.
> 그러나 육체와 영혼이 산산이 흩어지는 순간
> 실체 없는 열매의 씁쓸한 무미함이 있으니.[7]

세상이 캄캄해지고, 침묵에 빠지고, 향기가 사라지고, 맛이 없어지고, 끝으로 감촉이 사라진다. 유일한 위안은 우리가 그것을 지각하지 못할 것이라는 점이다. 무미함은 쓰지 않을 것이다.

한편 우리가 공기 중의 진동이 소음과 음악으로 바뀌는 것에 대해 고찰하는 과정에서 접했던 심오한 수수께끼로 위안을 삼아볼 수 있다. 단맛과 일부 쓴맛 자극은 '구스트듀신gustducin'이라는 화학적 전달물질을 활성화한다.[8] 이 물질은 미뢰의 기저세포들에게 메시지를 전달하는 수용체 세포들 간의 전기화학적 대화를 촉발시킨다. 기저세포들은 다시 수용체 세포에게 응답하거나 그들 내부의 대화를 할 수 있다. 모두가 전달받은 이야기를 제대로 이해하게 되면 이 대화에서 나온 자료는 다시 뇌로 전달된다. 무엇보다 흥미로운 사실은 구스트듀신이 빛에너지를 시각으로 전환하는데 긴밀히 관여하는 물질인 트랜스듀신transducin과 화학적으로 가까운 친척이라는 점이다. 우리가 청각에서 다루었던 수수께끼가 여기서도 다시 대두된다. 서로 다른 형태의 물리적 (혹은 화학적) 에너지가 서로 다른 감각과 연관되는 이유는 무엇인가? 특히 우리가 느끼는 감각적 특징들이 그러한 형태의 에너지나 더 나아가 물질적 세계에 내재된 것이 아닌데도 불구하고 연관되는 이유는 무엇인가?

이런 질문을 던짐으로써 공감각synaesthesia을 이해하기가 쉬워진다. 어떤 감각과 다른 감각 간의 미끄러짐 현상인 공감각으로 인해 우리는 소리를 보고 색깔을 듣고, 외침의 색조와 색조의 불협화음을 경험하게 된다. 공감각의 사례는 드물지 않다. 리처드 사이토윅Richard Cytowic은 형태를 맛 본 사람의 사례를 이야기한 바 있다. 이 사람에게는 서로 다른 형태가 서로 다른 맛과 연결되어 있다.[9] 최근에는 시각과 촉각의 공감각을 지닌 여성의 사례가 소개되기도 했다. 이 여성은 누군가가 만짐을 당하는 것을 볼 때 자신도 그와 똑같은 촉각을 경험했다.[10] 이 공감각은 중요한 측면에서 제한적이었다. 그녀는 인간이 만질 때에 한해 그 감각을 경험했다. 물론 우리가 보는 대상에 의해 만져지는 경우는 인간이나 인간과의 관계 속에서 뿐이다. (앞서 살펴봤듯이 상대방의 응시는 만짐으로 되돌아온 시선과 같다.)[11]

인간의 모든 감각이 불가사의하지만 그 중에서도 후각의 불가해성은 가장 두드러진다. 한편으로는 원시적이면서도 동시에 개인적인 이 감각에는 지극히 역설적인 특성이 존재한다. 모든 감각 중에서도 후각은 과거에 가장 매혹된 큐레이터다. 다음 세상으로 가는 짐을 챙길 때 나는 분명 서너 가지 향기를 챙겨갈 공간을 찾게 될 것이다. 뜨거운 포장도로 위에 내리는 비 냄새, 행복감을 뿜어내는 솔향기, 그리고 내 뻔한 취향과 연결되는 다른 한두 가지 향기 정도가 되겠다. 냄새가 그토록 강렬한 연상 작용을 일으키는 이유는 바로 냄새가 어디에나 있고 아무데도 없기 때문이며, 광경이나 소리나 촉감과 달리 외연을 나타내기보다 내포하기 때문이며, 어떤 것도 소리 내어 말하지 않지만 분위기와 속삭임을 제공하기 때문이며, 어떤 사물에도 속박되어 있지 않으므로 명제적 자각을 지닌 우리의 지력으로부터 더욱 멀리 떨어져있기 때문이다. 냄새는 우리가 인지한다는 사실을 인지하지 못한 채 인지된다. 그렇기 때문에 세계 전체를 포착하며, 그곳은 냄새와 우리 자신이 속하는 세계다.[12] 여러 세계 그리고 그들을 변형시키는 감정은 냄새와 비슷하다. 그들은 살며시 다가왔다가 살며시 가버린다.

문학에서 등장하는 가장 유명한 냄새는 작은 마들렌 조각의 맛 중 90퍼센트를 차지했던 냄새다. 홍차에 적신 마들렌은 마르셀 프루스트Marcel Proust(1871~1922, 《잃어버린 시간을 찾아서》를 쓴 프랑스의 소설가: 옮긴이)를 지친 중년의 따분함에서 세상이 새롭고 이름에는 의미가 가득했던 잃어버린 어린 시절의 낙원으로 실어 보냈고, 다음과 같은 생각에 이르게 했다.

머나먼 과거로부터 아무것도 남아있지 않을 때, 사람들이 죽고 사물들이 부서지고 흩어진 후에, 맛과 냄새만이 연약하지만

끈질기게, 실체가 없이 영속적이고 충실하게 오랫동안 남아 떠
돈다. 다른 모든 것의 잔해 속에서 기억하고, 기다리고, 희망하
는 영혼처럼. 그리고 작고 거의 실체도 없는 그들의 본질의 방
울 속에 거대한 기억의 구조물을 꿋꿋이 품는다.[13]

우리가 냄새를 과소평가하는 이유는 아마도 냄새가 동물의 세계
에 속한다고 생각해서일 것이다. 냄새의 집합체이자 후각적 단계의
그물망인 동물의 세계에 속하는 서식 동물들은 삶의 대부분을 후각
에 의지하며 보낸다. 그에 반해 인간은 일어나서 악취나 향기가 나
는 땅 위로 우뚝 섰으며, 서로의 엉덩이 냄새를 맡기보다 사랑스럽
거나 욕망에 찬 시선을 교환한다. 그럼에도 후각은 우리가 실감하
는 것 이상으로 삶에서 큰 역할을 담당한다. 적어도 후각은 우리가
숨 쉬는 공기의 질(특히 그 공기가 연기로 오염되었는지 여부)을 알려주고,
우리가 먹거나 피하거나 인식하는 다른 생명체의 존재를 알려준다.
그러나 이밖에도 우리가 냄새 맡을 수 있는 것들은 또 있다. 두려움
이나 만족감과 같은 타인의 감정과 그들의 성적 흥분 상태가 그 예
다.[14] 이러한 후각 능력은 여성이 남성보다 더 뛰어나다. 즐거운 영
화와 슬픈 영화를 감상하는 사람들의 겨드랑이에서 채취한 분비물
샘플의 식별에서 여성이 더 높은 신뢰도를 보인다. 감정적 능력은
코에 의해 중재되는 것 같다.

후각은 비강 뒤쪽에 있는 후각 점막에 의존한다. 대략 우표만한
크기의 후각 점막에는 1천만 개의 수용기가 들어 있다. (후각이 오락
적 수단을 훨씬 넘어서는 개의 경우 십억 개 이상의 수용기를 가지고 있다.) 이들 수

용기는 통과하는 입자를 붙잡아 냄새를 분석하는 섬모가 달린 신경 세포다. 휘발성이 있을 정도로 작아야 하는 냄새 분자들은 서로 다른 수용기와 결합한다. 수용기라는 자물쇠의 홈 모양을 만드는 것이 무엇인지는 정확히 밝혀져 있지 않다. 분자의 모양, 세포막 전체에 확산되는 능력, 세포막 변형에 의한 국소적 미세 전류의 유발, 분자 진동 중 어떤 것이 관련되어 있는지를 두고 뜨거운 논쟁이 오가고 있다.

리처드 액설Richard Axel과 린다 벅Linda Buck은 후각 수용기의 특성과 후각뇌가 구성하는 방식에 대한 중대한 발견을 하여 2004년 노벨 생리 의학상을 받았다.[15] 인간에게는 약 1천 가지의 수용체 세포가 있으며 이들은 각각 하나 이상의 냄새에 반응할 수 있다. 그 결과 우리는 1만 가지 이상의 서로 다른 냄새와 향기와 악취를 식별할 수 있다. 공기를 킁킁거리는 행동, 즉 후각적 응시는 풍부한 보상으로 돌아오며 가끔은 그 정도가 지나칠 때도 있다. 액설과 벅은 각 후각 수용체 세포가 한 종류의 후각 수용체만을 가지고 있지만 여러 유전자에 의해 흥분된다는 사실을 발견했다. 유전자의 종류는 1천여 가지에 달하며, 이는 인체 게놈의 2퍼센트에 해당하는 양이다. 특정한 냄새 분자에 반응하는 세포에서 나온 뉴런은 후각 망울의 동일한 부위로 전달된다. 후각 망울은 냄새와 연관된 신경 활동을 전달하는데 있어 중요한 뇌 내부의 중간역이다. 전달 과정이 이어짐에 따라 신경 활동이 결합되고, 그 결과 이른 아침의 상쾌함 같은 복합적 향기가 만들어질 수 있게 된다.

우리는 종종 자신도 모르는 사이에 냄새로 의사전달을 한다. 말과 개 등의 동물들은 우리의 두려움을 냄새 맡을 수 있다. 이러한 두려움은 일종의 도발로 간주될 수 있다. 그렇기 때문에 짐승이 할퀴거나 밟을까봐 겁내는 행위는 우리가 두려워하는 바로 그 상황을 불러오게 된다. 이보다 더 당황스러운 사실은 우리가 가진 매력이 블레어 총리 내각의 실정에 대한 재치 넘치는 분석이나 지금까지 실천한 친절이나 심지어 커다란 갈색 눈동자도 아니고 페로몬에 달려있다는 점이다. 하지만 이 점에 대해서라면 긴장을 풀어도 될 듯하다. 페로몬이 든 면도 로션을 잔뜩 바른다고 해서 그 사람이 가진 따분함을 만회해줄 것 같지는 않기 때문이다. 결국 명제적 자각은 굴성(tropism, 여러 자극에 대해 식물이나 하등동물이 보이는 반응이나 방향성 : 옮긴이)에 의해 정해지는 것이 아니라 세상에 대한 생각과 관련되는 것이다.

사람들 사이의 냄새 신호와 관련해서 가장 뜨거운 논쟁이 벌어지는 분야는 근접한 공간에서 생활하는 여성들의 월경 주기가 같아지는 현상에서 냄새 신호가 담당하는 역할에 관한 것이다. 마사 맥클린톡Martha McClintock 연구팀은 월경 주기의 특정 단계에 있는 여성들에게서 채취한 겨드랑이 분비물 샘플을 다른 여성의 윗입술에 바르면 샘플 제공자의 월경주기 단계에 따라 제공받은 여성들의 월경 기간이 앞당겨지거나 늦춰질 수 있다는 것을 발견했다.[16] 이 흥미로운 실험 결과에 대해 베벌리 스트라스만Beverley Strassmann은 맥클린톡의 통계상의 문제를 인상적으로 파헤치며 이의를 제기했다.[17] 그러나 이 연구에 집중된 커다란 관심은 일부 사람들이 얼마나 미지의 힘에 속박되어 있다고 믿고 싶어하는지를 시사해준다. 우리가 힘들여 쓴 소네트가 아니라 몸이 내뿜는 페로몬을 통해 이성을 매료하는 것이며, 연인이 우리를 사랑하는 이유는 존재적 요소들 때문이 아니라 이기적 유전자 때문이라고 믿는 사상가들이 많다.

머리는 스스로를 지각한다

머리는 스스로를 보고, 듣고, 맛보고, 때로는 냄새 맡는다. 심지어 스스로의 촉감을 직접적으로 느끼기도 한다. 머리를 스쳐가고 귀에서 나오는 기류를 포착하는 바람은 촉각적 명암의 대비를 만들어내고, 바람이 불어가는 쪽과 불어오는 쪽의 양 볼은 스스로를 각기 다르게 자각한다. 이러한 감각과 결부된 소리는 머리에서 나는 소리 중 가장 오래된 것이다. 먹잇감이 시야에 들어오기를 기다리며 인류의 유인원 조상들이 스스로의 머릿속에 속삭이던 소리임이 분명하다. 머리의 자기 인식은 일종의 자화상에 해당한다. 물론 이 자화상은 다소 굴절된 모습에, 특이한 재료로 그려진 것이기는 하다. 또한 우리는 볼 안쪽을 깨물거나 머리카락을 만져 머리의 자기 인식을 강화할 수도 있다.

　머리는 스스로에게 말을 건네기도 한다. 콧노래와 맥박 소리와 귀울림이 그 예다. 이들은 바깥세상의 소음이 잦아들고 물소리가 가라앉을 때 또렷해진다. 눈에는 잔상이, 귀에는 메아리가, 햇빛에 노출되었던 피부에는 열감이, 모자를 벗은 뒤에는 지속적으로 누르는 압박감이 남는다. 사방이 고요할 때 우리는 두개골 내에서 컵에 갓 따른 레모네이드에서 나는 쉬 소리 같은 희미한 소리를 느낀다. 하루 종일 햇빛을 쐬고 난 뒤 밤이 되면 두개골 상부가 화끈거리는 것을 느낄 수 있고 두개골 속에서 고동치는 맥박을 셀 수 있다. 눈을 감고도 머리가 어떤 위치에 놓여 있는지 알 수 있다.

　머리의 사적인 독백 중 가장 지독한 것은 두개골의 자체적인 외침인 이명이다. 귀울림은 끝없이 지속되는 의미 없는 잔상이나 입안에 계속 남아있는 쓴맛에 준하는 현상이다. 이와 관련해 유명한 비극적 사례로는 위대한 작곡가 스메타나Bedrich Smetana(1824~1884, 체코 민족음악의 창시자로 《국민의용군 행진곡》, 《자유의 노래》 등의 작품을 남겼다 : 옮긴이)가 겪은 이명을 들 수 있다. 그가 앓았던 매독은 반음악anti-music으로 그를 괴롭혔다. 이명에 대해 그는 이렇게 말했다. '거대한 폭포수 옆에 서있는 것처럼 귓속에서 윙윙거리고 딸랑딸랑 울리는 소리가 난다.'[18] 작품 활동기의 끝 무렵에 스메타나는 깊은 산림지역에 거주했는데, 그곳의 포근한 고요함도 그에게는 아무런 만족감을 주지 못했다. '내 머릿속이 완전히 고요해지기만 한다면 귀머거리 상태도 견딜만할 것이다.' 그럼에도 불구하고 그의 걸작 중 대다수가 이 시기 동안 작곡되었다. 그중 하나인 연작 교향시 〈나의 조국Ma Vlast〉에 포함된 블타바강의 음악적 일대기는 이 강이 강둑을 넘어 세상의 여러 외딴 곳으로 넘쳐흐른다는 의미를 담고 있다. 스메타나의 현악 사중주곡 〈나의 생애로부터Z mého života〉의 마지막 4악장은 중간에 끼어든 불협화음으로 그의 이명을 표현하고 있기도 하다. 우리가 몸을 전유하고, 몸이 우리에게 던지는 모욕마저도 숭고한 목적을 수행하기 위한 재료로 사용하는 사례 중

이보다 더 영웅적인 예가 있을까? 청력 상실이 스메타나에게 가한 정적을 얼어붙게 했던 그 이명은 한 세기 반이 지난 지금까지도 안목 높은 청중들로 가득 찬 연주회장 곳곳에서 울려 퍼지고 있다.

스메타나는 〈나의 조국〉의 초연으로 뒤늦게 세상의 인정을 받게 된 지 2년 만에 프라하의 한 정신병원에서 신경 매독으로 사망했다.

머리를 소유하고 사용하기

어릴 때 우리는 '머리를 쓰라'는 말을 자주 듣는다. 이 흔한 가르침은 우리가 머리와 관계를 맺는 두 가지 방식을 의미한다. 즉, 우리는 머리를 도구로 사용하고 소유한다.

먼저 소유에 대해 얘기해보자. 나는 머리를 소유하고 있는 것처럼 보인다. 머리와 그 부속품들에 대한 소유권은 일반적으로 전제되는 것이지만 이 소유권이 분명하게 드러나는 상황이 있다. '머리 모양이 이상해,' '부딪치지 않으려고 머리를 숙여야 했어,' '방금 혀를 깨물었어,' '얼굴이 빨개 보여,' '눈이 날카로워,' '머리 만지지 마'라고 말하는 경우가 그 예다.

다음은 도구에 대해 얘기할 차례다. 여기서는 내가 머리의 요소를 사용하는 상황, 즉 머리의 물질적 특성을 이용하는 경우에 초점을 맞추고자 한다. 몇 가지 확실한 예를 들자면 공을 헤딩하는 축구선수, 상대에게 박치기를 하는 거리의 싸움꾼(머리 맞대기의 한 형태인 이것은 잠시 후에 다시 다루기로 한다), 누군가의 시야를 막기 위해 고의적으로 머리를 사용하는 행위 등이 있다. 한 가지 예만 구체적으로 살펴보도록 하자. 아마도 머리를 사용하도록 부추기는 초창기 사례에 해당할 이것은 우리 모두가 해본 적이 있는 놀이에서 나타난다. 그것은 바로 까꿍 놀이bo-peep이다.

그 속에 담긴 형이상학은 깊지만 놀이의 규칙은 단순하다. 까꿍 놀이에는 두 사람이 필요하다. 놀래주는 사람과 놀라는 상대, 즉 아기가 있어야 한다. 엄마는 예상 밖의 장소나 예상 밖의 시간, 혹은 둘 다에 해당하는 상황에서 자신의 머리를 감췄다가 갑자기 드러내 보인다(이것은 훔쳐보기peep에 해당하는 부분이다). 그리고 이와 동시에 크게 소리침으로써 머리로 대변되는 자신의 돌아온 존재를 부각시킨다(놀래주는 소리bo 부분). 놀이의 단순성에도 불구하고 아기의 즐거움은 여러 번 반복하는 동안에도 지속될 수 있다. 이 점은 지치고 (툭 터놓고 말해서) 지루한 부모들이 힘든 경험을 통해 익히 알고 있는 사실이다. 그러나 아기의 즐거움의 원천은 이해하기가 쉽다. 엄마와 아기는 중요한 타자significant others의 존재와 부재를 가지고 놀고 있다. 즐거움은 부재하던 사람이 돌아온 데 대한 안도감, 그 복귀가 언제 어디서 일어날 것인가에 관한 불확실성이 해결되면서 오는 안도감, 그리고 갑작스러운 외침 소리가 주는 작고 감당할만한 공포감에서 비롯된다. (후자의 투여량을 잘못 계산할 경우에는 문제가 생길 수 있다. 모든 놀이가 그렇듯이 이 놀이가 눈물바람으로 끝날 수도 있다.) 여기서 주목할 만한 것은 엄마가 자신의 머리의 가시성을 놀이를 위한 도구로 사용하고 있다는 점이다. 우리가 이 신체적 소유물을 의도적으로 이용할 수 있다는 사실은 머리와의 관계가 지닌 복잡 미묘한 속성에 대해 시사하는 바가 크다.[1] 내 몸에 대한 소유권과 몸의 부분들을 활용하는 행위는 밀접하게 연결되어 있다. 다층적 형태의 소유는 육체적 존재를 도구 상자로 인식하는 것을 포함한다. 이것의 궁극적인 기원은 아마도 도구로서의 손에 대한 인식일 것이다.[2] 손의 유용성은 도구로 사용되는 다른 신체 부위로 확산된다. 그러나 도구로서의 손은 (인공물을 통해 손의 도구성을 직간접적으로 강화하는) 나머지 신체

부위를 도구화할 뿐 아니라 의식적 소유권을 일깨우기도 한다. 거의 대부분의 경우 도구가 되는 것은 단지 몸의 한 부분이다. 그 도구는 몸의 나머지 부위에 의해 사용되거나 하나의 주체로서 몸에 의해 넓게 확산되어 경험된다. 요컨대 몸은 도구와 도구 사용자로 분화된다.

이러한 차이의 명시성을 과장하지 않는 것이 중요하다. 가령 우리가 다급하고도 효율적으로 신발끈을 묶을 때는 신발끈 묶는 것을 돕는 장치를 사용할 때와 같은 방식으로 몸을 사용하지 않는다. 몸에 대한 도구적 태도는 새롭거나, 이런저런 이유로 어려운 과제를 수행할 때 드러나게 될 가능성이 크다. 즉, 해당 과제가 정확성이나 힘의 측면에서 특별한 노력을 요하는 경우를 말하는데, 가령 공을 헤딩하는 기술을 배우는 경우가 여기에 해당한다. 이때 머리는 내가 그것을 특정 방식으로 작동시키기 위해 애를 쓰고, 머리가 활용에 저항하고, 머리의 수행 능력이 모자라는데 비례하여 하나의 도구가 된다. 머리의 도구적 성질toolness은 일반적으로 다른 부위에 할당되는 과제를 머리가 떠맡을 때도 분명히 드러날 수 있다. 예를 들어 내가 입을 먹는 데 쓰지 않고 실 가닥을 끊거나 병뚜껑을 따는 데 사용하는 경우가 그렇다. 이 점은 문을 때려 부수는데 어깨를 사용하거나 수선하려는 어망을 발가락으로 잡는 경우처럼 다른 신체 부위에도 똑같이 적용된다.

몸의 다른 부위를 이용하여 머리라는 도구를 조절할 수도 있다. 귀에 손을 갖다대서 소리가 잘 들리게 하거나 눈 위를 가려서 눈부심을 방지하거나 코를 움켜쥐어서 악취를 차단하는 행위가 이에 해당한다. 감각기관을 이렇듯 적극적으로 조종하는 행위는 몸의 도구화에 있어서 대단히 중요한 측면이다. 이것은 초점 없이 멍하니 응시하는 짐승에서 계획적이고 체계적인 탐구를 수행하는 인간의 길로 들어서는 결정적인 한 걸음이다.

몸을 조종함으로써 몸을 대상으로 보는 자각이 강화된다. 이는 노력을 요하는 활동을 할 경우처럼 우리가 몸의 한계에 맞서 싸울 때 특히 그렇지만, 이보다 더 사소한 경우에도 적용된다. 예컨대 '목'이라 불리는 것 속으로 머리를 집어넣으며 스웨터를 입을 때나, 의도적으로 자신을 내보이거나(외모 상태가 좋다고 생각할 때) 숨길 때(외모 상태가 엉망이라고 생각되거나 자신이 쓸모없다고 느껴질 때)가 여기에 해당된다. 이것은 몸을 소유하는 또 다른 방식, 즉 남들에게 비치는 자신의 외양에 대한 자각을 통해 소유하는 방식을 강조한다.

'나의 외양(이런 소유격의 단어라니)!' 폴 발레리Paul Valéry(1871~1945, 프랑스의 시인 겸 비평가, 사상가. 말라르메의 전통을 확립하고 재건하여 상징시의 정점을 이뤘으며 20세기 최대 산문가의 하나로 꼽힌다 : 옮긴이)라면 이렇게 말했을지도 모르겠다.[3] 내 외양은 과시하거나, 감추거나, 겸손한척 하고 싶어하는 어떤 것이다. 나는 외양을 온갖 방식으로 조작할 수 있다. 꾸민 표정이나 자세, 화장과 보석, 디자이너 상표가 달린 값비싼 옷 등은 모두 몸의 가시성이 강점이나 약점이 되는 개념을 반영한다. 몸, 그중에서도 특히 여성의 몸 중 일부 부위는 자산으로 여겨질 가능성이 크다. 극단적인 경우, 육체적 존재bodily presence는 순수한 자산 관리에 가까운 자기 제시self-presentation로 변화한다. 나의 외양에 대한 걱정은 외모에 국한되지 않는다. 우리는 몸에서 어떤 냄새가 날지, 말할 때 어떻게 들릴지, 심지어 악수할 때 어떤 느낌을 줄지도 똑같이 걱정한다.

멍청해 보인다거나 결함이 있다는 느낌이 들면, 우리는 얼굴을 붉히게 된다. 심오한 기원에 대해 이미 고찰한 바 있는 홍조는 부차적 자산이나 관리가 필요한 부채가 될 수 있다. 홍조가 여성적인 연약함의 개념과 얼마나 가까운지, 그리고 생리적 반응이나 발진처럼 보이는 것과 얼마나 거리가 먼 지에 따라 매력적으로 비칠 수도, 아닐 수도 있다. 홍조는 특정 문화권의 경우 볼연지blusher 파우더로 영구적인 홍조 상태를 꾸며내기도 할 정도로 복잡한 특성을 지니고 있다. 이러한 홍조의 복잡성은 우리가 머리와 맺고 있는 다층적인 소유의 관계를 극명하게 보여주는 지표이며, 그 관계는 머리의 외양에 대한 다층적인 이해에서 드러난다.

몸의 실제 모습이나 상상 속의 모습과 의식적으로 관계를 맺는 것은 고통을 겪는 경우와 마찬가지로 몸으로 존재하는 하나의 방식이다. 이 관계 속에서 소유와 소유되기는 끊임없이 서로 자리를 바꾼다. 드러나 보이는 것이 무엇이며 내가 어떻게 보이는지는 적어도 부분적으로는 특정한 타인들 또는 일반적 타자general other의 소관 하에 있다. 그렇기 때문에 얼굴에 온기를 내는 이 홍조마저도 타인에게 나를 노출시키고 내맡기는 것이다. 신체적인 고통과 관련된 어둡고, 보편적이고, 유기적인 몸의 내부가 나의 겉모습과 그로인해 야기되는 사회적 고통으로 인해 어둡고, 보편적이고, 사회적인 외부로 교체된다. 우리의 겉모습이 (통제 불가능한) 타인의 판단에 달려있다는 사실은 일종의 강박이다.

요컨대 외양은 표면과 분리할 수 없는 것으로(뺨에서 홍조를 떼어내려고 해보라) 나와 가장 가까운 동시에 통제권 밖에 있기도 하다. 다른 이들이 알아볼 수 있는 머리의 외양은 머리를 통해 생각과 감정을 표현하기 위해 반드시 필요하다. 하지만 그와 동시에 머리는 의도치 않은 신호를 내보내고 오해를 받을 수 있는 영구적인 위험에 노출시키기도 한다. 따라서 외양은 항상 사용하고 사용되는 것과 소유하고 소유되는 것 사이의 경계에 놓여있다. 결국 우리가 그것에 소유될지 모르는 위험이 있는 소유물이다.

이 밖에도 우리가 고찰해 본 측면들의 반대쪽 혹은 어두운 이면으로서 머리가 소유물로 간주되고 심지어 그렇게 경험되는 또 한 가지 측면이 있다. 내게는 (혹은 일부 문화권에서 생각하기에는) 내가 원하는 대로 몸을 처분할 권리가 있다는 것이다. 가령 나는 단독으로 (혹은 나의 대리인으로서의 역할을 맡은 사람이) 내가 지금 이 글을 보는데 사용하고 있는 각막을 사회에 기증할 수 있다. 일부 문화권에서는 불치의 중병에 따른 고통이 기꺼이 감당할 수 있는 수준을 넘어설 때 안락사를 요청함으로써 몸의 생명을 없앨 수 있다. 자살은 우리가 몸과 동일시되는 만큼 몸과 동일시되지 않기도 하다는 관념과 몸과 그 몸이 지속시키는 생명이 우리가 원하는 대로 할 수 있는 소유물이라는 관념의 표출이다.

이는 자신의 의지의 매개체인 몸을 소유한다는 역설의 표현이다. 몸은 결국 의지의 작용이나 심지어 의지의 의사와도 별개가 아니기 때문이다. 우리는 의지의 발휘를 끝내는데도 의지를 발휘할 수 있다. 20세기 가톨릭 실존주의 철학자 가브리엘 마르셀도 다음과 같이 말한 바 있다.

소유는 그것을 소유함으로써 시작되었지만 지금은 그것을 통
제할 수 있을 거라고 생각한 소유주를 흡수하는 바로 그 사물
속에서 자신을 파괴하고 잃어버리는 경향이 있는 것 같다.[4]

또한 마르셀은 이렇게 덧붙이고 있다. '엄밀히 말하자면, 나는 어
느 정도까지는 나로부터 독립적으로 존재하는 사물만을 소유할 수
있다.'[5]

우리가 몸을 전체로서 고려할 때(실제로 몸은 전체로서 탄생하고 죽는다)
그 소유적 관계는 소유주와 소유물이 합쳐짐에 따라 희미해진다.
내가 몸의 여러 부분과 속성을 소유할지는 몰라도 전체로서의 몸을
소유할 수는 없다. 이것이 바로 몸과 내가 수렴되고 나의 한계가 몸
의 경계와 점차 동일해지는 단계다. 이는 다음과 같이 사르트르의
주장에서도 나타난다. '몸은 다른 모든 도구를 조종하는 핵심 도구
다. 그러나 이것은 우리가 사용할 수 없는 도구인데, 그 이유는 우
리가 바로 그 몸이기 때문이다.'[6] 이 말은 정확하지 않다. 앞서 이미
논했듯이 몸에는 계급체계가 있어서 몸의 한 부분이 다른 부분에
의해 도구로 사용되거나 나머지 부분의 작용에 반하는 행위를 할
수 있기 때문이다.

매우 중한 질병에 걸린 경우에 몸이 나를 소유하게 될 수 있다.
여러 층과 가닥으로 이루어진 소유는 수많은 강줄기가 바다 속에
빠지듯이 육체적 존재에 재흡수되면서 끝이 난다. 소유와 사용은

무익한 시체로 재흡수된다. '우리의 소유물들이 우리를 소유한다'는 니체의 견해는 원시적인 몸의 소유에도 절대적으로 적용된다. 셰익스피어의 글을 조금 변경하자면, '안녕히, 당신은 내가 소유하기엔 너무 가까워요'(셰익스피어의 소네트 87번 중 첫 문장 '안녕히, 당신은 내가 소유하기엔 너무 귀해요'를 바꾼 것이다 : 옮긴이)인 셈이다.

10장

머리의 가장 큰 구멍 입,
세상을 들이마시고 내뿜다

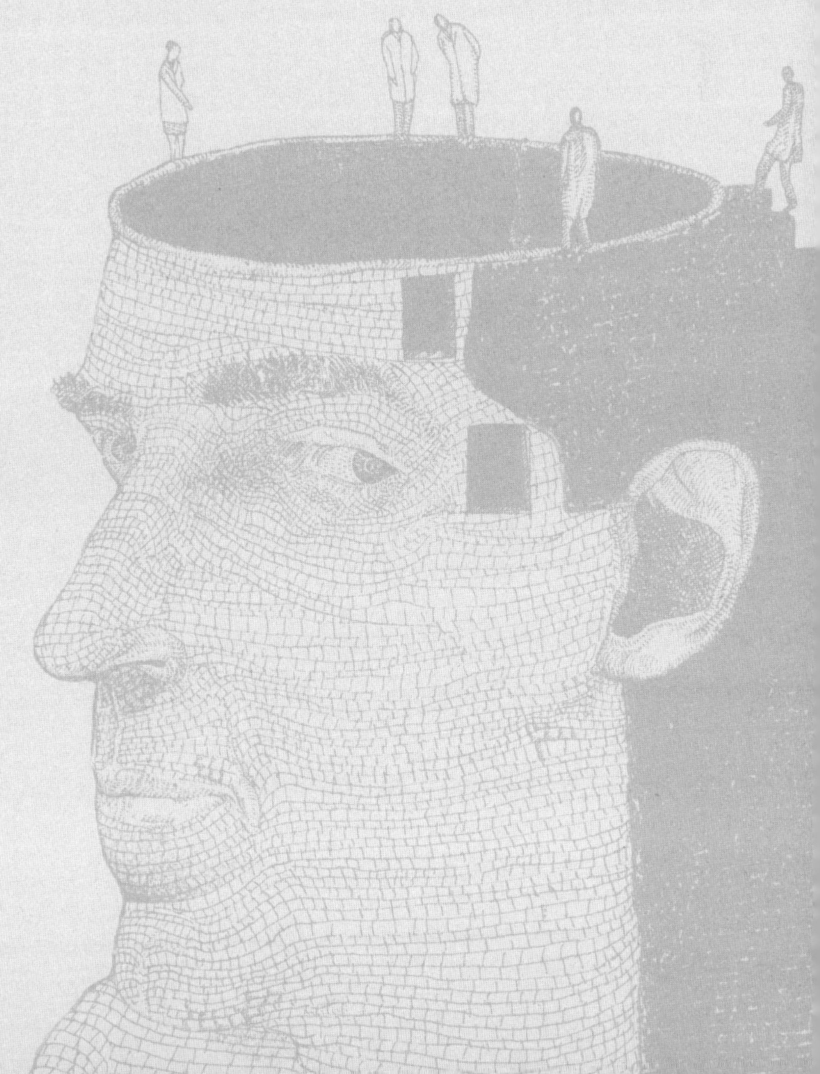

음식 채워 넣기, 그 이상의 의미

(열다섯 살 때 내가 그랬듯이) 인간은 그저 동물에 불과하다고 주장하는 사람들에게 먹기와 그에 대응되는 배변은 그 주장을 확증해주는 것처럼 보인다. 적어도 가볍게 살펴봤을 때는 그렇다. 편안히 카페에 앉아 수많은 타인이 먹을 것으로 얼굴을 잔뜩 채우는 모습을 관찰해보자. 머리에 난 구멍 속으로 생명을 유지하는 수단을 채워 넣는 이 광경은 우스꽝스러울 만큼 원시적이다. 때가 되면 채워진 물질은 반대쪽 구멍으로 배출되어 다음 물질이 들어올 자리를 만들어준다. 이 얼마나 벌레 같은 방식인가. 주변을 둘러볼 때 어린아이와 어른들, 즉 아직 배우지 못한 사람과 그들의 선생이 입을 조화롭게 회전시키고, 꼬마를 보고 기뻐하는 강아지처럼 입술을 핥고, 혀를 사용해서 구강 이곳저곳으로 음식을 이동시키고 박혀있는 음식을 제거하고, 이를 쑤시고, 손을 닦는 모습이 보인다는 사실은 이 행위의 기본적 특성을 강조해준다. 먹는 데는 그 어떤 훈련이나 지식, 기술도 필요하지 않다. 이것은 태어날 때부터 딸려 나오는 것이다.

문명은 먹기를 문명화하지 못한 듯하다. 적어도 먹기의 주된 본질을 바꾸지는 못한 것이 확실하다. 유전자적 관점의 진화 이론을 인간을 이해하는 열쇠로 삼으며 인간이 이기적인 유전자의 손아귀에 놓여 있다고 주장한 리처드 도킨스Richard Dawkins(1941~. 영국의 동물행동학자, 진화생물학자 및 대중과학 저술가. 저서로는 《이기전 유전자》 등이 있다.) 는 '우리가 일상적 삶에서 행하는 모든 일에 순진한 다원주의적 해석을 억지로 갖다 붙이는 것은 그릇된 방식이다'라고 인정한다. 우리는 '자체적 문명의 인위적 산물로 완전히 둘러싸여 있다. 특히 지금 우리가 살고 있는 환경은 우리가 자연선택 되었을 때의 환경과는 거의 무관하다.'[1] 그러나 도킨스는 이렇게 덧붙이고 있기도 하다. '배고픔과 성욕 같은 것들은 단순한 다원주의적 해석으로 이해할 수 있지만 우리가 가진 의문들 중 대부분은 다시 쓰여져야 한다.'

열역학적 평형이라는 완전한 무질서 상태로 향하는 우주에 대항하여, 유기체가 스스로의 존재와 질서를 유지하는데 필요한 영양을 얻는데 사용하는 수단의 놀라운 변형 과정을 숙고해볼 때 이 점은 사실인 듯 하다. 위스턴 오든Wystan Hugh Auden(1907~1973, 영국 출생의 미국 시인으로 주요 저서에는 《시집》, 《연설자들》 등이 있다 : 옮긴이)이 말했듯이 식물의 생애는 '하나의 연속적이고 고독한 식사'다.[2] 식물보다 조금 더 복잡한 것은 물이나 공기를 여과시켜 영양분 부스러기를 얻는 미생물이다. 이보다 더 복잡한 단계인 지렁이는 식물 조각을 땅굴 속으로 끌어넣고 인두(식도와 후두에 붙어 있는 깔때기 모양의 부분)를 이용해 입안으로 음식을 빨아들인다. 다음 단계는 초식 동물로서, 이들은 우연히 발견하거나 애써 먹이를 찾아 떠돌아다니는 채집가들이다. 초식 동물의 먹기를 이끄는 것은 지각 작용이다. 그 다음 단계에 있는 육식 동물의 먹이는 생각을 가지고 있으며 그 중 가장 중심을 차지하는 것이 먹잇감이 되지 않겠다는 생각이다. 따라서 육식 동물이 그들의 위장을 채우기 위해서는 힘과 속도, 그리고 협동하는 방법을 비롯한 몇 가지 요령을 전략적으로 이용해야 한다.

흡수하고, 빨아들이고, 거르고, 애써서 찾고, 물어뜯고 씹는 것부터 사냥하고 채집하는 데까지 이르는 변형 과정 이후에 인간에 의해 이루어진 추가 변형은 사소해 보인다. 그러나 사실은 그렇지 않다. 더 자세히 들여다볼수록 인간과 그 외의 다른 모든 동물이 먹을 것과 상호작용하는 방식의 격차는 더 크게 벌어진다. 카페에서 일어나는 일들을 관찰하다보면 이 점을 이해할 수 있다.

우선 첫째로 인간의 음식은 조리되고(얼마나 잘 조리되거나 못 되는지는 무관하다) 더 광범위하게는 가공된다. 조리 혁명은 농업 혁명보다 먼저 일어났다. 인간은 먹을거리를 재배 또는 사육하기에 앞서 조리를 시작했다. 구조주의 인류학자 클로드 레비스트로스Claude Lévi-Strauss(1908~2009)는 날 음식과 익힌 음식 간의 차이를 인간성의 기본적 지표이자 인간이 느끼고, 주장하고, 상술한 문화와 자연 간의 차이를 가리키는 상징으로 설명했다. 이러한 상징화는 어떤 요리가 어떤 요리와 어울리는지, 요리를 먹는 순서를 결정하는 복잡하고 문법적인 구조의 식사 내에서 한층 정교화되었다. 수프, 고기와 두 가지 채소 요리, 잼 롤 케이크와 커스터드 소스로 이어지는 순서는 완벽하게 구성된 영국식 요리다. 그에 반해 카페 밖에 묶여있는 애완견은 아무 음식이나 순서에 상관없이 먹을 것이다. 즉, 개의 식사는 확률적으로 이어진 한입 분량의 연속이다. 그 외에 가장 단순한 형태의 식사 뒤에도 존재하는 조리법, 도구, 포장 등의 기술이 있다.

둘째, 식사는 하루 중 여러 시간에 부속되어 있다. 지금 이 카페가 분주한 이유는 점심시간이기 때문이다. 동물의 경우 먹기 행동은 설령 그것이 시간별로 나눠져 있다 하더라도 (그리고 연속적인 능동적 혹은 수동적 행위가 아니라 하더라도) 식욕과 먹이를 만났을 때 일어나게 된다. 인간의 먹기 행동은 단지 개인적 배고픔만이 아니라 공유된

시간의 통제를 받는다. 따라서 먹기는 하루의 구성에 핵심적으로
기여한다. 체계가 거의 없는 유아기의 시간은 연속적으로 오는 밤
과 낮만큼이나 아침밥, 점심밥, 간식으로 구성된다. 많은 문화권에
서 명절을 기준으로 한 해가 계획된다는 점은 중요하다. 더욱이 식
사 시간대는 계층 차이를 나타내는 지표가 되어왔다. 과거 상류층
사람들은 주로 늦은 시각(오전 10시경)에 아침을 먹었다. 이는 그들의
여유로운 상황에 적합했고, 결과적으로 일터로 가기 전 매우 이른
시간에 아침을 먹던 하층민들과의 차이를 나타내주었다.[3] 프랑스에
서는 예로부터 푸짐한 점심식사와 식후의 낮잠을 기준으로 하루가
돌아간다. 심지어 먹는 속도까지도 문화적 문제에 해당한다. 갈수
록 빨라진 패스트푸드 경향은 슬로푸드slow food 운동을 낳았다. 이
운동은 먹기, 다른 사람들과 함께 먹기, 맛있는 경험 공유하기에 내
재된 사회적이고 정신적인 가치를 재확인한다. 즐거움 없는 소비의
광란에 사로잡힌 세상에 상징적으로 제동을 거는데 기여했다.

  너무나 당연한 세 번째 특징은 식사가 사회적 행사라는 점이다.
이 경우 음식보다는 사교활동이 더 중요할 수 있다. 카페에는 함께
먹기 위해 만난 사람들, 아니 그보다 만남을 위한 기회로 식사를 이
용하는, 즉 잡담을 하고, 책략을 도모하고, 구애하고, 우정을 키우
고, 시간을 때우는 등 다른 목적을 위한 구실로 삼는 사람들로 가득
하다. 다원주의자들은 이처럼 놀랍도록 정교화된 먹기의 사회적 차
원을 과소평가한다. 침팬지는 바나나를 구해서 다른 침팬지에게 건
넨다. 이것은 섭식 행동이다. 나는 당신을 좋아하기 때문에 식사를
사겠다고 당신을 초대한다. 내가 얼마 전부터 비싼 융자금을 내기

시작했다는 사실을 알고 있고 내가 자신을 좋아해주기를 바라는 당신은 주요리를 먹고 나서 배가 부르다고 거짓말을 하며 푸딩을 먹자는 제안을 거절한다. 이것 또한 섭식 행동이다. 그러나 이 두 가지 섭식 행동에 존재하는 차이점은 똑같은 방식으로 감추려는 둘 사이의 유사점보다 중요하다.

공유된 식사는 거의 무한한 연쇄 집합 속의 매듭이다. 이 점은 네 번째 특징, 즉 음식이 식탁에 오기까지 축적된 긴 이동 거리를 상기시킨다. 동물에게 있어 음식의 이동거리food miles는 음식과 마주하는 순간 끝이 난다. 그러나 인간의 경우 그 순간은 시작에 불과하다. 음식과 접촉하는 첫 손길과 그것을 섭취하는 머리 사이의 거리는 수천 킬로미터에 이를 수 있다. 카페에서 채워지는 위장 속으로 들어갈 각종 음식은 중국, 브라질, 스토크온트렌트, 남아프리카에서 왔을 것이다. 이 거리는 손과 입 사이의 거리의 여러 곱절이다. 음식을 먹는데 사용하는 도구 역시 낮은 임금 덕에 싼 값에 상품이 제조되는 국가에서 먼 거리를 이동한 끝에 식탁에 도달했을 것이다. 게다가 식탁 주위에 모인 사람들은 이동이라고 불리는 일관된 목적의 표현을 수행하는데 필요한 수천 가지의 작은 행위를 통해 걷거나 차나 비행기를 타고 이 자리까지 왔을 것이다. 식사가 끝나고 계산서가 청구되는 순간 우리는 더욱 긴 식품의 이동 거리, 즉 이 음식 값으로 지불할 돈을 벌기 위해 이동했던 거리를 떠올리게 된다. 마르크스Karl Marx(1818~1883)가 지적했듯이 우리는 스스로의 생존 수단을 생산하고, 욕구를 만족시키는 대상이 상품으로 전환된다는 점에서 다른 동물과 차별화된다.[4] 일터를 오가고, 일터 안에서 움직이는 모든 여정, 일을 얻기 위한 교육과정에서 이루어지는 모든 여정이 계산서 값을 치를 때 손에서 나가는 돈에 응축되어있다.

이 시점에 이르면 동물과 인간의 섭식행동의 차이는 자연과 문화의 차이와 거의 동일해 보인다. 식사라는 사회적 행사는 여러 측면에서 고도로 의례화되어 있다. 인간 의식ritual이 서로를 먹거나 자신의 창조주를 먹는 것으로 이루어져 있다는 것은 전혀 놀랍지 않다. 인간은 삶을 지배한다고 믿는 숨겨진 세계나 사물과 교류하는데 배고픔을 이용하기 때문이다. 성찬식(예수가 제자들과 마지막 만찬을 들 때 빵과 포도주를 주면서 "이것은 내 몸이다. 이것은 내 피다"라고 말하면서 보인 행동을 기념하여 교회에서 행해지는 의식 : 옮긴이)은 흥미로운 원시적 상태로의 회귀로서 웃음을 유발한다. '성 슈테판 교회에서는 정말 끝내주는 그리스도의 몸과 피 먹기 의식을 한다.'고 말하는 경우가 그렇다. 이러한 의식은 연이어 나오는 요리뿐만 아니라 상당히 임의적인 동시에 타협 불가능하기도 한 식탁 예절의 제약을 받는다.

식탁 예절은 먼저 식탁에서 시작되며, 식탁은 제대로 정돈되고 식탁보를 씌워야 한다. 그 다음으로 손과 입 사이를 중재하는 식사도구를 제자리에 놓으면 입속에 음식을 채워넣는 행위가 덜 원시적으로 보인다. 테이블 세팅법에 대처하고 언제 어떤 포크를 써야 하는지 아는 능력이 일부 사회에서는 여전히 사회적 계층 차이를 나타내는 강력한 지표로 여겨진다. 식탁에 팔꿈치를 올려놓거나, 고형 음식과 그것을 적셔 먹을 액상 음식의 짝을 잘못 짓거나, 입안에 음식이 가득 든 상태로 말하는 행위 역시 부적절한 가정교육 또는 더 심할 경우 천한 혈통, 즉 유전적 실패와 교육의 실패가 합쳐진 결함을 드러내는 것이다. 예절에서 벗어난 행위 중 일부는 좀 더 복잡한 양상을 띤다. 그 예로 프랑스 개인 가정에서 식사 전에 'Bon appetit(많이 드세요)'라고 말하는 경우[5]나 철학적 주장을 강조하려할 때 더욱 설득력이 실릴 거라는 기대 속에 고기 조각이 꿰어 있는 포크로 허공을 쑤셔대는 경우를 들 수 있다.

식탁, (아마도 결혼 선물이나 휴가 기념품으로 생긴 최고급 리넨 제품인) 식탁보, (상류 계층에 끼고 싶어하는 사람을 시험하는) 테이블 세팅, (시골 가정에서 볼 수 있는) 식탁용 매트, (규정된 방식으로 접은) 냅킨은 가장 평범한 식사 공간의 중앙부가 생물학적, 사회적, 지리적, 역사적 신호로 빽빽하게 채워진 망이며 각각의 신호는 또 다른 신호망의 시작임을 분명히 보여준다. 먼저, '서비에트serviette'보다 '냅킨napkin'이라는 용어를 선호하는 방식이나 찻잔을 쥐는 방식(새끼손가락이 도자기와 떨어짐)이 특정 사회 계층을 나타내는 지표가 된다. 둘째로, 그 사회 계층을 이해하고 풍자하는 수단이 된다. 셋째로, 사회 계층을 나타내는 특정 종류의 지표가 중요하게 여겨지고 풍부하게 거론되었던 시대를 상기시키는 독특한 단서가 된다. 인간이 손과 입 사이에 얼마나 커다란 간격을 끼워 넣었으며, 인간을 생물학적 존재로 설명하고 싶어하는 진화 심리학자들을 비롯한 여러 전문가들은 얼마나 그 간격을 감추기 위해 애쓰는지를 생각해보면 참으로 놀라울 따름이다.

그럼에도 불구하고 섭식 행위는 원시적인 기원을 완전히 떨쳐낼 수가 없다. 어려운 소네트를 이해하기 위해 고심하며, 기존의 관습에 반하는 파격적인 최신 유행에 맞춰 염색을 한 여성의 (명품 테가 달린) 독서용 안경 바로 밑에 위치한 (신중하게 선택한, 동물 실험을 하지 않은

브랜드의) 립스틱이 발린 괄약근 속으로 음식을 집어넣는다 하더라도
이 점은 마찬가지다. 아이가 입안으로 소시지를 집어넣는 역 배변
행동은 입이 얼굴의 항문이라고 말한 새뮤얼 베케트Samuel Beckett
(1906~1989, 아일랜드 출생의 프랑스 소설가 겸 극작가. 대표작으로 《고도를 기다리
며》, 《몰로이》 등이 있다 : 옮긴이)의 주장을 입증해준다. 루이스 부뉴엘Luis
Bunuel(1900~1983, 스페인의 영화감독 겸 제작자 : 옮긴이)이 영화 《자유의 환
영Le Fantome de la liberte》에서 섭식과 배변에 대한 태도를 뒤집어서
보여주던 장면이 문득 떠오른다. 영화 속에서 사람들은 탁자를 사
이에 두고 침실용 변기에 둘러앉아 만족스러운 표정으로 잡담을 나
누었고, 이따금씩 양해를 구하고 식사를 하기 위해 화장실로 갔다.
누군가가 빵부스러기에 목구멍이 막혔다가 씹던 음식 덩어리를 토
하는 순간 우리는 메스꺼움을 느낄 수 밖에 없다. 또한 입을 벌린
채 먹으면서 말해 음식으로 가득 찬 입안이 슬쩍 보이는 광경이 불
쾌하게 느껴지는 이유는 감자와 장황한 이야기가 입안에서 어울리
지 않는 조합이기 때문만은 아니다. 이야기하기가 씹기에 비해 부
차적인 기능에 불과하기 때문도 아니다. 바로 그 광경이 우리에게
먹기의 본질을 상기시키기 때문이다.

입에 음식을 가득 넣은 상태로 말을 하는 반사회적 행동은 어느
정도는 찬사를 받을 만하다. 음식은 구강의 음향 상태를 극적으로
바꿔 놓는다. 이에 따라 숨이 또렷한 발음으로 나올 수 있게 하는
동시에 음식이 절대 폐로 들어가지 않게 하기 위해 호흡을 조절해
야 할 필요가 생긴다. 또한 구강 및 안면 근육이 말하기와 씹기에
동시에 관여해야 한다. 이렇게 되면 결과적으로 이해 불가능한 말

이 나와야 할 것 같지만, 실제로 대부분의 경우 그렇지 않다. 자신의 생각뿐 아니라 바쁘게 돌아가는 입안 광경까지도 전달하는 사람과의 대화를 즐길 수는 없더라도 그들이 하는 말을 이해할 수 있다.

그러나 입을 벌려서 먹을 것과 마실 것을 넣는 행위는 다른 수많은 측면에서 발전해온 머리의 용도 치고는 우스꽝스러울 만큼 하찮은 용도로 보인다. 이렇듯 훌륭한 구조물을 침팬지나 참새나 지렁이의 입과 같은 용도로 사용한다는 것은 어딘가 퇴행적인 면이 있다. 그러나 이것은 미묘한 영역이다. 저명한 철학자 로버트 노직Robert Nozick(1938~2002, 미국의 대표적인 자유주의 철학자. 주요 저서로 《아나키에서 유토피아로》 등이 있다 : 옮긴이)은 삶의 평범한 것들을 찬양하는 책을 발표했다. 그는 일상적인 신체 기능의 신비를 상세히 다루었는데, 그 중에 먹기가 포함되어 있었다. 노직은 우리가 머리에 뚫린 구멍을 열어 그 속에 물질을 채워 넣는다는 사실에 놀라움을 표했다. 그러나 그의 의견에 동조하지 않은 한 비평가는 시큰둥한 반응을 보이며 다음과 같이 빈정대듯 반문했다. '그가 이 점에 대해 왕립학회에 얘기한 적이 있던가? 하지 않았다면 왜 그랬을까?' 이 사람의 말에는 일리가 있다. 전문적 방법론의 보호막이 없는 비과학적인 철학적 사색은 때로 'Whizdom(엉뚱한 지혜)'처럼 보일 수 있기 때문이다.[6]

구토: 이론과 실제[7]

'whizdom(엉뚱한 지혜)'(또는 몸에 대한 엉뚱하거나 철학적인 모든 입장)에 대한 한 가지 확실한 해결책은 구토다. 이것만큼 소모적인 경험은 드물다. 그 어떤 오르가즘이나 교향곡, 전시 상황 브리핑도 이처럼 주의를 끌지는 못한다. 몸은 우리를 완전히 장악한다. 사지를 묶인 사람처럼 꼼짝 없이 일련의 단계를 거치는 동안 우리는 무력감을 느낀다. 우선 첫 단계는 불쾌한 느낌이 확산되면서 시작된다. 뒤이어 몰려오는 폭풍의 전조처럼 진땀이 나고, 창백해지고, 침이 다량 분비되면서 메스꺼움의 강도가 커진다. 예비단계인 헛구역질이 지나고 나면 드디어 지독하고 모든 이의 주의를 집중시키는 절정에 이른다. 일단 이 시련이 불가피하다고 판단되면 1~2분 정도 준비할 시간이 있을 수도 있다. 겉옷을 벗고, 변기 옆에 무릎을 꿇고 앉고, 심호흡을 몇 번 할 시간을 갖는 것이다. 심호흡은 곧 닥칠 물품 부족 사태에 대비해 사재기를 하는 사람처럼 산소를 비축해두기 위한 것이다. 토사물을 들이킬 위험 없이 자유롭게 숨 쉴 수 있을 때가 언제가 될지 모르니 말이다. 구토에는 일종의 공포가 내재한다. 이 공포는 우리가 안건을 가지고 있는 유기체의 형태를 부여받았으며 그 안건에는 지금 당장 호흡하는 것이 포함되지 않을 수도 있다는 사실을 상기시킨다. 토사물이 비인두를 따라 내려가면서 염산과 섞여 반쯤 소화된 음식물에 점막이 타들어갈 때 구토의 불쾌감은 한층 더 심해진다. 구토가 지나가기를 기다리는 것은 모든 질병에 내재된 기다림의 원형적 표현이다.[8]

구토 행위는 거의 우스꽝스러울 만큼 조잡하지만 그 메커니즘은 전혀 단순하지 않다. 메스꺼운 증상은 위 운동 감소, 소장 내 긴장도 증가, 소장 상부에서의 몇 차례 역연동 운동과 결부되어 있다.

이들은 폭풍우가 치기 전에 떨어지는 몇 개의 빗방울과 같다. 곧이어 닫힌 기도에 대고 발작적으로 흡식 운동이 일어나는 헛구역질이 뒤따른다. 이 과정 동안 위장의 가장 먼 부분은 약간 수축하고 가까운 부분은 이완된다. 넌더리나고, 놀랍고, 걱정스러운 바깥세상으로 위 속 내용물을 안내하려는 듯이 말이다. 그런 후 가짜 전쟁은 끝이 나고 진짜 토하기 작업이 시작된다.

구토가 저절로 일어나지 않을 경우에 취해야 할 조치는 이렇다. 심호흡을 하고, 성문(기도 입구)을 닫고, 상부 식도 괄약근(식도 입구)을 연다. 구토물이 코 뒤쪽으로 들어가지 않도록 연구개를 들어올린다. 호흡기 횡경막을 강하게 떨어뜨려 흉강 내 음압을 만든다. 그러면 식도, 식도와 위 사이에 있는 괄약근이 활짝 열리게 된다. 이와 동시에 복벽 근육을 수축시켜 위 속 내용물을 짜내면 그것이 식도를 따라 솟구쳐 올라서 입을 통해 놀랍고, 구역질나는 바깥세상으로 나갈 것이다.

구토는 뇌에서 조율된다. 대뇌반구와 척수를 연결하는 줄기인 뇌간에는 두 개의 구토 중추가 있으며 각각 신경계와 호르몬과 연관이 있다. 구토 중추는 잘못된 점을 보고하는 자율 신경을 통해 위장 및 기타 장기에서 보내는 불만을 접수한다. 예를 들어, 위 과다 팽창은 우리가 평소 경험으로 알고 있듯이 구토를 일으키는 유력한 자극이다. 또한 구토 중추는 공포감, 불쾌한 냄새, 역겨운 광경과 같은 특정한 심리적 자극, (뱃멀미의 경우처럼) 평형 경로에 생긴 이상, 뇌 손상에도 반응한다. 그에 반해 화학 수용기 촉진 구역은 구토제와 다양한 대사 장애에 반응한다.

구토의 원인은 무수히 많다. 그중에서도 상한 음식이나 지나치게 많은 양의 음식, 몸에 맞지 않는 약, 소화관 질환은 명백한 원인들이다. 그러나 심장 마비, 신부전, 간질환, 각종 내분비계 및 대사 관련 문제도 구토를 일으킬 수 있다. 거식증과 대식증에 따른 의도적 구토는 의학, 사회학, 심리학, 대중 사회학, 대중 심리학, 생활 잡지의 수많은 지면을 차지해왔다.

심인성 구토는 의사들을 당혹스럽게 하고, 아무런 결론도 얻지 못하는 온갖 장기에 대한 검사로 이어질 수 있다. 사람들은 때로 타인을 욕지기나게 만들 수 있다. 부모나 배우자와의 해결되지 않은 갈등은 만성적인 구토를 낳을 수 있으며, 이러한 증상은 남성보다 여성에게서 더 흔히 나타난다.[9] 물론 구토는 가지각색의 혐오감을 상징하는 풍부한 은유의 원천이지만 '너 때문에 토할 것 같아!'라는 말은 단순한 은유 이상일지도 모른다. 감상적이거나 진심이 없는 장황한 허튼소리를 억지로 들어야할 때 큰 소리로 구토용 봉투를 청하는 행위는 뇌간의 구토 중추와 제4뇌실 바닥에 있는 화학 수용기 촉진 구역으로부터 우리를 멀리 떨어뜨려놓는 행동 양식이다. 심지어 인간은 구토에서도 생각할 거리를 만들어낼 수 있다.

구토 행위는 이상적인 웃음의 소재이기도 하다. 우선 구토는 우리 모두가 두려워하는 것이다. (어릴 적 나는 거의 매일 밤마다 잠자는 도중에 토하다가 숨이 막혀 죽지 않을까 걱정하곤 했다.) 더욱이 누군가가 구토에 장악된 몸으로 전락한 모습이나 머리가 지독한 악취를 풍기는 반쯤 소화된 음식을 방출하는 가고일(gargoyle, 괴물의 모습을 한 빗물 배수구를 가리키는 건축 용어 : 옮긴이)로 바뀐 모습을 보는 것만큼 실제 상태와 이상적인 상태의 완전한 분리를 보여주는 예도 없다. 구토의 해학은 'chunder,' 'barf'(둘 다 구토vomit와 같은 뜻을 가진 속어 : 옮긴이) 등 이 행위가 끌어모은 수많은 용어 속에도 어느 정도 담겨 있다. www.vomit.com에 의하면 이 현상을 가리키는 동의어만 400개에 육박한다. 세계적으로 사랑받는 구토 관련 유머 중 하나는 영국 주재 호주 문화관인 레스 패터슨 경(호주 코미디언 배리 험프리스Barry Humphries가 연기한 가상의 캐릭터 : 옮긴이)에 관한 것이다. 폭풍우 속에 영국 해협을 횡단하는 항해 도중 술을 과음한 레스 경은 무릎에 작은 개를 안고 있던 한 여성에게 엄청난 양을 게워낸다. 미안해하면서 여자의 옷을 닦아주던 그는 토사물을 뒤집어쓴 작은 개를 발견하고는 그것을 높이 들어 올리고서 이렇게 말한다. '이럴 수가, 이건 먹은 기억이 없는데.'

흡연

우리는 머리로 수많은 기이한 행동을 하지만 그 중에서도 가장 기이한 것은 흡연이다. 적어도 영국의 경우에는 공공장소에서 흡연하는 풍경이 점차 사라짐에 따라 흡연의 기이한 속성이 더욱 뚜렷이 부각되고 있다. 미국 코미디언 밥 뉴하트Bob Newhart(1929~)는 월터 레일리Walter Raleigh(1552?~1618, 영국의 군인, 탐험가, 작가이며 담배를 영국에 도입한 인물이다 : 옮긴이) 경이 어느 상인에게 담배의 개념을 설명하는 토막극에서 그 기묘함을 절묘하게 포착한 바 있다. 흡연자들이 담배를 어떻게 다루는지 레일리가 설명하자 그 상인은 자신의 귀를 의심했다. 그는 레일리가 제정신이 아니지 않을까 생각했다. 어쨌든 상인은 '사람들에게 불타는 나뭇잎을 입에 쑤셔 넣으라고 설득하려면 꽤나 힘들 것'이라고 레일리에게 경고했다.[10]

이 얼마나 틀린 예측인가. 현재 전 세계적으로 흡연자의 수는 11억 명이고, 신규 흡연자만 하루에 8~10만 명씩 생겨나며, 연간 흡연 관련 사망자 수는 4백만 명에 달한다. 2025년이 되면 중국에서만 담배로 인한 사망자가 연간 2백만 명 가량 발생할 것으로 추정된다.[11] 그렇다면 치명적 질병에 걸릴 확률이 삼분의 일에 달하는 이 기이한 습관에 끌리는 이유는 무엇일까?

흡연은 성인 세계에 들어섰음을 알리는 일종의 신호다. 담배를 주고받는 것은 사회학자들이 인간의 공현존co-presence의 '사소한 조정자trivial coordinator'라고 칭할 만한 행위다. 일터에서, 도보 중에, 성관계 사이 잠깐 멈춰서 담배를 피우는 것은 일시적 중단을 단순한 중단 이상으로 만드는 한 가지 방법이다. 흡연은 스트레스를 완화하고 그 순간으로의 짧은 여행을 허락한다. 스코틀랜드의 칼뱅주의적 전염병학자 토머스 맥키온Thomas McKeown이 말했듯이, 우리가 가진 여러 나쁜 습관과 마찬가지로 흡연은 처음에는 우리에게 불필요한 쾌락으로 시작해서 종국에는 아무런 쾌락도 주지 않는 필수품이 된다. 니코틴은 중독성 물질이다. 이는 바로 얼마 전까지도 거대 담배 기업의 간부들이 강력히 부인한 사실이다.

흡연은 처음에는 쾌락조차도 아니다. 성인이 되었다는 증거로 담배꽁초를 입에 물기까지 여러 불쾌한 감각을 극복해야 하는, 의지가 수반된 행위다. 그러나 오래지 않아 흡연을 자제하는 것이 의지의 작용이 되고, 담배 없이 보내는 시간은 초조함 속의 힘겨운 시련이 된다. 또한 머지않아 흡연자의 몸을 구성하고 있는 조직의 일부, 즉 폐와 심장과 입은 흡연의 영향으로 흡연자가 희망하는 삶과는 대치되는 삶의 형태로 조정된다. 요컨대 담배 한 모금을 위해 서둘러 밖에 나가고, 담뱃갑에 부착되어 있는 분리선을 따라 셀로판 포장을 뜯어내고, 감사한 마음으로 담배를 받아들고, 불을 붙이고, 꽁초를 던져버리기 전 마지막으로 재빨리 깊게 한 모금 빨아들이는 그 모든 선택 행위로 인해 우리가 선택하지 않은 종말이 다가온다.

《담배는 숭고하다Cigarettes are Sublime》의 저자 리처드 클라인Richard Klein에게는 실례되는 말이지만 공공장소에서 나는 머리 아픈 지독한 냄새는 담배가 숭고하지 않음을 보여준다. 흡연자가 키스할 때 상대방의 사적인 입속 공간으로 전달하는 금속성 맛은 이 점을 더욱 강화해준다. 담배꽁초와 재, 사용한 성냥개비로 가득 찬 재떨이가 보내는 메시지는, 소변기 속에서 분해되어 담배가루가 새나온 꽁초와 시각적으로 동일한 메시지를 전달한다. 재떨이와 가래통은 명백한 사촌지간이다.

이 주장을 좀 더 밀고 나가보자. 흡연이 건강에 미치는 영향과 사회 계층의 상관관계를 나타낸 곡선의 가파른 경사[12]는 담배의 담배다운 속성fagness을 강조한다. 즉, 담배는 작고, 세련되고, 지극히 품위 있는 시가cigars가 아니라 그 파괴적 진실을 미화한 담배(ciggies, 담배를 가리키는 속어 : 옮긴이)라는 사실이다. 흡연에 관한 인구 통계학적 사실을 정확하게 상징하는 것은 목욕 가운을 입은 귀족이 높이 들고 있는 이니셜 박힌 담배 파이프의 끝에 꽂힌 소브라니(Sobranie, 세계에서 가장 오래된 담배 브랜드 중 하나로 유럽 각국의 왕실에 납품되었던 고급 담배 : 옮긴이)가 아니라, 수상쩍은 하급 군인의 누렇게 니코틴이 밴 움츠린 손 안에 감춰진 우드바인(Woodbine, 20세기 초에 인기를 끈 담배 브랜드로 특히 1, 2차 세계대전 동안 군인들이 즐겨 피웠다 : 옮긴이)이다.

흡연이 주는 즐거움의 기저에는 연기의 신비가 자리 잡고 있다. 연기에 관해 사고하는 것은 연기만큼이나 형체 없는 무언가로 그 개념을 붙잡으려는 시도이자 안개로 만들어진 손으로 안개를 만지고 잡아당기려는 시도다. 인간의 생각하는 행위는 인간 육체의 가장 미묘한 연기 또는 호흡으로 간주할 수 있다. 이는 추운 겨울 날, 우연히 입 밖으로 내던진 말이 뿌연 입김으로 변할 때 적절해 보인다. 생각의 형용사는 냄새가 없다. 생각의 동사는 아침의 푸름이 회색빛으로 바뀌는 연기의 모습이나, 연기가 위쪽으로 흩어질 때 시간의 흐름을 향해 어깨를 으쓱하는 듯한 멋진 모습을 반영하지 못한다. 그렇다 해도 여전히 정신적 흡연은 실제 흡연보다 선호될 만하다. 그 흡연은 꽁초도 없고, 면세이며, 공공장소의 악취에 한 몫 더하거나, 입맞춤할 입에 사적인 악취를 만들어내지 않기 때문이다. 또한 생각할 수 있는 사람의 한계선이 되는 죽음을 끌어들이지도 않기 때문이다.

정신적 흡연보다 더한 만족감을 주는 것은 영화 장면 속 연기를 관찰하는 것이다. 그것도 흑백 영화라면 더욱 좋다. 촬영소를 투과하는 아크등 불빛은 넓은 세상에 있을 때보다 연기에 더 날카로운 모서리와 더 견고한 면의 이미지를 부여한다. 그렇게 변형된 연기는 또렷하게 밝혀진 은빛의 이미지를 필름 속에 심는다. 분해되지 않는 이러한 이미지는 분해되는 연기보다 오래 지속된다. 생각해보면 흡연을 한 인물도 오랫동안 남기는 마찬가지다. 오래전에 작고 한 마를레네 디트리히Marlene Dietrich(1901~1992, 독일 출생의 영화배우로 유성영화 초기의 독일영화에 출연하다가 미국으로 건너가 여러 영화의 주역을 맡으며 그레타 가르보와 함께 할리우드의 여왕으로 인기를 누렸다 : 옮긴이)의 손가락 사이에 꽂힌 담배는 그녀의 삶의 호흡이 담배의 죽음의 호흡을 육신으로 끌어들임에 따라 거듭 연기로 분해되어 나온다. 서로 얽히는 청회색빛 연기의 회오리 기둥은, 역시나 서로 얽혀있는 두 연인이 담배를 내려놓은 재떨이에서 함께 공중으로 솟아오른다. 상승하는 연기의 침묵은 육체적 대화의 에로틱한 침묵을 말하고, 이것은 변기 속의 젖은 꽁초와는 어마어마한 거리를 지닌다.

흡연자의 우아함에는 몇 가지 뚜렷한 구성요소가 있다. 예를 들어 '담뱃불을 붙이는 사람'이라는 멋진 카메오 역할을 연기하는 방식만 해도 무수히 많다. 우아한 이들은 성냥을 긋기에 유용한 여러 표면, 즉 선술집 난로에 놓인 벽돌, 굳은 진흙이 붙어있는 장화 뒤축, 수염 그루터기(심지어 여기에도 일종의 우아함이 있을 수는 있지만)를 사용하는 것을 피한다. 거장의 흡연 연기에는 잠시 멈추는 동작이 들어간다. 이렇게 멈춘 동안 부드러운 꼭짓점을 이룬 삼각형 모양의 불꽃은 담배를 쥔 손가락을 향해 타들어간다. 이 행동은 우아함을 드러내는데 필수적인 위험을 더해준다. 어떤 방식으로 불을 붙이든, 어떤 위험을 감수하든 간에 불꽃이 허락되어야만 그 대상과 입맞출 수 있으며, 이상적인 경우라면 흡연자의 섬세한 향이 뿌려진 저녁

시간의 육체에서 나오는 가장 가볍게 들이쉰 숨으로 허락된 것이라야 한다. 불을 붙이는 방법 중 가장 우아한 형태는 다른 사람에게 도움을 청하여 불꽃을 품위 있게 받는 것이다. 언젠가 디트리히는 담배에 불을 붙여주기 위해 라이터를 내미는 13명의 남자에게 둘러싸인 적이 있다. 디트리히가 13은 불길한 수라고 말하자 14번째 남자가 앞으로 나섰다. 그 사람은 어니스트 헤밍웨이였고, 그의 라이터가 행운을 거머쥐었다.

물론 이외에도 우아함을 나타낼 기회는 많다. 흡연자가 갈망을 충족시키기 위해 들이쉬는 최초의 깊은 흡입. 연기 속에 상징이 녹아있는 경구를 말하는 동안 흡연자가 내쉬는 (입을 통해 퍼져나가거나, 코로 배출되고 두 개의 콧구멍으로 인해 악마의 턱수염처럼 갈라지는) 숨. 곱게 손질된 손끝에서 매니큐어 발린 손톱의 가벼운 두드림으로 떨어져나가는 재. 고차원적인 문제에 몰두해있는 동안 예기치 못하게 다 타들어간 꽁초의 불 *끄기*.

인간은 다양한 방식으로 몸을 관리하며, 외모를 관리하는 방식 역시 다양하다. 흡연은 이 두 가지를 복잡한 방식으로 결합시킨다. 풋내기의 얼굴로 자전거 보관대 뒤에서 시도하는 어설픈 첫 흡연에서부터 특급 호텔의 칵테일 바에서 이브닝 장갑을 낀 채 보내는 완벽한 시간에 이르기까지, 담배와 함께 자세를 취하는 우아한 흡연의 핵심은 몸의 외면을 소유하고, 조작하고, 보살피고, 전시하는 것이다. 이것은 담배가 오염시키는 바로 그 유기체와 우리의 관계가 가진 놀라운 측면을 말하는 것 같지 않은가?

담배 끝이 타들어가면서 시간의 경과를 공간상의 움직임으로 바꿔놓는 담배의 변화를 관찰하다보면 끝없는 매혹을 느끼게 된다. 이때 연기는 과거의 현존을, 타지 않고 남은 부분은 미래의 현존을 상징한다. 무엇보다도 가장 매혹적인 것은 태운 연기가 문장과 몸짓 사이에 스며들고, 물리학으로 규정할 수 없는 일종의 공간(그리고 시간)을 대기 속에 새겨넣는 방식이다. 담배는 물리 법칙에 따라 방 안을 떠도는 연기로 분해되면서 샹들리에 주변에는 착색의 흔적을, 종이·카펫·가구 위로는 날리는 재를 남긴다. 이러한 물리 법칙은 시간 가역적time-reversible이다. 예를 들어, 운동 법칙에 의하면 연기가 지구의 끝에서부터(심지어 정원에서 노래하다가 잠시 멈춘 동안 연기를 들이마신 검은새의 폐에서도) 한데 모여서 앞쪽이 타지 않는 소형 엽궐련으로 되돌아오는 것이 불가능하지 않다. 그러나 이런 재배치는 일어날 수 없다. 무질서가 증가한다는 열역학 제2법칙에 따라 불가능하기 때문이다. 그러나 이것은 내가 언급하고 있는 특별한 형태의 공간과 시간이 아니다. 내가 생각하는 공간은 연기가 말을 만나고, 연기의 입자가 흡연자의 입으로 내쉰 공기를 타고 날아갈 때 한 문장의 소리 사이에 끼어드는 공간에 더 가깝다. 또한 내가 생각하는 사실은 'smoke(연기, 피우다)'를 하나의 동사로 만들고 (그것도 타동사로 만들어서 연기를 내뿜는 불은 스스로를 피우지만 흡연자는 담배를 피운다) 연기를 욕망을 충족시키기 위해 제조된, 욕망의 대상이 되는 상품으로 격상시키는 인간에 관한 사실이다.

이 점은 우리가 먹기에 대해 고찰할 때 잠깐 언급했던 문제를 다시 상기시킨다. 흡연은 인간이 몸과 맺는 간접적이고 복잡한 관계의 좋은 예다. 바나나를 먹는 침팬지처럼 흡연자는 몸 안에서 존재를 드러내는 욕구에 부응해서 몸을 변화시킨다. 그러나 흡연자는 단순히 욕구와 관련된 대상을 찾는 것에 그치지 않았다. 그는 성냥을 사고 의도적으로 흡연실로 이동했다. 침팬지를 속박하고 있는 물질세계의 법칙을 교묘히 조작한 것이다.

이 모두는 인간의 기이한 속성을 드러낸다. 인간은 세상 속의 진원지로서 갖가지 일들을 단지 겪는 것이 아니라 행하며, 시간에 표를 삽입하고 물리학상으로는 존재하지 않는 시제들을 구성하며, 멀리 떨어진 곳으로부터 자기 자신으로, 그리고 심지어 몸의 가시적 표면으로 돌아온다는 것을 보여준다. 이런 생각을 하는 동안 어느덧 나는 연기 기둥이 실내에 있는 인공물들의 표면을 문지르는 장소에 와 있다. 이곳은 더 이상 움직이는 게 불가능할 정도로 뒤엉킨 생각이 자욱해지고 있다.

11장

입맞춤에 대한 기록

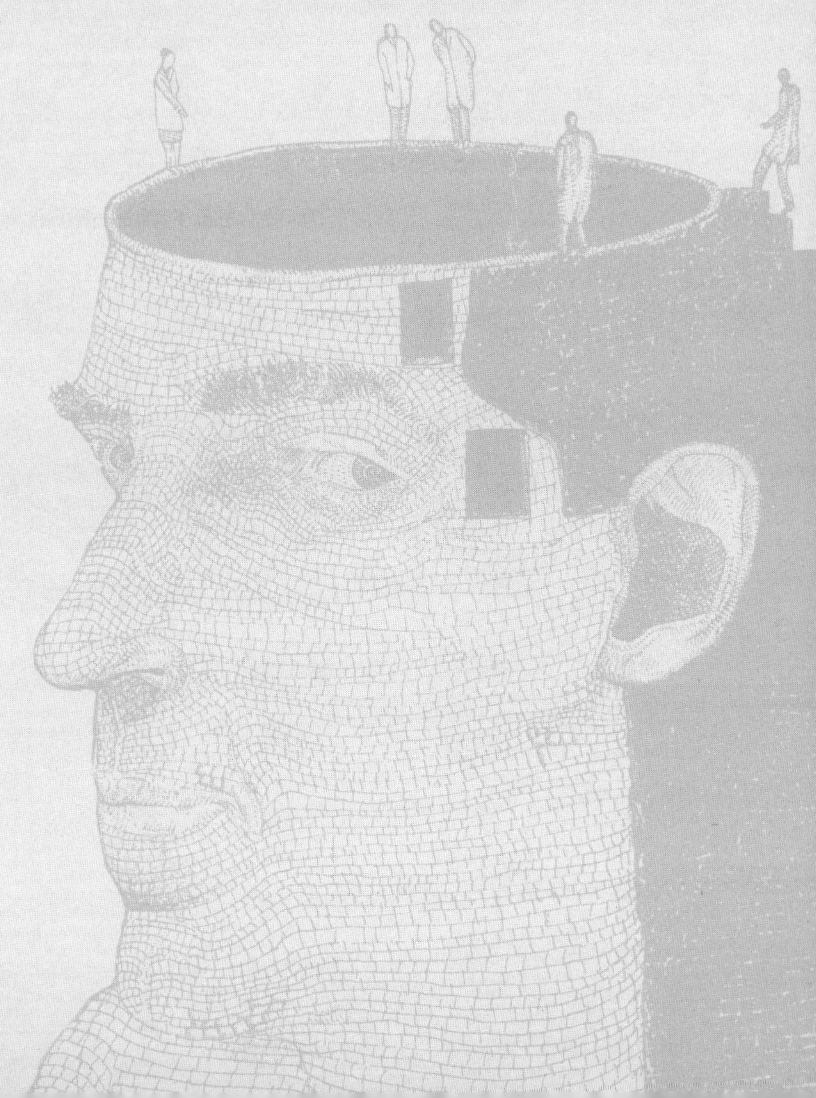

죽음 뒤 생각나는 키스처럼 다정하고.

테니슨, <눈물, 부질없는 눈물Tears, Idle Tears>

입맞춤, 이것은 너무나 미미하면서도 너무나 크다. 입맞춤의 핵심은 육욕이고, 인간의 자유이며, 세상 속 자취이고, 기억과 관계의 지속이다.

때는 지난 세기의 70년대 초반이다. 한 남자가 주 104시간 동안 근무하느라 2주 동안 헤어져있던 한 여자를 만나기 위해 기차를 타고 가고 있다. 그는 사랑에 빠져 있다. 그녀도 사랑에 빠져 있다. 만나는 순간 그들은 서로에게 입을 맞출 것이다. 모든 정황이 아주 단순한 걸로 봐서 무언가가 잘못된 것이 분명하다. 그러나 안심해도 좋다. 입맞춤, 두 머리가 서로에게 다가가는 그 행위보다 더 단순한 것도 없기 때문이다. 그녀의 머리는 그녀가 기차역으로 걸어오는 속도로, 그리고 그의 머리는 그가 앉아 있는 객차의 시속 0~130킬로미터의 속도로 서로에게 다가가고 있다.

그들은 이 충돌을 조바심 내며 기다리고 있다. 약속 시간이 점점 가까워지자 그의 조바심은 더욱 커졌다. 그 바탕에는 우리가 분개하는 정도에 비례하여 우리와 목표 사이에 시간적 거리가 늘어난다는 원리가 작용한다. 이 거리를 잠을 자면서 보낼 수 없다면 일련의 연속된 경험과 생각과 사건과 행동을 통해 겪어야 한다. 조바심의 영역에서 왜곡된 시간에는 이상한 일들이 일어난다. 제논Zenon ho Elea(BC 490?~BC 430?, 고대 그리스의 철학자. 엘레아학파의 원조인 파르메니데스의 제자로 스승의 학설을 따라 운동 불가능론을 주장했다 : 옮긴이)의 이론이 작용하기 시작하는 것이다. 즉, 떨어진 간격은 반으로 나뉘고 또 나뉘지만 통과해야할 순간의 수도 똑같이 많아 보인다. 2주가 반으로 나뉘어서 1주가 남아도 이 1주는 2주만큼 길게 느껴진다. 며칠과 한 주 전

체, 하루와 사흘, 이 여행과 하루의 관계도 이와 마찬가지다. 결과
적으로 한 도시와 다른 도시를 가르는 2시간의 여행은 앞선 작별과
다가올 재회를 가르는 13일만큼이나 길어 보인다. 이 서글픈 수수
께끼를 설명해주는 이유는 이렇다. 메워야하는 시간 간격이 줄어듦
에 따라 시간이 여러 과제로 분해되는 정도도 증가하는 것이다.

베누아 만델브로Benoit Mandelbrot(1924~2010, 폴란드 태생의 프랑스 수학
자. 프랙탈 기하학 분야를 연 중요한 인물 중 하나로 평가된다 : 옮긴이)는 유명세만
큼이나 훌륭한 그의 논문에서 '영국 해안선의 길이는 얼마인가?'라
는 지루해 보이는 질문을 던졌다.[1] 해안선의 길이는 그것을 재는 자
의 정확도에 달려있다. 누군가가 위성사진을 토대로 길이를 추정했
다면 그 수치는 모든 만과 해변을 살펴본 관측자의 추정치보다 짧
을 것이다. 모든 만과 해변을 살펴본 관측자의 추정치는 조약돌 하
나하나에 은빛 흔적을 남긴 달팽이를 따라다닌 세 번째 관측자의
추정치보다 짧을 것이다. 강력한 현미경을 사용해서 모래 한 알 한
알의 표면에 있는 높낮이를 모두 추적하는 네 번째 관측자도 상상
해볼 수 있다. 그가 측정한 영국 해안선의 길이는 한층 더 길 것이
다. 이를 통해 우리는 해안선에 내재된 길이가 존재하지 않거나 그
내재적 길이가 무한하다는 결론에 이를 수 있다.

이것은 수학자와 철학자들이 논쟁할 문제다. 사랑에 빠진 남자에
게 중요한 핵심은 사건들이 관찰되고, 예측되고, 기억되는 정도가
강해짐에 따라 사랑하는 사람을 만나기 위해 기다리는 경험도 늘어
날 것이라는 점이다. 일주일은 하루 단위로 쪼개지고, 하루하루는
진료실과 병동 회진으로 쪼개지고, 병동 회진은 각각의 환자로 쪼

개지고, 환자 한 사람의 치료는 병력 조사, 엑스레이 촬영 지시, 주사 투여, 환자에게 진행 상황을 설명하는 것 등의 수많은 행위로 쪼개진다. 이러한 각각의 행동 역시 수많은 구성요소로 이루어져있다. 엑스레이 촬영의 지시는 서류 양식을 작성하고, 전화기가 있는 곳으로 걸어가고, 수위에게 엑스레이 접수 담당자에게 서류를 전달하라고 지시하는 행위로 쪼개진다. 더 추가적인 분할도 분명히 존재한다. 방사선과로 연결하기까지 3번의 전화 시도, 전화기 앞까지 가는데 소요된 25보의 걸음, 통화중 신호가 끝날 때까지 매번 시도할 때마다 소요된 8번의 동작 등.

그러나 마침내 그는 그녀의 머리와 자신의 머리 사이에 존재하는 공간을 지워나가고 있다. 그는 이 내륙도로가 지금 지나쳐가고 있는 전국의 해안선처럼 길어지지 않도록 이 여행의 수많은 구성 요소에 대해 생각하지 않으려 애를 쓴다. 그러나 그의 머리가 중간에 낀 여러 주에 던져지고, 산울타리와 들판 위로 끌려간 그의 얼굴이 바깥에 어스름이 내리면서 사진처럼 변함에 따라 그는 이 세상이 얼마나 크며, 그에 비해 서로 만나게 될 두 머리는 얼마나 작은지를 생각하지 않을 수 없다. 그들의 두 입 사이에서 밀려 나온 여러 주의 크기는 이 상황에 관여된 두 사람의 크기의 대략 25만 배에 이른다.[2] 이것이 그들의 머리가 담고 있는 세계의 규모다.

이러한 시간과 공간에 대한 문제는 서로 충돌하는 것을 목표로 하는 두 머리에게 중요한 것 이외에 또 어떤 중요성을 가지는가? 그것은 지극히 중요하고, 우리 모두에게 중요하다. 왜냐하면 다른 특징을 떠나서 입맞춤은 성적인 것이고, 이 점으로 인해 일각에서는 입맞춤으로 개시되는 만남의 정점을 동물적 행동으로 생각하게 된다. 가령 프로이트는 이렇게 주장하고 있다.

> 누구든 이 문제에 관해 진지한 자기 분석을 해본다면 자신이 성행위를 기본적으로 신체뿐만이 아닌 그 이상을 더럽히고 오염시키는 품위 없는 행위로 간주하고 있음을 분명히 알게 될 것이다.
>
> 배설 행위는 성행위와 너무나 직접적이고 분리할 수 없는 밀접한 관계를 가지고 있다. 오줌과 똥 사이intra urinas et faeces라는 성기의 위치는 결정적이고 변경 불가능한 요소다. 성기는 인간의 몸이 아름다움을 향해 발전하는데 아무런 역할도 하지 않았다. 성기는 계속 동물적인 것으로 남았고, 따라서 사랑도 본질적으로 이전까지 그랬듯이 동물적인 것으로 남았다.[3]

또한 독자 여러분은 리처드 도킨스가 인간의 행동 중 여전히 단순한 다윈주의적 해석이 가능한 두 부분으로 성욕과 배고픔을 한데 묶은 것을 기억하고 있을 것이다.[4]

그러나 수많은 중간 단계를 거쳐 어떤 목표에 다다르기 위한 여정을 단순한 다윈주의적 해석으로 설명할 수는 없다. 이러한 여정에는 관습적 기호(파운드 지폐)를 다른 일군의 기호(동커스터에서 도안이 만들어지고, 에든버러에서 인쇄되고, 포츠머스에서 구입되고, 런던에서 내놓기 전까지는 어느 기차 이용객의 주머니 속에 들어있었으며, 스웨덴에서 베이고 볼링턴에서 염색된 나무로 만들어졌고, 윗면에는 2천 5백 년 전에 완성된 알파벳으로 정보가 인쇄되어 있으며, 관습법상 모인 직관적 지식에 대한 집단적 경험의 작용을 통해 형성된 법률과 조례에 따라 규제되는 기차표)로 바꾸기 위해 지갑에서 돈을 꺼내는 과정이 수반된다.

이것이 가져다주는 기쁨도 단순하지 않기는 마찬가지다. 이 여정은 하나의 세계에서 다른 세계의 중심으로 가는 여행이다. 그가 역에서 자신을 기다리고 있는 그녀의 가상 의식 속에 자신의 주변 세계를 담지 않았다면 과연 그 세계가 특별한 연결성을 가지고 있다고 생각했을까? 그렇지 않았다면 과연 합성수지 용기의 내부를 따라 커피가 담기는 모습이 먼 별들의 관성적 영향임을 상기할 때 그토록 즐거움을 안겨줬을까? 그렇지 않았다면 과연 샌드위치가 들어가고 있는 입이 놀랍도록 다양한 기능을 한다는 생각이 심오해 보였을까?

그렇다면 하나의 머리가 다른 머리를 향해 가는 이 여정은 단지 본능의 작용으로 추진되는 것이 아니며 기계적 원인은 더욱 아니다. 두 머리는 의도적 행위와 물질세계를 투과하는 뚜렷한 목적의식 없이는 만날 수 없을 것이다. 또한 이 목적을 달성하기 위해 거쳐야 하는 실천 이성에 좌우되는 수많은 단계가 없이는 만날 수 없을 것이다. 지금 우리는 대체로 자유 의지로 행동하는 지적 동물에 대해 말하고 있다. 동물적 욕구가 지배한다고 여겨지는 이곳에서 자유를 말하는 것이다. 비이성적인 열정이 동력이 되어야 할 곳에서 실천 이성, 책임, 맑은 의식을 말하는 것이다. 물론 행해지고 있는 일들은 생물학적인 뿌리를 가지고 있지만, 생물학 이야기를 줄여서 일어나고 있는 현상을 자유로이 고찰할 수 있다. 즉, (입맞춤에서 이어질 것으로 기대하는 더 이상한 행위는 말할 것도 없이) 입맞춤이라는 이 이상한 행위를 자유롭게 살펴볼 수 있다.

그렇게 여행이 끝나고 분주한 기차역 중앙홀에 있는 수많은 얼굴 중 그 얼굴, 수많은 머리 중 하나를 골라내게 된다. 이 과정에 걸리는 시간은 한 사람의 욕망의 대상과 그가 가진 욕망 간의 관계, 상상된 것과 실제로 존재하는 것 사이의 우연성을 시사한다. 그 입맞춤 이후 36년이 흐르면서 수많은 낮과 밤, 수천 번의 대화를 거치는 동안 함께 한 삶에 의해, 그리고 서로를 지금의 모습으로 만들고, 아이들을 만들고, 그들 각자가 자신들 안에 담고 있는 과거이자 공유된 과거를 만드는 동안 우연성은 얼마간 완화되었다. 그 사람이 경험한 것이 되고 존재하게 되는 사후적 필연성은 이렇게 생겨난다.

이제 입맞춤 차례다. 입맞춤은 생물학적으로나 사회적으로나 문제다. 생물학적으로 볼 때 입맞춤은 시간 낭비다. 이보다는 원숭이가 구애할 때처럼 십초 간 뛰어오르고 소리 지르는 편이 더 핵심에 부합한다. 유전자형은 구강 대 구강 접촉을 통해서는 결코 자기 복제된 적이 없다. 사회적 관점에서 입맞춤은 심각한 문제를 안고 있다. 물론 입맞춤에는 여러 등급이 존재한다. 입과 상피조직(손, 정수리, 뺨)의 접촉, 입을 다문 상태에서 입술과 입술의 접촉, 입을 벌린 상태로 입술과 입술의 접촉, 혀가 혀를 핥고 굶주린 구강이 굶주린 구강을 게걸스럽게 먹이로 삼는 프렌치 키스가 있다. 키스는 성직자의 반지에 하는 건조한 키스의 추상성과 상징성에서부터 한 사람이 다른 사람의 벌린 입의 절대적 승낙 속으로 빠지는 완전한 육욕성 쪽으로 진행된다.

적소에 입맞춤을 해도 문제가 야기될 수 있다. 이 글을 쓰고 있는 시점에도 시상식에서 상을 받는 여학생의 뺨에 입을 맞춘 한 교구 목사 겸 학교 운영회 이사가 그의 행동의 부적절성 여부에 대한 조사, 검토, 평가를 위해 3곳의 개별 징계 위원회에 회부되었다. 이 문제는 전국적 비판 여론을 불러일으켰다.

두 남녀가 오랜 시간 머리를 이동시킨 목적이었던 입맞춤은 상호 간의 육체적 이끌림에 의해 촉진되지만, 이것은 생물학적으로 설명할 수 없는 여러 심리와 상징성을 가진다. 모든 성적 순간 중에서도 입맞춤은 감정이 배제된 비인간적인 행위가 될 위험이 가장 낮다. 이 점 때문에 매춘부들이 키스를 선호하지 않는다는 말이 있다. 이들은 성적 만족감을 주기 위해 자신이 즐거움 없이 사용하고 있는 몸과 거리를 두고 싶어한다. 이에 더해 누군가의 비인격적인 음경을 빠는 편이 불쾌감이 덜하다는 사실도 작용한다. 성기와 사정된 정액에서 역겨운 맛이 나더라도 최소한 그 역겨움이 나오는 출처는 사람이 아니라 몸이다. 입술과 입술, 혀와 혀의 접촉에서 오는 쾌감은 보증된 것이 아니다. 사르트르는 사물을 긍정적으로 포장하는 특유의 성향에 따라 '모든 키스는 혐오감의 극복이다'라고 말했다.

가장 강렬한 키스가 관습에 대한 대대적이고 달콤한 도전이 되는 이유는 단지 그것이 기본적인 위생 규칙을 깨기 때문만이 아니다. 각각의 머리가 상대의 머릿속에 있는 것을 일부 맛보는 두 머리의 왕래는 상당히 신중하게 이루어진다. 문장이나 얼굴 표정 및 시선의 언어적 또는 시각적 교환을 사용하는 것이다. 그러나 입맞춤은 이 모든 것을 무시한다. 입맞춤은 유년기의 육체적 직접성으로의 역행이다. 말의 기관이자 사물들에 대한 원격 통신의 기관으로 사용되던 입이 촉각 기관으로서의 그 근원으로 회귀한다.

잠시 뒤로 물어나서 '혐오감의 극복'이라는 사르트르의 키스로 되돌아가보자. 크리스토퍼 해밀턴Christopher Hamilton의 말처럼 '성 관계 시에 우리는 평소의 혐오 감각을 보류하거나 극복'하는 것처럼 보인다.[5] 그는 다음과 같이 윌리엄 이안 밀러William Ian Miller의 글을 인용하고 있다.

> 성적 욕구는 금지된 역겨움의 영역에 대한 관념에 좌우된다. 누군가의 혀가 당신의 입 속으로 들어오는 일은 당신과 상대 간에 존재하거나 협상되고 있는 관계의 상태에 따라 쾌락으로도, 가장 불쾌하고 혐오스러운 침해로도 경험될 수 있다. 그러나 당신의 입안에 들어온 다른 사람의 혀가 친밀함의 상징이 될 수 있는 이유는 그것이 동시에 역겨운 공격이 될 수도 있기 때문이다.[6]

이 글은 우리가 입맞춤을 이해하는 도움을 준다. 그러나 입맞춤은 혐오감의 극복이나 다른 사람과의 친밀함을 표현하는 것보다 심오한 곳에 자리한다. 입맞춤이 입증하는 바를 이해하기 위해서는 유기체적 존재와 경험, 지식, 우리가 타인과 맺는 관계 간의 관련성에 대해 생각해볼 필요가 있다.

삶의 초기에 일어나는 핵심적인 사건은 몸을 자기 고유의 것으로 점진적으로 전유하는 것과 뒤이어 물리적 존재와 육체적 감각을 초월하는 세상에 우리를 위치시키는 의식의 발달이다. 우리는 특정 개인에게 속하지 않는 보편적 가능성과 집단적 의식의 공간, 생각의 공동체에 속하는 사실과 지식의 세계에 들어선다. 이곳은 '그것은 따뜻하다는 사실'이 우리를 따뜻한 느낌과 떨어뜨려놓는 세계다. 그리고 우리가 타인들과 만나고 상호작용하는 세계다. 이곳은 명제적 자각의 세계이며, 더 좁게는 담화(보편적인 추상적 신호, 대화, 지시)와 포괄적 단어, 상호작용하는 머리 호흡과 종이나 영상, 자기 매체에 인쇄되어 동결된 머리 호흡의 세계다. 사랑을 나눌 때 우리는 이 세계를 건너뛰어 몸에서 곧바로 경험을 끌어낸다. 나는 말이나 모범적인 친절함이 아니라 내 손으로 상대를 만진다. 나는 상대의 입술로 내 입술을 만진다.

이 같이 매개 없는 직접적인 상호작용은 우리를 유기체적인 유아에서 문화적으로 완전히 적응된 성숙한 인간으로 이끈다. 상호작용할 때 우리는 평소 우리를 에워싸고 있는 여러 겹의 세계성worldness을 벗는다. 이러한 현상은 문장을 통해 상호작용을 가능케 해주는 기관들이 서로를 만지고 문지르는 감각을 지닌 살덩이로 되돌아가는 성적인 입맞춤에서 극적으로 나타난다. 가장 복잡한 인간적 특성을 드러내는 곳, 즉 우리의 말하는 입과 표현하는 머리가 유기체적 상태로 회귀하는 것이다.

물론 이것이 전부는 아니다. 입맞추는 동안에도 우리는 어디에서 왔는지, 얼마나 먼 거리를 이동해 왔는지를 여전히 자각하고 있다. 우리는 출발점을 잊지 않는다. 유기체적 상호작용이 될 행위는 지극히 상징적이다. 폴 발레리의 《테스트 씨》를 인용하자면 '우리가 함께 어리석은 짐승 놀이를 할'[7] 때 우리는 놀이를 하고 있음을 의식하고, 이 놀이를 특권적 유희로 만들어주는 허가와 무시된 금지를 의식한다. 육체적 지식(carnal knowledge, 성관계를 완곡하게 표현한 법률 용어: 옮긴이)은 온전히 육체적이지도 않고 온전한 지식도 아니다. 지식의 중재가 간과되는, 관습에서 벗어난 직접적인 감각 경험의 형태다. 이런 까닭에 입맞춤은 상대방과 직접적인 접촉을 하는 것임에도 불구하고 여전히 한 개인으로서 상대의 존재를 인정하는 말없는 대화다. 36년 전의 입맞춤을 향한 그 긴 여정은 의식하는 주체이자 한 인간에 의해 수행된 개인적 여정이었다. 그리고 이것이야말로 입맞춤하는 사람들이 종종 눈을 감는 이유다.

> 입맞춤하려고 다가가는 연인들은
> 본능적으로 눈을 감는다.
> 그들의 얼굴이
> 해부학적 자료로
> 전락하기 전에.[8]

입맞춤이란 이런 것이다. 그것은 시간의 속성, 일상의 끝없는 중재 작용, 육체적 존재 이상으로 인간이 갖는 기이하고 복합적인 속성, 관습의 위반, 여러 삶의 상호 얽힘, 기쁨을 이해할 수 있는 열쇠다.

인간의 타고난 깃털

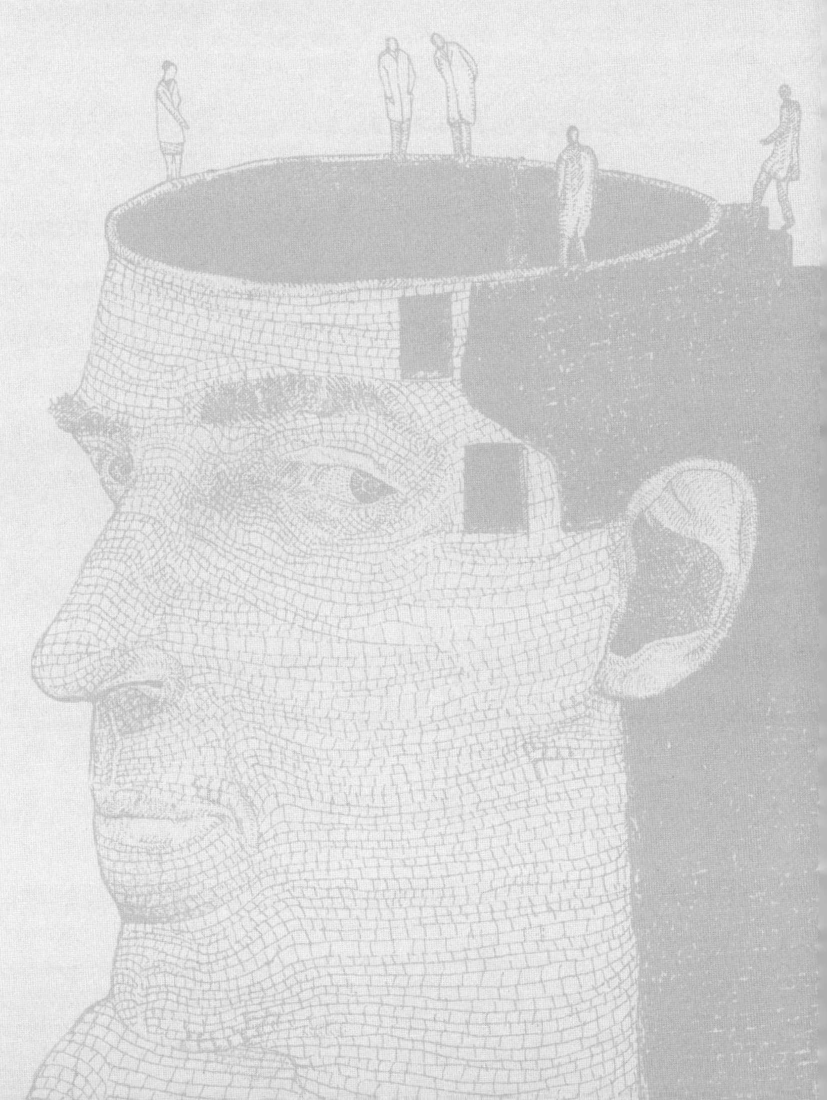

만날 얼굴들을 만나기 위해 얼굴을 꾸밀

시간은 있으리라, 시간은 있으리라.

T. S. 엘리엇T. S. Eliot,

《**J. 알프레드 프루프록의 연가** The Love Song of J. Alfred Prufrock》

외모의 부담

거울을 한 번 흘깃 보는 것만으로 나는 세상에서 가장 크고 가장 개방적인 모임의 회원이 된다. 그것은 바로 자신의 외모에 불만을 품은 사람들의 모임이다. 우리는 자신의 외모를 의식하고, 소유하고, 평가하면서, 그 외모 속에 존재하는 유일한 동물이다. 우리는 다른 사람(보편적 타인이나 특정한 타인 혹은 특정인들로 대표되는 보편적 타인)의 눈을 통해 우리가 어떻게 보이는지를 본다.

평가는 거울에 보이는 내 모습에 그치지 않는다. 평가 대상은 머리에서 거울로, 그리고 거울에서 다시 머리에 있는 눈으로 반사되는 빛에 의해 드러나는 모습을 넘어선다. 내가 가지고 있는 외모와 내가 따라가야 하는 외모에 대한 인식이 감각의 틈새 사이로 홍수처럼 밀려오기 때문이다. 내 외모를 비추는 빛은 과거의 빛에 의해 특징 지워지며, 과거의 빛 자체는 도처에서 모인 희미한 빛으로 얼룩지고, 말로 표현되거나 표현되지 않은 생각, 경박한 소문, 신중한 평가의 형태로 언어에 구속된다. 나는 콧잔등에 있는 커다란 점, 호의를 베풀려던 서툰 시도들, 병동 회진 시의 행동, 의사로서나 아버지로서의 전적, 인생에 대한 평가가 내려지고 있음을 느낀다. 지금 얼굴 위에서 내가 바보임을 나타내는 듯한 저 멍청한 미소는 얼굴의 물리적 표면과 무한히 겹쳐진 자아의 표면 위를 덮고 있다. 타인의 시선에 속수무책으로 붙잡힐 수밖에 없는 나는 외모 때문에 궁지에 몰린다. 물론 나는 받은 만큼 돌려주기도 한다. 다른 사람들 역시 나의 뭔가를 안다는 듯한 권태로운 미소를 통해 그들의 외모에 대해 날카롭게 비판받는다.

그렇다면 외모를 가장 중요하고 가까운 소유물의 하나로 여기면서 얼굴 가꾸는 일을 가장 꾸준하게 전념하는 일 중 하나로 삼고, 얼굴을 잃으면 삶을 더 이상 살아갈 수 없어 자살을 택하기도 하는 우리는 얼마나 이상한 동물인가. 종종 수치는 죽음보다도 큰 두려움이 된다. 그러니 우리가 외모를 가꾸는 데 그렇게 많은 시간을 쏟아 붓는 것도 이상한 일이 아니다.

자연스럽게 이야기의 출발점이 될 부분은 1960년대 어떤 히피가 '인간의 타고난 깃털'이라고 알려준 털이다.

타고난 깃털

머리는 온갖 장소에서 털을 내보낸다. 두개골, 관자놀이뿐만 아니라 목 아래, 턱, 뺨, 눈썹, 귀, 코에도 털이 나고 심지어는 콧등에도 털이 난다.

미미하게 자라난 털은 보기보다 큰 영향력을 행사할 수 있다. 가령 눈썹의 경우가 그렇다. 이것은 아마도 위치의 문제일 것이다. 맨스필드에 있는 저택보다 브롬리에 있는 빗자루 보관함이 더 큰 문제가 되는 것과 같은 원리다. 의심할 여지없이 눈썹은 눈 바로 위에 위치해 있기 때문에 송충이 같이 덥수룩한 한 쌍의 털로 거의 얼굴 전체의 인상을 결정지을 수 있다는 불공평한 장점이 있다. 만약 눈썹이 귓바퀴의 가장자리에 나 있다면 이만큼 주의를 끌지 못할 것이다. 눈썹은 응시를 강조하여 위협적이고 권위적으로 보이게 할 뿐만 아니라 더 광범위한 효과를 내기도 한다. 예를 들어 편안하게 흐트러진 모습, 즉 단정치 못한 얼굴이란 인상을 줄 수도 있다. 눈썹의 아치 형태는 장난스러운 표정을 완성한다. '가볍게 한잔 어때?'라는 제안과 함께 일시적으로 올라가는 눈썹은 형언할 수 없을 만큼 즐거운 의식 상태를 전달할 수도 있다. 귀에서 싹트는 털(이 털은 가만히 있지 않고 대량으로 난다)은 소설가들에게 일종의 선물이 된다. 어린아이들에게 어른의 역겨운 면을 간결하게 전달하기 때문이다. 코털에 관해서 말하자면 나는 터키에 있는 한 이발소에 가기 전까지 나에게 코털이 있는지도 몰랐다. 이발사의 가위가 내 콧구멍으로 들어오는 순간 나는 이중의 불안을 느꼈다. 내 콧구멍이 온전히 보전될 수 있을지, 그리고 가위가 들어간 콧구멍의 건강상태는 어떠했는지 하는 불안이었다.

그리고 이제 좀 큰놈들 차례다. 턱수염, 콧수염, 구레나룻 말이다. 이 타고난 깃털이 수많은 외모 관련 관습의 중심 역할을 해서 인간의 어떤 집단이나 역사상 한 시대를 대표할 수 있다는 사실은 참으로 놀랍다. 1970년대 포르노 스타, 샌프란시스코의 동성애자, 발칸 반도의 농부, 군인, 멕시코 사람 등 각기 다른 집단만의 독특한 콧수염은 그들의 삶의 방식을 은유적으로 보여준다. 찰리 채플린의 우연히도 똑같았던 칫솔 모양의 콧수염(히틀러를 모델로 독재정치를 희극적으로 풍자한 영화 《위대한 독재자The Great Dictator》에 등장하는 채플린의 모습을 가리킴 : 옮긴이)은 다른 경우라면 겁을 먹었을 많은 사람들에게서 폭소를 자아냈다. 채플린은 이 수염을 통해 역사상 가장 무시무시했던 한 폭군과 그의 정권을 비판하는 강력한 선전효과를 낼 수 있었다. 그러니 별로 중요해 보이지 않는 이 타고난 깃털의 외양을 가꾸는데 다듬기, 모양잡기, 염색, 제모, 빗질, 세팅, 스타일링 등 그렇게 많은 행위와 염색약, 탈색약, 파우더, 제모제, 연고, 빗, 면도기, 가위 등 그렇게 많은 도구와 재료가 필요한 것도 어쩌면 당연한 일이라 할 수 있다.[1]

턱수염은 형태가 더욱 다양하다. 턱수염은 성숙한 남성미, 사회적 지위, 심지어는 직업적 역할을 나타내기도 한다. 주로 의례상 턱수염을 길러야 하는 직업의 대표격은 단연 사제다. 구루(힌두교, 불교 등의 종교에서 자아를 터득한 신성한 교육자를 지칭 : 옮긴이), 스와미(힌두교의 학자, 종교가에 대한 존칭 : 옮긴이), 이맘(이슬람교의 사제, 뛰어난 학자에 대한 존칭 : 옮긴이), 그리스정교의 주교를 비롯한 여러 사제들은 다양한 길이, 모양, 위생 상태를 지닌 턱수염을 뽐낸다. 신의 예언자들은 모두 엄청난 턱수염을 기른다. 여기에는 XY 염색체를 뽐내는 사람들이 신과 인간을 연결하는 중재적 역할을 가장 잘 할 수 있다는 기본적인 생각이 반영되어 있다. 남성성을 상징하는 턱수염은 지적, 영적으로 의심스러운 XX 염색체를 가진 존재들과는 달리 영혼의 깨끗함과 영생에 맞는 초월적인 지혜를 가지고 있다는 확실한 증거다.

내가 두개골에 난 털에 주목하는 시점을 노골적으로 미루는 것처럼 보인다면 그 이유는 내게 머리털이 다소 부족하기 때문이다. 그 대신 여러 장점도 있다. 모든 하루가 내게는 (없는 머리에 대고 이런 표현을 사용해도 된다면) 머리 모양이 엉망인 날이지만 대신 나는 머리 모양을 만들지 못해 괴로워하지 않아도 되고, 정성을 다해 만든 앞머리가 때아닌 비 때문에 망가지는 걸 보며, 또는 빠진 머리를 가리려고 옆으로 빗어 넘긴 머리가 무심한 바람에 날리는 걸 보며 짜증낼 일도 없다. 빗질하기, 가르마 가르기, 머리 감기, 샴푸하기, 린스하기, 컬 말기, 생머리로 펴기, 자르기, 모양내기, 스타일 만들기, 머리 땋기 등이 시간을 잡아먹는 일은 극히 드물다. 그리고 나는 대머리와 관련된 유명한 철학적 문제도 거침없이 다룰 수 있다. 그것은 바로 삼단논법Sorites으로 점차적인 변화에 관한 문제 혹은 더미의 문제다. 가령 밀 더미가 있다고 할 때 낟알 하나를 빼더라도 그것이 더미냐, 아니냐를 가르는 차이가 생기지는 않는다. 그러나 계속해서 낟알을 하나씩 뺀다면 얼마 안가 그 더미는 더 이상 더미라고 부르기 어렵다.

털의 철학

1980년에 찍은 증거 사진을 보면 그때 나는 대머리가 아니었다. 1990년에 이르러서는 거의 대머리에 가까워졌다. 분명 그 사이에 머리카락이 하나하나 빠지면서 대머리가 된 게 틀림없다. 그러나 (예를 들어) 1987년 3월 16일 4시 15분에 대머리가 되었다고 말하는 건 아마 미친 소리일 것이다.

'내가 언제 대머리가 되었느냐'의 질문에 나는 시시하게 답변할 수 있다. "대머리라는 말은 얼마만큼의 머리가 빠져야 하는지 확실히 정해져있지 않은 모호한 단어이기 때문에 특정 단어의 사용에 관한 역학적 문제로 귀결될 수 있으므로 논쟁거리가 될 수 있다"는 재미없는 답이다. 예를 들어 나는 배심원의 50퍼센트 이상이 나를 대머리라고 간주했을 때 대머리가 되었다고 할 수 있다. '대머리' 라는 단어를 정확히 어떻게 사용해야 하는지 규정해 놓은 위원회가 이 문제를 해결할 수 있을지도 모른다. 그러나 이 위원회의 권위가 모두에게 인정된다고 하더라도 이런 방법은 또 다른 문제를 야기할 것이다. 위원회가 완전한 머리카락이 세 가닥도 남지 않은 경우 대머리라 규정한다는 결정을 내렸다고 가정해보자. 이 결정은 다시 무엇을 완전한 머리카락으로 봐야할 것인가 하는 논란을 낳을 것이다.

이 문제의 핵심에 좀 더 가까이 다가갈 수 있는 다른 방법이 있다. 예를 들어 모든 사람을 대머리인 사람과 대머리가 아닌 사람으로 나누는 명확한 담론의 영역과 직접적인 감각 경험의 영역 사이에 있는 불충분한 문제로 보는 것이다. 이 문제는 사실적 실재와 감각적 경험 간의 불일치로 인해 발생한다. 사실적 실재는 한정된 수의 개별적 범주로 잘게 나누어지는 반면, 감각적 경험은 나눌 수 없고 중간에 아무런 매개물도 없다.

삼단논법 역설Sorites paradox의 경우 단절, 즉 불일치는 정형화된 지식을 즉각적인 경험에 일치시키려는 시도에서 비롯되는 것이 아니기 때문에 다른 경우에서만큼 극단적이지 않다. 이것은 명확한 하나의 체계를 다른 체계에 부적절하게 적용하려는 시도와 관련된 문제다. 포괄적인 범주 체계(대머리인 사람 대 대머리가 아닌 사람)를 아주 미세한 체계(머리카락 한 올 한 올)에 적용시키려고 하는 문제인 것이다.

물론 머리카락의 수를 기준으로 '대머리'라는 단어의 정의를 규정하여 이 문제를 극복하려는 순간 경험을 말로 정확하게 표현하려는 데 따르는 어려움을 느끼게 되지만 말이다. 철학자들이 우리가 걱정할만한 '문제의 사실은 없다'고 즐겨 말하는 이유가 바로 여기에 있다. 이 말은 사실이다. 그러나 '문제의 사실이 없는' 이유를 대기 위해서는 조금 더 깊이 파고들 필요가 있다. '문제의 사실이 없는' 이유는 어떠한 사실(정형화된 인식의 항목)도 감각 경험의 연속체와 추상적 지식수준 간의 차이를 메울 수 없기 때문이다. '사실'은 여기에서 핵심단어다. 아는 것과 느끼는 것 간의 관계에는 그 어떤 사실도 존재하지 않는다. 이 관계에서 사실은 지식 측면에 속하기 때문이다.

밝혀야하는 근본적인 문제가 있기 때문에 계속해서 파고들어 보자. 사람들은 모호함이 어디에 있는지 의문을 던질 때 그것이 대상이 아닌 대상에 대한 경험, 개념, 설명에 있다고 말하는 경향이 있다. 저기 있는 저 사람의 머리에는 한정된 수의 머리카락이 나 있다. 내가 그 머리카락을 많다고 인식하거나 많다고 언급할 때에만 그 머리카락은 무한의 수로 바뀐다. 이런 식의 생각은 나무랄 데 없이 훌륭하지만 꽤 심각한 두 가지 오해를 초래한다.

첫 번째는 자연 대상에 내재적으로 정확한 무언가가 있다는, 즉 대상이 단순히 대략적이 아닌 정확한 대상이라는 잘못된 생각이다. 이 생각은 터무니없는 것이다. 본 적 없는 머리털은 정확하지도, 부정확하지도 않고, 엄밀하게도, 대략적으로도 그 자체가 아니다. 머리털은 그저 존재할 뿐이다. 화성에 있는 본 적 없는 바위의 크기를 엄밀하게도, 대략적으로도 알 수 없는 것과 마찬가지다. 또한 그 바위에는 우리가 대략적으로만 인식할 수 있는 정확한 구성성분도 없다. 정확함은 오직 측정이라는 맥락에서만 가능하다. 머리카락이 난 머리는 한정된 수의 구성성분을 지녔다는 측면과 관련된 측정 체계상의 위치를 저절로 차지하지 않는다. 머리카락이 그와 관련된 특정 수량을 갖기 위해서는 외부로부터 측정 체계가 도입되어야 한다.

두 번째는 사람들이 일상의 지식, 즉 과학이라는 체계화된 지식과 비교해서 감각 작용을 모호하다고 생각하는 경향이 있다는 점이다. 사실 감각 작용은 전혀 모호하지 않다. 모호함 또는 정확함이라는 개념이 확고한 기반을 얻으려면 우리는 미리 규정된 감각의 수준을 넘어서야 한다. 이 문제는 오직 우리가 더 높은 수준의 여러 인식 형태들을 비교할 때, 즉 지각, 지식, 사고, 대화를 비교할 때에만 부각된다.

분명히 드러나 보이지는 않지만 지금 우리가 이야기하고 있는 것은 머리에 대한 이 탐구에 있어 핵심적이다. 여러 사실로 쪼개지는 지식과 (의식을 2진법의 수들로 바꾸는 계산 모형에 열중한 여러 철학의 온갖 시도에도 불구하고) 이런 식으로 나누어지지도, 명료하게 표현되지도, 원자로 쪼개지지도 않는 경험 간의 단절 말이다. 나에 대한 직접적인 경험과 나와 관련된 사실, 머리에 대한 나의 경험과 머리에 관한 사실 간의 고통스러운 관계는 인간 조건에 대한 머리 탐구의 핵심이다.[2] 마르틴 하이데거가 우리와 분리되어 있는 세계에 대한 '탈경험de-experiences'이라 칭한 것과 경험 사이의 긴장은 인간에게 내려진 축복이자 저주다.

머리카락과 정체성

조금이나마 덜 난해한 문제로 다시 돌아가 보자. 처음부터 나는 우리와 머리가 어느 정도까지 일치하거나 일치하지 않는가의 문제를 다루어왔다. 머리카락과 관련하여 이 문제에 대한 답은 분명해 보인다. 남들에게 비치는 외모에 머리 스타일이 얼마만큼 영향을 끼치는지 아무리 신경을 쓴다 해도 우리는 머리카락이 아니다. 그렇지 않았다면 머리카락을 자르는 일은 아마도 마취제가 필요할 만큼 고통스럽고 상실감이 느껴지는 일이었을 것이다. 일종의 분비물로 봤을 때 머리카락은 (매우 밀접한 유사성을 지니고 있는) 귀지와 발톱의 중간쯤에 위치한다. 그러나 머리카락에 특별한 무언가가 없다고 생각하기란 쉽지 않다. 어쨌든 연인들은 손톱이 원 주인과 더 오래 지냈음에도 불구하고 머리카락은 서로 주고받아도 손톱은 주고받지 않는다.

존 던John Donne(1572~1631, 영국 시인 겸 성직자로 형이상학파 시인의 일인자로 불린다. 대표작으로는 《신성 소네트》, 《노래와 소네트》 등이 있다 : 옮긴이)의 〈유물The Relic〉에 나오는 심금을 울리는 이미지는 몸의 가장 바깥쪽에 있는 타자로서의 머리카락을 가장 안쪽에 있는 타자 옆에 위치시켰다.

백골에 감긴 금발의 팔찌를 발견하면,

그는 우리를 그냥 내버려두고,

이것이 최후의 심판일에 그들의 영혼을

이 무덤에서 만나 잠시 머물 수 있게 해줄

방법이라고 생각했던

사랑하는 남녀가 누워있다고 생각하지 않을까?

나이기도 하고 내가 아니기도 한 **뼈**와 머리카락을 통해, 죽음 후에도 계속 함께 있고자 하는 허망한 희망을 표현했다. 이만큼 가슴 아프게 표현한 것도 찾아보기 힘들 것이다.

최근에 불거진 한 법적 논쟁은 이런 모순의 흥미로운 측면을 부각시켰다. 앨더 헤이 사건(허락을 구하려는 확실한 시도도 없이 의학적 목적을 위해 아이들의 장기를 보관하고 있다가 흥분한 부모들에 의해 발각된 사건)의 여파로 허가 없이 인체를 연구 재료로 보관하는 행위에 대해 3년의 징역형을 선고할 수 있도록 하는 인간 조직 법안Human Tissues Bill이 서둘러 만들어졌다.[3] 이에 따라 무엇을 인체에 속하는 물질로 봐야할 것인가라는 문제가 대두되었다. 머리카락은 나에게 붙어 있을 때는 분명 내 것이었지만 잘린 후에는 내 것인지의 여부가 불분명하다. 그렇기 때문에 우리는 정기적으로 머리를 자르러 가서 머리카락을 집으로 가져오지 않는 것이다. 그러나 그 머리카락이 뿌리내리고 있던 곳을 생각해볼 때 머리카락은 피부에 붙어 있었고 그 피부는 분명 나의 것이라는 주장이 나왔다. 여기에서 다시 의사에게 실형을 선고하는 것이 정당화되는 일과 그렇지 않은 일

사이의 경계를 결정하는 문제도 불거졌다. 이 문제는 해결될 수 없다고 판명되었고, 법안은 기적적으로 조금 더 실용적인 방향으로 바뀌었다.

물론 우리는 털로 인해 정체가 드러날 수도 있다. 범죄현장에 남은 몇 가닥의 털은 범인을 밝히는 역할을 한다. 무죄라 항변하고, 혈액과 소변 샘플 검사가 범죄와 무관하게 나온다 해도 머리카락을 조사하는 순간 아무 소용이 없어진다. 머리카락을 통해 분석가는 지난 몇 달 동안의 약물복용 습관까지 들여다 볼 수 있기 때문이다. 소변과 혈액 보고서는 최근 상황에 대한 내용만을 제공하지만 털은 훨씬 더 오래된 정보까지 기억한다.

타고나지 않은 깃털

꾸미기

얼굴을 아름답게, 무섭게, 혹은 좀 다른 측면에서 큰 존경을 자아낼 수 있게 만들려는 시도로써 오랜 역사의 한 축을 이루는 화장, 즉 얼굴 칠하기부터 시작해보자. 화장은 성적 끌림, 공격, 지위 추구의 역사 속에 깊이 자리잡고 있다. 이제 얼굴을 좀 더 매력적으로 만드는 일을 집중적으로 파헤쳐보자.

화장과 관련된 모든 장비는 인상적이다. 마스카라, 아이라이너, 크림, 파우더, 루즈, 립스틱 등은 시작에 불과하다. 이는 놀랄만한 일이 아니다. 안색은 다소 우연적인 방식으로 결정되고, 우리가 생각하는 존재와 일치하지 않는 경우가 많기 때문이다. 심장에 결함이 있어 심실에서 혈액 역류가 일어나는 어린 소녀의 뺨은 평생 동안 바람, 바닷물, 독주, 고생을 달고 산 선장의 뺨과 비슷할 수 있다. 그럼에도 불구하고 화장은 참으로 이상한 일이다. 가령 루즈나 블러셔만 해도 그렇다. 인간이 지닌 색 중 가장 수시로 변하는 색을 흉내 내기 위해서, 그리고 붉은 볼을 가진 인간이라는 동물에게 순간적으로 나타나는 색을 지속적인 상태로 만들기 위해서 광물질을 사용하는 것 말이다. 립스틱은 그 속에 담긴 색조로 몇 시간 동안 입술에 매력을 부여하며, 시간과 공간과 만남을 통해 퍼져간다. 한쪽 입술을 이용하여 입술 나머지 부분에 립스틱을 펴 바르는 행위는 입의 가장 바깥 부분이 사용되는 방식으로서 터무니없기도 하고 시사하는 바도 많다. 양쪽 입술이 합심하여 서로의 모습을 꾸미는 것이다.

　　립스틱은 침팬지(그리고 최근에는 코끼리까지)의 자의식 수준을 파악하는 데 사용되어 왔다. 침팬지의 볼에 물감을 살짝 묻히고 거울 앞에 세우면 침팬지는 물감을 알아차리고 지우려고 한다. 이것은 다른 영장류와는 달리 침팬지가 자의식, 또는 최소한 거울에 비친 얼굴이 자기 얼굴이며 자기 자신이라는 직관을 가지고 있음을 보여준다.[4] 이 실험결과가 갖는 의미는 인간과 침팬지의 차이가 생각했던 것보다 크지 않다는 쪽으로 엄청나게 과장되었다. 이에 대해 나는 다음의 사실만 언급해 두겠다. 침팬지는 립스틱을 사지도 않았고, 립스틱 색을 두고 고심하지도 않았으며, 그 립스틱이 자기 옷과 어울리는지 또는 현재 유행과 맞아 떨어지는지 생각해보지도 않았고,

립스틱으로 배우자를 흥분시키거나 부모님에게 충격을 주려는 마음도 없었으며, 친구나 색채 컨설턴트한테 전화를 걸어 조언을 구하지도 않았다.

가면은 외모를 개선, 통제, 조정하기 위한 극단적인 방법이다. (역할 이론에서는 인생 전체가 가면을 만들고 유지하며, 타인에게 비치는 자신의 모습을 관리하는 데 바쳐진다고 본다.) 그리고 특히 안경 등의 다양한 보조기구는 우리가 타인의 인상을 감지하는데 도움이 될 뿐만 아니라 특정한 인상을 타인에게 전달하는데도 이용된다. 외눈 안경, 금테 안경, 손잡이가 달린 안경 모두 우리를 대신하여 우리가 어떤 사람인지를 보여준다. 그러나 나는 좀 더 다루기 쉽다는 이유로 최근 몇 년 사이 두드러지게 나타난 경향에 초점을 맞추고자 한다. 사람들의 얼굴에 달린 금속의 양이 증가한 현상이다.

이제 귀걸이와 목걸이에 더해 피어싱까지 추가되었다. 코, 눈썹, 귓바퀴, 혀에 이르기까지 너무 부드러워서 혹은 너무 비위생적이어서 피어싱을 할 수 없는 곳이란 없다. 이런 식으로 금속을 달고 있는 사람들 중 상당수가 피어싱을 일종의 자기표현 방법, 즉 그들의 개성을 드러내는 방식이라 생각하고 있지만 이 행위가 갖는 의미는 분명하지 않다. 물론 이것은 이상한 생각이다. 유행을 따르는 것은 개인의 독특한 개성을 주장하는 것과 정반대 행위이기 때문이다. 유행은 정의상 충분히 많은 수의 사람들이 그것을 따라야만 유행이라 할 수 있다. 유행은 전염성을 지닌 맹목적 모방이다. 아마도 유행은 세상의 극히 일부, 즉 기득권층의 사람으로 구성된 곳에서만 반항정신을 의미할 것이다. 때때로 유행은 '나는 그런 세계에 속하는 사람이 아니다'라고 말하는 것 같다.

얼굴은 다른 모든 생물, 무생물과 마찬가지로 열역학 제2법칙의 영향을 받는다. 실제로 얼굴은 상당량의 네커티브 엔트로피negative entropy를 끌어들이는 복잡한 물체이며, 얼굴에 어린 미소나 치아 역시 그들 나름의 비개연성improbability을 지닌다. 그러니 화장과 장신구만으로 마모와 손상의 증거를 숨기기엔 불충분하다고 말하는 것도 무리는 아니다. 즉, 획기적인 구조적 변화가 필요하며, 화장으로 도저히 가릴 수 없는 곳에는 전면적 개보수가 불가피해진다. 여기에 항상 칼이 필요한 것은 아니다. 얼굴을 재배열할 수 있는 좀 더 섬세하고 미묘한 방법들이 있다.

지난 몇십 년 동안 보톡스는 거의 유행이라고 할 만큼 그 비율이 증가했다. 보톡스는 그야말로 대담한 생각이다. 보툴리눔 독소Botulinum toxin는 가장 치명적인 독 중 하나다. 이 독소는 클로스트리디움 보툴리눔이라는 박테리아에 의해 생성된다. 이 독은 신경과 근육 사이 접합부에서 이루어지는 전기 자극의 전달을 방해함으로써 죽음을 초래한다. 곁눈질, 찡그리기, 미소 등 전적으로 합당한 용도로 수년 동안 얼굴을 사용하다보면 미간, 이마, 눈가(까마귀 발이라는 시적인 이름이 붙은 주름)에 깊은 주름이 남게 된다. 보툴리눔 독소를 해당 근육의 운동점에 주사하면 근육이 일시적으로 약화되어 사용되지 않음으로써 매끄럽게 펴진다. 그에 따라 그간 얼굴의 활동 내역을 집약하여 얼굴의 나이를 무심코 드러내는 원치 않는 주름이 줄어든다. 이것은 물론 집행유예, 즉 뒤로 미루는 일일 뿐이다. 주름은 다시 생기기 때문에 반복해서 주사를 맞아야 한다. 그러다 결

국 얼굴은 자신이 더 이상 아름답지 않다는 사실을 직시하고, 궁극
적인 소멸을 의미하는 무관심을 견뎌야 한다.

내 머리 돌보기

정확히 어떻게 그리고 어느 정도까지 우리 자신을 머리와 동일시할 수 있는가와 상관없이 우리의 미래가 머리의 미래와 떼려야 뗄 수 없이 얽혀있다는 사실에는 의심의 여지가 없다. 따라서 우리는 머리를 잘 돌보는 편이며, 그 방식은 직접적일 수도 간접적일 수도 있다. 우리는 심장을 보살핌으로써 머리를 보살피고, 머리를 통해 몸에 적절한 음식을 주입하고 운동해서 머리를 돌본다. 이때 운동은 앞서 말한 바와 같이 일정한 내부 환경을 조성하여 스스로를 돌보려는 신체적 노력에 동반되는 땀의 분비량을 기준으로 조정한다. 좀 더 직접적인 방법으로 머리에 튼튼한 모자를 씌울 수도 있고, 이보다도 더 직접적인 방법을 써서 머리의 매무새를 다듬어 머리의 외양과 건강을 보살피기도 한다.

머리 가꾸기는 다양한 형태로 나타난다. 귀지를 파고, 코를 풀고, 눈을 비벼 졸음을 떨치고, 눈썹을 뽑고, 세수를 하고, 화장을 하거나 고치고, 머리를 빗는 등의 행위가 그 예이다. 나는 그중에서도 가장 평범한 새벽의 노래, 즉 세수에만 집중하고자 한다. 우리는 오랫동안 세수를 해왔기 때문에 그것이 미치는 영향을 간과하기 쉽다.

프랑시스 퐁쥬Francus Ponge(1898~1988, 프랑스의 시인 겸 비평가: 옮긴이)가 '마법의 돌'[1]이라 부른 비누는 차치하더라도, 우리 자신을 씻는 일만이 지닌 독특한 속성이 있다. 수조와 수도관 속에 있는 물의 매끄러운 네트워크와 우리를 연결할 뿐만 아니라, 모든 사람에게 똑같이 떨어지는 가정집 샤워기의 보편적인 빗물과 연결한다. 또한 생리적 필요에 맞게 물의 온도를 조절하는 조절 네트워크는 씻는 일만이 지닌 독특한 속성이다. 나는 몸의 일부(손)를 이용하여 다른 일부(머리)에 영향을 끼친다. 나는 행위의 주체이자 대상이다. (이 관계는 내가 손을 씻을 때 훨씬 더 복잡해진다.)[2]

씻기의 속성은 그 문법에도 반영되어 있다. 그리스어에서 'louomai(나는 씻는다)'는 말은 수동태와 능동태의 중간인 중간태 middle voice에 속한다. 영어에서는 '나는 씻을 것이다(I am going to wash)'(여기서 씻기에 대한 생략된 목적어는 자신이라고 간주된다)라고도 하고, 씻는 대상을 자동차나 접시처럼 목적어로 표현하여 '나는 나 자신을 씻을 것이다(I am going to wash myself)'라고도 한다. 우리는 씻을 때 행위의 주어이자 목적어가 된다. 이것이 지금 자신의 엉덩이를 혀로 핥고 있는 고양이에게도 똑같이 해당된다고 말하려는 사람은 심각한 착각을 하고 있는 것이다. 고양이는 주어도 아니고 목적어도 아니다. 즉, 고양이는 자신의 몸을 하나의 대상으로 취급하는 체화된 주체가 아니다. 이것은 고양이가 나처럼 자의식 속에서 몸을 자신의 것, 즉 자신으로 여기지 않기 때문이다.[3]

나는 씻을 때 거의 의심할 나위 없이 몸을 하나의 대상으로 취급한다. 이때 사용하는 방법은 다른 대상을 닦을 때 쓰는 방법과 비슷하다. 귀에서 귀지를 닦아낼 때 쓰는 면봉은 키보드 자판 사이에 떨어진 비스킷 조각 같은 부스러기를 제거하는 데도 사용된다. 머리를 먼저 물에 적신 후 비누를 칠한 다음에 물로 씻어내고 말리는 과정은 머리의 완강한 객관성, 벽돌 같은 단단함, 거의 감춰진 것이 없는 불투명한 타자성otherness을 떠올리게 한다. 그것은 일상의 메멘토 모리(memento mori, 죽음을 기억하라) 중 하나다. 또한 양치질을 할 때도 나는 대충 기계적으로 칫솔질을 한다.

그러나 양치질을 생략하면 하루 종일 불쾌한 기분을 느끼면서 다른 사람들과 일정 거리를 유지하고 싶어지게 되고, 하루의 업무를 하는데 반드시 필요한 타인과의 교류 대부분을 제대로 할 수 없게 되는 대가를 치러야만 한다. 그러니 정해진 대로 2분 동안 유지되는 이 행위가 사적인 밤과 공적인 낮 사이의 수많은 매무새 다듬기 행위 모두를 대표한다고 해두자. 양치질을 하는 이유는 여러 가지지만 그 중에서도 주된 이유가 있다. 이가 썩지 않도록 하기 위해서 (혹은 이가 썩는 것처럼 보이지 않기 위해서)다. 무언가를 이루려는 것이 아니라 반대로 일어나지 않도록 예방하는 것을 목표로 하는 이 행위는 자신의 몸을 보살핌이 필요한 존재이자 미리 손 써야하는 내재된 부식을 가진 존재로 보는 개념과 곧바로 연결된다.

치아에 적용된 이러한 직관으로부터 과학에 근거를 두고 손기술을 통해 적용되는 모든 예방, 보존, 교정 치과 기술이 발전했다. 우리는 세상에서 가장 사적인 공간에 제삼자의 인식, 즉 지식을 개입시킨다. 입보다 우리에게 가까운 것이 또 어디 있겠는가. 입을 맞출 때는 심지어 타인의 입까지도 3인칭에서 2인칭의 위치로 격상된다는 점을 감안하면 입처럼 1인칭인 것이 또 어디 있겠는가. 그럼에도 불구하고 충치의 결과로 인해 절대적인 주의가 쏠릴 수밖에 없는 번개 같은 고통의 강타가 어느 때고 입 속에서 일어날 수 있다는 것을 인정한다. 그리고 우리는 치아가 더 이상 비용 면에서 효율적이지 못하다는 판단이 드는 순간 기꺼이 그 치아를 떠나보낼 의사가 있다. 가장 차가운 과학이 몸의 가장 따뜻한 곳에 자리를 틀 수 있는 것 같다.

그러니 젤리 형태의 첨가물 속에 입 냄새를 제거해주거나 가려주는 (개인적 체취를 제거하려면 화학약품 또는 브랜드 명이 달린 보편적인 냄새를 지니게 되는 대가를 치르므로) 물질과 연마재, 즉 석질이 모두 들어있는 치약에 찬사를 보내자. 몸의 일부를 체계적으로 문질러 닦는 행위, 즉 윗니 앞쪽, 윗니 뒤쪽, 위 어금니, 아랫니 뒤쪽, 아랫니 앞쪽, 아래 어금니, 그리고 패인 곳이나 음식물이 잘 빠지지 않는 곳이 있으면 특별히 더 잘 닦아주는데 걸리는 2분은 수많은 고인을 상기해야 하는 묵념의 시간 2분만큼이나 길게 느껴진다.

칫솔질이라는 작은 회로 속에는 커다란 고리가 감겨 있다. 그 고리는 알려진 세계의 상당 부분을 에워싼다. 외국에 나가는 사람은 (다른 무엇보다도 특히) 전동칫솔을 충전할 수 있도록 방문하는 나라에 맞는 어댑터 플러그를 확실히 챙길 필요가 있을지 모른다. 이를 닦는 손과 닦이는 입 사이의 최첨단 상호작용은 먼 거리를 포괄하고, 여기에는 충전용 배터리에 들어간 수십만 가지 개념을 비롯해 엄청난 수의 추상적 개념이 포함되어 있다. 저 멀리 이탈리아에서 발견된 볼타 전지의 후손이라 할 수 있는 이 배터리는 EU에서 만든 것이고 3개 국어로 주의사항이 쓰여 있다. 거기다 미백, 치석 검출, 항균 기술 등 치약과 관련한 엄청난 이론적 인프라가 있다. 우리 생활과 좀 더 가까운 측면에서는 치약의 줄무늬가 서로 분리된 상태를 유지하는데 필요한 온갖 정교한 기술은 물론이고 치약을 짜내는 올바른 방법, 치약 뚜껑을 제대로 덮는 일, 치약이 떨어지지 않게 확실히 채워놓아야 할 책임 등에 대한 논의가 있다. 내가 양치질을 할 수 있게 되기까지 얼마나 많은 머리가 힘을 합친 것일까?

따라서 가장 체화된 상태의 우리에게 기울이는 가장 사적이고 직접적인 주의인 매무새 다듬기는 고양이가 자신의 엉덩이를 핥는 상황과는 달리 개념적이고 실질적인 거대한 여정과 자연세계와 인간세계의 커다란 구획을 수반한다. 고양이가 씻을 때에는 고양이 몸의 한 부분과 다른 부분 사이에 아무 것도 개입되지 않는다. 그러나 우리가 매무새를 다듬을 때에는 관습, 상품, 제도, 규칙의 총체가 치약 묻은 칫솔이라는 매개물을 통해 그 행위에 개입된다.

13장

생각하는 머리,
무기로 전락하다

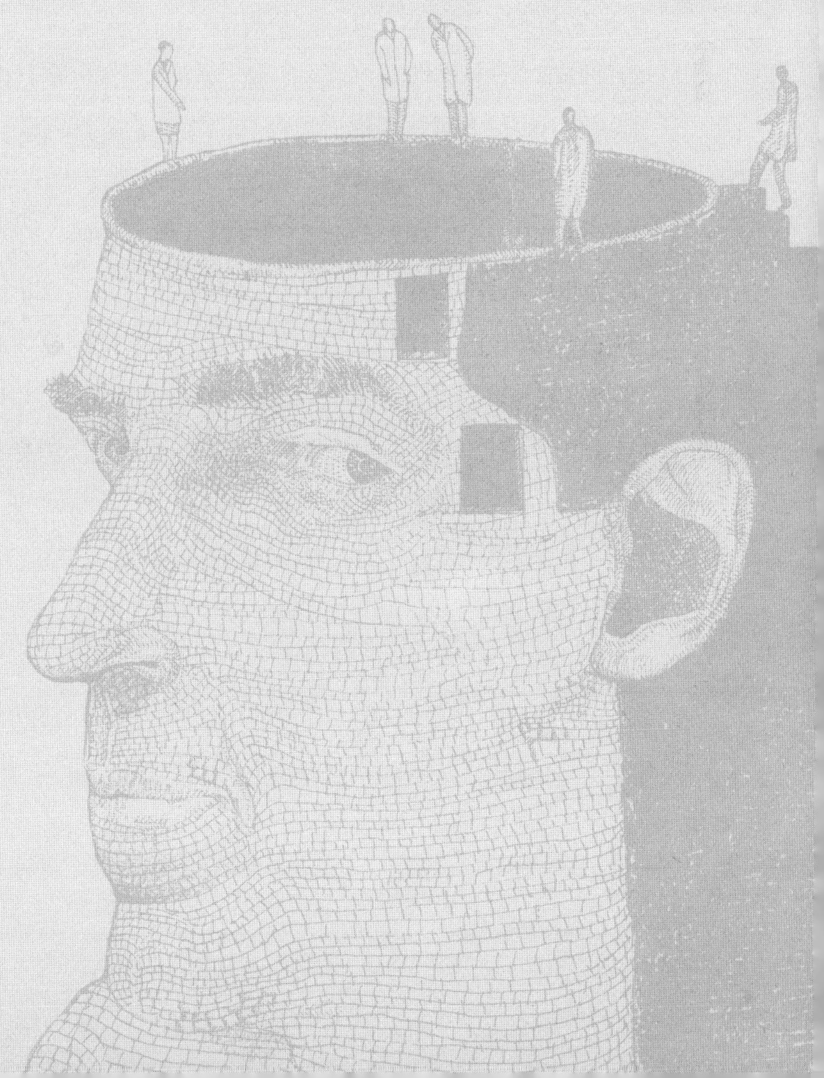

무기창고

중산층의 아이들은 거리에서 일어나는 우발적인 폭력에 잘 대처하지 못한다. 한 소녀가 모욕을 당한 뒤 망간 함량이 높은 안구의 염수로 반응을 보인다. 한 소년이 소녀를 구하러 온다. 그는 만화책의 주인공을 흉내 내며 가장 가까이에 있는 상대에게 주먹을 들어올린다. 얼마 안가 소년은 콧물을 질질 흘리며 바닥에 뻗어 있는 자신을 발견한다. 그에게서도 염수가 분비되는데 이 염수는 육체적, 정신적 고통이 합쳐져 생겨난 것이므로 분명 망간 농도가 중간 정도일 것이다. 그는 퀸즈베리 규칙(퀸즈베리 후작이 정한 권투 규칙으로 현대 권투의 근간이 됨 : 옮긴이)은 싸움을 심각하게 생각하지 않는 사람들만 존중하는 규칙이라는 걸 잊고 있었다. 육체적, 사회적으로 살아남는 일이 먼저인 사람들은 손에 잡히는 대로 아무 무기나 사용하고 규칙 따위는 무시해버리기 마련이다. 소년은 '글래스고 키스Glasgow kiss'라고도 하는 잔인한 영국식 박치기를 당하고 말았다.

무기로서의 머리는 손처럼 다방면으로 쓰일 수 없다. 또한 주먹보다도 더 직접적hands on일 정도로 상대와 매우 근접해야만 상처를 입힐 수 있기 때문에 상처를 입히려다가 자신도 똑같은 상처를 입을 수 있다는 단점이 있다. 그럼에도 불구하고 박치기는 머리로 다른 사람의 머리에 상처를 입히는 방법으로서 많은 장점을 가지고 있으며, 대부분의 경우 예컨대 알렉산더격(르네상스기 프랑스에서 유행했던 시 형식 : 옮긴이) 시에 나오는 풍자보다 훨씬 장점이 많다. 뇌를 보호하는 뼈는 엄청나게 강하며, 뼈가 두껍고 국부적으로 곡률이 큰 두개골의 일부는 좋은 무기가 된다. 머리를 주의 깊게 살펴본 적이 없는 사람들을 위해 말하자면 여기에는 머리카락이 나기 시작하는 선과 가까운 쪽의 이마와 바깥쪽으로 곡선이 진 두정골 부분, 그리고 후두부가 포함된다. 박치기의 요령은 덜 민감한 부분을 이용하여 상대의 민감한 부분을 치는 것이다. 치아는 무기일 뿐만 아니라 두꺼운 두개골을 덮고 있는 피부는 치아보다 손상을 입기 쉬우므로 상대의 치아에 박치기를 하는 건 좋은 생각이 아니다.

머리는 신체적, 심리적 무기가 가득찬 무기고다. 가장 원시적인 형태의 일대일 대결인 박치기는 다른 간접적인 방법이 모두 실패했을 때 쓰는 최후의 수단이다. 눈빛만으로 상대를 죽일 수 있었다는 고대의 신화는 아마도 그저 고대의 신화일 뿐일지 모른다. 그러나 눈빛은 상대를 꼼짝 못하게 하고 효과적으로 무력화시켜 창을 고무로, 다리를 젤리로 바꿔놓을 수 있다. 욕설, 절규, 고함, 악담, 위협도 비슷한 역할을 한다. 침을 뱉는 행위는 불쾌감을 유발할 수 있고, 상대를 이로 무는 행위는 그것이 야기하는 격렬한 고통보다 더 깊숙한 영향을 줄 수 있다. 이로 물었을 때 생기는 상처를 더욱 쓰라리게 만드는 건 성적 친교의 지독한 반전에 해당하는 친밀감이다. 이때 공격당한 사람은 성관계에서와 마찬가지로 신체 감각으로 인해 공격자의 몸이 닿는 곳에 존재할 수밖에 없게 된다. 상대를 무는 행위는 육체뿐만 아니라 영혼까지 공격한다. 엘리아스 카네티 Elias Canetti(1905~1994, 1981년에 노벨문학상을 수상한 영국의 작가 : 옮긴이)는 모든 무기가 폐기되고 상대를 무는 것만이 허용되는 세상을 상상했지만 '그토록 철저히 무장 해제된 세상에는 대량학살이 없을 것인지'

의문을 품은 니얼 퍼거슨Niall Ferguson(1964~, 영국의 사학자 : 옮긴이)의 생각은 옳다.[1]

　머리를 무기로 사용하는 것은 머리의 물질적 속성을 이용하는 행위의 기이한 속성을 보여주는 좋은 예다. 앞서 우리는 머리가 가진 물질적 특성 중 한 측면, 즉 머리의 가시성을 이용하는 까꿍 놀이와 관련하여 이 점에 대해 논의한 바 있다. 박치기, 물기, 위협적으로 쳐다보기의 경우에는 이처럼 머리를 물질적 대상으로 이용하는 정도가 까꿍 놀이보다 한 걸음 더 나아간다. 박치기는 너무나 원시적이라는 점 때문에 특히 이상해 보인다. 박치기에서는 복잡한 시각적 장면을 이해하고(물론 싸움에서 승리하려면 이것이 반드시 필요하지만), 말 등의 소리를 분석하며(희미하게 들리는 소리를 구체적인 위협의 소리로 해석하는 것도 마찬가지로 중요하지만), 추상적인 생각을 고찰할 수 있는(분명한 가능성의 영역까지 미치는 인식이 필수적이지만) 머리의 놀라운 능력과 연관된 용도로 머리를 사용하지 않고 의도적으로 머리의 무게(약 5kg)와 인장강도만을 사용하기 때문이다.[2]

　단순성과 복잡성, 구체성과 추상성의 혼합은 선대의 잘못으로 인해 야기되거나 해묵은 원한으로 촉발되거나 사전 합의에 의해 결정된 길거리 싸움의 경우 더욱 복잡해진다. (싸움의 원인에 대해 골똘히 생각하고, 이동경로를 결정하며, 전략을 계획하는) 생각하는 머리를 물질적 대상으로 전환시켜서 역시 물질적 대상으로 전락한 상대의 머리에 해를 입히는 도구로 사용하는 싸움의 주역들을 한번 떠올려보라. 축구에서의 머리 쓰임새를 생각할 때도 비슷한 감정이 든다. 헤딩, 즉 머리로 공차기는 세상에서 가장 정교한 물품이 들어있는, 혹은 들어

있다고 일컬어지는 구조물에게 불명예를 안겨 준다. '머리로 받다 head'라는 동사는 어딘가로 '향해 가다head off'라는 뜻일 때를 제외 하고는 괴상한 치욕을 뜻한다.

'글래스고 키스'라는 용어는 우리가 비유를 통해 직관적으로 이 거대한 세계를 파악하며, 머리만큼이나 복잡하고 개인적, 집단적 역사로 가득한 2백만 개의 머리로 구성된 한 도시를 이해할 수 있 다는 사실을 상기시킨다. 예컨대 뉴욕의 세속적이고 속물적인 측면 의 조소를 포착한 브롱크스 치어(Bronx cheer, 뉴욕의 야구팬들에게 보편화 되어 있는, 혀를 부르르 떨어 상대를 야유하는 행위. 브롱크스는 미국 뉴욕시 북부의 행 정구역이다 : 옮긴이)라는 개념에 들어있는 것과 같은 이런 고정관념은 우리가 세상을 파악하는데 도움이 된다.

전쟁에서의 머리

머리는 무시무시한 무기지만 그렇게 되는 이유는 그 머리가 공격하 는 다른 머리들이 너무 약하기 때문이다. 따라서 정확히 말하자면 머리는 두려운 존재이자 두려워하는 존재다. 물론 머리는 나름의 방어체계를 갖추고 있다. 뇌는 상당한 강도를 지닌 뼈로 완전히 싸 여 있다. 1997년 12월 24일에는 존 에반스라는 사람(전문 '머리 곡예 사' - 이 세상에는 모든 사람이 다 제각기 할 일이 있는 모양이다)이 BBC 방송국에 서 머리 위에 총 189kg에 달하는 101개의 벽돌을 쌓고 10초 동안 균형을 잡고 서 있었던 적도 있다. 그럼에도 불구하고 귀의 정교한 메커니즘은 미로같이 복잡한 뼈 구조 안에 숨어 있고, 눈은 뼈로 이루어진 눈구멍 속에 자리 잡고 있지만 이들의 안전은 상대적일 뿐이다. 보호 안경, 귀마개, 귀 보호기, 입술 연고, 헬멧으로는 이를 근본적으로 바꾸지 못한다.

방어무기의 성격을 지니는 장신구인 헬멧은 전쟁의 상징이다. 호머Homer(BC 800?~BC 750, 고대 그리스의 유랑시인으로 유럽 문학 최고 최대의 서사시 《일리아스》와 《오디세이아》의 작자 : 옮긴이)의 전사들도 헬멧을 착용하는 등 헬멧의 역사는 고대 그리스까지 거슬러 올라간다. 헬멧보다도 더 오래된 단검인 미케네 시대의 기둥 무덤 단검(단검의 소유주 귀족과 함께 매장되었기 때문에 붙여진 이름)에 새겨진 장식을 보면 최소 3천 년 전부터 헬멧이 사용되었다는 걸 알 수 있다. (순전히 장식의 목적으로 그려진 머리 보호 장비의 모습이 머리에서 머리로 전해지며 그렇게 오랜 시간 동안 자신의 존재를 보존해왔다는 게 참 이상하지 않은가. 칼을 만든 장인도 자신이 죽고 나서 그렇게 오랜 세월이 흐른 후 자신이 나에게, 그리고 나를 통해 독자에게 이런 사실을 알릴 수 있을 거라 생각하지 않았을 것이다.) 침투력이 증강된 총기류의 사용으로 무의미한 존재처럼 전락하게 된 18, 19세기를 논외로 하면 헬멧은 줄곧 전쟁에서 사람을 보호하는 데 중심적인 역할을 했다. 모든 것에 시간 낭비에 가까운 비효율적인 관심을 쏟았던 현 영국 황태자의 역할 모델 앨버트 공Prince Albert(1819~1861, 대영제국의 빅토리아 여왕의 남편, 에드워드 7세의 아버지로 빅토리아 여왕에게 가장 강력한 영향을 끼친 배우자 : 옮긴이)은 《펀치Punch》(영국에서 발행된 만화 위주로 된 세계에서 가장 오래된 주간잡지 : 옮긴이)에서 '토시와 석탄통과 개수통을 접목한 듯한 물건'으로 묘사된 헬멧을 디자인하기도 했다.[3]

헬멧은 상징적이기도 하다. 양차 세계대전 당시 독일 헬멧과 영국 헬멧의 모양이 달랐던 덕에 연재만화 작가들은 굳이 말풍선 안에 'Achtung!(독일어로 '조심해'라는 뜻: 옮긴이)'이나 'Blimey!(영어로 '제기랄'이라는 뜻: 옮긴이)'라고 쓰지 않아도 충분히 등장인물들의 관계를 나타낼 수 있었다. 머리에 쓴 헬멧으로 금속의 바다를 이루었던 무리는 증오의 시대였던 20세기 전반부의 대규모 전쟁과 군 중심의 전체주의 국가, 총력전을 상징한다. 헬멧 아래의 머리는 양심이나 개인적 의지를 비롯해 사고에 가까운 모든 것이 결여된 것처럼 보인다. 여기에서 우리는 인간의 광물화, 즉 공격의 한 단위로 전락한 인간, 슬픔을 전담하는 좀비를 본다. 그러니 긴 수풀 속에 버려진 채 그 위로 쐐기풀이 얼키설키 자라서 이제는 꿀벌의 집이 되어있는 헬멧의 이미지는 얼마나 사람의 마음을 끄는가.

어떠한 헬멧도 인간의 근본적인 취약성을 상쇄할 수 없으며, 전쟁은 인간의 취약성을 만들어내는 것이 아니라 단지 악용하고 악화시킬 뿐이다. 우리는 끊임없이 머리를 다친다. 머리에 뭔가가 부딪혀서 느껴지는 고통은 아마 인간에게 가장 친숙한 감각 중 하나일 것이다. 사람이 나이가 들수록 상처 입은 두피의 욱신거리는 통증에는 순간적으로 어린 시절로 돌아가는 듯한 창피함이 더해진다. 상처 입은 부위를 부여잡고, 신음 소리를 내고, 배설물과 성행위와 신과 관련된 감탄사를 닥치는 대로 내뱉으며 우왕좌왕하게 만드는 통증으로 인해 하던 일이 도중에 중단되고, 그 와중에도 자신이 우스꽝스러운 장면을 연출하고 있다는 걸 자각하는 때가 그렇다. 셰익스피어의 시니어 공작(희극 《뜻대로 하세요》의 등장인물: 옮긴이)은 고통의 근본적인 원인을 다음과 같이 너무나 정확히 표현했다.

이것은 실감나게 나를 나란 존재로 확인시키는
카운슬러다.[4]

이 고통은 셀 수 없이 많은 껍질로 이루어진 지옥의 바깥 껍질일 뿐이다. 더 깊이 들어가면 만화에 나오는 등장인물처럼 사람에게 오점을 남기는 추락이 있다. 차 유리창에 머리를 박으면 평생 남을 상처를 입고 타인과의 모든 관계가 악화되는 방향으로 바뀌게 된다. 공격자에게는 특히 편리한 방법인 구타로는 코피 터뜨리기가 있고, 타격이 센 경우에는 코뼈가 부러져 영구적인 손상이 남기도 한다. (이 마지막 내용은 상처받은 자존심과 희망, 서글픈 굴욕적 사건을 나타내는 은유이기도 하다. 보궐선거의 유권자들은 항상 정부의 코피를 터뜨리곤 한다.) 귀는 계속 맞으면 찢어지거나 뭉개질 수 있다. 머리 옆 부분을 무지막지하게 강타당하면 청력을 완전히 잃고 덤으로 의미 없는 이명이 생길 수 있다. 손가락, 다트, 막대기, 탄알에 찔린 눈은 (C. S. 포레스터의 글을 인용하자면) '보이지 않는 고통의 지옥'으로 변할지도 모른다. 그러나 우리는 아직도 안쪽 가장 깊숙한 껍질까지 도달하지는 못했다.

온갖 특별한 보호 장치에도 불구하고 뇌는 내부 발작이나 감염에 취약한 만큼 외부 손상에도 약하다. 외상성 뇌 손상에 관한 실험은 두려울 정도로 약한 우리의 취약성과 뇌의 작용방식을 드러내 보였다. 일상 기능이 이렇듯 뇌에 의존한다는 사실은 신중하게 조사된 수천 건의 사례연구를 통해 입증되었다. 그중에서도 가장 극적인

예는 19세기의 가장 유명한 신경학 환자라고 할 수 있는 피니어스
게이지의 사례이다.

철도 노동자였던 게이지는 두개골에 강철 막대가 관통하는 불행
한 사고를 당했다. 이 사고로 그는 전두엽의 일부를 잃었다. 결단력
있고 근면한 노동자이자 침착하고 나무랄 데 없이 예의 바른 사람
이었던 그는 성질 고약한 술주정뱅이 떠돌이로 변했다. 이 사례를
보고한 의사 할로우 박사는 사고 후 게이지의 모습을 다음과 같이
묘사했다.

> 게이지는 때때로 완강히 고집을 부리는 한편 변덕스럽고 우
> 유부단했으며, 앞으로 무슨 일을 할지 많은 계획을 세웠다가 곧
> 바로 단념하는 모습을 보였다. 어린아이 수준의 지적 능력과 표
> 현을 보였지만 그러면서도 강한 남성의 동물적 열정을 갖고 있
> 었다.[5]

단적으로 말해 그는 스스로를 지휘, 통제할 능력을 완전히 상실
했다.

뇌가 들어있는 곳이 정신이 들어있는 곳과 밀접한 관련이 있음을
보여주는 여러 관찰 결과 역시 뇌의 중요성을 뒷받침한다. 머리에
충격을 받아 뇌에 손상이 가해지면 시력을 상실하거나 기억이 손상
되거나 성격이 바뀔 수 있다. 이 모든 사실은 시력, 기억력, 성격,
즉 가장 원시적인 감각에서부터 가장 정교하게 구성된 자기감에 이
르는 모든 것들이 절대적으로 뇌의 기능에 달려있음을 보여준다.

신경신화학자들에게 이는 정신이나 영혼이 뇌에 존재하며 뇌 안에는 감각, 지각, 감정, 자기, 개인을 하나로 합치는데 필요한 모든 것이 들어있다는 것을 의미한다. 물론 이는 필요조건과 충분조건을 혼동한 것이다.

그럼에도 불구하고 모든 결정적 타격은 우리의 일반적인 의식이 우리가 통제할 수 없는 것들에 달려있다는 사실을 새삼 깨닫게 한다. 의학에 종사하면서 나는 이 점을 상기시킬 사례가 더는 필요 없을 정도로 너무나 많은 교통사고 환자들을 봐왔다. 그 중 내 머리 속에서 30년 동안이나 떠나지 않는 사례가 있다. 결혼식에 참석했던 사람들이 트럭과 정면충돌한 사건이었다. 신랑이 가장 먼저 실려 왔다. 그는 깊은 혼수상태였다. 놀라운 일도 아니었다. 엑스레이에 찍힌 그의 두개골은 바닥에 떨어뜨린 삶은 달걀 껍데기처럼 완전히 산산조각 나 있었다. 그 속에 들어있던 질척한 뇌의 바깥 면에는 대량의 피가 고여 있었고, 수없이 많은 출혈 자리에는 대뇌반구로부터 뇌간이 잘려 나와 있었다. 신랑은 여전히 예복을 입은 채였고, 그의 가슴에 꽂혀있던 꽃은 이동식 침대 옆 바닥에 떨어져 정신 없이 움직이는 의료진의 발에 짓밟히고 있었다. 다른 결혼식 하객들이 도착했을 때쯤 그는 이미 사망했다.

의식을 영원히 소멸시키기는 너무나 쉽다. 인간의 머리를 발달시키고, 기르고, 교육시키는 데 필요한 과정과 머리를 파괴하기에 충분한 과정 사이에는 무시무시한 불균형이 존재한다. 잔인한 무기를 사용한 우간다, 캄보디아, 르완다의 학살은 소름끼치는 방식으로 이 사실을 보여주었다. 살상에 쓰인 재래식 방법은 그 행위의 공포를 더욱 부각시킨다. 우간다의 이디 아민Idi Amin(1928~2003, 쿠데타로 정권을 장악하고 독재자로 군림해 국내외적으로 비난받은 우간다의 군인 겸 정치가 : 옮긴이)은 10만에서 50만 사이(가장 믿을 만한 수치는 30만)의 사람들을 죽이거나 혹은 죽음에 이르게 했다. 상당수의 학살은 통제 불능 상태의 민병대에 의해 자행되었고, 이들은 단단한 받침대 역할을 해주는 길바닥에 희생자를 눕혀놓고 큰 쇠망치로 머리를 강타하는 방식을 즐겨 사용했다. 단 한방에 눈의 생기가 꺼지고, 청력이 소실되고, 미소가 사라지며, 세상이 펑하고 끝난다. 이런 살인 건수가 너무나 많아서 시체가 나일 강의 수력발전 시스템을 막지 않도록 강에서 시체를 치우는 체계적인 방법이 마련되어야 했을 정도였다. 사악한 머리 하나가 세상에 그렇게 많은 사람들을 향한 공격을 명령할 수 있다. 지극히 단순한 무기에도 머리, 특히 어린이와 유아의 머리는 무력하다. 그 어떤 것도, 심지어 뼈로 된 공간 속에 깊숙이 자리 잡은 달팽이관조차도 숨을 수 없다. 누군가를 그토록 쉽게 죽일 수 있다는 사실에 대해 숙고하여 결론에 이르기란 불가능하다.

목을 베는 일은 이보다는 약간 복잡해서 상당한 힘과 적절한 무기(칼이나 도끼)와 어느 정도의 훈련이 필요하다. 오늘날의 사법적 참수형은 칼을 선호한다. 사우디아라비아에서는 연간 약 100건의 참수가 행해지고, 이는 다음과 같이 고도로 조직화되어 있다.

사형선고를 받은 여성, 남성 모두 진정제를 투여받은 후 정오 기도시간이 끝나면 경찰차를 타고 광장이나 주차장으로 이송된다. 이들의 눈은 눈가리개로 가려지며.

죄수들은 본인 옷을 그대로 입고 맨발 상태로 족쇄를 차고 손은 등 뒤에서 수갑을 찬 채로 파란 비닐 시트의 한가운데로 끌려가 메카를 향해 무릎을 꿇게 된다. 내무부 관료가 현장을 참관하는 사람들에게 죄수의 이름과 죄목을 읊는다.

경찰이 사형 집행인에게 칼을 건네면 사형 집행인은 번쩍이는 언월도를 높이 쳐들어 두세 번 크게 휘두른 후 죄수의 뒤로 다가가 칼끝으로 죄수의 등을 툭툭 쳐서 죄수가 머리를 들도록 한다. 대개 칼을 한 번만 휘둘러도 목이 잘리고 종종 잘린 목은 0.5~1미터씩 날아간다. 응급요원이 머리를 의사에게 가져가면 의사는 장갑을 낀 손으로 목에서 뿜어져 나오는 피를 멈춘다. 의사가 머리를 다시 봉합하면 시신을 파란 비닐 시트로 싼 후 구급차에 실어 이송한다. 그리고 시신을 죄수 묘지에 매장한 후 무덤에 아무런 표시를 하지 않는다. 사우디의 사형 집행인은 자신의 일에 대단한 자부심을 가지며, 이 직책은 세대를 거쳐 계속 상속되는 경우가 많다.[6]

진정제는 마지막 순간이 얼마 남지 않은 머리가 흐릿한 창을 통해 풍경을 보듯이 신체가 분리된 상태와 그 상태에 이르기까지 필히 수반될 공포에 대비할 수 있도록 한다. 스코틀랜드의 메리 여왕(1542~1587)에게는 이런 작은 자비도 허락되지 않았다. 목의 근육과 척추골은 매우 강하기 때문에 1587년 포더링게이 성에서 메리 여왕의 목은 세 번이나 가격을 당한 후에야 비로소 잘려 나갔다. 여왕이 움직이지 못하도록 한 조수가 여왕의 머리카락을 잡고 있었다.

머리에 원조를 제공하는 커다란 동맥과 정맥이 절단되었으니 그 결과는 언제나 그렇듯 완전한 피투성이였다. 이 점 때문에 참수가 인기를 잃고 총살, 독극물 주사, 가스실, 전기의자가 선호되게 된 것이다. 이런 방법들은 자행되고 있는 공포를 참수만큼 적나라하게 상기시키지 않기 때문이다.

다른 머리에 의한 머리의 물리적 파괴는 아무리 법률용어로 감싸고 국가의 대의명분으로 정당화한다고 해도 머리가 집단적으로 창조해 온 인간세계에 대한 절대적 배신행위다. 큰 망치로 상대의 두개골을 부수는 것은 단 한 번의 행동으로 하나의 세계를 완전히 소멸시키는 행위이자 우리가 지금까지 힘을 합쳐 멀리해 온 세상의 어리석은 물질성 편을 드는 행위다.

14장

의식 없는 머리,
잠부터 죽음까지

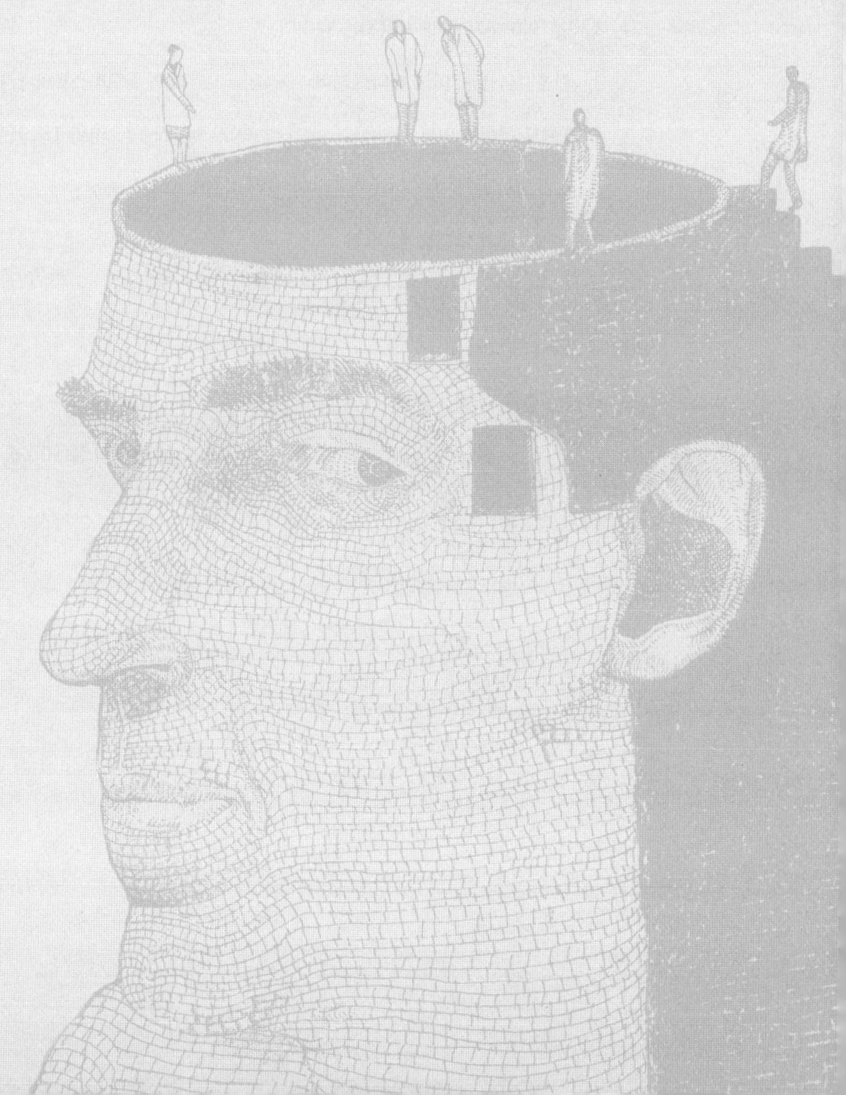

퇴행dwindles은 일반의들이 생물학적, 심리적, 사회적 영역에서의 퇴보, 체중감소 또는
영양 결핍이 나타나면서 분명하게 설명이 되지 않으며 노인 환자들에게서 많이 나타
나는 쇠약을 의미하기 위해 사용하는 용어다.

란 한Ran Han, 마크 베나로이어Mark Benaroia, 배리 골드리스트Berry Goldlist,
《토론토 대학교 의학 저널University of Toronto Medical Journal》 1999년 6권 (3)

지금 말해주오, 내가 대답할 것이니

내가 어떻게 도울 수 있을지 말해주오

바람의 열두 방향으로

내가 끝없는 길을 나서기 전에.

A. E. 하우스먼, 《슈롭셔의 젊은이》 중 32번째

당신의 머리는 매우 낮은 가능성을 뚫고 세상에 태어나 지금까지 살아왔다. 머리는 정교하게 특수화된 질서정연한 구조물이기 때문에 열역학적 평형과 획일적인 균등을 이루려는 우주에는 이질적인 존재다. 이 같은 질서의 저하는 시간의 화살이 날아가는 방향이며, 이 화살의 비행은 우리를 구성하고 있는 조직의 용의주도한 자가 회복에 의해 속도가 느려질 수는 있어도 정지하지는 않는다. 결국 회복 메커니즘 자체가 파손될 것이고, 우리에게는 딱히 별 소용 없는 사용되거나 낭비된 시간이 우리를 쇠약하게 만들 것이다. 우리는 때로는 두려운 마음으로 없던 일이 될 때를 기다리는 우연한 사고다.

때가 되면 당신의 머리는 자기 자신도 못 알아보게 될 것이다. 머리는 더 이상 거울에 비친 스스로를 바라보며 다양한 수준의 불만을 품지 않게 될 것이다. 그리고 돌멩이나 순무만큼이나 아무런 생각을 하지 않게 될 것이다. 물론 그게 언제일지는 머리도 모른다. 스스로에 대해 계획하는 미래가 있다 해도 머리는 어떤 미래가 자신에게 닥칠지 알지 못한다. 이런 무지함은 더없이 행복하다고는 할 수 없어도 축복임에는 분명하다.

그러나 앞으로 다가올 일에 대한 경고는 많다. 생명과 빛을 발하던 우리를 완전히 반대로 바꾸어 놓을 쇠락과 어둠 앞에서 우리가 얼마나 무력한지 알려주는 많은 경고들 말이다. 점점 피로가 의식의 거울을 흐리게 한다. 드라마의 도움으로 (내가 아는 많은 노인들의 텔레비전 시청 습관으로 판단해 보건데) 우리의 작은 삶은 잠으로 완성된다. 우리가 궁극적인 비활성 상태를 향해 떠밀려가는 동안 머리는 확약

이 아닌 묵인의 의미로 고개를 끄덕인다. 날카로운 정신으로 주변에 관심을 기울이던 모습은(아기가 머리를 가누고 주변을 주의 깊게 살피거나 목을 길게 빼는 그 멋진 순간을 누가 잊을 수 있겠는가?) 자리에 주저앉아 아무데도 크게 집중하지 못하는 모습으로 변한다. 머리는 자신의 무게를 감당하지 못하고 축 늘어져 베개에 자국을 남긴다.

고개는 늘어지고, 시야는 좁아지며, 패배감은 엄습해온다. 감각은 식별력을 상실하고 범위도 좁아진다. 관심사가 줄어들고 책임의 범위와 대화의 폭도 좁아진다. 식욕, 야망, 욕망이 사라지고 아무런 일에 마음이 내키지 않게 되는 무관심 상태가 된다. 친구, 동료, 경쟁자의 수도 줄어든다. 정신이 나가는 느낌, 즉 이해력, 파악력, 통제력이 사라져 가는 느낌은 그 어느 때보다 뚜렷해진다. 세상이 저물어가기 시작한다. 마지막 해외여행, 마지막 시골 산책, 마지막 시내 구경, 마지막 공원 거닐기, 마지막 우체통 확인, 마지막 계단 오르기. 삶의 공간이 방 몇 개로 줄어들었다가 다음에는 방 하나, 침대 하나, 급기야 몸 하나로 줄어든다. 아기 때부터 우리 몸으로부터 깨어나 팽창되었던 세상의 거품이 서서히 꺼진다. 그 경계를 가늠할 수 없어 머리를 작아보이게 만들었던 머리의 세계는 그 세계를 키워낸 머리의 크기로 줄어든다. 발가락이 보이지 않게 되고 점점 갈라져가는 목소리에 사로잡힌 감각만이 남는다. 깊은 잠이 삶 위에 수의를 덮는다.

그러나 우선 얕은 잠부터 살펴보자.

졸린 머리

나는 잠의 경계에 이르렀다
곧은 길이든 굽은 길이든 조만간
모두가 길을 잃을 수밖에 없는
헤아릴 수 없을 정도로
깊은 숲,
그들은 선택할 수 없으리.[1]

너무 피곤해서 아무 생각도 할 수 없으면서도 생각을 멈출 수도 없다. 기차에서 맞은편에 인사불성으로 앉아 있는 남자의 모습이 거슬릴 때처럼 정신이 산란해서 잠을 잘 수가 없다. 그의 머리는 축 늘어지고, 그는 주변을 전혀 인식하지 못하며, 입 한쪽으로는 침이 흘러나온다.

평생토록 매일 몇 시간씩 자발적으로 활동할 수 있는 능력을 상실하고 강렬한 환각에 빠질 수밖에 없게 된다는 얘기를 듣는다면, 설령 무신론자라 하더라도 신에게 제발 그런 병의 희생양이 되지 않게 해달라고 기도하는 것도 무리가 아닐 것이다. 사실 이것은 모든 사람이 겪는 고통이다. 실제로 이런 고통을 겪지 않는 사람이 있다면 그 사람이야말로 동정을 받아야 한다. 문제의 상태는 물론 잠으로 인한 깨어있는 상태의 정기적이고 강제적인 중단을 말한다. 백일몽으로 인한 잠깐의 무의식과 자기의 희미해짐이나 눈을 깜박이는 동안 순간적으로 느껴지는 극소량의 어둠을 넘어선 전형적인 잠 말이다. 우리의 하루는 잠으로 시작해서 잠으로 끝나고, 삶의 곡선은 잠 많은 유아기에서부터 상승하여 잠 많은 노년으로 하강한다.

잠은 이 심오한 신비의 상태가 지닌 다양한 측면을 반영하듯 '눈 붙이기shut-eye', 'zzz 소리 내기putting out zeds', '잘 곳 찾기kipping' 등의 여러 표현을 가지고 있다.[2]

눈 붙이기

눈을 뜨고 자는 잠이란 생각만 해도 두려우며, 눈꺼풀 없는 뱀의 응시, 미친 사람의 백일몽, 자는 척하는 스파이를 떠오르게 한다. 요컨대 잠자지 않는 사람의 잠이다. 눈을 감는 행위는 우리처럼 시각이 압도적으로 중요한 동물의 수면에 반드시 필요한 조건이다. 우리가 감각으로부터 얻는 정보의 90퍼센트 이상이 눈에서 비롯된다는 점과 잠은 극도로 정보가 차단된 상태라는 점 또한 감안하면 우리가 잠들기 위한 준비를 할 때 하루 중에서 혼자만의 밤, 즉 모두가 공유하는 밤의 어둠 속에서 개별적인 어둠을 마련하는 것도 당연하다.[3] 어떤 내용인지 아무도 알 수 없는 꿈을 꾸며 자는 머리는 머리의 불분명함을 또렷이 상기시키는 증거다.

우리가 잠을 청하는 게 아니라 잠이 우리를 찾아오는 것이기 때문에 눈꺼풀을 내리는 일은 자의와 상관없는 일일지도 모른다. 눈을 뜨고 있으려고 노력하면 기껏해야 몇 그램밖에 되지 않을 눈꺼풀이 무겁다고 느껴질 수도 있다.[4] 성냥개비로 눈꺼풀을 받치고 있는 이미지는 농담에서나 그 개념이 문자 그대로 받아들여지지만 직관적으로는 말이 된다. 잠과 닫힌 눈꺼풀 사이의 관련성은 심지어 꽃에도 적용된다. 데이지는 '낮의 눈Day's eyes'이라 불리며, 사람들은 데이지 꽃잎이 접혀 있으면 꽃이 잠든 거라고 상상한다. 밤이 오고 땅이 '다나에처럼 별들을 향해' 누우면 '붉은 꽃잎이 잠든다(테니슨의 시〈공주The Princess〉중 일부를 인용한 것: 옮긴이).' 식물은 일시적으로 중단될 각성상태가 없으므로 꽃이 잠을 잔다는 것은 물론 말이 안된다. 그러나 이것은 너무나 아름다운 넌센스이기 때문에 무미건조한 진실의 제단 위에 이 자의식 없는 아름다운 존재의 잠을 제물로 바치기가 꺼려지기 마련이다. 실제로 시인 릴케는 자신의 묘비명으로 이런 글귀를 택했다.

> 장미여, 오 순수한 모순이여
> 수많은 눈꺼풀 아래 누구의 잠도 아닌 기쁨이여.[5]

zzz 소리 내기

'zzz 소리 내기'는 전적으로 가벼운 문제다. 인간의 자유 의지는 잠으로 인해 어찌나 완전히 사라지는지 잠을 자는 사람은 자신의 기도조차 통제할 수 없게 된다. 구인두 기도oropharyngeal pathways는 깊은 부주의와 극단적인 의지 상실로 인해 입으로 숨을 쉬는 사람의 인두까지 늘어질 수 있고, 연구개와 성대가 숨을 쉴 때마다 진동한다. 그 결과 머리에서는 단선율 성가(복잡한 화음이나 다성부가 없는 기독교의 성가로 그레고리오 성가라고도 함 : 옮긴이) 중에서도 가장 단순한 호흡이 생겨난다. 이 호흡은 부서지는 파도처럼 지극히 단조롭고, 파도의 유동적인 미는 전혀 없다.

잠의 표현 방식 중 하나인 코골기는 단 하나의 소리 'z'로 표현함으로써 더욱 정교해진다. 아마 'z'는 'snooze(졸다)'와 소리가 비슷해서 사용되기 시작했겠지만 실제로 이런 소리는 거의 들리지 않는다. 그럼에도 불구하고 만화에서는 잠자는 사람에게 알파벳의 26번째 글자인 'z'가 쓰인 말풍선을 달아놓는 방식이 관습처럼 사용되고 있다. 아마도 일관된 감각의 끝을 알파벳의 마지막 글자로 표시하는 게 적절할 수도 있겠다.

잘 곳 찾기

잠의 문화는 다층적이다. 대개 잠에는 하루 중 일정한 시간과 전용 공간, 부수적인 물품(침대, 커튼이 드리워진 창, 어둡거나 완전히 꺼진 조명), 특정한 형태의 복장이 수반된다. 이 중 어떤 것이라도 잠을 나타내는 말이 될 수 있었을 것이다. 그러나 침대가 우위를 차지했기 때문에 우리는 졸릴 때 '잠옷을 입을 시간time for nightdress'이라고 하지 않고 '침대에 들 시간time for bed'이라 말한다.

'잘 곳을 찾다kip'란 동사와 잠을 자기 위해 '잠자리를 구하다

getting some kip'라는 표현은 잠과 섹스, 침대 간의 연결 관계를 더없이 교묘하게 드러내고 있다. '잠자리kip'는 원래 오두막이나 싸구려 선술집을 뜻하다 매춘굴이나 유곽을 뜻하는 말로 바뀌었다.[6] 그 후 일반적인 여인숙으로 의미가 확장되었고 이후에는 여인숙의 침대를 가리키는 말로 의미가 축소되었다. 그러다 다시 일반적인 잠자리 전체를 나타내는 말로 의미가 확장되었다. 결국 '잘 곳을 찾다'란 말은 '침대에 들다'라는 의미를 지니게 되었고, (침대에 드는 주된 이유는 잠을 자는 것이므로) '잠자리를 구하다'라는 말은 잠을 잔다는 뜻의 속어가 되었다.

잠은 그 자체로도 자다 깨다 하는 잠, 한 번도 깨지 않은 잠, 불편한 잠, 편안한 잠, 꿈을 꾸는 잠, 꿈을 꾸지 않는 잠, 깊은 잠, 얕은 잠, 긴 잠, 짧은 잠 등 매우 다양하다. 아침에 일어나서 간밤에 어떻게 잤는지에 대해 하는 얘기가 때로는 내적 상태에 대한 보고서처럼 여겨지기도 한다. 우리는 잠이 무활동 상태가 아니라 우리가 능동적으로 행한 무엇인 양 잠을 잘 잤다거나 못 잤다라고 말한다. 때로는 겨우 '선잠을 잤다', '깜빡 잠들었다', '잠깐 졸았다'며 불평(또는 자랑)을 하기도 한다. 많은 단어가 형태는 달라도 똑같이 불만족스러운 잠에 해당한다. 이러한 단어들의 모호한 의미 영역은 경계가 불분명한 구역을 나타내며 잠의 다양한 상태를 구분한다. 이들은 잠이 일차원적인 것이 아님을 새삼 깨닫게 한다. 잠은 길이뿐만 아니라 깊이의 속성도 가지고 있다. 따라서 선잠은 짧은 잠이고, 깜빡 잠든 건 얕은 잠이며, 잠깐 존 것은 짧으면서 얕은 잠이다. 잠이 가지지 않은 속성은 폭이다. 폭은 깨어있는 상태가 갖는 속성이다. 우리는 폭넓게wide 깨어 있다고 선언함으로써 확장된 동공, 열린 수정체, 벌어진 괄약근과 일자리를 유지할 수 있고 투표할 자격을 갖춘 완전히 깨어있는 시민의 360도 입체각에 모두 미치는 의식을 단한 마디 속에 담아낸다. 그러나 우리는 황혼이 의식의 영역에 침범해 들어오고 부주의라는 눈발이 갈수록 두껍게 내려앉을 때에도 폭이 좁게 잠이 들었다거나 잠을 향해 좁아진다고 말하지 않는다.

우리를 불안하게 만드는 잠의 속성에 대해 잊어서는 안 된다. 또 잠에 굴복하거나 잠을 추구하는 자신에 대해서도 잊지 말아야 한다. 아무리 짧더라도 깨어있는 상태의 모든 공백은 우리를 다른 해안이나 차원분열적 해안선 상에 있는 또 다른 분리된 장소로 데리고 간다. 우리는 잠든 곳과 같은 곳에서 깨어나지 않는다. 알람시계를 맞추면서 30분 동안 원기 회복 낮잠power nap을 자고 일어나겠다고 결심한 사람은, 피로에 찌들어서 좀 더 잠을 자고 싶은 마음에 알람시계 버튼을 더듬더듬 찾는 동일한 그 사람에 대해 놀라울 정도로 거의 아무런 권한을 행사하지 못한다.

깨어남은 황혼을 밝히고, 흐려지고 희미해진 의식과 방향감각 없이 비틀거리는 상태와 광범위한 어둠을 역전시킨다. 다시 의식을 되찾지 못할지도 모른다는 두려움과, 자는 동안에 몸 내부 또는 외부로부터의 공격으로 해를 입고 깨어남의 세계로 돌아오지 못할 지도 모른다는 두려움은 여전히 남아 있다. 자발적으로 잠에 굴복하는 것은 몸과 침대를 함께 사용하는 사람, 자는 동안 다른 사람이 운전하는 차, 그리고 세상에 대한 신뢰를 최대한으로 시험하는 일이다.

이에 더해 좀 더 긴밀한 신뢰, 즉 자신의 의식에 대한 신뢰가 있다. 우리는 때가 되면 각성상태로 돌아올 뿐만 아니라 그 사이에 의식이 감당할 수 없는 상태, 즉 수세기 동안 파헤쳐야 할지도 모르는 병적인 상태로 변하지 않으리란 믿음을 갖고 있다. 잠을 자면 꿈을 꿀 수 있고 꿈속에서는 씨에 난 솜털처럼 극도로 가벼운 사실이 트리피드(triffid, 공상과학 소설에 등장하는 머리가 셋 달린 식물 괴수: 옮긴이)의 숲으로 변하기도 한다. 몸의 지극히 사소한 실마리 하나가 벽을 통해 공포나 수치, 단순한 어리석음을 발산하는 감옥이 될 수도 있다.

깨어 있으려고 노력하는 것이 인류의 가장 보편적인 활동 중 하나인 이유는 의식의 어두운 내면을 끊임없이 쫓아다니는, 스스로 만든 유령의 공포 때문만이 아니다.[7] 시간표로 짜여 있는 여러 책임과 잠에 대한 생리적 욕구는 늘 일치하지만은 않는다. 부적절한 때에 (정글에서, 전쟁 중에, 운전 중에) 잠이 들면 부상의 위험에 빠지거나 (직장에서, 파티에서, 의례적인 방문 시에) 망신을 당할 수 있다. 우리는 각자 선호하는 깨어있기 전략을 가지고 있으며, 이는 머릿속에 저장해 놓아 어떤 것이 가장 효과가 좋을지 잘 알고 있는 거대한 비전적 지식의 일부다. 가령 그 전략은 프로 플러스 알약(Pro Plus, 영국에서 판매되는 카페인제: 옮긴이), 맑은 공기, 뇌간 망상체에 대량으로 감각 정보를 보내기 위한 스트레칭, 성적 공상 등 목록이 끝이 없다. 그러나 얼마 안 가 우리는 굴복당하고 만다. 머리가 주변의 다른 머리들에게 더는 자신의 상태를 숨길 수 없게 된다. 피로가 깨어 있는 세계 전체에 퍼진다. 졸음이 흐릿하게 번지고, 의식의 거울 곳곳에 균열을 일으키며 혼란하게 만든다. 결국 사지에 느껴지는 저항할 수 없는 달콤함이 페르세포네(그리스 신화에서 농업의 신 데메테르의 딸로 지하세계의 신 하데스에게 강제로 납치되어 그의 아내가 되었다 : 옮긴이)처럼 머리를 지하세계로 이끈다.

잠을 이겨내는 최고의 전략이 비법에 달한다면 잠드는 방법도 마찬가지라 할 수 있다. 우리 모두에게는 이러한 비법이 충분치 않은 경우가 이따금씩 발생하고, 일부 불행한 이들은 거의 항상 이 같은 상황에 처한다. 주체할 수 없는 졸음으로 정신이 흐릿해진 상태에서 시작한다면 잠이 드는 건 통나무에서 뛰어내리는 것만큼이나 쉽다. 이에 반해 정해진 일정 때문에 반드시 자야 한다는 현실적 자각에서 출발한다면 잠은 다가가려 하면 할수록 더 멀어진다. 우리는 모두 잠이 우리를 가지고 놀 때 느껴지는 좌절감을 잘 알고 있다. 졸음이 완전한 의식적 혼탁 상태로 짙어지지는 않으면서 막상 뭔가 쓸모 있는 일을 하려고 하면 다시 졸음이 오는 때가 그렇다. (잠과 졸음, 즉 잠이라는 완전한 상태와 그것에서 추출된 부사적 양식 간의 차이는 얼마나 미묘한가!) 피로의 고통과 잠의 아늑함의 연결 고리는 깨어진 듯 보인다. 우리는 엎드린 채로 시트에 눌려지는 무게를 고스란히 다시 느끼면서 도로 위에 분필로 그려진 시체처럼 수동적인 자세로 우리가 살고 있는 듯한 장소와 그것을 느끼게 하는 감각의 목록을 되짚어본다. 그렇게 우리는 더는 표류하지 않기를 갈망하면서 무의식의 베개 속으로 곯아 떨어지기만을 기다린다.

세상이 우리의 바람에 부응하는 경우에도 그 바람이 그리 순식간에 이루어지지는 않는다. 목표에 도달하려면 여러 단계를 거쳐야

하며 각 단계마다 일정 시간이 걸린다. 한 단계에서 다른 단계에 이르는 영역에는 천 가지의 샛길이 존재하고, 이 단계들은 다시 고유한 속도를 지닌 여러 과정으로 이루어진다. 철학자 앙리 베르그송의 말처럼 설탕이 녹기를 기다려야 하는 것이다. 따라서 우리가 스스로의 용해를 공모하는데 노력을 쏟는 동안 의식의 대기실에서조차 기다리는 시간이 있다는 건 놀라운 일이 아니다.

잠을 자려는 사람에게 알람시계의 똑딱거리는 소리는 턱이 커다란 곤충이 시간의 이파리를 갉아 먹는 소리처럼 느껴진다. 이 소리는 따스함과 기쁨, 존재와 현존이 무의 상태로 전락하는 최후의 죽음이라는 깊은 잠으로 향하는 음울한 길을 떠올리게 한다. 모든 사소한 문제가 긴급하고 어마어마하고 해결할 수 없는 문제처럼 느껴진다. 시간은 뇌리를 사로잡고 있는 결 고운 생각의 모세혈관으로 걸러지며 흐르고, 똑같은 생각은 자꾸만 되풀이된다. 몸속으로 깊이 미끄러져 들어가려고 해도 배가 아프고 목에 경련이 나서 그렇게 할 수가 없다. 의식에게 이제 나 자신으로부터 해방시켜달라고 간청을 해봐도 소용이 없다. 노발리스Novalis(1772~1801, 29세로 요절한 독일의 시인 겸 소설가. 대표작으로 《밤의 찬가》, 《푸른 꽃》 등이 있다 : 옮긴이)는 잠을 자는 것이 자기와 짝짓기 하는 것이라고 했다. 잠은 이보다 심오할지도 모른다. 무한히 자기에게 몰두하는 일은 어쩌면 자아의 완성과 세상의 소멸이 이루어지는 개인적 죽음을 겪는 것이며, 이로부터 인간은 다시 개인적 부활을 얻게 된다. 이는 어느 정도 의미의 완성이자 항상 열려 있는 감각의 닫힘이라 할 수 있다.[8] 잠을 잘 수 없다는 건 완성된 자기의 자궁으로 돌아갈 수 없다는 뜻이다. 자신

을 부르는 소리가 전혀 들리지 않는 조용한 피난처로 돌아가지 못하는 것이다.[9]

깊이 잠든 사람 옆에서 정신이 말똥말똥한 상태로 누워있는 사람의 고독만큼 짙은 고독도 없다. 헤라클레이토스Heraclitus(BC 540?~BC 480?, '만물은 유전한다'고 말한 고대 그리스 철학자 : 옮긴이)는 깨어있는 사람들은 하나의 우주를 공유하지만 자는 사람들은 모두가 혼자라고 했다. 우리는 같은 침대에서 자더라도 그저 옆에 있을 뿐 함께 잠을 자지는 않는다. 깨어있는 사람은 상대의 잠에 빠진 얼굴에서, 그의 눈이 눈꺼풀 아래에서 회전하고 그가 이 자리에 있지 않은 누군가에게 중얼거리게 만드는 꿈속에 갇힌 그 모습에서 상대와의 거리감을 느낀다. 상대의 숨소리와 코고는 소리는 소나무 숲의 바람 소리처럼 멀게 느껴진다. 그곳은 다른 세상이다. 또 한 차례의 거센 가을바람에 쓰레기통 뚜껑이 동전처럼 문 밖 테라스에서 이리저리 굴러다닐 때 그러한 불면증은 말한다. 모두가 혼자이고, 모두가 타인으로부터 고립될 수밖에 없으며, 모든 것이 불분명하고, 우리가 공유하는 모든 의미가 덧없으며, 우리는 모두 홀로 죽고 죽음은 영원하다고. 잠들지 못하는 사람에게도 결국은 잠이 찾아오지만 그때는 대개 알람이 울리기 직전이다. 그렇게 찾아든 잠은 곧 찢기게 될 무의식의 누비천으로 잠 못 드는 사람을 감싼다.

키 큰 숲이 높이 솟아있다
흐릿한 나뭇잎이 낮게 드리워진다
앞을 향해, 층을 지어서

나의 길과 나 자신을 잃을지도 모른다는

숲의 침묵이 들리고

나는 그 침묵에 순종한다[10]

파멸의 시간

젊음의 낮을 빛바랜 밤으로 바꾸기 위해

파멸의 시간이 쇠퇴와 겨루는 곳

셰익스피어, <소네트 15>

연속된 밤과 낮은 H. G. 웰스Herbert George Wells(1866~1946, 영국 소설가 겸 문명 비평가로 공상과학 소설의 아버지로 불린다 : 옮긴이)의 《타임머신Time Machine》 속 시간여행자가 경험했던, 흔들리며 점멸하는 흐릿한 상태를 향해 빠르게 지나간다. 하루하루가 더디게 흐르다가 어느덧 몇 년이 재빨리 지나고, 몇 년은 순식간에 수십 년이 된다. 우리는 점점 커져가는 죽음의 가능성을 향해 자꾸만 등을 떠밀린다. 늙는다는 것은 어느 정도 사회적 심리적인 현상이지만 머리의 모든 부분에서도 노화과정의 영향이 나타난다. 대뇌 피질에 있는 뉴런의 수가 줄어들고 귀 옆에서 자라나는 머리털이 회색빛으로 변한다. 코끝은 점점 뭉툭해지고 수정체는 탁해진다. 달팽이관 꼭대기에 있는 수용체도 소리, 목소리, 음악으로 변환되는 진동에 대한 반응이 둔해진다.

노화의 가장 표면적인 지표는 가장 상징적이기도 하다. 바로 주름살 말이다. 나이든 사람을 가리키는 가장 잔인한 비유가 쭈그렁이wrinklies이고 주름 방지 크림에 노화 방지 비법이라는 설명이 붙어있는 걸 보면 늙는다는 것에 대한 인식과 경험에 피부 노화가 얼마나 중심적인 역할을 차지하고 있는지를 알 수 있다. "나이를 먹어가면서 나타나는 피부의 변화는 만인이 공통적으로 겪는 현상이며 대개 누구에게나 반갑지 않은 일이다."[11]

거울을 들여다보며
나의 노쇠한 피부를 바라본다[12]

시간의 화살이나 부상은 주름의 유일한 원인도 심지어 주된 원인도 아니다. 물론 습관적으로 짓는 얼굴 표정이 그렇듯 시간의 흐름도 어느 정도 원인이 될 수는 있다. '미인의 이마에' 패인 '평행선,' (셰익스피어의 소네트 60번 중 일부 구절을 인용한 것 : 옮긴이), 즉 이마 위 물결 모양의 주름은 앞서 언급했듯이 여러 번에 걸친 놀람의 산물일 수도 있고 평생 동안 취한 거만한 태도를 반영한 것일 수도 있다. 하는 일이 짜증스러운 시도로 바뀌고 이와 함께 주의 집중의 상징인 눈초리를 가늘게 뜨는 경우가 자주 발생하면 그 결과 눈의 바깥쪽 끝에서 모이는 잔주름이 눈가에 생겨난다. 일생동안 지어온 찡그린 표정은 콧잔등 위쪽에 세로 주름을 만든다. 다음으로는 씁쓸한 아이러니라 할 수 있는 웃음 주름이 있다. 입가에 생기는 웃음 주름은 우리가 실제 상황과 이상적인 상황의 차이, 그리고 상당히 의례적이고 초조한 웃음과 미소를 유발시켰던 가능한 상황에 대한 불안감을 지금껏 얼마나 많이 언급했는지를 증명해준다.[13] 얼굴이 지금의 모습이 되는데 우리가 상당한 영향을 끼쳤다는 이유만으로도 마흔이 된 사람은 자신의 얼굴에 책임을 져야 한다는 말은 참으로 옳은 얘기다.

그러나 피부노화의 가장 강력한 주범은 태양에의 노출이다. 생명체와 삶을 가능하게 함으로써 멀게 보면 우리를 창시했다고 할 수 있는 바로 그 행성 말이다. 일광 노화photo-aging의 중요성을 납득하고 싶다면 친구에게 엉덩이 같이 햇빛에 전혀 노출되지 않아 주름이 전혀 없는 부위를 보여 달라고 부탁해보기 바란다. 또 멜라닌으로 인해 햇빛에 강한 흑인 피부는 상대적으로 주름이 적다. 일광 노화가 일어나면 피부의 가장 바깥층인 표피가 얇아진다. 그러나 가장 중요한 영향은 피부에 탄력을 주고 피부 구조를 지켜주는 콜라겐이 줄어든다는 것이다. 이로 인해 피부는 전단력剪斷力에 취약해져 늘어난 피부는 쉽게 제자리로 돌아가지 못한다. 뒤이어 피부가 처지게 되고 늘어난 피부가 표면적이 넓어짐에 따라 같은 공간에 접히면서 주름이 생겨난다. 일광 흑자actinic lentigines 또는 일상적 표현으로는 저승꽃coffin spots, 시적인 표현으로는 낙엽autumn leaves이라 불리는 갈색 노인 반점, 즉 간반liver spots 역시 일광 노화의 결과물이다. 그 누구도 심지어 클레오파트라조차도 이를 피할 수 없다. 클레오파트라는 '포이보스(태양)로부터 사랑의 상처를 받아 까맣게' 되었고 '세월에 깊은 주름이 팼다.'[14] 나이가 클레오파트라를 시들게 하지는 못했더라도 햇빛으로 인한 노화는 분명 그렇게 했

다. 필립 라킨이 '계속 불어오는 거친 / 모래를 잔뜩 실은 바람'이
라고 표현했던 시간은 사실 햇빛을 잔뜩 싣고 있다.[15] 이러한 아이
러니에 더해 빛은 망막의 가장 중요한 부분인 황반부의 노화로 인
한 퇴행에도 직접적인 영향을 미친다. 세상을 비춰서 사물을 볼 수
있게 해주는 빛이 시력을 약화시키는 타격을 날리는 것이다.

　결국 거울 속에 비친 당신의 모습은 젊은 시절의 당신과 비슷하
다고도 할 수 없는 정도가 된다. 어쩌면 당신은 자신의 젊은 시절
모습이 당신 손자의 얼굴에 다시 살아나 주름 없는 얼굴로 무한한
세상과 열정적으로 맞서기를 바랄지도 모르겠다.

뼈만 남은 머리

　　한때 저 해골에는 혀가 있어서 노래를 부를 수 있었지.[16]

뼈는 죽음을 연상시킨다. 우리가 죽은 후에 다른 어떤 조직보다도
오래 남는 것이 뼈이기 때문이다. 두개골은 후에 다른 사람들에 의
해 입수되고 전시될 것이다. 물론 두개골은 죽지 않는다. 사실 두개
골은 활발한 재생활동을 하며 때로는 골수에서 뼈와 완전히 반대되
는 피를 생성하기도 한다. 그러나 두개골은 제멋대로 변화하는 겉
모습 아래의 변하지 않는 현실, 즉 떨어지는 낙엽 아래에 있는 나무
의 몸통을 상징한다. 목소리가 약해지고, 세상이 잠들고, 침묵이 드
리워질 때에도 뼈는 남는다. 뼈는 침묵의 반대편을 이야기한다. 로

댕의 〈생각하는 사람Thinker〉의 돌로 된 손이 돌로 된 머리를 자각하지 못하듯이, 혹은 조약돌이 그 위에 놓인 다른 조약돌을 감지하지 못하듯이 머리와 손이 서로를 자각하지 못하게 될 미래에 대해 이야기한다.

물론 얼굴과 두피가 골 지지대로부터 벗겨지지 않은 채로 뇌와 혀 등 내부 기관이 제거되는 과정을 생각하는 게 마냥 유쾌한 일은 아니다. 사후 체온 하강, 사후경직, 시반이 나타난 뒤 부패가 시작된다. 또한 조직 자체에서 나온 효소 및 기타 물질에 의한 조직의 분해, 즉 자기분해가 일어난다. 사체는 먼저 미세한 화학적 치아에 의해 씹혀서 부드러워지고 뒤이어 박테리아의 작용으로 부패가 일어난다. 이러한 일련의 과정은 오직 죽음이라는 한 단어만을 가리키는 여러 기체를 생성한다. 그리고는 곤충이라는 진짜 입을 가진 대군이 몰려오고, 이들은 머리가 최후를 맞이하기 전까지 깊이 사고하며 자신의 본질적 모습으로 존재하는데 몰두했던 것만큼이나 아무 생각 없이 그들의 본질적 모습과 상태를 지속하는데 몰두한다. 검정파리가 움직이지 않는 입술의 오므라진 틈 주위로 몰려들고, 딱정벌레는 이전까지 그 속에 상주했고 한때는 그 말이 곧 법이었던 혀가 그랬던 것만큼이나 아무런 어려움 없이 입 안으로 들어간다. 구더기로 인해 귀가 움직거리고 치즈 스키퍼 파리는 이제 아무런 생각도 못 하는 액상 찌꺼기로 녹아버린 뇌를 빨아먹는다.

이러한 질서의 붕괴 속에도 질서는 존재한다. 그렇기 때문에 곤충의 침입이 사체에 미친 영향을 이용하여 사망한 후 얼마의 시간이 지났는지 파악하는 법의곤충학이 있을 수 있다.[17] 법의곤충학자들은 사체에 어떤 곤충이 서식하고 있는지 살펴보거나 구더기의 성장 단계를 이용한다. 이 중 첫 번째 방법은 인간의 사체가 사망 직후 상태에서 뼈만 남은 상태가 될 때까지 빠르게 변화하는 생태계의 먹이가 된다는 사실을 이용한다. 각기 다른 부패 단계에 따라 서로 다른 종류의 벌레가 꼬인다. '특정 종류의 벌레(대개 검정파리와 집파리)가 범죄 현장의 최초 목격자가 되는 경우가 많다.'[18] 이들의 반응은 도덕적인 분노보다는 '손해 보는 쪽이 있으면 나처럼 득보는 쪽도 있지'라는 식이 될 가능성이 크다. 치즈 스키퍼 파리를 비롯한 일부는 사체가 오래되어 단백질의 발효가 일어날 때까지 기다리는 편을 선호한다. 벌레 중에는 시체에 꼬인 벌레를 먹으러 오는 벌레도 있다. 두 번째 방법은 신속대응 팀에 속하는 집파리 등의 벌레가 낳은 알에서 자란 구더기의 발달 상태를 이용한다. 구더기는 제1령충, 제2령충, 제3령충(숨구멍 수에 따라 구분) 단계를 거쳐 전용前蛹, 번데기, 완전히 성장한 검정파리의 단계에 이른다. 유충이 도달한 성장 단계는 법의곤충학자들에게 사체에 벌레들이 모인지 얼마나 지났는지, 언제 그 사람의 생명이 끊어지고 시체가 되었는지를 알려준다.

한편 두개골은 지금 당신이 벌레에 대해 떠올리는 생각에 대한 태도만큼이나 벌레에게도 친절하다. 바로 이것이 지금 당신에게 느껴지는 두개골의 말 없는 단단함이 전하는 말이다. 당신의 머리는 누구의 편도 아니며 당신 편은 더욱 아니다. 머리는 언젠가 자신을 미리 만들어 놓은 보금자리쯤으로 생각할지도 모르는 새들의 노래에 무심한 것만큼이나 우리의 슬픔, 두려움, 기쁨에 무관심하며, 사

랑하는 사람의 이미지를 구축하는 원천이 되어준 빛에 호의적인 것
만큼이나 눈구멍으로 스르르 미끄러져 들어오는 뱀에게도 호의적
이다. 썩어가는 머릿속에서 자라거나 뛰어다니거나 그 속을 갉아먹
는 생명체 중 어느 것도 우리의 생각이 얼마나 특별하건, 창의적이
건, 음란하건 그 생각에는 조금도 관심이 없다. 이들이 끊임없이 그
부위를 공략한다고 해도 우리의 사고는 아무런 생각 없이 본능적
행위를 계속하는 데에만 몰두하는 치즈 스키퍼 파리에게 아무 것도
제공하지 않기 때문이다.

어떤 법 아래에 살고 있든, 죄를 짓고 살았든 그렇지 않든 관계없
이 우리는 언젠가는 머리와 팔, 몸통, 몸 전체를 잃게 되고, 몸은 없
어질 것이다. 머리에서 생각이 사라질 미래에 대한 이러한 생각은
일상적인 각성 상태로부터 우리를 일깨우기 위한 것이며, 이것이
철학의 본질이자 지향점이다. 이런 철학적 관점은 우리를 (그렇게 느
껴지는 일이 거의 없는데도 대개 사소하다고 묘사되는) 일상의 근심으로부터 해
방시키기 위해 노력한다. 향후 우리가 세상에 존재하지 않음을 알
리고 무 상태를 밝히는데 중심적 역할을 할 텅 빈 두개골을 상상해
보면 의식의 창문이 열려 장기적 안목이 생기고 자신이 얼마나 작
고 보잘 것 없는 존재인지 깨닫게 될지도 모른다. 하지만 물론 이런
일은 일어나지 않는다. 우리가 중요하지 않은 존재라는 생각, 모든
것이 찰나에 불과하다는 생각, 우리가 우주의 질서 속에서 작은 존
재에 불과하다는 생각 자체가 순간적으로 중요하게 느껴질 뿐 찰나
에 불과하며, 사소하게 느껴지지 않는 일상의 사소한 문제들 속에
서 작은 부분을 차지할 뿐이다. 우리가 하찮은 존재라는 생각은 하

찮다고 생각하는 것들 중에서도 극히 하찮은 부분에 지나지 않는 것이다.

지금까지는 모든 출구가 다른 곳으로 향하는 입구였기 때문에 어느 곳에도 존재하지 않는 자신을 상상하기란 불가능하다. 따라서 결과적으로 존재의 불가사의한 우연성을 깨닫기보다는 마음이 답답해지는 저급한 두려움을 느끼게 된다. 그렇다고 해도 머리의 죽음은 머리가 품을 수 있는 생각 중에서 가장 위대한 생각이다. 물론 죽는 순간에는 이런 생각도 사라지지만 말이다. 죽음의 검은 태양이 일상의 시간이 지닌 빛을 보다 강렬하게 만들어준다고 생각하고 싶지만 슬프게도 현실은 그렇지 못하다.

이전에 우리는 무의 상태였고 그것이 그리 나쁘지만은 않았다는 루크레티우스Lucretius(BC 94?~BC 55?, 로마의 시인 겸 유물론 철학자. 이 세계의 모든 존재와 현상이 물질적이라고 설파하며 신에 대한 외경심이나 죽음에 대한 공포 등이 전적으로 무의미하다고 주장했다 : 옮긴이) 식의 확신도 위안이 되지 않기는 마찬가지다. 이번에는 우리가 어떤 것이 있는 유의 상태에서 무의 상태가 되는 것이고, 우리가 잃고 싶지 않은 것은 지금 이 곳에 존재하는 수백만 개의 꽃잎이 달린 꽃, 즉 내 손이 받치고 있는 이 머리라는 유의 존재이기 때문이다.[19] 루크레티우스의 안심시키는 말은 사별을 겪은 후에 듣는 위로에 가깝다. 떠나보낸 사람을 만나기 전에도 삶이 있었고 아무런 상실감 없이 살았던 기간이 있지 않느냐는 위로인 것이다. 그 상실이 온 세상을 잃는 것, 즉 자기 자신을 잃는 것일 때는 이런 위안이 한결 더 차갑게 느껴진다.

예이츠William Butler Yeats(1865~1939, 아일랜드 시인 겸 극작가로 1923년 노벨

문학상을 수상했다. 주요저서로는 《캐서린 백작부인》, 《환상》 등이 있다 : 옮긴이)는 '인간이 죽음을 창조했다'라는 유명한 말을 남겼다.[20] 이것은 명백히 사실이 아니다. 진화론에 따르면 인간은 죽음으로부터 창조되었기 때문이다. 호모 사피엔스는 점차 증가하는 도태된 부적자不適者들의 피라미드에서 생겨난 것이다. 예이츠가 진짜로 말하고자 한 건 오직 인간만이 죽음을 명시화했다는 사실이다. 모든 사물에 공통된 조건인 일시성transience은 인간에 의해 직관, 검게 물든 비극의 기운, 공포로 어두워진 수수께끼로 변했다. 그 결과 우리는 우리가 영원의 삶을 향해 가고 있다는 생각으로 육체적 죽음의 확실성을 상쇄하기 위해 불멸이라는 개념을 만들어내기도 했다.

머리가 없는 삶

머리는 죽음에 대해 곰곰이 생각할 때 자기 자신을 넘어 가능성의 영역까지 볼 수 있는 독특한 능력을 발휘한다. 그러나 이런 능력에는 대가가 따른다. 필연적으로 발생할 필요는 없었던 우연적 존재라는 인식이 바로 그 대가다. 머리는 하나의 물질 덩어리에 불과하며 그러한 물질 상태는 단지 일시적으로만 머무를 뿐이다. 완전히 이질적인 동시에 지극히 익숙한 고통이라는 감각은 물질 상태가 가진 의심스러운 속성을 분명히 보여준다. 그래서 우리는 삶이 하나의 세계에서 사무실로, 통계청이 일시적으로 보유하는 일개 데이터로 축소될 때, 일상의 삶 너머에 있는 존재 방식 및 의미의 원천을 그려보려 애쓴다.

영원한 삶은 처음에는 시공을 초월하고 어느 곳에도 존재하지 않는 숨겨진 장소에 위치해 있다가 죽음이 썩기 쉬운 살점의 옷을, 단지 가면에 불과한 얼굴을 벗기고 나면 모습을 드러낸다. 이곳에서 우리는 선조와 합류하고, 친구들과 재회하고, 신과 대면하며, 우리의 경이에 찬 응시에 모든 것의 참된 의미가 드러난다. 가장 중요한 건 변화가 멈춘다는 것이다. 그런데 바로 여기에 문제가 있다. 변하지 않는 현실이란 영원한 기쁨도 될 수 있지만 끊임없는 끔찍함이 될 수도 있기 때문이다. 인간이 죽음에 대해 생각할 때마다 머릿속을 늘 따라붙는 이러한 불확실성은 이승에서 타인의 복종을 원하는 사람들에 의해 이용되었다. 내세는 신의 뜻에 대한 특권적인 이해를 가진 것으로 여겨진 사람들의 손에서 통제할 대상에게 공포감을 불어넣는 도구가 되었다. 영원한 은총에 대한 약속과 영원히 끝나지 않을 형벌에 대한 위협으로 최면에 걸린 사람들은 통제권에서 벗어나지 않고 자신들의 종속 상태를 지속하는데 힘을 보탰다.

최소한 냉소주의자들은 이렇게 얘기한다. 하지만 불멸의 개념이 세속 정치보다 깊은 의미를 가질 거라 생각하는 사람들조차도 이 불멸이라는 개념에 문제가 있다고 생각한다. 적어도 끝없이 쌓인 시간과 고정된 시간 사이에서 흔들리는 영원이라는 개념은 그 의미가 모호하다. 삶에서 오는 즐거움의 대부분이 육체에 의해 매개된다는 점을 감안하면 오직 정신만이 존재하고 육체는 없는 내세가 그다지 매력적이지도 않다. 성적인 쾌락은 말할 것도 없이 얼굴에 내리쬐는 태양의 온기, 만족스러운 트림, 입맞춤 등도 배제된 듯 보일 것이다. 더욱이 머리가 없이 육체로부터 분리된 '나'는 공간 속 그 어떤 위치도 차지하지 못할 것이다. 시간과 공간은 서로 분리될 수 없으므로 이런 '나'는 시간 속에서도 자리를 차지하지 못할 것이다. 공간적으로도 없고 '시간적으로도 없는' 나는 아무 할 일도, 발견할 것도, 성취할 것도, 생각할 것도, 존재할 것도 없게 될 것이다. 서서히 희미해지면서 끝없이 반복되는 기억을 떨쳐버릴 수 없는 유령과 다를 바가 없다. 이런 구원보다는 죽음이 차라리 나아 보일지 모른다.

머리의 부활이라는 대안은 이보다도 더 많은 의문점을 제기한다. 부활한 나의 머리는 몇 살에 해당할까? 기저귀 차는 아기 시절로 돌아가고 싶지는 않다. 아직도 생각하면 발가락이 오그라드는, 어렴풋하게 떠오르는 그 촌스럽던 십대 시절로 돌아가고 싶지 않다. 마지막으로 병에 걸렸을 때의 끝없이 괴로워하던 몸으로 돌아가고 싶지도 않다. 내가 직접 만나고 싶은 사람들은 또 어떨 것인가? 어머니는 젊을까, 나이가 드셨을까? 만약 어머니도 이 문제에 대한 결정권을 얻어서 내가 태어나기도 전에 돌아가신 어머니의 어머니와 함께 있는 것을 선택했다면 어떻게 될까? 전지전능한 신도 부활한 이들의 요구사항을 모두 들어주기는 힘들 것이다.

육체적인 삶을 지속하는 다른 방법, 예컨대 힌두교의 윤회 같은 방법도 물리적으로 가능해 보이지도 않고 좋아 보이지도 않는다. 지금 나의 존재가 껍질을 입고 있던 절지동물에서 정장을 입은 인간으로 격상된 바퀴벌레의 내생이라고 생각하는 게 기분 좋은 일은 아니다. 그렇다면 현생에서 내가 지은 죄로 인해 벌을 받아 더 열등한 생물로 환생하게 된다면 어떨까? 물 위 수련 잎 사이를 돌아다니는 개구리가 되어 바닷가에서 아이들과 함께 뛰놀았던 화창한 날들을 전생의 기억으로 떠올릴 수도 있다는 생각은 전혀 행복하지 않다. 우주의 입자 구성이 영겁의 시간 동안 끝없이 반복됨으로써 필연적으로 나타나는 결과를 가리키는 니체의 영겁 회귀Eternal Return 사상도 아모르 파티(amor fati, 니체의 운명관을 나타내는 용어로 '운명에 대한 사랑'이라는 의미 : 옮긴이)를 불러일으키기는 어렵다. 니체도 인정했듯이 이 같이 정신이 결여된 부활은 그 어떤 생각보다도 끔찍하다.

그러니 갈수록 사람들이 현세에서 영생이나 영생을 대체할 만한 것들을 찾는 현상은 당연한 일이다. 그렇다고 해서 우리가 체육관에서 규칙적으로 운동을 하고 몸과 삶에서 심혈관계 질환을 일으킬 수 있는 위험요소를 제거함으로써 육체의 쇠락을 좌우하는 열역학 법칙을 거스를 수 있다고 전적으로 믿는 것은 아니다. 그러나 절대적인 파멸을 조금이라도 지연시켜 얻는 가치는 운동할 때 입을 멋진 운동복을 살 기회로 인해 더욱 커질 수 있다. 이것은 세속적인 칼뱅주의Calvinism와 캘빈 클라인Calvin Klein을 섞어놓는 기쁨이다. '심장 돌보기'와 '끝내주게 멋지게 차려 입기'를 결합시키면 공포의 뾰족한 날을 감추는 데 어느 정도 도움이 될 것이다. 그러나 이런 시도가 근본적인 문제를 해결해주지는 않는다.

그렇다고 해서 진정으로 이 문제에 대해 생각해본 모든 사람이 자신의 현 존재를 영원히 지속시키고 싶어하지는 않을 것이다. 아무리 건강한 상태가 유지된다고 해도 삶이 영원히 계속된다고 생각하면 상당히 끔찍하다. 얼마나 오랫동안 친숙한 것에서 기쁨을 느끼고 새로운 것에서 즐거움을 느낄 수 있을까? 우리가 《돈 조반니 Don Giovanni》공연을 몇 번이나 참고 볼 수 있을까? 백 번? 천 번? 백만 번? 끝이 없는 삶에는 형체와 방향, 심지어 목적조차도 없지 않을까? 죽음을 피할 수 없는 유한성의 그림자 때문에 평범한 햇빛이 더 아름다운 건 아닐까? 또한 육체라는 자신들 몫의 물질에 대해 (단순한 임차권이 아닌) 영구소유권을 가지게 된 첫 세대는 살아남은 자의 죄책감을 어떻게 감당할 것인가?

많은 이들에게 있어 이러한 세속적 불멸의 유형 중 유일하게 매력적인 한 가지 방식은 영원한 명성이다. 이들에게 원동력이 되는 것은 다른 사람들의 의식 속에서 영원히 존재하고, 찬양되고, 기념되고, 존경받고, 연구되고, 티셔츠에 자신의 이름이 인쇄되리라는 꿈이다. 혹은 자서전 집필 작가들이 자신의 매 수요일을 연대기 순으로 자세히 기록하리라는 꿈, 좀 더 소박하게는 자신이 세상에 있는 동안 이룬 업적 덕분에 나은 삶을 살게 된 사람들의 마음속에 자신이 영원히 남으리라는 꿈이다.

이런 환상조차도 조금만 생각해보면 옳지 않다는 걸 알 수 있다. 우선 이런 식으로 죽은 후에 살아남는 건 선량함 또는 가치 있는 일을 했기 때문이 아니다. 히틀러는 수백만의 선량한 사람들보다 오래 기억될 것이다. 더 중요한 것은 사후의 명성은 아직 죽지 않은 사람들의 머릿속에서 말고는 직접 경험될 수가 없다는 사실이다. 살아있는 동안 유명세를 즐기지 못한다면 유명세를 즐길 가능성 자체가 전혀 없다고 볼 수 있다. 지금의 모차르트는 그를 갑부로 만들어 주었을 로열티를 쓸 수도, 모차르트 초콜릿을 맛볼 수도 없듯이 후세의 명성을 음미할 수도 없다. 모차르트 초콜릿은 그가 비참하게 요절한 빈 전역에서 판매되며, 가발을 쓴 그의 머리는 이 초콜릿 위에 새겨져 끊임없이 복제되고 있다. 대량 인쇄된 그의 뺨은 모차르트로 인해 풍요로운 삶을 얻은 우리가 즐기는 햇빛도, 그를 찬미하는 수많은 말도 누릴 수 없다.

게다가 집합적 사고가 우리를 정확하게 비춰주는 경우는 거의 없다. 릴케는 살아있는 동안 누리는 명성을 '새로운 머리 주위에 모인 오해의 총합'이라 했다.[21] 우리가 죽은 후에 이름 주위에 모일 오해들을 상상해보자. 많은 문학 이론가들이 셰익스피어에 대해 쓴 얼토당토않은 말들에 대해 생각해보자. 게다가 다른 사람의 생각 속에서 어떤 식으로 존재를 누리게 될 것인가? 자신의 승진 전망, 몸무게, 맞은편에 있는 사람과 데이트하게 될 가능성, 놓치게 될 기차 등에 대해 혼잣말을 하는 낯선 이들의 내적 독백 곳곳에 흩어져 있는 문법에도 맞지 않는 문장 속에서 문법상 주어가 되는 걸 상상해보라. 셰익스피어가 시험을 통과하기 위해 억지로 그의 희곡을 공부하는 사람들의 화난 독백에 등장하는 자신은 고사하고, 그를 찬미하는 사람들의 생각과 대화 속에 등장하는 자신도 과연 알아볼 수 있을지 의심스럽다.

이는 개인의 현존, 즉 내가 지금 존재하고 있는 방식처럼 자기로 존재하는 상태를 대체하기에는 부족함이 많은 방식인 듯하다. 다른 사람들의 가슴과 머릿속에 사는 것보다는 자신의 아파트에서 살고 싶다는 우디 앨런Woody Allen(1935~, 미국 코미디 영화감독 겸 배우. 대표작으로 《애니홀》, 《한나와 그 자매들》 등이 있다 : 옮긴이)의 말에 동의하지 않기란 힘들다. 버트런드 러셀Bertrand Russell(1872~1970, 영국의 논리학자, 철학자, 수학자 겸 사회사상가 : 옮긴이) 역시 위대한 엘레아학파 철학자 제논에 대해 생각하며 다음과 같이 고찰했다.

이 변덕스러운 세상에서 사후의 명성만큼 변덕스러운 것도 없다. 후세의 그릇된 평가로 피해를 본 가장 대표적인 희생양은 엘레아학파의 제논이다. 제논의 네 가지 주장은 모두 헤아릴 수 없이 미묘하고 심오했기 때문에 후대의 철학자들은 모두 그를 그저 기발한 곡예사로, 그의 주장은 모두 궤변으로 치부했다.[22]

사후의 명성이란 문제와 관련하여 마지막 발언은 (자신의 분신인 돈 주안의 입을 빌려서 말한) 바이런George Gordon Byron(1788~1824, 영국의 낭만주의 시인. 그의 장편 서사시 《돈 주안Don Juan》은 영시사상 대표적인 풍자시로 평가된다 : 옮긴이)의 몫으로 돌려야 할 것 같다.

명성의 끝은 무엇인가? 이것은 불분명한 종이의
어떤 부분을 채우는 것에 지나지 않는다.
원래의 대상이 먼지가 되었을 때
이름과 끔찍한 그림과 최악의 흉상을 얻기 위해.[23]

아무리 인상적인 이력도 사람들의 마음속에 영원히 자리 잡을 수는 없다. 우리를 기억해주리라 우리가 믿고 있는 사람들도 조만간 죽어서 잊여질 것이다. 셰익스피어조차도 서기 4만년까지 기억될 수 있을지 확신할 수 없다. 과연 내세가 몇 천 년 간 지속되는 것이 즉각적으로 잊혀지는 것에 비해 커다란 발전일까? 유한성을 한정된 범위 안에서 아무리 확장해 봐야 영생에는 절대 미치지 못한다는 사실은 굳이 수학자가 아니더라도 충분히 알 수 있다. 게다가 이런 한정된 확장조차 우연의 노리개에 불과하다. 선형 B 문자의 필경사들이 (비록 익명이나마) 사후 3천 년 간 더 존재할 수 있게 해준 것은 크노소스 궁전을 파괴하고 문자판을 태운 불이었다.[24] 대개는 우리의 목소리를 없애버리는 혼돈이 그 목소리를 전하는 매개체가 될 수도 있다.

어쨌든 우리 모두가 유명해질 수는 없다. 죽은 자들은 살아있는 자들의 나뉘고 분산된 관심을 두고 경쟁한다. 누군가가 사후에 누리는 영광 뒤에 이름도 없이 사라져간 다른 수천 명이 있다. 명예가 모두에게 똑같이 배분된다면 아무도 유명해지지 못할 것이다. 셰익스피어와 같은 신호도 소음 속에 묻혀버릴 것이다. 모든 초신성은 기존에 있던 별빛을 흐리게 하기 마련이므로 심지어 제이디 스미스 Zadie Smith(1975~, 현재 주목받고 있는 영국의 젊은 작가. 대표작으로 《하얀 이빨》 등이 있다 : 옮긴이)도 호머의 광채를 조금은 훔칠 수 있다.

곰곰이 생각해보면 불멸, 이승과 저승, 육체와 정신이라는 개념은 거의 아무런 위안을 가져다주지 못한다. 따라서 그 자체로 죽음을 상징하게 된 것도 어찌 보면 당연하다. 말 못하는 아기에서 시작해 의사를 또박또박 표현할 수 있게 될 때까지 발전하다가 옛날 일만 늘어놓는 노인으로 전락하는 과정이 우리가 얻을 수 있는 전부다. 우리는 모든 목적이 아무런 목적 없는 상태로 변하고, 모든 중요한 문제들이 하찮은 문제로 전락하게 되며, 얼마 안가 세상은 우리가 지나간 흔적을 지울 거라는 사실에 익숙해져야 한다. 그렇다면 인간이 피상적인 존재이고, 따라서 존재의 소멸에 대한 두려움이 성적 욕망이나 자고 싶은 욕구, 당혹스러운 상황에 대한 두려움처럼 자주 발생하지 않고 그다지 강렬하지도 않다는 건 얼마나 다행인가. 피상성이라는 축복이 사라진다면 우리는 노벨상을 수상한 헝가리 작가이자 나치 강제수용소 생존자인 임레 케르테스Imre Kertesz(1929~)의 '아무리 짧은 삶의 순간일지라도 삶을 부정하는 죽음보다는 강하다'[25]라는 주장을 떠올리며 이것이 진실인 것처럼 생각하려 애쓸지도 모른다.

머리에 작별을 고하는 날이 오기 전까지 우리는 우리라는 특별한 생명체에 대해 숙고할 수 있다. 또한 우리 나름의 세계와 이 세상, 머리가 관계를 맺는 방식, 머리가 이 책을 읽는 내내 해온 일, 즉 사고를 한다는 사실에 대해 숙고할지도 모른다.

내 머리를 안다는 것 (그리고 모른다는 것)

인간은 다른 동물들에게도 똑같이 존재하는 감각력을 집단화하였다. 인간은 집단화된 감각력이 인간 고유의 능력이라고 간주하며, 그것을 통해 모든 것을 변화시켰다. 나나 고양이나 모두 따뜻하다는 감각을 느낄 수 있지만 오직 나만이 따뜻하다는 것을 경험하고 이 경험을 다른 사람들과 공유한다. 우리의 경험은 사실로 바뀌는 경향이 있다. 이로 인한 결과는 무궁무진하다. 그 결과는 이런 식으로 요약될 수 있다. 동물은 삶을 살아갈 뿐이지만 인간은 삶을 주도한다고 말이다. 우리는 경험에 단순히 반응하기 보다는 사실과 사실에 기초한 믿음, 사실에 기초한 의견을 처리한다. 또한 이 점은 머리가 거쳐 가는 세상을 우리가 처리하는 방식만큼이나 자신의 머리를 처리하는 방식에도 똑같이 해당된다.

당신은 어떤 립스틱이 당신에게 잘 어울린다는 걸 알기 때문에, 그 립스틱의 가격이 적당하기 때문에, 그 립스틱이 낮 8시간 내내 지속되고 저녁에 외출할 때까지도 남아 있으리라는 걸 알기 때문에 바른다. 때문에, 때문에, 때문에. 이것은 따뜻함과 차가움, 고통과 즐거움, 배고픔과 포만감이라는 신체의 직접적인 경험을 넘어서서 무한히 연결되는 보편적 가능성의 경로를 나타내는 여정이다. 그리고 머리는 이미 언급한 바와 같이 거의 무한대의 사실, 즉 머리가 담을 수 있는 용량 이상의 사실과 관계를 맺는 주체다. 머리에 대한 이런 사실적 지식은 우리 자신과 머리가 맺는 수많은 관계 중 가장 멀리 떨어져있는 것이다. 이 거리는 머리를 모두의 머리, 누구의 것도 아닌 머리, 제 삼자의 머리로 만든다.

지식은 매개 경험으로부터 시작된다. 우리는 거울에 비친 머리를 볼 때 자신의 머리가 어떻게 생겼는지 인식한다. 가령 바보 같은 히죽 웃음을 지으며 입을 벌리고 있는 저 여자, 생각했던 것보다 주름이 파인 저 여자가 바로 당신임을 인식하는 것이다. 또한 자신의 머리에 대해 스스로 깨닫거나 다른 사람들로부터 듣게 되는 사실도 있다. 가령 당신의 머리는 생겨난 지 35년이 되었고, 이러이러한 정도의 무게가 나가고, 할아버지의 머리와 닮았고, 이러이러한 병에 걸려있다는 등의 사실 말이다. 마지막으로 모든 머리에 적용되는 사실도 있다.

아는 것은 힘이다. 지식은 바로 지금 여기로부터 우리를 해방시킨다. 우리는 높은 차원에서 자연 세계와 직접적인 충돌을 피하고, 외부인과 같은 관점으로 세상에 접근할 수 있다. 그러나 지식은 무력감의 원천이기도 하다. 아는 것은 힘인데 반해 남에게 알려지는 것은 그들의 통제 하에 놓이는 것이다. 그들은 가장 광범위한 의미에서의 내 모습을 볼 수 있다. 나는 그들의 수중에 맡겨진다. 내가 타인의 통제와 평가의 대상이 될 수 없다는 사실조차도 괴로움을 야기하는 원천이 된다.

거울을 통해 초반에 얻는 지식에서 알 수 있듯이 우리에게 보이는 머리는 어떤 면에서 부분적으로만 생명을 불어넣을 수 있는, 서서히 펼쳐지는 하나의 볼거리다. 저 바보스럽게 히죽거리며 웃는 얼굴은 영리한 발언을 하는 당신과 같지 않으며, 당신이 자신의 머리에 대해 알고 있는 지식(예를 들어 머리의 분비작용에 관한 진실)은 당신과 거리가 멀다. 그러니 우리가 때로 삶의 여러 거대한 공간으로 우리를 안내하고, 끊임없는 반추의 대상이 되며, 삶을 가능케 하고, 경험을 형성하고, 심지어 더이상 존재하지 않게 되었을 때도 한동안은 지속되는 유기적 조직을 설명하는 온갖 종류의 따분하고 개인적으로 상관도 없는 진실에 잠식당하고 있다는 느낌이 드는 것도 당연하다.

이것은 당혹스러운 진실이다. 내 머리에 관한 지식은 머리로 존재한다는 게 어떤 것인지와 일치하지 않기 때문에 머리에 관한 참된 진실이 될 수 없다. 실은 '내 머리로 존재한다는 게 어떤 것이다' 따위는 없다. 어떤 지식의 대상이든 '그것으로 존재한다는 게 어떤 것이다'란 있을 수 없다. 이 진실은 우리가 거울을 들여다보면서 히죽거리며 웃고 수다를 떠는 저 얼굴과 자신을 완전히 연결시킬 수 없을 때 이미 짐작할 수 있다. 지식의 영역에서 가장 중요한 사실은 자체적으로 처리해야 할 일이 많은 머리와의 이런 관계가 단지 일시적일 뿐이라는 것이다. 가장 깊은 지식은 우리가 언젠가는 죽는다는 것이다. 이 지식이야말로 사실의 영역을 끊임없이 맴도는 것이자, 우리가 느끼는 것과 아는 것 간의 괴리, 아는 것과 모르는 것 간의 괴리가 우리에게 말해주는 것이다.

우리는 머리이기도 하고 머리가 아니기도 하다. 우리가 이런 생각 때문에 우는 것을 자제한다면, 그건 망간 함유량이 높은 눈물이 나름의 유기적 작용을 하면서 콧속에 있는 점액을 밖으로 내보낸다는 걸 알기 때문인지도 모른다. 우는 대신 폴 발레리의 《테스트 씨》

에 나오는 멋진 논평을 감상해보자.

우리는 우리에 대해 아무것도 알지 못하는 많은 것들로 이루
어져있다.
그리고 이 때문에 우리는 자신에 대해 알 수 없다.

15장

머리와 세상과 머릿속 세상의 복잡한 관계

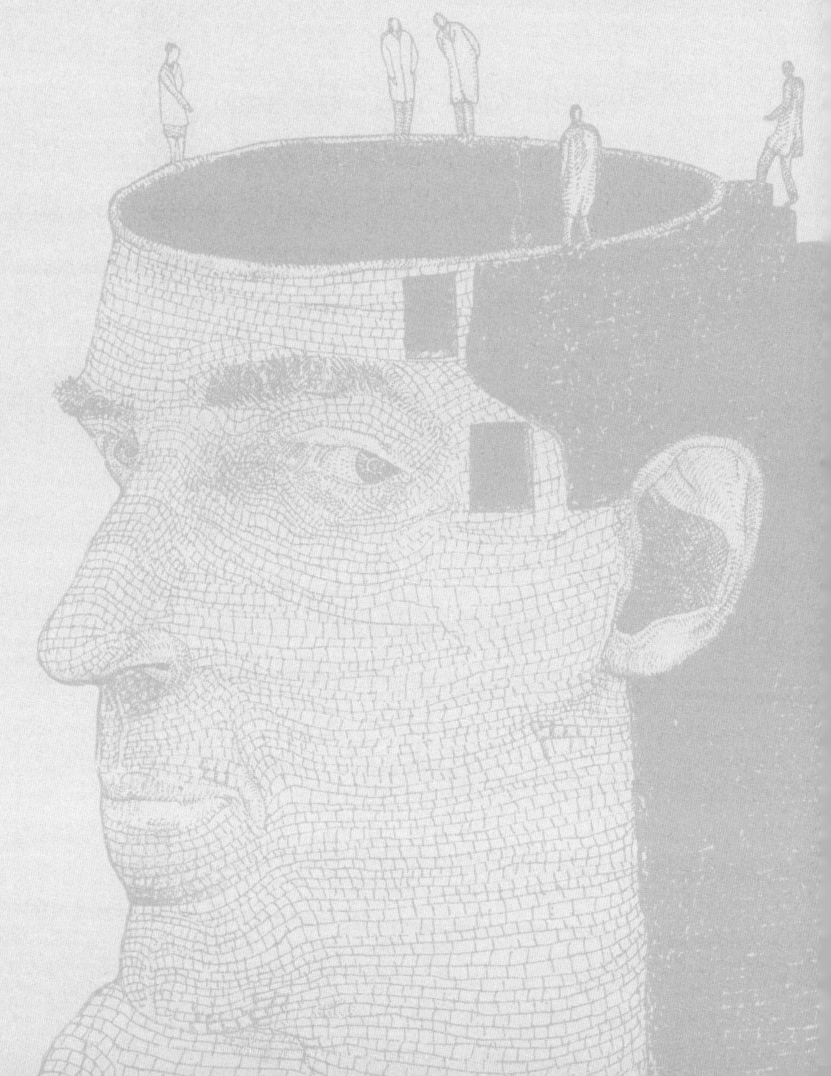

그들은 여전히 바라봤고, 여전히 놀라움은 커져갔다

저 작은 머리에 그가 아는 모든 게 담길 수 있다니.

올리버 골드스미스 Oliver Goldsmith,

《**버려진 마을**The Deserted Village》

만약 머리가 자신에 관한 놀라운 사실을 몇 마디로 압축하려고 한다면 그 말은 아마 '머리는 세계를 품고 있다'일 것이다. 이러한 거시적 사실에서 가장 놀라운 측면은 머리가 세계 속에 자리 잡고 있다는 점이다. 머리는 자신이 변두리, 가장자리, 멀리 떨어진 위치에 있기도 하다는 점을 종종 느낀다. 따라서 머리는 세계의 중심으로서 그 세계와 관계를 맺고 있다. 요컨대 나의 머리는 자신이 품고 있는 세상 속에 자리 잡고 있다. 내 머리가 사는 세상은 중요한 의미에서 머리 속에 있는 것이다.

세상 속 나의 머리

나의 머리는 세상 속에 있다. 세상 속 어디에 있을까? 머리는 여기, 내가 있는 곳에 있다. 그러면 여기는 어디일까? 이 질문에 대해서는 똑같이 타당한 몇 가지 답변이 가능하다. 현재 느껴지는 이 두통이 일어나는 곳, 이 방, 이 집, 우리 집이 있는 도로, 맨체스터, 영국, 세계가 다 답이 될 수 있다. 언어학자라면 내가 위치한 곳의 지명이 점점 범위가 넓어짐에 따라 그 위치의 자아중심적인 성질 또한 감소한다는 점에 주목할 것이다. 나는 화자에 따라, 심지어는 말 그대로 화자의 몸이 위치해있는 곳에 따라 의미가 달라지는 '이', '여기', '우리' 등의 단어를 맨 먼저 언급했다. 나의 목소리는 스스로의 위치를 활용한다. 뒤이어 나는 '맨체스터', '영국'과 같은 고유명사로 옮겨갔으며, 이 단어들은 내가 어디에서 사용하든 의미가 달라지지 않는다. '여기'의 의미와 달리 '체셔'의 의미는 내가 왼쪽으로 열 발짝 이동한다고 해도 달라지지 않는다. '나' 또는 '나의'란 단어의 의미와 달리 '맨체스터'의 의미는 목소리의 주인이 달라져도 변하지 않는다.

물론 그 차이는 명확하지도, 단순하지도 않다. 나의 맨체스터는 당신의 맨체스터와 다를 것이고, 나의 영국도 당신의 영국과 다를 것이다. 우리의 맨체스터는 생각, 경험, 여정으로부터 구축된다. 형태 심리학자들은 '경로적 공간hodological space'에 대해 논했다. '경로적 공간'이란 우리가 거쳐온 길, 우리가 밟아온 통상적인 경로에 따라 정해지며 우리가 스스로를 위치시키는 공간을 가리킨다. 이 공간은 우리가 긴 시간 동안 거쳐온 여러 길(그리스어로 hodos는 길을 뜻한다)이 합쳐져서 만들어졌다. 시인은 진짜와는 다른 것인 양 '정신의 이탈리아an Italy of the mind'에 대해 이야기했다. 그러나 물론 정신의 이탈리아들Italys of the mind 또는 인간의 정신들로 구성된 거대한 공동체 속에서 만들어진 여러 이탈리아의 총합만이 존재할 뿐이다. 이 개념은 그보다 덜 낭만적인 나의 맨체스터와 영국에도 해당된다. 나는 맨체스터에 대한 나만의 견해를 가지고 있다. 나는 맨체스터 외곽의 브램홀이란 마을에 산다. 이곳은 내 머리가 가장 자주 위치해 있는 곳이다. 마을의 중심이라고 불리는 곳이 있지만 내게는, 그리고 몇몇 소수를 제외한 모든 브램홀 주민에게는 중심이 주로 여기가 아닌 저기에 있다. 게다가 정확한 중심에 사는 사람은 아무도 없다. 사람들이 다 동의하는 중심이 있다면 아마도 그곳은 멋지거나 살기 편한 곳, 긴 평균 수명과 연관된 곳이 아니라 중앙 교차로 가운데에 있는 보호기둥 정도가 될 것이다. 브램홀은 브램홀에 대한 모든 견해의 총합이다.

반면 여기에 있다는 나의 의식에서 객관적인 준거 기준이 아예 없지는 않다. '브램홀,' '맨체스터,' '영국'은 내가 고개를 숙인 채 나를 둘러싼 여기와 저기의 개념을 파악하느라 열심일 때, 내가 가장 집중한 순간의 양옆으로 스며 나온다. 오직 어린아이만이 릴케가 말한 '금지가 없는 아무 곳도 아닌 곳nowhere without no'에서 길을 잃을 수 있다.[1] 나머지 우리들은 수없이 많은 타인과 공유하는 여러 장소의 연결망 속 하나의 격자 눈금으로 위치가 표시된다.

따라서 내 머리가 있는 장소는 언제나 개인적인 (내가 거쳐온 복잡하고 자아중심적인 경로를 통해 내가 세상의 위치를 파악한 방식대로 결정되는) 곳이지만 다른 한편으로는 지도, 지명사전, 천문학 교과서에 나오는 개인적인 것과는 무관한 장소이기도 하다. 장소는 나의 위치를 나타내는 기정사실이기도 하고, 내가 위치를 정하는 구성 개념이기도 하다. 즉 물리학적 문제이자 정신적 옷의 문제이며, 이 둘 사이를 어려움 없이 오가는 지형학적 문제이기도 하다. (이렇기 때문에 내게 일어났던 일처럼 사랑이 도시 하나를 완전히 바꿔놓는 게 가능하다. 1964년 7월 리버풀은 JS의 가능성을 중심으로 재배치되었다. 나는 그녀의 부재로 인해 부유하는 수도가 되었고 그 중심에 머리가 있었다.)

따라서 머리가 세상에 존재한다는 개념은 단순하지 않다. 이 세상은 원래 끊임없이 변하게 되어 있다. 커졌다 작아지고, 밝아졌다 어두워진다. 2초짜리 시야를 갖기도 하고 10년에 달하는 시간의 틀을 갖기도 한다. 세상은 한 쌍의 눈이고 끝없는 평원이며, 볼에 느

꺼지는 온기이고 우리를 우려하게 만드는 경기 불황이다. 세상은 갑작스런 느낌과 고의적인 행동, 전술, 전략이 일어나는 곳이다. 나보코프는 세상을 절대적인 것으로 표현하는 작가들의 생각에 이의를 제기하며 '누구의 세상인가?'라고 물었다. 꽤 옳은 말이기도 하다. 그러나 나는 거기서 한층 더 나아갈 수 있다고 생각한다. 나의 머리는 무수한 세상의 희미하게 빛나는 연속선상에 존재한다.

물론 정말 이렇지는 않다. 이 무질서한 상태 뒤에는 안정적 요소가 있다. 바로 그 때문에 지금 그것에 대해 이야기할 수 있다. 각종 현상을 만들어내는 온갖 변화무쌍한 물질 활동을 뒷받침하는 비활성 요소, 즉 우리가 물질이라고 부르는 것으로 구성된 물리적 공간에 세상이 배열되어 있다. 물질은 세상의 일관성을 보장할 뿐만 아니라 내 세상과 당신의 세상, 또 누군가의 세상 간에도 일관성을 보장한다. 머리는 그야말로 일관성 혹은 응집력 있는 세상의 다양한 부분들을 수집한다.

물질과 물질 활동 사이, 우리와 무관해 보이는 물질적 대상 및 사건의 집합체와 개인적 의미들로 얽힌 태피스트리 사이 어딘가에 객관적 사실이 존재한다. 비트겐슈타인은 수수께끼 같은 그의 저서 《논리철학논고Tractatus Logico-Philosophicus》의 첫 부분에서 다음과 같이 단언했다.

1. 세상은 사실에 해당하는 모든 것이다.
1.1 세상은 사물의 총체가 아니라 사실의 총체이다.[2]

사실은 모든 사람이 공유하는 가능성의 공간, 즉 우리가 삶을 살아가면서 관계를 맺는 하나 혹은 여러 세상이라는 격자를 지탱하는 버팀목이다.

이것은 얼핏 보면 분명히 이해되는 듯하다. 하지만 사실만큼 불분명한 것도 없다. 사실이란 무엇인가? 그것은 단순히 존재하는 대상 같은 것이 아니다. 이 말이 의심스럽다면 현재 당신의 머리가 위치해 있는 공간에 존재하는 사실을 세어보라. 이때 사실의 개수는 당신이 선택적으로 주목한 것과 그것을 나누는 방식에 따라 달라지며, 그 수는 다시 존재하는 것들을 어떻게 분류하느냐에 따라 또 달라진다는 걸 알게 될 것이다. 사실은 자각, 언어(그리고 언어에 따라 결정되는 인식과 분류 습관), 의식이나 설명 습관과는 무관하게 본질적으로 존재하는 모든 것 이 세 가지가 한 침대에서 만들어낸 자손이다.

지금까지 내가 얘기한 내용을 생각해보면 머리가 세상에 존재하는 방식, 정확하게는 머리가 자신의 세상에, 이보다 더 정확하게는 머리가 자신의 순간적인 세상(개인적, 공적 역사로 뒤덮여 있고 개인적, 집단적 미래로 가득한 순간)에 존재하는 방식은 물질적 대상이 그보다 큰 다른 대상 안에 들어있는 것과는 다름을 분명히 알 수 있다. 세상은 머리가 속해 있는 작은 거품을 둘러싼 큰 거품이 아니다. 예를 들어 이 커피잔처럼 어떤 특정 시점에 세상 속에서 머리가 다른 물체 옆에 있을 수는 있다. 하지만 이러한 물체와 머리가 같은 세상에 속할 수 있는 이유는 전적으로 이들을 하나로 묶는 내 머리 덕분이다. 이 사실은 수월하게 우리를 세상의 반대편으로 인도한다.

내 머릿속 나의 세상

내 머리가 단순히 그것이 차지하고 있는 물리적 공간에만 존재하지 않는 이유는 그 속에 세상이 들어있기 때문이다. 즉 머리에는 머리가 들어있는 세상이 들어있다. 이 말을 할 때는 신중해야 할 필요가 있다. 머리가 위치해 있는 밝은 세상이 두개골 안의 어둠 속에서 날조되었다고 말하려는 의도는 결코 없다. 사실 어느 정도는 머릿속에 있는 세상을 지금까지 머리가 들어있던 세상들을 모두 합친 것으로 볼 수 있다. 인류가 걸어온 발자취가 요약되어 있는 글과 말, 시각적 자료에 의해 보강된 그 모든 여정이 머릿속 세상을 구성한다. 그 때문에 머릿속 세상이 다른 이들의 머릿속 세상과 조화를 이루고 소통할 수 있다.

그 모든 여정을 생각한다는 건 꽤나 벅찬 일이다. 이는 머리가 존재하는 것과 존재한다고 일컬어지는 것들을 샅샅이 훑으면서 몇 분, 몇 시간, 며칠, 몇 주, 몇 달, 몇 년, 몇 십 년 동안 추적한 방대한 길이의 세상의 궤적을 상기하는 일이다. 머릿속에는 얼마나 긴 행로가 휘감겨 있는가. 나는 어머니의 머리를 보며 그 머리가 에드워드 7세 시대의 리버풀에 있던 테라스 딸린 집 밖에서 햇빛을 쳐다봤다는 생각을 한다. 그리고 1930년대에 그 머리는 수줍음에 얼굴을 붉히며 스코틀랜드 로드를 걸어 일터로 갔다. 그 머리는 공포에 휩싸인 채 5월 대공습(1941년 제2차 세계대전 중 독일에 의해 리버풀 지역에 가해진 공습: 옮긴이)의 폭격소리를 들었다. 그 머리는 차례차례 아기들을 데리고 공원을 거닐었다. 그 머리는 학교 성적을 쉴 새 없이 자랑하는 나의 목소리를 들었다. 그 머리는 한시도 가만히 있지 않는 손자가 언제 잠이 드려나 하는 생각을 했다. 그 머리는 나이 드신 아버지가 까다롭게만 구셔서 속이 상해 눈물을 흘렸다. 그리고 그 머리는 거울에 비친 자신의 모습을 보며 저 할머니가 누구일까란 생각을 했다.

'여기'라는 개념이 그토록 복잡한 것도 무리가 아니다. 머리가 자신이 채우고 있는 불규칙한 공간 덩어리나 자신이 위치해 있는 감각상의 영역에 한정되기를 단호히 거부하는 것도 어찌 보면 당연하다. 그리고 우리는 어떤 특정 시간에든 그 특정 시간에 존재하지 않는다. 우리가 순간순간 채우고 있는 공간은 머릿속에 숨은 공간에 비하면 그 크기가 터무니없이 작다. 우리가 감지하는 것으로부터 얻는 감각은 가깝거나 먼 수많은 공간에서 획득된 과거를 끌어내며, 똑같이 오만한 방식으로 인식의 범위 너머에 존재하는 사물들이 요구하는 미래에 도달한다. 우리가 머리로 공유된 세계를 관통하며 좇는 세상의 긴 궤도상의 모든 지점은 사실상 안이 꽉 찬 거대한 영역이다.

이러한 머릿속 세상을 자세히 들여다보려 할 때면 으레 좌절감을 느끼게 된다. '나는 수많은 것을 담고 있다'라는 월트 휘트먼Walt Whitman(1819~1892, 미국의 시인. 주요 저서로 《풀잎》, 《자선일기 기타》 등이 있다 : 옮긴이)의 말은 지나치게 약화된 표현인 듯하다.[3] 그 크기를 측량해 보려는 노력의 일환으로 나는 몇 가지 시간 지점, 즉 섬광 기억 (flashbulb memories, 개인적으로 중요한 사건이 일어나는 동안 형성된 매우 상세한 기억 : 옮긴이)을 떠올려본다. 1953년 주방에서 '난 그렇다고 생각해'라고 말하며 햇빛에 회색빛 턱이 더 도드라져 보이던 나의 종조모님, 최고 성적을 받고 학교에서 집까지 춤을 추며 갔던 일, 세상이 온통 과장된 스크린처럼 보이면서 내가 미친 게 아닐까 두려워하던 상태에 빠졌던 어느 오후, 여름 들판에 잠시 멈춰 오케스트라 음악 같은 미풍에 흔들리는 포플러 나무의 소리를 들으며 사랑에 빠졌단 걸 느낀 순간, 내 앞에서 시름시름 죽어가는 환자를 봤을 때의 공포, 아이들과 함께 미소를 나누며 느꼈던 즐거움, 벤치에 앉아 난생 처음으로 생각을 완전히 이해하고 있는 것 같이 느꼈던 암스테르담에서의 한 시간, 강의를 성공적으로 마친 뒤 박수를 받으며 느꼈던 기쁨, 20년이 지난 후에도 거리를 걷다 문득 발걸음을 멈추게 만드는 어리석었던 말.

또 다른 방법으로는 지난 60년 동안 내가 앉고, 서고, 걷고, 말하고, 멍하니 쳐다보고, 잠자고, 걱정하고, 기뻐했던, 4개 반의 대륙과 40개국, 천여 개의 도시를 아우르는 모든 장소를 떠올려 볼 수 있다. 혹은 내가 연인으로, 친구로, 이웃으로, 동료로, 의사로, 방청인으로, 옆에 줄 서 있던 사람으로, 같은 인파 속에서 나란히 부대끼던 사람으로 만났던 수십만 개의 머리를 상기할 수도 있다. 또한 파르메니데스Parmenides(BC 515?~BC 445?, 고대 그리스의 철학자로 엘레아학파의 시조: 옮긴이)의 사망일, 심부전증의 증상, 불가리아의 수도, 아내가 좋아하는 소설, 헤르만 브로흐가 밀란 쿤데라에게 미친 영향 등 나의 세계를 가득 채우는 온갖 사실도 있다. 이에 더해 내가 일상에서 활용하는 수천 가지의 노하우 항목과 양식이 있고, 사람·장소·사물 및 고든 브라운 총리의 대외정책을 비롯한 수많은 추상적 관념에 대해 후천적으로 습득한 수십 가지의 태도가 있다.

어머니의 고통과 기쁨의 소리를 들으며 탄생의 통로로부터 튀어 나온 순간에서부터 음악과 흐느껴 우는 소리를 뒤로 하고 화장터 문이 닫히는 순간까지 이 머리가 보고, 듣고, 느끼고, 아는 모든 것은 어떤 식으로도 간결하게 요약할 수 없다. 찌푸림, 수선화, 말할 필요도 없이 당연한 사실들, 수요일, 좋은 산문, 참을 수 없는 고통, 경제 동향, 구부정한 걸음걸이, 낙타를 볼 가능성, 격렬한 짜증, 아름다운 얼굴, 오르가슴, 얼룩말, 지각할 때의 느낌, 르네상스 다성음악, 택시, 낙엽, 침, 파양스 도자기, 동틀 무렵의 빛, 푸른머리되새의 노랫소리, 푸른머리되새의 노래의 변덕스러운 지속 시간, 무너진 희망, 놀림, 너무 멀어서 잘 들리지 않는 소리, 역체크 표시, 부명제, 과속방지턱, 예상, 돈 벌 궁리, 선정된 연구비 지원, 디딤돌, 진화론 옹호 주장, 도로의 팬 곳, 기본 식료품, 풍향계, 놀라움, 비행에 관한 미신, 저 멀리 보이는 안개, 만개한 서양자두 꽃, 물가상승, 긴장증, 병의 재발, 담뱃대 청소기, 광고표준위원회, 플랫폼, 의회 도서관 운문 컨설턴트, 소동, 포크, 수학문제, 필터 커피, 유행이 지난 바지와 유행하는 바지, 게으른 사람의 사례, 발톱, 등대, 도덕적 판단, 지나친 장난, 구름, 코트 걸이, 모래, (갈망하는) 고독, (두려운) 고독, 세제, 구타, 뉘앙스, 비슷한 소리, 찾아보기 힘든 훌륭한 정원 구조, 새 애호가의 폐, 질 분비물, 칸타타, 배 매는 기둥, 극작법, 귀뚜라미, 웅덩이, 수국, 우연히 만난 낯선 이, 고성능 자동차, 우연, 우주, 행복, 오리 사냥, 샌달우드의 향, 살구처럼 생긴 가로등, 살갈퀴 덩굴, 규제 기관, 색이 바래가는 옷감, 공허한 웃음, 분실물, 소금 숟가락, 참고 넘긴 기분 나쁜 행동, (노골적인) 비난, (편파적인) 비난, 급하게 먹은 아침식사, 정다운 악수, (몇 시간의) 지루함, 먼지, 휴양지, 병원, 유럽인과 아프리카인 사이에서 태어난 혼혈아 박해, 교회 첨탑, 앞잡이, 라디오 리포터, 여론 분위기, 해변에서의 휴가, 철탑, 고속도로 신호체계에 대한 각기 다른 이론들, 킥킥 웃음, 내게 킥킥 웃음이 금지되었던 시기, 상자 점검, 똑딱거리는 시계 소리, 매트리스의 아마포, 활력이 없는 정당, 긴수염고래, 술집에서 마시는 생맥주, 마른 돌담, 좀도둑, 재치 있는 유머 감각, 절대 실제 값을 갖지 않는 모든 다항수나 실수를 다항식의 제곱비로 나타낼 수 있을지도 모른다고 추측하는 사람들, 원자력 기구, 농담, 선서 진술서, 위협적인 눈초리, 상받은 영화, 광고 문구, 고무줄, 강타, 반복에 대한 선호, 테니스 라켓, 샤워, 동방의 약속, 목록 만들기를 좋아하는 사람들, 부적절한 구체화, 백합, 무無를 들여다 본 순간의 두려운 경험, 예절, 사진 찍을 기회, 얼굴 없는 관료들, 중세 벽걸이 융단을 보며 느끼는 경이, 소유권 논쟁, 연골, 다람쥐, 도로 표지, 이야기의 반전, 과분한 찬사, 까마귀, 야구 등 목록이 끝없이 이어진다. 이 목록이 홍콩이나 프라하, 키레니아, 브램홀처럼 멀리 떨어진 장소에서부터 축적되어왔다. 이렇게 많은 것들이 모두 나의 머릿속에 저장되고 각자 적소에 보관될 수 있다는 사실이 놀라울 뿐이다.

물론 이 모든 것들이 전면에 드러나 있지는 않다. 그러나 우리는 언제든 이런 것들을 떠올릴 수 있다. 우리가 고통이나 공포로 인해 순간에만 몰두할 때를 제외하면 이들은 순간의 경험이 지닌 가벼움으로부터 지속적으로 거리를 유지할 수 있게 해준다. 따라서 나는 이러한 세상이 어떻게 이 머릿속에 다 들어가 있을 수 있는지 경탄하지 않을 수 없다. 어떻게 과거가 저장되고, 다른 모든 물질이 그렇듯 현재 시제로만 존재하는, 아니 (물리학적으로 보면) 사실상 시제 자체가 없는 공간에서 어떻게 고도로 체계적인 미래가 계획되고, 준비되고, 예측될 수 있는 것일까. 1970년의 그 미소를 어떻게 기억할 수 있으며, 어떻게 미소를 지은 사람이 그토록 사랑을 담아 전달했고 그것을 받은 사람은 그토록 기뻐했던 무한히 결합된 관련 상황과 연결하여 그 미소에 그만의 세상을 부여하는 것일까.

이런 의문에 대한 답을 구하고자 했던 많은 사상가들, 아마도 이 문제에 자신의 견해를 표명한 대다수의 사상가들은 머릿속 세계가 일종의 모델이며 이 모델은 컴퓨터와 같은 형태로 저장된다고 생각했다. 나, 혹은 나의 머리, 혹은 나의 뇌는 과거 경험, 기억, 지식, 습관, 기술, 학습된 태도가 비트와 픽셀처럼 신경 충동의 형태로 저장되어 있는 일종의 디지털 컴퓨터라는 것이다. 우리가 머릿속 세계의 존재를 자각하고 있으며 이것이 우리 앞에 보이는 세상을 인식하는 데 영향을 미쳐 우리가 그 세상을 이해할 수 있도록 한다는 사소한 사실만 아니라면 이 관점에는 문제가 없을 것이다. 그러나 컴퓨터는 이런 식으로 인식하지 못한다. 이는 결코 작은 차이가 아니다. 때문에 컴퓨터는 우리보다는 차라리 조약돌과 더 가깝다고 할 수 있다.

우리는 컴퓨터의 처리 과정에 인간의 의식을 포함시켜야 한다는 사실을 간과하기 쉽다. 정보 처리, 표현, 모델링 같은 활동을 컴퓨터 두뇌가 하는 활동이라고 생각하며 우리 자신을 기만하는 경향이

있기 때문이다. 하지만 이같은 활동은 (의식이 없는) 컴퓨터에 의해서
도 수행된다고 하지만 실제로는 의식이 작용하는 것으로 보인다.
사실 컴퓨터는 의식 있는 존재가 없는 상태에서는 아무런 정보도
주지 못하고 그 어떤 것도 표현하거나 모델링할 수 없다. 마치 자신
의 주변세계를 인식하는 존재가 없으면 구름이 비 올 징조가 아닌
것과 마찬가지다.[4]

미래 세대들은 현세대를 되돌아보며 재미있어할 것이다. 우리가
만들어낸 기술에 큰 감명을 받아 스스로를 그 기술을 바탕으로 모
델화하고, 머릿속 세상이 중성적 활동으로 구축된 컴퓨터 모형이라
고 생각했다는 사실에 놀라워할 것이다. 그들은 우리가 축축한 물
체, 즉 두뇌의 활동으로부터 주체성을 형성할 수 있다고 여기고, 뇌
라는 미심쩍은 대상 자체를 완전히 이해할 수 있는 명백한 객체로
생각했으며, 고작 몇 가지 단편적 지식을 가지고 지식의 성장 발판
인 의식을 설명하려고 했다는 사실에는 더욱 놀라워할 것이다.

머릿속 세계는 변화에 매우 민감하다. 첫째, 나를 둘러싸고 있는
세상과 관계를 맺는 내적 세계는 향후 일어날 일들의 극히 작은 표
본일 뿐이다. 둘째, 그 세계는 여러 사건으로 인해 돌이킬 수 없이
달라지기도 한다. 머리를 한 번 부딪치는 것만으로도 내 세상에는
움푹 들어간 자국이 남을 수 있고, 일부가 사라질 수도 있으며, 안
쪽 버팀대가 무너질 수도 있고, 필요할 때 나머지 부분을 사용하는
능력에 심각한 타격을 입을 수도 있다. 현재의 순간을 과거와 연결
짓지 못하고 내 앞에 놓인 물체에서 더 이상 감각의 빛이 빛나지 않
게 됨에 따라 책장, 마을, 거리, 사랑하는 이들의 얼굴, 심지어는 손

등조차도 이해하지 못하고 멍하니 쳐다보게 될 정도로 세상이 축소되어 버릴 수도 있다.

그러나 이보다 신나는 방법으로도 머릿속 세상을 변화시킬 수 있다. 예컨대 스텔라 아르투아(벨기에 맥주 상표 : 옮긴이) 한 잔을 머릿속에 부어 넣었을 때가 그렇다. 보라, 세상이 새로운 빛으로 빛나고, 머리는 이전과 다른 방식으로 바깥 세상에 대응한다. 불현듯 과거가 더욱 의미심장하게 느껴지고, 힘든 부담과 시련의 가능성을 안은 미래는 덜 힘들어 보인다. 음악이 영혼 곳곳에 따스한 빛을 뿌리고, 저쪽에 앉아 있는 사람의 미소 띤 얼굴이 더욱 아름답게 느껴진다. 토마스 드퀸시Thoman de Quincey(1785~1859, 영국 비평가 겸 소설가. 출세작 《어느 아편 중독자의 고백》은 아편 중독자인 자신의 경험을 담은 작품이다 : 옮긴이)는 (비록 뒤이어 엄청난 슬픔이 뒤따랐지만) 아편을 알고 나서 이런 기적을 경험했다.

> 인간의 모든 걱정을 사라지게 하는 만병통치약이 여기에 있었다. 그렇게 오랜 세월 동안 철학자들이 논쟁을 벌여온 행복의 비밀이 여기에 있었다. 이제 1페니면 행복을 사서 양복조끼 주머니에 가지고 다닐 수 있다. 무아의 황홀경을 조그만 병에 담아 가지고 다닐 수 있다. 우편마차로 마음의 평화를 몇 갤런씩 나를 수 있다.[5]

머리와 세상의 관계, 주변의 머리와 세상과 머릿속 세상의 관계는 얼마나 쉽게 변화하는가. 그리고 내부의 소우주와 외부의 대우주는 나타샤와 사랑에 빠진 피에르가 어느 맑고 추운 밤하늘 아래서 집으로 걸어가던 중 1812년의 찬란하게 빛나던 불길한 혜성을 보며 다음과 같이 느꼈던 것처럼 얼마나 조화롭게 연결되어 있는가.

> 이 천체는 피에르의 새로이 녹은 마음과 완벽하게 조화되는 것 같았다. 그의 마음이 안도감을 느끼고 새로운 삶으로 꽃피었기 때문이다.[6]

그러나 세상은 우리에게 거의 무관심하며, 우리는 우리가 알고 있는 세상의 극히 작은 부분일 뿐이라는 진실을 견딜 수 있게 도와주는 이런 마음의 평화가 없었다면 우리는 훨씬 더 비참했을 것이다.

타인의 머릿속에 있는 모두의 머리

사람은 항상 다른 사람의 머릿속에 존재하며,
이 머리 역시 또 다른 머릿속에 존재한다.

프리드리히 니체, 《여명Morgenröte》

머리가 살고 있는 세상은 머릿속 세상과 다양한 방식으로 상호작용한다. 그 결과 실천 이성, 혼란, 명확성으로 조절되는 명제적 사고, 무작위 행동, 의도적 행위가 뒤죽박죽으로 섞여서 나타난다. 또한 일, 책임, 양도할 수 없는 권리, 지속적인 관계, 소유물과 같은 실체의 암초 위로 깜박거리는 감정, 느낌, 기억 등의 모호한 것들도 뒤섞여 나타난다. 나는 이 세상에서의 의무와 권리를 규정하는 여러 겹으로 이루어진 이력의 껍질로 에워싸이고 살아온 시간들로 엮인 일시적 결과물이다. 나는 수동적으로 겪은 삶과 능동적으로 주도한 삶 사이를 불안정하게 오간다고 말하고 싶지만 그렇게 되면 이번 장의 핵심을 훼손할 정도로 문제를 단순화하게 될 것이다. 그보다는 이런 두 가지 삶의 방식이 햇빛에 비친 폭포수 위로 드리워진 무지개, 언제나 급히 흘러가는 물 위로 흩뿌려진 맹렬한 물안개를 물들이는 기적적인 고요함을 지닌 무지개처럼 서로 떼려야 뗄 수 없는 관계라고 말하는 편이 더 낫겠다.

내 삶에서 드러나는 통제의 범위는 내가 단순히 몸을 견디는 것이 아니라 거의 삶을 주도하는 것처럼 보일 정도로 대단한 수준이다. 내가 아침 일찍 출발하여 몇 시간 후 수백 킬로미터 떨어진 목적지에 정확한 시간, 정확한 장소에 맞춰 도착하는 경우는 드물지 않다. 내가 동의한 이탈과 이탈로부터의 이탈 속에서 수동적으로 당하는 예기치 못한 일들을 매개로 능동적으로 주도되는 질서정연한 삶의 기적은 대개 내가 잘 깨닫지 못하는 것이다. 나는 벌집을 당연하게 생각하면서 그렇게 빽빽하게 벌집을 지은 수많은 비행, 즉 벌의 이동 패턴을 간과한다. 그렇기 때문에 나는 이 꼿꼿하고, 태도가 분명하며, 진지한 중년의 나를 이룬 요소들을 떠올릴 수 있는 몇 안 되는 그 순간들을 소중하게 여기는 것이다.

몇 년 전에 이런 순간을 경험한 적이 있다. 간질 등의 의식상실 현상에 대해 이야기를 하러 회의 장소로 가기 위해 비행기를 기다리고 있는 중이었다. 전광판에 뜬 '피렌체Florence'라는 단어를 언뜻 본 순간 회진을 돌면서 만난 24명의 환자 중 한 사람이었던 플로렌스 S.가 갑자기 떠올랐다. 그 환자와 관련하여 신경과에 긴급 자문을 구해야 한다는 걸 깜빡하고 있던 참이었다. 이 순간을 통해 나는 우리가 깜빡 잊고 있던 해야 할 일을 우연히 떠올리게 되는 현상인 (도덕적 운moral luck과 유사한) '인지적 운cognitive luck'이라는 개념을 접하게 되었다. 그리고 이제는 이런 힘이 항상 작용하고 있는 게 보인다. 그것은 내가 백일몽에서 깨어나 자기 현존감의 연상 작용을 일으키는 순간이었다. 어떤 식으로든 이 인식이 성격, 역할, 지위로 구체화되어야만 누군가와 인사하거나 만날 때 인사하고 만나는 대상이 누군지 알 수 있게 된다.

단기 기억, 의미 기억, 절차 기억, 일화 기억, 자전적 기억은 모두 함께 작용한다. 그렇기 때문에 나는 마지막으로 지나친 표지판을 기억하고, 그게 왜 거기 있는지를 이해하며, 운전하는 법을 알고, 내가 지금 가고 있는 장소에 마지막으로 갔을 때와 그때 기분이 어땠는지를 떠올릴 수 있다. 그리고 순간적으로 착오를 일으킬 경우에는 내가 찾고 있던 대상과 그것을 끄집어내는 데 쓸 단서를 시종일관 알고 있었다는 듯이 머리를 짜내서 어떻게든 관련 사실을 찾아낸다.

어쨌든 바깥세상에서 일어나는 무작위적 사건들은 질서를 잡아주지 못하는 것 같다. 외부세계는 종종 과제 완수라는 해변에 도달하기 위해 헤치고 나아가야 하는 방해물로 가득하지만 우리는 대부분의 경우 침착하게 이 세상에 안착해 있는 것처럼 보인다. 어떻게 이런 성취가 가능한 걸까? 이 질문에 대한 답변은 상당히 놀랍다. 그것은 바로 우리가 극히 적은 자료를 토대로 일반화를 해버리는 위험한 기술에 있어서 거의 경지에 이른 존재라는 것이다. 그리고 우리가 이렇듯 어림짐작을 하는 순간을 포착해서 편견을 바탕으로 세상을 살아가는지를 살펴보면 참으로 놀라울 따름이다. 예를 들어 중년 여자가 당신 앞으로 쏙 끼어들어 당신이 점찍어뒀던 주차 공간을 빼앗아가는 경우, 혹은 과속으로 달리던 젊은이가 앞에 끼어드는 바람에 급하게 브레이크를 밟은 경우 어떤 일이 일어날지 생각해보자. 당신이 느끼는 분노는 그 여자가 화장을 두껍게 하고 머리는 금발이라거나 그 젊은이는 머리를 밀었고 팔뚝에는 문신을 했으며 터보 엔진이 달린 자동차는 시끄러운 음악 소리로 쿵쾅거릴 거라는 생각을 정말이지 순식간에 타당한 것으로 만들어버린다. 당신이 추정한 이 일대기들의 벤다이어그램에는 겹치는 부분이 지극히 작게 나타난다. 그럼에도 불구하고 당신은 그들 삶의 극히 미미한 표본만으로 그들을 완전히 간파한 듯 보인다. 저 여자는 보수당을 지지하고, 사형제에 찬성하며, 《데일리 메일Daily Mail》(보수 성향이 강한 영국의 조간신문: 옮긴이)을 읽는 기생충 같은 여자임이 확실하다. 마찬가지로 젊은이도 저런 차를 살 수 있을 만큼의 부를 정당한 방법으로 축적했을 리 없고, 여자를 무시하며, 오늘날의 영국을 썩게 하는 멍청하고 파렴치한 여피족임이 분명하다. 이와 같이 우리는 (레비스트로스의 말을 조금 변주하자면) 세상을 우리 것으로 만든다.

  극도로 황당한 위의 예들은 특별한 경우가 아니다. 모든 판단은 거의 불시에 이루어지고, 그래야만 한다. 경험과 분류 사이에 멈추는 순간은 결코 없다. 즉, 매순간 의식이 하는 일은 추론의 연속이다. 그렇긴 해도 때로는 개인적 차원의 미친 짓이야말로 사회 전체의 온전한 상태를 유지해주는 것처럼 보인다. 시민사회는 우리가 세상을 안다고 생각하며 살아갈 수 있도록 해주는, 반드시 필요한 각종 편견의 망상 상태를 기반으로 하고 있는 듯하다. 이런 어림짐작과 일반화가 없다면 우리는 큰 어려움에 처할 것이다. 일상은 '이질적인 사건들 간에 아무런 연관성이 없어' 결국 '어떤 것도 진짜가 아니고, 어떤 것도 정말 경험한 것이 아니며, 모든 것이 혼란스러운 세부사항 덩어리로 변해버린다'라고 설명했던 레셰크 코와코프스키Leszek Kolakowski(1927~2009, 폴란드 철학자 겸 사학자 : 옮긴이)의 말처럼 그야말로 고문이 될 것이다.[7]

16장

나는 내 생각을
통제할 수 있을까?

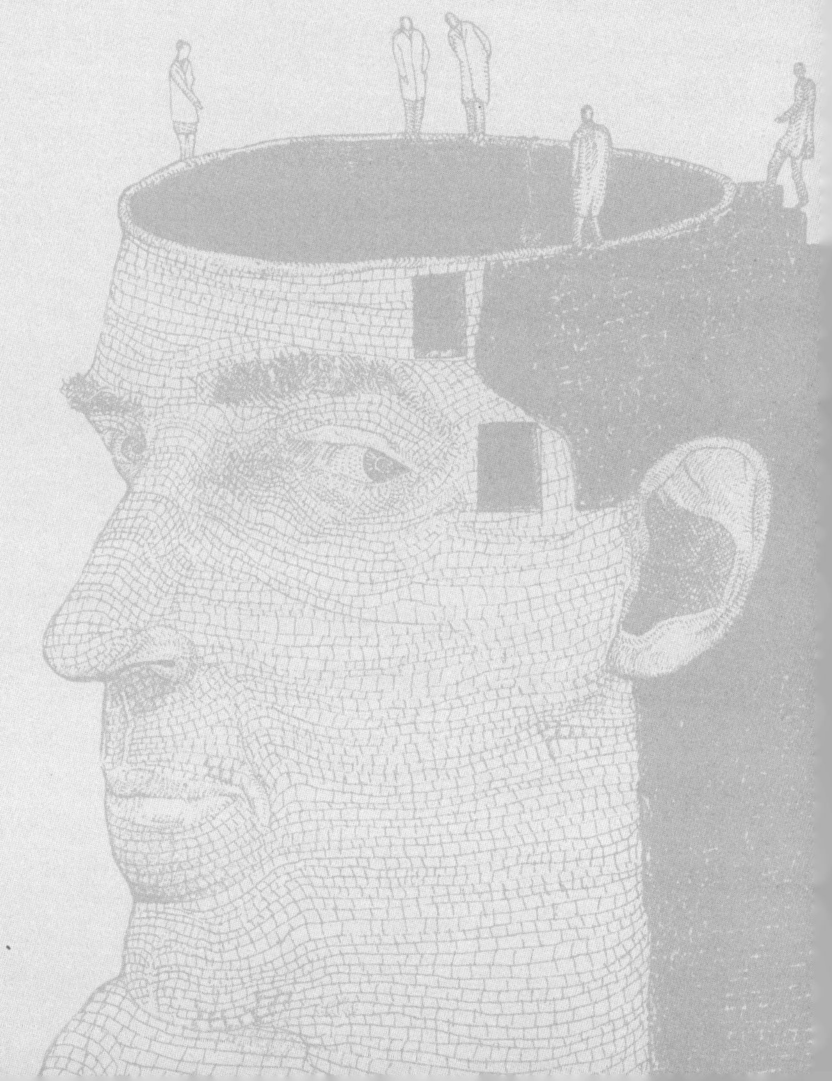

문장들이 갇혀 있는 탑

내가 생각하는 머리에 대한 고찰을 마지막까지 남겨둔 건 우연이 아니다. 나는 이 책의 전반에 걸쳐 머리를 이해하려고 했다. 이제는 내가 머리를 이해하려고 시도한 바로 그 과정을 이해하려 시도해볼 참이다. 즉 생각에 대해 생각해보려는 것이다. 이 책의 앞쪽에서 거울에 비친 내 모습을 볼 때 느꼈던 그 현기증이 다시 나타나려고 한다. 나의 생각하는 머리의 생각에 대해 생각하는 나의 생각하는 머리라니. 내가 이 문제에 집중하려고 하면 생각에 앞서 머리가 텅 비는 (생각 때문에 머릿속이 완전히 비워지는) 듯한 느낌이 드는 것도 무리가 아니지만 이것은 성찰reflexivity의 소용돌이 속으로 들어가는 마지막 시도다.

그러나 조금 부풀려 말한 감이 있다. 이 과정은 에셔Escher(1898~1972, 기하학적 원리와 수학적 개념을 토대로 자신의 상상에서 비롯된 내적이미지를 표현한 네덜란드의 판화가이자 화가 : 옮긴이)의 그림에 묘사된 스스로의 모습을 그리는 손처럼 불가능한 일은 아니다. 과거와 현재의 머리를 모두 합치면 머리와 생각에 대한 나의 생각이 스스로의 모습을 볼 수 있는 거울이 생겨나기 때문이다. 그렇기는 해도 이것은 결코 명한 상태로 이해할 수 있는 문제는 아니다.

생각은 낮 동안 그리고 밤의 상당 시간 동안 머릿속을 채운다. 걱정, 심사숙고, 희망, 사랑, 증오, 계획, 회상 등이 끊임없이 이어지는 다소 조악한 글과 함께 나타나고, 구체화되고, 표현된다. 의식의 흐름이 단순한 말의 흐름이 아님에도 불구하고 우리는 제임스 조이스 같은 천재 작가들로 인해 깨어있음은 말의 이어짐과 거의 동일하다고 생각하게 되었다.[1] 머리는 문장들이 갇혀있는 탑이다. 이 탑의 문은 혀에 의해서 열리고, 조금 느리지만 지금 이 문장을 치고 있는 자판 위 손가락에 의해서도 열린다.

내가 즐겨 쓰는 소품을 활용해보기로 하자. 방금 아이스크림을 떠먹은 숟가락을 거울삼아 얼굴을 본다. 나는 나의 얼굴을 보고, 내 얼굴도 나를 마주본다. 그 얼굴에는 내가 무슨 생각을 하고 있는지는 고사하고 생각을 하고 있는지 여부를 보여주는 단서조차 없다. 물론 내가 지금 생각하고 있다는 건 거의 확실하다. 그렇기에 30여 년 간 내 아내로 살았으며 지금 저쪽에 앉아 있는 저 여인도 아무런 말을 하고 있지는 않지만 뭔가 생각을 하고 있다고 짐작해볼 수 있다. 또한 볕 좋은 날에 햇빛에 비쳐 반짝거리는 머리들로 붐비는 건너편 광장을 볼 때면 혼잣말을 하고 있지 않은 사람은 다 속으로 뭔가 생각을 하고 있다는 걸 알고 있다. 빛나는 각각의 머릿속에는 햇빛 바깥의 어딘가를 가리키고, 멀리 떨어져 있는 의미의 들판에서 풀을 뜯어 먹으며, 모두가 공유하는 가능성 영역의 은밀한 구석구석을 뒤지는 말 많은 어둠이 있다.

나는 시선을 내부로 돌리기 위해 눈을 감는다. 내 목소리에 끊임없이 들볶이는 두개골 속 끝없는 어둠의 밤. 나는 그 어둠 속에서 자라나는 생각들, 내가 피할 수 없는 그 생각들에 대해 생각한다. 나는 내 생각을 듣지 않을 수 없다. 하지만 타인의 생각은 들을 수 없다. 수십 년을 함께 보냈다고 해도 상대방의 생각을 들을 수 있게 되지는 않는다. 이따금씩 환자의 두개골에 청진기를 갖다댔을 때 내가 찾던 혈관종의 잡음이 들리는 경우는 간혹 있었지만 그 환자의 머릿속을 쉴 새 없이 지나가고 있었을 생각의 소리는 조금도 들린 적이 없다.

당사자만이 자신의 생각에 접근할 수 있는 특권을 가지고 있다는 점은 잠시 고찰해볼만한 문제다. 나는 1분전에 내가 무슨 생각을 했는지 기억하지 못할 수도 있고 1분 뒤에 무슨 생각을 할지도 확실히 예측할 수는 없다. 그러나 현 시점에서 내가 생각을 하고 있다는 사실과 무슨 생각을 하고 있는지는 알고 있다. 나 이외의 다른 사람들은 이 점에 대해 추측은 할 수 있을지언정 결코 확실히 알 수는 없다. 우리가 우리 자신을, 그 중에서도 특히 머리를 특별한(비밀스럽고, 불가사의하고, 정신적인) 일이 일어나는 일종의 사적인 공간으로 생각하는 이유가 바로 여기에 있다. 이런 생각은 지난 세기 많은 철학자들이 사고와 자기에 대한 잘못된 사고방식이라고 일축한 것이다. 그들은 이것이 공간이라는 개념을 이 개념이 속해있는 물리적 세계로부터 분명 이 개념이 속하지 않는 추측상의 정신적 영역으로 확장시켰기 때문에 나타난 결과라고 주장했다. 어쩌면 이 말이 맞을 수도 있다. 그러나 우리에게는 생각이 일어나는 이 사적인 영역을 포착할 더 좋은 방법이 없다. 이 문제는 생각이 일어나는 특정 장소가 있는지에 대해 고찰할 때 다시 다루게 될 것이다.

그러나 먼저 생각에 대한 명백한 문제부터 짚어보기로 하자. 우리가 다른 누구도 들을 수 없는 이런 일들을 듣는 것은 어떤 의미일까? 어째서 생각은 생각을 하는 사람에게 들려야만 하는 것일까? 지금 나의 생각에 귀를 기울여 보니 이 생각은 설명조의 목소리를

띠고 있는 듯하다. (이것은 아마도 스스로에게 설명이 시작될 거라는 걸 재확인시
키기 위한 걸지도 모른다.) 다른 경우에 생각의 어조는 내가 다양한 상황
을 준비함에 따라 친절하거나 화가 나거나 빈정거리는 것처럼 들리
기도 한다. 생각의 종류에 따라 어조도 달라지는 것 같다. 이렇듯 생
각은 소리가 없음에도 불구하고 다양한 침묵의 언어를 활용하는 듯
하다. 생각은 사실상 들을 수 있는 것이며, 적어도 나 자신에게는 그
렇다. 이것이 얼마나 사실인지는 자신의 생각(환자 본인은 자기 머릿속에
주입된 생각으로 여길 수 있다)을 자기를 조롱하고, 조종하고, 야유하는 타
인의 목소리로 해석하는 정신병 환자들의 사례에서 잘 드러난다.

  다른 누구도 들을 수 없지만 나만은 내 생각을 들을 수 있다는 것
은 심리학자와 철학자들에게 흥미로우면서도 당혹스러운 사실이
다. 생각에는 청각으로 감지할 수 있는 대상으로서의 다른 특징이
없기 때문이다. 생각은 나를 제외하고는(여기서 '나'가 뭘 의미하든) 명백
한 원천이 없다. 따라서 특정 거리에서 특정 방향으로부터 발생하
지 않는다. 또한 나는 생각을 들으려고 굳이 애쓸 필요가 없다. '내
가 무슨 생각을 하는지도 안 들리니까' 제발 좀 조용히 하라고 아이
들에게 말할 때 나는 의식적으로 비유적인 표현을 쓴 것이다. 더 흥
미로운 문제는 애초에 내가 왜 생각을 들어야 하느냐는 문제다. 생
각을 하려면 나 자신에게 생각을 얘기해야만 하는 걸까? 이 경우
내가 생각을 이미 생각해놓지 않았다면 어떻게 나 자신에게 무슨
말을 해야 할지 아는 걸까? '내 입에서 무슨 말이 나올지 보기 전에
난들 내가 뭘 생각을 하는지 어찌 알겠어?'라는 오래된 농담은 누
구나 알고 있다. 그러나 이 문제를 어떻게 다뤄야 할지 아는 사람은

아무도 없다.[2] 이것은 우리와 가장 가까워 보이는 것, 즉 생각에서의 사건과 행동, 수동성과 능동성 간의 관계에 관한 각종 의문을 제기한다. 이것은 '생각하다'라는 동사와 생각이라는 행위를 다시 돌아보게끔 한다.

어쨌든 생각이 어떤 식으로든 사람마다 개별화되어야 한다. 이를 행하는데 있어 익숙한 방법은 다른 사람들과 공유하는 공통의 언어로 생각을 표현하는 것임에는 분명하다. 따라서 생각을 하는 가장 명백한 방법은 문장을 만드는 것이다. 비록 우리가 그 문장들을 그리 애써서 다듬지도 않고 대개 불완전한 문장을 만드는데 그치지만 말이다. 게다가 문장에는 어조 등 생각의 핵심과 무관한 여러 특징이 있다고 하더라도 문장의 형태로 생각을 하는 것은 생각을 하는 유일한 방법인 것 같다. 생각은 그 생각을 하는 자신의 소리를 듣는 일이다.[3]

나의 생각은 내 머릿속에 있는가?

귀지는 내 머릿속에 있다. 점액도 내 머릿속에 있다. 나의 뇌도 내 머릿속에 있다. 그러나 내 생각도 내 머릿속에 있을까? 우리는 이미 생각이 발생하는 고요한 어둠에 대해 생각하는 동안 이 문제를 회피한 바 있다. 이제 다른 각도에서 이 문제에 접근해보자.

아무도 의심할 생각조차 하지 않는 것들을 의심해보는 능력을 지닌 듯한 철학자들은 때때로 우리가 정말로 자신의 생각을 알고 있는지 여부에 의문을 품는다. 그들은 우리가 생각하고 있다는 사실을 아는 것은 분명하다고 말한다. '나는 생각한다. 고로 존재한다.'라고 말함으로써 의문에 종지부를 찍었다고 생각한 데카르트는 그가 지적했듯이 그 누구도 자신이 생각하고 있다는 데 대해서는 오해의 여지가 없다는 이유로 '나는 생각한다.'라는 말을 출발점으로 선택했다. 오해 자체가 생각이기 때문에 절대 오해일 수가 없다. '나는 생각하고 있다.'라는 말은 자기 확증적인 생각이다. 그러나 문제는 생각하고 있는 것이 무엇인지 우리가 아느냐이다.

물론 나는 내가 무엇에 대해 생각하고 있는지는 알지만 이건 엄연히 다른 문제다. 우리가 생각을 아는 유일한 방법은 머릿속에 있는 문장에 귀 기울이는 것뿐이다. 이 문장들은 단어로 이루어져 있고, 이 단어들의 의미는 생각 너머에 있는 것들에 의해 결정된다. 가령 나는 아리스토텔레스에 대한 생각을 하면서 알렉산더 대왕의 개인교수였던 사람에 대해 생각하고 있다고 상상할 수 있다. 이때 어느 학자가 갑작스럽게 아리스토텔레스가 자신의 이력에 대해 거짓말을 했고 알렉산더 대왕의 개인교수를 한 적이 없다는 사실을 발견한다. 아리스토텔레스에 대해 생각하면서 알렉산더 대왕의 개인교수에 대해 생각하고 있다고 생각했던 나는 그 순간 내가 생각했던 것에 대해 제대로 알지 못했다는 사실을 깨닫게 된다.

이러한 논변(그리고 물과 속성은 동일하나 원자 구성이 다른 '트워터twater'라는 물이 있는 쌍둥이 지구와 관련된 좀 더 미묘한 논변들(철학자 힐러리 퍼트넘이 논문 〈'의미'의 의미(1975)〉에서 제시한 사고 실험을 가리킨다 : 옮긴이))에 대해 철학자들은 30년 넘게 고심해왔다. 그들은 우리가 생각을 알지 못하고, 생

각의 의미, 즉 우리에게 의미를 전달하는 문장들의 의미가 '머릿속
에 있지 않다'는 등의 견해를 지지해왔다.[4] 우리가 생각을 알지 못
한다는 주장은 생각을 표현하는 수단인 언어가 우리에게 전적으로
분명한 의미를 전달하지는 못하기 때문에 우리가 단어를 잘못 사용
할 수 있다는 정확한 개념, 그리고 내가 느끼는 내 생각이 내 생각
이 아니라는 부정확한 개념 모두에 근거를 두고 있다. 타인의 말과
우리의 생각 같은 것들의 의미가 머릿속에 있지 않다는 보다 급진
적인 주장은, 어떤 것이 우리에게 의미할 거라고 추측되는 의미(우
리가 언어를 올바르게 사용하였거나 세상이 우리가 생각한 그대로인 경우)와 어떤
것이 실제로 우리에게 의미하는 바를 혼동한 결과다. 전자가 머릿
속에 있지 않기 때문에 결과적으로 후자도 머릿속에 있을 수 없다.

그러나 나의 생각과 그 생각이 지닌 의미가 머릿속에 있다는 주
장을 부정하는 또 다른 이유가 있다. 이것은 의미와 생각이 공간을
차지할 수 있는 종류의 것이 아니라고 하는 검토할만한 주장이다.
옥스퍼드 대학 교수 길버트 라일의 영향을 받은 수천 명의 철학자
들에 의하면 의미와 생각이 공간을 차지한다고 하는 주장은 범주를
혼동하는 오류를 범하는 것이다. 즉 생각이 일어나는 장소에 대해
이야기하는 것은 소수素數의 영양가에 대해 이야기하는 것과 마찬
가지라는 뜻이다.[5] 생각을 논리적 영역에서 일반적인 위치를 차지
하는 것으로 보는 개념과 생각을 내게 일어나고 떠오르는 것, 내가
소유하는 것으로 보는 개념을 구분한다면 이런 종류의 생각은 더
쉽게 논박이 가능하다. 후자에 대해 생각해보면 범주 오류라는 주
장은 훨씬 설득력이 떨어져 보인다.

내가 지금 스톡포트 역에 있다고 가정해보자. 내 몸이 있는 곳이 스톡포트 역임을 감안할 때 지금 내가 느끼고 있는 감각은 스톡포트 역에서 느껴지는 것이라 추정하는 것이 타당하다. 따라서 지금 내가 하고 있는 생각은 스톡포트 역에서 생각되고 있다고 간주하는 것도 타당해 보인다. 감각에 관해 말하자면, 다른 감각보다 이 점을 더 쉽게 파악할 수 있는 특정 감각들이 있다. 내 팔에 느껴지는 가려움을 예로 들어보자. 이 가려움은 모기가 앉아서 나를 문 바로 그 자리에 있고, 스톡포트 역 1번 플랫폼에 있는 이 자리는 마찬가지로 이 플랫폼에 있는 간이식당과는 일정한 거리를 두고 있다. 시각적 경험의 경우에는 이보다 좀 더 어려워질 수 있다. 가령 내가 기차를 볼 때 그 광경은 내 눈 안에 있지 않다. 그것은 말하자면 보이는 물체, 즉 기차 자체에 속한다. 여기서 우리가 자문해봐야 하는 질문은 생각이 특정한 장소에 있다고 말하기에 그리 타당하지 않은 시각적 이미지와 비슷한지 아니면 특정한 장소에서 일어난다고 확실히 말할 수 있는 가려움과 비슷한지 여부다. 내 견해로는 생각이 가려움과 더 비슷하다고 여겨지는데, 그 이유는 생각이 그 자체 너머의 무언가를 나타내서가 아니라 생각이 가리키는 것들이 대개 그 자리에 존재하지 않기 때문이다. 내가 누군가에 대해 생각할 때 나의 생각은 그 사람과 뒤섞여서 분리할 수 없는 관계가 아니다. 오히려 명백히 누군가를 대상으로 하는 내 생각은 그 사람과 명백히 분리되어 있다.

나의 생각이 머리와 같은 곳에 있다고 생각하는 데에는 두 가지 이유가 더 있다. 첫 번째 이유는 생각이 시간상에서 발생한다는 것이다. 나는 스톡포트 역에서 이러이러한 생각을 했고, 나는 2시부터 2시 반까지 스톡포트 역에 있었다. 따라서 나의 생각은 시간 사이에 발생했을 것이다. 그런데 시간상에서 발생하는 모든 것은 반드시 공간상에서도 발생한다. 어떤 시점에 일어난 일은 분명 어떤 장소에서 일어난 것이기도 하다. 스톡포트 역에서 생각이 발생할 만한 장소는 내 몸뿐이고, 내 몸 중에서도 그럴듯한 장소는 내 머리뿐이다. 다리, 비장, 발톱 같은 다른 부위는 생각이 발생하기에 적절해 보이지 않는다. 내 옆에 서 있는 남자의 머리나 바퀴 달린 여행 가방, 그 남자와 나 사이의 공기, 공기 분자 사이의 공간은 더욱 가능성이 낮아 보인다. 두 번째 이유는 철학에서 '지각 지시적perceptual-demonstrative' 사고라 부르는 매우 일반적인 생각의 형태와 관련이 있다.

'저 짐꾼은 친절하게 도와준다.'라는 생각을 예로 들어보자. 이 생각의 중심이 되는 대상은 내 몸으로부터 2미터 가량 떨어진 저쪽에 있다고 인식되는 대상이다. '이'와 '저' 같은 단어(이른바 지시어)가 포함된 생각이 지칭하는 바는 생각하는 사람의 (몸의) 물리적 위치에 따라 달라진다. 짐꾼이 눈에 보이지 않으면 나는 내가 무엇에 대해 생각하는지, '저 짐꾼'에서 '저'가 가리키는 바가 무엇인지 알 수 없을 것이다.[6]

생각이 생각하는 머리 안에 있다는 사실의 재발견은 많은 철학자들이 생각을 생각하는 사람의 두뇌 활동과 동일하다고 여기게 되는 불행한 결과를 낳았다. 이들은 생각이 일련의 신경활동에 불과하다고 말한다. 그러나 이 결론은 타당하지 않다. 생각이 머릿속에 있다고 해서 생각이 고립된 뇌의 한 부분에 속한다고 할 수는 없다. 앞 장에서도 언급했듯이 생각을 하고 있는 사람은 바깥세상과 연결되어 있고, 자신의 과거와 미래를 인식하고 있으며, 여러 생각의 공동체에 속해있고, 다층적인 '여기'에 있다는 사실을 의식한다. 이 중 어느 것도 고립된 신경 활동에 적용될 수 없다. 따라서 우리는 생각이 머릿속에 있다고 생각할 때 신중해야 한다. 종국에 가서 생각이 뇌 속에 있다거나 뇌의 미세한 부분 안에 있다고 생각하게 될지도 모르기 때문이다. 이렇게 되면 우리는 생각이 일련의 신경 충동에 불과하다는 생각 자체도 일련의 신경 충동일 뿐이라고까지 생각하게 될 것이다. 복잡한 생화학의 한 부분으로 말이다.

하지만 우리는 무심결에 이렇듯 틀에 박힌 방식으로 생각해버리는 경향이 있다. 가령 나는 '생각이 불쑥 머릿속으로 들어왔다'라는 표현을 쓴다. 우리는 기억을 되살리기 위해 손가락 마디로 머리를 때리고, 뭔가를 열심히 생각할 때에는 햇빛이 쨍한 날 화면을 더 또렷이 보려고 커튼을 칠 때처럼 서로 라이벌 관계인 외부의 빛과 내부의 빛 중 후자 쪽으로 기울게 하려는 듯 눈을 감거나 찌푸린다. 친구 중 하나는 '자기 머릿속에서 빠져나올 수 없다'는 생각이 드는 심한 우울증에 걸린 적이 있다. 그는 머릿속에 있는 생각을 없애 버리려는 듯이 머리에서 피가 날 정도로 계속해서 머리를 긁곤 했다. 나도 꼼짝없이 침울한 생각에 사로잡혀 있던 시기가 있었다. 이때 나는 수영을 한 뒤에 귀에서 물을 빼내려고 할 때처럼 머리에서 생각들을 몰아내려는 듯 머리를 흔들어댔다. 우리는 이런 행동이 얼마나 부질없는지 알았어야 했다. 우리를 고통스럽게 만든 생각은 머

리로부터 쏟아져 나와 빠르게 뛰는 심장, 땀에 젖은 손, 메스꺼운 위
장으로도 흘러 들어가며 몸의 세계를 채우는 태도와 결합되어 있는
특성을 보이기 때문이다.

내 생각이 뇌의 어느 부분에 있는 신경 충동과 동일시될 정도로
완전히 내 머릿속에 존재한다는 개념은 우리가 생각의 양면을 확실
하게 구분하지 않는 한 유리한 점이 상당히 많아 보인다. 어떤 의미
에서 생각은 내가 있는 곳에서 일어나는 사건이다. 이것은 '저 난
장판은 망신거리다'라는 문장에서 '저 난장판'이 가리키는 내용이
나의 위치에 따라 달라지듯 나의 위치에 따라 의미가 달라지는 생
각들, 즉 앞서 말한 바 있는 '지각 지시적' 사고를 보면 분명히 알
수 있다. 그에 반해 '저', '난장판', '망신거리' 같은 용어들의 의미
는 어떤 사람이나 어떤 장소에도 위치해 있지 않은 기호 체계에 속
한다.

생각의 개념을 이해하기 어려운 이유는 바로 생각의 이런 양면적
특성 때문이다. 생각에는 두 가지 측면이 있다. 즉 생각을 하는 행
위 자체(기호적 사고)와 그러한 행위로 예시되는 보편적이고 이해 가
능한 생각(생각의 유형)으로 나뉜다. 이 구분은 글로 쓰인 단어를 생
각해보면 좀 더 쉽게 이해가 된다. 당신이 지금 막 읽고 있는 '단어'
라는 단어는 하나의 기호이며, 되풀이해서 사용 가능한 '단어' 유형
의 한 예다. 기호로서의 생각은 개개인의 머리에 속한다고 할 수 있
지만 유형으로서의 생각은 여러 사람의 머리 집단이 만든 상징의
망, 의미의 연속체, 가능성의 영역에 속한다.

지금쯤 독자 여러분은 이러한 전문적인 철학 논쟁에 진절머리가

날지도 모르겠다. 이들 논쟁이 그저 전문적인 내용뿐이라면 지겨워하는 것도 당연할 것이다. 철학자들은 단순히 전문적인 논쟁과 학계 내부의 다툼처럼 보이는 것 아래에 자신들이 다루는 문제의 심오한 의미를 숨기는 버릇이 있다. 이 문제도 예외가 아니다. 우리가 여기에서 다루고 있는 것은 인간으로서, 체화된 주체로서 우리의 조건의 근본, 즉 정교한 기쁨과 궁극적 불만 및 머리의 삶의 영예와 몰락에까지 이르는 문제이기 때문이다. 감각처럼 여기 우리 내부에 있는 동시에 다른 곳에 있기도 하고 어디에도 없기도 한 생각 안에서 우리는 유난히 또렷하게 드러나 보이는 분열된 의식을 본다. 이것이 바로 내가 생각하는 머리의 산물에 대해 좀 더 생각해보고 싶은 이유다.

생각에 대한 또 다른 생각들

나는 방금 생각, 인간 의식의 속성, 인간 조건의 분열적 특성에 대해 강력한 주장을 제기했다. 이 문제들은 이 책을 쓰는 계기의 핵심이므로 이들에 대해 조금 더 살펴보고자 한다.

생각은 그 자체를 넘어서는 의식의 한 항목으로서 더없이 좋은 예다. 즉 생각의 대상은 그 자체가 아닌 다른 무엇이다. 물론 이 점은 지각에도 해당된다. 내가 보는 대상과 보고 있는 행위는 별개다. 나는 이런 차이를 자각하고 있기 때문에 내가 보고 있는 대상에 내게 보이지 않게 감춰진 뒷면과 내부, 밑면이 있다는 사실을 안다.

그러나 생각의 경우에는 아무것도 드러나지 않는다. 생각의 대상은 완전히 숨어 있다. 예를 들어 내가 타지에 나가 있는 어떤 사람, 어느 휴양지, 워털루 전쟁, 혹은 미래에 대해 생각할 때 이 대상들은 나에게 드러나 보이지 않는다. 내 생각의 대상은 그야말로 불완전하게 명시되어 있다. 내 생각의 대상이 되는 사람은 내가 아무리 열심히 생각한다 하더라도 모호하고, 흐릿하며, 개괄적이다. 그 사람은 하나의 가능성 혹은 마그마처럼 흘러넘치는 여러 가능성으로 존재한다. 생각의 대상은 가능성의 영역에 속하면서 그 가능성을 크게 확장시킨다.

오직 희미하고 간접적으로만 실체에 매여 있는 이러한 가능성의 영역은 서서히 우리를 좀먹는다. 이것은 사실상 존재하지 않는 가정된 존재이기 때문이다. (끊임없이) 생각하는 우리는 이러한 부재로 인해 괴로움을 겪으며, 대상이 앞에 있을 때 경험한 것과 정확하게 일치하지 않는 여러 개념에 의해 끝없이 시달린다. 우리의 시야는 새로운 종류의 것이고, 생각하는 머리는 새로운 종류의 관점이다. 즉 무한한 사실의 바다 속의 임의의 출발점이다.

이것이 책의 마지막 장을 앞두고 내가 지금껏 한 말들의 정당성을 입증하는 방식이다. 나는 이 책의 전반에서 우리나 다른 사람들이 알고 있는 머리에 대한 사실과 머리의 직접적인 경험 사이의 괴리에 대해 간간이 언급할 때마다 똑같은 생각과 맞닥뜨렸다. 눈의 통증으로 인해 나오는 눈물과 슬픔으로 인해 분비되는 눈물에서 느껴지는 차이는 슬픔의 눈물이 통증의 눈물보다 망간 함량이 더 높다는 객관적인 사실에서는 포착되지 않는다.

부분적으로는 이것이 생각하는 머리가 스스로를 가득 차 있지 않고 텅 비어 있다고 느끼는 이유이자 생각이 존재감이 약한 이유이다. 그러나 이것이 생각이 파악하기 어려운 것으로 느껴지는 전적인 이유는 아니다. 다른 사람들은 어떤지 모르겠지만 나의 경우에는 각종 사물에 대해 숙고하기 시작한 이래로 자주 든 생각이 내가 생각을 할 수 없다는 것이었다. 때로 그 이유는 생각이 우리에게 너무나 큰 부담을 지우기 때문이다. 즉 생각해야 하는데 생각할 수 없는 것들이 있고, 떠올라야 하는데 떠올릴 수 없는 생각들이 있다. 또 연결 지어야 하는데 도무지 연결이 되지 않는 것들도 있다. 그러나 문제는 여기서 그치지 않는다. 이 문제는 어려운 생각과 어려운 주제를 넘어서서 모든 종류의 생각까지 포괄한다.

실질적 사고라는 현상을 피상적으로 바라보면 생각은 스스로를 쫓는 행위이자 생각의 대상을 향해 스르르 다가가고 그 대상으로부터 스르르 멀어지는 행위, 생각으로부터 스르르 멀어지는 행위로 보인다. 생각을 할 때 머릿속을 가득 채우는 것은 주로 파악하기 힘든 불완전한 형태의 연속된 문장들이며 이들은 더욱 파악하기 힘든 느낌, 강박관념, 직관에 간접적으로 상응한다. 이것은 적극적인 생각이나 자기 주도적인 숙고의 경우에는 맞는 말이다. 그러나 우리가 깨어 있는 대부분의 시간 동안 생각은 거의 수동적이다. 생각을 하는 나는 정신적 사건을 일으키는 주체인 동시에 정신적 사건이 일어나는 장소이기도 하며, 추론 규칙뿐 아니라 연상에 의해 연결된 언어의 파편이 지나가는 통로이기 때문이다. 생각은 우리에 의해 만들어지기보다 우리에게 그냥 주어지는 경우가 많다. 우리는 자신이 이러저러한 생각을 하고 있음을 문득 깨닫고, 생각을 만들어내는 만큼 수동적으로 생각을 겪기도 한다. 생각은 온전히 정신적이고 내부에서 나오는 것처럼 보이지만 결코 뚜렷이 우리의 재량권의 범위 내에만 존재하는 것은 아닌 듯하다.

생각하는 인간Homo cogitans의 정신세계를 옮겨놓은 글과 처음으로 마주할 때 우리는 그것을 인식하는 동시에 충격을 받는다. 제임스 조이스가 표현의 한도 내에서 내적 독백의 형태로 성숙한 현대적 인간의 의식의 흐름을 포착했을 때 정신의 내부가 어떠한지를 인정하는 데는 그의 천재성이 필요했다. 이러한 인간은 논리적 연관성이 거의 없는 무수한 인식의 입자들처럼 보인다. 평범한 생각하는 인간은 솜털처럼 가벼운 존재 같다. 이것은 우리가 생각을 하기 시작한 순간부터 사실이었다. 글, 전화, 텔레비전, 이메일, 문자 메시지가 우리 존재를 더욱 약화시킴으로써 우리의 본질이 디지털적인 감각으로 축소되기 전에도 말이다.

자신의 생각을 통제하는 주체가 된다는 개념은 결코 쉬운 개념이 아니다. 이를 위한 마지막 필요조건은 주제에 대한 통제력으로, 이것은 극단적인 경우 정신착란에 해당하는 연관된 생각들의 단순한 나열과 상반되는 것이다. 그러나 우리가 생각을 완전히 통제하는 것처럼 보이려면 이것만으로는 부족하다. 생각하는 사람이 진정으로 생각을 하기 위해서는 현관 앞에 있는 황조롱이처럼 선택한 장소에 있어야만 한다. 그러나 이것은 단지 어떤 결론을 향해가고 넘어서는 인식의 여정뿐 아니라 그 결론에 도달하고 머무르는 행위, 결론에 대한 생각을 멈추지 않고 그 결론으로 끝을 맺는 행위로 이루어진 진정한 사고의 개념을 만족시키기에는 불충분할 수도 있다. 과연 무엇이 이런 개념을 충족시킬 수 있을까?

생각에서 정지 상태를 이루기란 어렵다. 생각은 본질적으로 유동적이기 때문이다. 즉 생각의 본질은 변화에 있다. 이 때문에 생각은 생각하는 자아의 윤곽을 채울 만큼 확대되지 못하고, 자아는 생각의 윤곽과 일치하도록 초점을 맞추지 못한다. 우리가 생각을 소유할 수 없는 것처럼 보이는 이유는 생각과 우리 자신이 복합적이고, 생각과 우리의 관계, 즉 자아의 연속적인 순간과 우리가 품거나 몰두하는 연속적인 생각 간의 관계가 우연적이기 때문이다. 지금 내가 하고 있는 생각은 우연한 내외적 상황과 부분적인 내외적 역사의 산물인 것으로 보인다. 우리는 생각을 고수할 수 없고 우리의 생각 또한 우리를 고수할 수 없다. 생각의 오고 감은 우리 곁에 머무르지 않고 우리 또한 그 속에 머무를 수 없는, 번개처럼 번쩍하고 사라지는 말의 홍수와도 같다. 우리와 생각이 만나는 도착지점은 없다.

그러니 생각이 실존성 및 실체성이 빈약하고, 생각하는 주체인 우리 역시 그렇게 보이는 것도 어쩌면 당연하다. 생각은 왠지 속이 텅 비어 있으며, 생각이 지닌 모든 존재성은 생각의 대상, 생각이 속해있는 의미 체계, 생각의 선행사건과 결과 등 다른 것들에 의해 훼손된다. 이미지, 소리 없는 독백 등 생각이 지닌 극히 미미한 실체는 생각의 본질이 아니다. 이런 것들은 생각이 어떤 것인지 또는 생각이 무엇을 열망하는지를 전달하지 못한다. 생각을 보조하는데 그치거나 때로는 오염시키기까지 하는 특성을 지니기 때문이다. 생각에는 치통이나 오르가슴과 같은 강렬한 육체적 고통이나 쾌락이 없다. 또한 피로나 졸음 같은 장악력도 없다.

따라서 일상생활에서는 생각에 대한 사소한 불만에 해당하는 것이 철학에서는 채울 수 없는 갈망이 된다. (정식으로 언급되는 일은 드물지만) 철학의 목표는 인간이 상주하는 생각에 도달해 인식이라는 강이 속도를 늦추고 불어나서 마침내 생각하는 사람, 지적 충만의 형태를 띠는 석호에 고여 있도록 하는 것이기 때문이다. (이런 상황에서는 '생각하는 사람은 그 생각에 의해 사유된다.'라는 말이 '생각은 생각하는 사람에 의해 사유된다.'라는 말 만큼이나 사실이 된다.)

빛나는 인식의 충만함을 찾는 노력이 결국은 실패로 끝날 거라고 예측할만한 근거는 이뿐만이 아니다. 예를 들어 생각하는 사람의 세상에 대한 완전히 만족스러운 설명이, 그 세상에서 생각하는 사람이 있는 장소에 대한 완전히 만족스러운 설명과 일치하거나 아니면 이러한 설명을 완전한 전체의 일부분으로 포함해야 할 이유는 없다. 생각이 이동 가능하다고 가정하더라도 이런 설명에 부합하는 생각이 자기와 정신의 모든 조직에 점진적으로 스며들고 그 조직들을 흡수하며, 자기와 정신을 새롭고 무관한 우연적인 사건들로부터 차단할 수 있으리라 생각할 근거도 없고, 또 그러한 생각이 완전히 주의를 기울이거나 스스로 상기시키는 일이 될 것이라 예측할 근거도 없다. 생각은 어쨌든 자신이 경계를 정하는 영역을 채우지 못하며, 사고 행위에는 정신의 어느 한 순간에 포함될 수 있는 직관의 어떤 지점에 도달하리라는 보장이 없다.

또한 내가 생각이 무엇인지를 생각했다거나 (현재 우리의 논점에 더 가깝게는) 머리를 이해했다고 느낄 수 있는 시점도 없다. 머리에 대해 생각할 때마다 머리는 직접적인 인식으로부터 사라지고, 온갖 사실로 뒤얽힌 가능성의 영역 속의 수많은 장소에 흩어져 버리는 것 같다. 생각의 존재는 점점 옅어져서 결국 완전히 사라지고, 설령 돌아오더라도 탈경험화de-experiences의 형태, 즉 지식의 조각에 불과한 인식의 유령 형태를 띠게 된다.

지성과 고깃덩어리, 생각과 뼈라는 전혀 다른 요소들이 동시에 적용되는 이 기묘한 존재인 머리에 대한 나의 탐구는 이렇듯 조금은 패배주의적인 어조로 끝을 맺는다. 머리는 텅 비어있고, 투명하며, 무게가 없는 것처럼 보인다. 그러나 내가 입 안에 박하사탕 하나를 털어 넣는 순간 그 유령은 다시 한 번 육체의 옷을 입는다.

어쨌든 잠시 동안은.

여정을 끝내며

이제 작별을 고할 시간이다. 그러나 마무리되지 않은 일이 너무나 많기 때문에 안녕이라는 말보다는 다음에 또 만나자는 인사가 맞을 것 같다. 요새 나타나는 인간성 폄하의 추세를 바로잡기 위해 꼭 필요한 찬사의 어조로 이 글을 마무리하고자 한다.

인간은 짐승(그것도 상당히 고약한 짐승)이나 좀비에 불과하다는 생각이 학계와 보다 광범위하게는 지식인 사회에 널리 퍼져있다.[1] 이런 견해를 가진 사람들은 우리가 서로에게 하는 최악의 행위, 즉 가정폭력, 공격성, 이기심, 전쟁, 압제, 대량학살 등이 우리의 이면을 드러내고 심지어는 우리의 본질을 규정한다고 생각한다. 우리를 좀비와 같은 존재로 보는 이들은 우리가 뇌의 진화를 통해 유전적 물질이 확실히 복제될 수 있는 방식으로 외부 세계와 연결되어 있다고 주장한다. 우리는 게놈의 자체 생존을 위해 이용되는 일회용 유전자 표현형에 불과하다는 것이다. 메커니즘이 필요한 일을 다 처리하므로 의식은 거의 불필요하고, 인간의 자유의지란 환영에 불과하다. 우리의 모든 행동은 의도의 범위 밖에 있는 각종 원인에 따른 결과물이다. 얼마 지나지 않은 20세기의 중요한 역사(세계전쟁: 역사적 증오의 시대)는 이 시기에 목도된 수많은 참극의 원인이 되었던 인종주의가 인류의 진화심리학으로 설명될 수 있음을 보여주었다.[2] 또한 존 그레이(John Gray(1948~, 영국의 정치 철학자 겸 작가: 옮긴이)는《지푸라기 개Straw Dogs》에서 인류를 호모 라피엔스(H. rapiens, 급속히 늘어나는 인간이라는 의미: 옮긴이)이자 지구 표면에 자리한 병적인 존재로 묘사하면서 진보를 향한 인간의 꿈이 지구에 막대한 피해를 끼쳤다고 말했다.[3]

나는 이런 주장들에 어떻게 대응해야 할지 확신이 서지 않는다. 만약 이들의 말이 옳다면 짐승이나 좀비에 불과한 우리는 그 말에 귀를 기울이지 않을 것이다. 그리고 만약 이들의 말이 틀렸다면 그것은 모든 희망의 원천에 대한 부당한 공격이자 최고의 지성이 자행하는 사악한 행위에 해당한다. 이런 염세적인 생각이 믿음을 얻게 된다면 런던 경제대학의 유럽 사상 교수인 존 그레이처럼 안락한 위치를 차지한 짐승과 좀비들에게는 아무런 영향을 미치지 않겠지만 현재 아무런 희망 없이 살아가는 사람들의 앞날에는 악영향을 줄 것이다.

문명을 창조하고, 도시와 같은 거대한 인공물을 건설하고, 세상을 포괄적이면서도 일관되고 효과적으로 이해하며, (끔찍한 시행착오

를 거치면서) 서로에 대한 자기 행동을 규제해왔다는 측면에서 우리는
참으로 놀라운 성취를 이뤘다. 우리가 지금 살펴보고 있는 머리라
는 재료를 고려해보고, 최초의 원시 인류가 자각을 하고 자의식을
갖기 시작했을 때 인류에게 주어진 그 졸리고, 혼란스럽고, 희미하
고, 멍청한 머리를 생각해볼 때 성취는 더욱 놀랍다. 우리에게는 결
코 탁월한 원천에서 비롯된 명료한 영혼이 주어진 적이 없다. 우리
는 스스로 고유의 탁월함을 창조했으며, 탁월함을 이룬 출발점이
된 응고 물질에도 불구하고 우리는 점차 집단적으로 머리를 애초에
주어진 생물학적 운명으로부터 해방시켰다. 머리를 한데 모음으로
써 우리는 사물만큼이나 확고한 사회적 사실들과 자연법칙과 같은
역할을 하는 문화적 제약을 만들어냈다.

자신의 몸을 자기 몸으로 인식하게 된 생물체가 있다고 상상해보
자. 그 생물체는 수많은 감각을 연이어 느낄 테고, 이것이 나다, 혹
은 나는 이것을 느낀다, 이것이 나로 존재하는 느낌이다 등의 생각
을 불러일으킬 수 있는 다양한 것들을 접할 것이다. 이런 것들이 한
데 합쳐져 순간순간 펼쳐지는 자기감이 될 것이다. 우리는 상대적
으로 확고하거나 안정적이고 확립된 관점에서 봤을 때 이들이 얼마
나 잡다한 이질적인 혼합물인지 보아왔다. 그렇다면 자기가 확립되
고 있을 때는 어떻게 보이거나 느껴질지 상상해보자. 다른 사람의
자기를 직관으로 이해하는 자기, 자신에 대해 갖고 있는 그런 통합
된 인식을 타인의 내면에 투영시키는 자기를 상상해보자. 이러한
성취가 얼마나 위대한지는 그것이 결여된 사람들을 볼 때 새삼 분
명해진다. 자폐증 환자들은 조화롭고 통합된 자기감이 없고, 지속

적인 관점으로 타인을 독립적인 존재로 인식하지 못한다.[4]

이 모든 것들에 더해 우리는 세상의 독립성과 그것을 구성하는 무한한 사실의 그물망에 대해서도 인식해야 한다. 이런 경로를 통해 (최소한 부분적으로는 일반적 타자의 내재화로 체계를 갖추게 된) 스스로에 대한 인식, 타인에 대한 인식, 세상에 대한 인식이 모두 모여 계속 진화하는 인류의 인지적 유산이 된다. 이러한 인식 능력은 생물학적 선택의 압력과는 무관하다. 이 점을 감안하면 인간의 인식능력이 진화할 거라는 생각, 지식이 확대되고 의미가 확실해지는 방향으로 움직일 거라는 생각은 쉽게 당연시되고 있다. 우리는 세상에서 벌어지는 수학의 비합리적 효율성에 대해 설명하지 못한다.[5] 평범한 일상에서 세상을 효과적으로 이해하는 집단적인 의식이 가진 비합리적 효율성을 설명하는 것은 더욱 불가능하다. 독일의 철학자 임마누엘 칸트는 '인간성이라는 구부러진 목재로부터는 어떤 곧은 것도 만들어진 적이 없다'라는 유명한 말을 남겼다.[6] 우리가 만들어지고 스스로 자기를 구축하는 밑거름이 된 재료를 생각해보면 때때로 우리가 대단히 곧고, 우리를 둘러싼 세상 중 상당 부분을 곧게 만들었다는 사실이 그저 놀라울 따름이다.

이 모든 것은 공통된 세상 또는 머리 호흡을 비롯한 여러 머리 간의 의사소통으로 한데 엮여 겹쳐진 여러 세상의 무대에서 상연되어 왔다. 우리는 머리를 하나로 합침으로써 뮌하우젠 남작Münch hausen(1720~1797, 독일의 군인이자 관료였으며, 평소에 거짓말과 허황된 모험 이야기를 일삼은 것으로 유명한 인물: 옮긴이) 같은 허풍선이나 자랑했던 일, 즉 머리카락으로 자신을 들어 올리는 것에 준하는 일을 이룩할 수 있었다. 머리는 그것을 이루는 유기적 재료를 넘어서서 스스로의 위상을 높였다. 현재 자신이 수용하고 있는 생명체를 가득 채우고 있는 것들을 결코 상상조차 할 수 없었을 유기적 육체 속에서 인간은 편안하게 적응했다. 인류는 세상을 점차 자신들만의 것으로 만들어 왔다. 우리는 수치심에 머리를 숙이기는커녕 머리를 더욱 높이 쳐 들어야 할 것이다.

주

머리말

1. Ludwig Wittgenstein, *Philosophical Investigations* 중 서문, G. E. M. Anscombe 역 (Oxford : Basil Blackwell, 1953).

2. Edmund Husserl, David Bell, *Husserl* (London, New York : Routledge, 1990), p. 232에서 재인용.

3. Hippocrates, *On the Sacred Disease*, J. D. Spillance, *The Doctrine of the Nerves* (Oxford : Oxford University Press, 1981)에서 재인용.

4. Raymond Tallis, *The Explicit Animal* (London : Macmillan, 1991, 1999), *Why the Mind is Not a Computer* (Exeter : Imprint, Academic, 2005), *The Knowing Animal: A Philosophical Inquiry into Knowledge and Truth* (Edinburgh : Edinburgh University Press, 2005) 등 참조.

5. Raymond Tallis, 'Trying to find consciousness in the brain', *Brain*, 2004, 제127권, pp. 2558~63.

1장 어깨 위의 불명료한 대상, 머리 마주하기

1. 이 내용은 밀란 쿤데라(Milan Kundera)가 *The Art of the Novel*, Linda Asher 역 (London : Faber and Faber, 1988)에서 이 작품을 논하는 도중에 언급되었다.

2. 스테판 말라르메(Stéphane Mallarmé)가 이십대 초반에 쓴 편지, *Mallarmé*, Anthony Hartley 해설 및 번역 (London : Penguin, 1977) 중 서문, p. 14에서 재인용.

3. Evelyn Waugh, *Decline and Fall* (1928) (London : Penguin, 1937).

4. 그 중 가장 큰 성과를 보인 이는 얼마 전 타계한 철학 천재 피터 스트로슨(Peter Strawson)이다. 이 문제는 그의 첫 번째 주요 저서인 *Individuals: An Essay in Descriptive Metaphysics* (London : Methuen, 1959)에서 논의되었다.

5. 현재로서는 나와 내 머리 간에 일종의 유사성이 있다는 개념을 비웃는 이들 누구에게나 수많은 나름의 논거가 있다는 점 또한 알아둘 필요가 있다. 타당한 근거를 바탕으로 논의를 순진하고 불분명한 것으로 일축할 수 있는 사람들이 있다는 얘기다. 예를 들어 객관적인 상황으로 여겨지는 것(나라는 존재)을 내가 자신을 고도의 자기성찰 상태로 끌어올릴 때 나라는 존재 혹은 내가 있는 장소에 대해 받는 인상과 혼동한다는 것이다. 그들의 말에 일리가 있을 수도 있지만 이 절에서 논의된 개념들만 특별히 순진한 것은 아니다. 이 개념들은 다소 적나라하게 표현되었을 뿐이다. 커다

란 존경을 받으며, 자기가 뇌 또는 뇌의 일부에 있다고 보는 신경철학자들에게는 두 가지 유리한 측면이 있다. 첫째는 자기 성찰과는 거리가 먼 경로를 통해 결론에 도달한다는 점이고, 둘째는 그들의 이론을 화려한 전문 용어로 포장한다는 점이다. 자기(혹은 자기의식)가 대뇌 피질처럼 뇌의 일부분에 있다는 개념은 누구든 도움 없이 다다를 수 있을만한 결론이 아니므로 내 머릿속에 있다는 말보다 한층 인상적으로 들린다. 이것은 복잡한 기술을 통해 얻어지고 수십 년에 걸쳐 수많은 개인 및 단체의 협력 활동이 요구되는 거대한 지식 피라미드의 꼭대기에 자리한다. 그러나 신경철학의 배후에서 이 사고활동을 주도하는 직관 역시 순진하기는 마찬가지이며, 지금 우리가 집중적으로 논하고 있는 자아와 머리에 관한 담론보다 훨씬 더 취약하다.

2장 머리, 생리학적 최고 요리사

1. Philip Larkin, *The Whitsun Weddings* 중 'Ignorance' (London : Faber and Faber, 1964).

2. 이하 몇 단락에 소개된 사실 중 일부에 대해 위키피디아에 탁월한 글(en.wikipedia.org/wiki/Cerumen)을 게재한 익명의 저자에게 감사를 전한다.

3. Niall Ferguson, *The War of the World* (London : Allen Lane, 2006).

4. Roy Porter, *Enlightenment: Britain and the Creation of the Modern World* (London : Allen Lane, 2000)에서 재인용, p. 370.

5. Michael Steen, *The Lives and Times of the Great Composers* (Cambridge : Icon, 2003), p. 135.

6. Raymond Tallis, *The Hand: A Philosophical Inquiry into Human Being* (Edinburgh : Edinburgh University Press, 2003) 참조.

7. 사고활동에 항상 땀이 수반되는 것은 아니다. 전 시대를 통틀어 가장 위대한 철학자 중 한 명인 독일의 임마누엘 칸트는 땀을 흘리지 않았다고 전해진다. 일각에서는 이 점을 칸트의 사고의 추상성, 기계적 일상, 열정 없는 삶, 음악, 미술, 자연, 여성의 아름다움에 대한 둔감함과 일맥상통하는 것으로 보았다. 땀이 없었기 때문에 칸트는 그가 인간의 의식을 하나의 통일체로 통합하는 것이라고 제안했던 논리적 주체, 초월적 자아만큼이나 혈관에 피가 거의 흐르지 않는 것처럼 보였다.

8. Jean-Paul Sartre, *Nausea*, Robert Baldick 역 (London : Penguin, 1965), p. 143.

9. Paul Broks, *Into the Silent Land: Travels in Neuropsychology* (London : Atlantic, 2003).

10. Norbert Elias, *The Civilizing Process: The history of manners and state formation and civilization* (Oxford : Blackwell Publishing, 1994). 이 문헌은 현대 사회에서의 예절의 쇠퇴를 지혜롭고 재치 있는 (전혀 불평 섞이지 않은) 어조로 통탄한 Lynne Truss의 *Talk to the Hand: The Utter Bloody Rudeness of Everyday Life* (London : Profile, 2005)에서 처음 접했다.

11. G. F. Handel, *Messiah*, 제2부 아리아 (알토).

12. George Steiner, *A Reader* (London : Penguin, 1984), p. 246.

13. 이사야 50 : 6.

14. Thomas Mann, *Collected Stories* 중 Tonio Kroger, H. T. Lowe-Porter 역 (London : Secker & Warburg, Everyman's Library, 2001), pp. 212~13.

15. 약 30년 동안 23회의 임상 시험을 거친 후에 확인된 증거에 의하면 이 용해제는 중간 정도의 임상적 효과를 지닌다. (P. J. Poole & P. N. Black, 'Mucolytic agents for chronic bronchitis or chronic obstructive pulmonary disease,' *The Cochrane Library*, 제2호, 2006.)

16. Peter Godwin, *When a Crocodile Eats the Sun: a Memoir* (London : Picador, 2007), p. 165.

17. Alfred Lord Tennyson, *The Princess* 중 'Tears, idle tears, I know not what they mean', 1847.

18. 이 부분에서 도움을 받은 글은 Silvia H. Cardoso & Renato M. E. Sabbatini, 'The Animal that Weeps', *Cerebrum*, 2000, 4(2), pp. 7~22.

19. 카르도소와 사바티니(위와 같은 글)가 독일 해부학자 루이스 볼크(Louis Bolk)의 말을 인용. 그는 인간을 '생식 기능이 있는 태아'로 묘사했다.

20. W. H. Frey & M. Langseth, *Crying: The Mystery of Tears* (Minneapolis : Winston Press, 1985).

21. Cardoso & Sabbatini, 상게서.

22. 이에 대한 가장 재치 넘치고 공감 가는 글은 Roy Porter의 *Enlightenment: Britain and the Creation of the Modern World* (London : Penguin, 2000), pp. 281~94에서 찾아볼 수 있다.

23. David Edmonds & John Eidinow, *Rousseau's Dog: A Tale of Two Great Thinkers at War in the Age of Enlightenment* (London : Faber and Faber, 2006), pp. 125~6.

첫 번째 철학적 여담

1. René Descartes, *The Philosophical Works of Descartes* (제1권) 중 *Meditations on First Philosophy: Meditation* VI, Elizabeth Haldane & G. R. T. Ross 역 (Cambridge : Cambridge University Press, 1967), p. 192. 일부 저명한 데카르트 학자들은 그가 육체와 정신이 뚜렷이 분리되어 있다는 견해를 철회했음을 강조한다. 일례로 Andrew Pyle ed., *Key Philosophers in Conversation: The Cogito Interviews* (London : Routledge, 1999) 중 존 코팅엄(John Cottingham) 인터뷰, p. 224.

그러나 그저 우연히 몸을 사용하게 된 일종의 핏기 없는 천사와 상반된 존재로서의 인간(이는 데카르트가 종종 논했던 대조이다)을 이해하고 싶다면 우리가 그저 몸에 상주하는 정신이 아니라 데카르트의 말처럼 정신이 몸과 긴밀하게 통합된 존재라는 사실의 핵심 단서로서 신체 감각과 열정에 초점을 둬야 한다.

2. 위와 같은 글, p. 192.

3. Erich Heller, *The Disinherited Mind* (London : Penguin, 1961), p. 177.

4. Gilbert Ryle, *The Concept of Mind* (London : Penguin Books, 1963).

5. Jean-Paul Sartre, *Being and Nothingness: An Essay on Phenomenological Ontology*, Hazel Barnes 역 (London : Methuen, 1957) 참조.

6. 나는 도무지 이 주제를 벗어나지 못하는 것 같다. 직접적인 자각은 신체부위가 그 사람의 자기가 되는 (충분조건까지는 아니더라도) 필요조건인 반면 사람이 간접적으로-거울, 타인의 얼굴 표정, 말을 통해-스스로를 의식하게 될 경우 기이한 거리감이 생겨난다는 점을 밝혀두고 싶다.

3장 인간 역사와 미래를 관통하는 머리의 탄생

1. Raymond Tallis, *Why the Mind is Not a Computer: A Critical Dictionary of Neuromythology* 중 'Complexity' (Exeter : Imprint Academic, 2005) 참조.

2. Armand LeRoi, *Mutants* (London : HarperCollins, 2003) 참조.

3. Rüdiger Safranski, *Martin Heidegger: Between Good and Evil*, Ewald Osers 역 (Massachusetts, Cambridge : Harvard University Press, 1988)에서 재인용.

4. Philip Larkin, *Required Writing: Miscellaneous Pieces 1955-1982* 중 'The Savage Seventh' (London : Faber and Faber, 1983).

5. Gillian Butler & Freda McManus, *Psychology: A Very Short Introduction* (Oxford : Oxford University Press, 1998), p. 72.

6. Daniel Povinelli, *Folk Physics for Apes* (Oxford : Oxford University Press, 2000) 참조.

7. Vladimir Nabokov, *Speak, Memory: An Autobiography Revisited* (London : Penguin, 1969), p. 17.

4장 공기를 사용해 머리가 하는 모든 것

1. Dudley Young, *Origins of the Sacred: The Ecstasies of Love and War* (London : Little, Brown, 1992), p. xxi.

2. William Hazlitt, *Lectures on the English Comic Writers* (1818) (London : Oxford University Press, 1907).

3. 존재(is)와 당위(ought)는 각기 다른 대뇌 반구에 위치해 있다는 견해가 나왔다. V. S. Rama-chandran, 'The evolutionary biology of self-deception, laugher etc,' *Medical Hypotheses*, 1996, 47, pp. 346~62. 독자들이 이 책을 다 읽었을 때는 이 견해 및 이와 유사한 신경신학적 주장들을 일축할 수 있는 지식을 충분히 갖추게 될 것이다.

4. Vic Gatrell, *City of Laughter: Sex and Satire in Eighteenth Century London* (London : Atlantic Books, 2006), p. 166.

5. Vladimir Nabokov, *Speak, Memory: An Autobiography Revisited* (London : Penguin, 1969), pp. 18~19.

6. Robert R. Provine, 'Laughter,' *American Scientist*, 1996년 1~2월호, pp. 38~47.

7. 자연스러운 기쁨을 가장하는 수많은 인간 행동의 한 예인 충실한 웃음(dutiful laughter)은 굴종의 상황을 훨씬 넘어선다. 최근에 나는 제이디 스미스(Zadie Smith)의 *On Beauty* (London : Penguin, 2006), p. 327에서 '즐거운 감정과는 무관한 이성적인 웃음, 서점 낭독회에서 들을 수 있는 유형

의 웃음'에 대해 언급한 글을 봤다. 아마 많은 작가들이 공감하며 미소를 지을 것이다. 빅 개트럴 (Vic Gatrell)의 *City of Laughter* (주 4 참조)에는 '충실한 웃음'에 대한 훌륭한 논의(우리의 현 주제와 관련된 기타 여러 논의)가 담겨 있다. 개트럴(p. 159)은 존슨 박사의 이야기를 인용하고 있는데, 이 이야기에서 런던에 처음 온 어느 이방인은 적절한 시점에 웃는 법-유쾌함에서 비롯된 것이 아니라 '일종의 아첨의 기술'로서의 웃음-을 배우는 것이야말로 신사로 인정받는 길임을 깨닫는다. '예전에는 나의 유쾌한 기분을 보이기 위해 웃었다면 이제는 남의 비위를 맞추고 싶을 때 웃는다.'

8. Provine, 상게서.

9. 10장 참조.

10. S.-J. Blakemore, D. M. Wolpert & C. D. Frith, 'Central cancellation of self-produced tickle sensation,' *Nature Neuroscience*, 1998, 1, pp. 635~40 참조.

11. Raymond Tallis, *The Knowing Animal: A Philosophical Inquiry into Knowledge and Truth* (Edinburgh : Edinburgh University Press, 2005) 참조.

12. Angus Trumble, *A Brief History of the Smile* (New York : Basic Books, reissued with a new Preface, 2004), pp. 93~4.

13. *As You Like It*, 1막 2장, ll. 52~3.

14. Camille Paglia, *Sexual Personae: Art and Decadence from Nefertiti to Emily Dickinson* (London : Yale University Press, 1990).

15. Rudiger Safranski, *Martin Heidegger: Between Good and Evil*, Ewald Osers 역(Massachusetts, Cambridge : Harvard University Press, 1988), p. 193.

16. V. M. Pomeroy, C. A. Clark, J. S. G. Miller, J-C Baron, H. S. Markus, R. C. Tallis, 'The potential for utilizing the "mirror neurone system" to enhance recovery of the severely affected upper limb early after stroke : A review and hypothesis,' *Neurohabilitation and Neural Repair*, 2005, 19(1), pp. 4~13.

17. 'The Magic of the Horseshoe' 중 'V Salutation after Sneezing,' 〈http : //www.sacred-texts.com/etc/hs/mhs47.htm〉 참조. 이후에 등장하는 대부분의 구비 설화는 이곳에서 찾은 것이다.

18. Leo Tolstoy, *War and Peace*에서 언급된 내용.

5장 다른 머리와의 만남, 의사소통

1. 'Speech' 중 'The Physiology of Speech,' *Encyclopaedia Britannica*, 제15판, vol. 28 (Chicago : University of Chicago, 1993), p. 79.

2. 이 수치는 가장 자주 인용되지만 격렬한 논쟁의 대상이기도 하다. 언어는 직접적인 화석을 남기지 않으므로 이는 어찌 보면 당연한 일이다. 일각에서는 언어의 기원을 현재로부터 10만 년 전까

지 거슬러가기도 했다. 언어가 현재로부터 약 100만 년 전에 시작되었다는 주장을 뒷받침하는 근거는 희박하다.

3. 다른 글에서 나는 이러한 의식이 손을 일종의 도구로 인식함으로써 생겨났으며 도구는 동물이 내는 소리와 인간의 언어를 잇는 최초의 언어적 연결고리라고 언급한 바 있다. 이 가설이 얼마나 타당한지는 내가 이 가설을 정리해 놓은 책들을 참고하여 판단해볼 수 있을 것이다. *Handkind* 3부작 중 제1권 *The Hand: A Philosophical Inquiry into Human Being* (Edinburgh : Edinburgh University Press, 2003)에서 나는 인간과 여타 동물들 간의 커다란 간극을 재확인하고 그 간극의 기원을 설명했다.

4. Robert Provine, 'Laughter,' *American Scientist*, 1996년 1~2월호, pp. 38~47.

5. 만화가 개리 라슨(Gary Larson)의 캐릭터 슈바르츠코프 교수는 개의 말을 이해할 수 있는 최초의 인간이다. 개들의 말을 번역한 결과 그는 모든 개가 하는 말이 '이봐! 이봐! 이봐! 이봐!'라는 똑같은 한 마디라는 것을 발견한다. 이 이야기는 클라이브 윈(Clive D. L. Wynne)의 균형 잡히고 회의적인 시각이 담긴 *Do Animals Think?*에서 다시 인용되었다 (New Jersey, Princeton : Princeton University Press, 2004), p. 137.

6. Anne Karpf, *The Human Voice: The Story of a Remarkable Talent* (London : Bloomsbury, 2006), p. 3.

7. 작자 미상의 글, Dorothy Robertson, 'Maintaining the art of conversation in Parkinson's disease,' *Age and Ageing*, 2006, 35, p. 211에서 재인용.

6장 공기 없이도 의사소통이 가능할까?

1. Georg Christoph Lichtenberg, *Aphorisms*, R. J. Hollindale 역(역자 서문과 주석 추가) (London : Penguin, 1990).

2. M. H. Johnson & J. Morton, *Biology and Cognitive Development: The Case of Face Recognition* (Oxford : Blackwell, 1991), H. Rudolph Schaffer, *Introducing Child Psychology* (Oxford : Blackwell, 2003), pp. 67~8에서 재인용.

3. M. B. Lewis & A. J. Edmonds, *Perception* 중 'Face detection : Mapping Human Performance' 등 참조.

4. 이 흥미롭고도 비극적인 질환에 대한 추가 정보는 미국립신경질환뇌졸중연구소(National Institute for Neurological Diseases and Stroke) 웹사이트의 'Prosopagnosia' 관련 내용 참조.

5. P. Ekman & G. Yamey, 'Emotions revealed : recognising facial expressions,' *British Medical Journal*, 2004, 328, pp. 75~81.

6. Julien Guthrie, 'The lie detective : SF psychologist has made a science of reading facial expressions,' *San Francisco Chronicle*, 2002년 9월 16일.

7. Angus Trumble, *A Brief History of the Smile* (New York : Basic Books, with a new Preface, 2004),

pp. xxxiii~xxxiv.

8. T. S. Eliot, *Collected Poems* 1909-1962 중 'The Love Song of J. Alfred Prufrock' (London : Faber and Faber, 1963).

9. Trumble, 상게서, p. 73. 사람들이 웃음은 부적절하고 미소는 우월하다고 인식하게 된 배경은 Vic Gatrell의 *City of Laughter: Sex and Satire in Eighteenth Century London* (London : Atlantic Books, 2006) 중 'Laughing Politely'에 자세히 설명되어 있다.

10. Trumble, 상게서, p. 73에서 재인용.

11. Alexander Pope, 'An Epistle to Dr. Arbuthnot' (315~16행). Trumble, 상게서, p. 133에서 재인용.

12. M. Katsikis & I. Pilowsky, 'A study of facial expression in Parkinson's disease using a novel micro-computer-based method,' *Journal of Neurology, Neurosurgery and Psychiatry*, 1998, 51, pp. 362~6.

7장 홍조에 관한 위대한 진화

1. J. K. Wilkin, 'Overview of blushing.'

2. Andrea Ladd, 'Ask a Scientist' Question Archives, 〈http : //www.hhmi.org/ cgibin/ askascientist/highlight.pl?kw=blush&file=answers%2Fgeneral%2Fans⋯029.html〉

3. 상게서.

4. 윌리엄 워딩턴(William Worthington)이 지적했듯이 문자의 발명은 인간이 발견한 모든 것 중 가장 경이로운 것으로서 우리를 자신뿐 아니라 타인의 노력과 연구의 성과물에도 정통하게 해준다, 'An Essay on the Scheme and Conduct, Procedure and Extent of Man's Redemption' 중에서, Roy Porter의 *Enlightenment: Britain and the Creation of the Modern World* (London : Penguin, 2000), p. 74에서 재인용.

5. 이 개념은 소크라테스 이전 철학자들로부터 출발했고 가장 유명하게는 아리스토텔레스가 재차 언급했다. 글은 말을 표현하는 것이므로 곧 상징의 상징이라는 이 개념에 대해 반론이 전혀 없는 것은 아니다. Roy Harris, *The Origin of Writing* (London : Duckworth, 1986) 참조.

6. 바스 시에서 이 문장을 쓰고 있는 북부지방 사람으로서, 현재 나는 특히나 이점을 의식하고 있다.

8장 세상과 마주하는 시각

1. 이 장에서 다루는 논의 중 상당수, 특히 인간의 의식과 지식의 본질에 대한 논의는 나의 Handkind 3부작 중에서도 특히 제 3권인 *The Knowing Animal: A Philosophical Inquiry into Knowledge and Truth* (Edinburgh : Edinburgh University Press, 2005)에서 상세하게 전개한 논의와 개념을 요약한 것이다.

2. Gordon Bowker, *Inside George Orwell* (London : Palgrave Macmillan, 2003).

3. S. Hecht, S. Shlaer, M. H. Pirenne, 'Energy, Quanta and Vision,' *Journal of General Physiology*, 1942, 25, pp. 819~40.

4. 최신 문헌에 대한 흥미로운 비평적 고찰을 보려면 Norma Graham, 'Light Adaptation,' 〈http : // www.columbia.edu〉 참조.

5. 앞서 언급한 *The Knowing Animal* 중 특히 4장 'An Outline of Epistogony' 참조.

6. 물론 내가 머리를 움직이면 사물들 간의 관계가 변하므로 사물이 움직이는 것처럼 보일 수 있다. 가령 내가 머리를 기울이면 노트북 컴퓨터 스크린에 가려지는 대상이 바뀌게 된다. 벽에 붙은 게시판 대신 그 오른쪽에 있는 전화기가 가려지는 것이다. 그러나 나는 이것이 실제 움직임이 아니라 물체들 간의 외관상 관계, 즉 그러한 관계가 우리에게 보이는 방식이 바뀌었을 뿐임을 잘 알고 있다.

7. P. F. *Strawson, Individuals: An Essay in Descriptive Metaphysics* (London : Methuen, 1964), p. 65.

8. 덧붙여 말하자면, 사물이 존재한다는 생각에 기반을 둔 지식이 항상 우리의 감각 경험상의 지식의 기반을 넘어선다는 사실은 지식이나 우리의 감각에 이의를 제기하는 문젯거리가 아니라 오히려 지식의 본질이다.

9. 동물적 감각에서 인지人智로 향하는 인간 의식의 여정을 이끄는데 있어 손이 핵심적인 역할을 하며, 인간 유기체가 자신의 몸을 자각함으로써 몸을 이해하고 체화된 주체가 된다는 주장은 주석 1에서 언급한 3부작 중 제1권인 *The Hand: A Philosophical Inquiry into Human Being* (Edinburgh : Edinburgh University Press, 2003)에 실려 있다.

10. 시선이 향하는데 작용하는 수수께끼, 즉 빛 또는 '빛 에너지'의 투입으로는 풀 수 없는 이 수수께끼에 대해서는 앞서 언급한 책 *The Knowing Animal*의 2.2절 'The Troubles with Neurophilosophy'에서 집중적으로 다루었다.

11. W. D. Ross ed., *Aristotelis De Anima* (Oxford : Clarendon Press, 1956), 424a, pp. 17~19.

12. 이러한 일련의 사고를 더 깊이 탐색하기를 희망하는 독자들은 나의 저서 *Newton's Sleep: Two Cultures and Two Kingdoms* (London : Macmillan, 1995) 중 'The Difficulty of Arrival'을 읽어봐도 좋을 듯하다.

13. 1911년 12월 16일자 편지, Erich Heller, *The Disinherited Mind: Essays in Modern German Literature and Thought* (London : Penguin Books, 1961), p. 175에서 재인용.

14. Rüdiger Safranski, *Martin Heidegger: Between Good and Evil*, Ewald Osers 역 (Massachusetts, Cambridge : Harvard University Press, 1998), p. 103.

15. 이 개념은 Raymond Tallis, 'The Work of Art in an Age of Electronic Communication,' *Theorrhoea and After* (London : Macmillan, 1999)에서 더욱 구체적으로 제시되어 있다.

16. Martin Heidegger, *Letter on Humanism in Basic Writings*, David Farrell Krell ed., (London :

Routledge & Kegan Paul, 1978), p. 237.

17. Jean-Paul Sartre, *Being and Nothingness: An Essay on Phenomenological Ontology*, Hazel Barnes 역 (London : Methuen, 1957) 중 'The Look' 참조.

18. 이점은 앞서 언급한 *The Knowing Animal* 중 'Deindexicalised Awareness' (특히 pp. 119~122) 와 *An Essay on Pointing* (근간)에서 다루었다.

19. 자폐증 환자들이 다른 사람에게 사물을 가리켜 보이지도 않는다는 사실은 흥미롭지만 결코 놀랍지는 않다. 타인과의 가장 중요하고 기본적인 의사소통 방식 중 하나인 가리키기는 정상 아동의 경우 말보다 서너 달 일찍 나타난다.

20. Leo Tolstoy, *War and Peace*, Anthony Briggs 역(London : Penguin, 2005), p. 1069.

21. John Gay, G. F. Handel의 대본, *Acis and Galatea*, 2막 가면극, c. 1718.

22. Dante Alighieri, George R. Kay 역, *The Penguin Book of Italian Verse* 중에서 (London : Penguin, 1958), p. 85.

23. Leo Tolstoy, *War and Peace*, 상게서, p. 622.

24. John Richardson, *A Life of Picasso: Volume 1, 1881~1906* (London : Jonathan Cape, 1991).

25. David Gilmore, *Aggression and Community: Paradoxes of Andalusian Culture* (New Haven : Yale University Press, 1987).

26. 이 구절은 토마스 네이글(Thomas Nagel)의 글을 토대로 했다. 그의 책 *The View from Nowhere* (Oxford : Oxford University Press, 1986)에서 네이글은 인간 외적이거나 객관적인 진실에 도달하기 위한 과학적 노력의 궁극적인 목적은 '아무 곳에서도 출발하지 않은 관점(a view from nowhere)' 에 다다르는 것이라 주장했다.

27. Chris Frith, *Making up the Mind: How the Brain Creates Our Mental World* (Oxford : Blackwell Publishing, 2007), p. 143.

9장 감각의 방

1. 이 구절은 John Searle, *Mind: A Brief Introduction* (Oxford : Oxford University Press, 2004)에서 빌려왔다.

2. *Encyclopaedia Britannica*, 제15판, 27권, p. 206에 실린 멋진 선 그림에 감사를 표한다.

3. Stephen B. Karch의 글, Anthony Daniels, *Romancing Opiates: Pharmacological Lies and the Addiction Bureaucracy* (New York : Encounter Books, 2006), p. 22에서 재인용.

4. Franz Kafka, *The Diaries of Franz Kafka*, 1910~1923, Max Brod 편, Joseph Kresh & Martin Greenberg 역 (London : Penguin, 1964), p. 10.

5. 훌륭한 글에 대해 팀 제이콥(Tim Jacob)에게 깊은 감사를 표한다. 이어지는 내용 중 대부분은 이 글을 바탕으로 한 것이다. Tim Jacob, 'Taste--A Brief Tutorial,' 〈http : //www.cf.ac.uk.biosi/

staff /jacob/teaching/sensory/taste.html⟩

6. 상게서.

7. T. S. Eliot, *Collected Poems 1909~1962* 중 'Little Gidding' (London : Faber and Faber, 1963), p. 218.

8. 이 훌륭한 미각 관련 정보는 앞서 언급한 글에서 마이클 베리(Michael Berry)의 도움을 받았다.

9. Richard E. Cytowic, *The Man Who Tasted Shapes* (Massachusetts, Cambridge : MIT Press, 1998).

10. S. J. Blakemore, D. Bristow, G. Bird, C. Frith, J. Ward, *Brain*, 2005, 128, pp. 1571~83.

11. 19세기 말에 절정에 이른 상징주의 운동에 참가한 작가들은 공감각에 열중했다. 아르튀르 랭보 (Arthur Rimbaud)의 시 ⟨모음들*Voyelles*⟩은 각각의 모음을 색깔과 연결시켰다. 조리스-카를 위스 망스(J-K Huysmans)의 작품 《거꾸로*A Rebours*》의 주인공 데 제셍트는 각각 특정한 오케스트라 악 기의 소리에 해당하는 술을 만들어내는 '미각 오르간'을 상상했다. 그는 이것을 사용해서 미각의 교향곡을 작곡한다. 아서 시먼스(Arthur Symons)는 아래와 같은 감각 능력을 가진 아편 흡연자의 뛰어난 감수성을 칭송했다.

　　　향수와 같은 부드러운 음악, 그리고

　　　잘 들리는 강렬한 향기로 금빛으로 빛나는 달콤한 빛.

12. 이밖에도 기억과 관련된 후각의 특별한 효력에 대한 다른 이론들이 있다. 그중 가장 많이 거론되 는 이론은 뇌에서 후각을 중재하는 경로가 진화상 가장 원시적이고 오래된 뇌 부위인 시상하부, 해마, 뇌간으로 연결된다는 것이다. 그러나 나는 이 이론이 핵심을 놓쳤다고 생각한다. 고립된 뇌는 우리가 우리 자신의 것으로 인식하는 세계를 설명할 수 없기 때문이다.

13. Marcel Proust, *Remembrance of Things Past*, C. K. Scott Moncrieff & Terence Kilmartin 역 (London : Penguin, 1983), pp. 50~51.

14. 이 사실과 뒤이어 나오는 일부 다른 정보는 Tim Jacobs, 'Smell (Olfaction) : A Tutorial on the Sense of Smell,' Cardiff University에서 얻었다.

15. 노벨 생리의학상 언론 보도, 2004년 10월 4일.

16. K. Stern & M. McClintock, 'Regulation of ovulation by human pheromones,' *Nature*, 1998, 392, pp. 177~9.

17. Beverley Strassmann, 'Menstrual synchrony pheromones : cause for doubt,' *Human Reproduction*, 199, 14(3), pp. 579~80.

18. Michael Steen, *The Lives and Times of the Great Composers* (Cambridge : Icon Books, 2003), p. 702에서 재인용.

세 번째 철학적 여담

1. 머리의 불투명한 속성은 이름이 기억나지 않는 어느 코미디언의 개그 소재로 사용되었다. 그는 아 기의 머리가 시야를 가린다는 이유로 공공장소에서의 모유 수유에 대해 불평했다.

2. 이 주장을 뒷받침하는 설명은 Raymond Tallis, *The Hand: A Philosophical Inquiry into Human Being* (Edinburgh : Edinburgh University Press, 2003)에 상세히 실려 있다.

3. 폴 발레리의 《테스트 씨》의 동명의 주인공은 '나의 몸무게, 이런 소유격의 단어라니!'라고 속으로 생각한다. Paul Valéry, *Monsieur Teste*, Jackson Mathews 역 (London : Routledge & Kegan Paul, 1973), p. 49.

4. Gabriel Marcel, 'Outlines of a Phenomenology of Having,' *Being and Having* (London, Glasgow : Fontana, 1965), p. 179. 번역가가 표시되어 있지 않은데, 번역이 매우 훌륭하므로 이는 매우 부당한 처사다.

5. 위와 같은 글, p. 169.

6. Hazel E. Barnes, 'Sartre's ontology : The revealing and making of being,' *The Cambridge Companion to Sartre*, Christina Howells 편 (Cambridge : Cambridge University Press, 1992), p. 21.

10장 머리의 가장 큰 구멍 입, 세상을 들이마시고 내뿜다

1. Andrew Pyle ed., *Key Philosophers in Conversation: The Cogito Interviews* 중 리처드 도킨스 (Richard Dawkins) 인터뷰 (London, New York : Routledge, 1991).

2. W. H. Auden, 'Thanksgiving for a Habitat' 중 X절 'Tonight at Seven-Thirty,' *Selected Poems* (London : Faber and Faber, 1968), p. 136.

3. 이 내용과 이어지는 몇 단락에서 제시된 일부 의견은 다음 글의 도움을 받았다. Robin Lane Fox, 'Food and Eating : An Anthropological Perspective,' Social Issues Research Center, *Vox Rationis*, 2007년 4월 11일.

4. Karl Marx, *Das Kapital*

5. 놀랍지만 사실이다. Caroline Wyatt, 'Mastering French Manners the Hard Way,' *From Our Own Correspondent*, BBC4, 2006년 12월 23일 토요일.

6. Aletheia Jackson, 'For the love of Whizdom,' *Critical Review*, 1988, 4(3)권, p. 00. 이것은 로버트 노직(Robert Nozick)의 *The Examined Life: Philosophical Meditations*에 대한 논평이다.

7. R. Bowen, 'The Physiology of Vomiting,' 〈http : //www.vivo.colostate.edu〉에서 이 절의 내용에 큰 도움을 받았다.

8. Raymond Tallis, 'Communication, Time, Waiting,' *Hippocratic Oaths: Medicine and its Discontents* (London : Atlantic Books, 2004) 참조.

9. 익명의 사설, 'Psychogenic Vomiting,' *British Medical Journal*, 1967년 8월 12일, 3(5562), pp. 386~7.

10. Bob Newhart, 'Introducing Tobacco to Civilization,' 1962.

11. Allan M. Brandt, *The Cigarette Century: The Rise and Fall, and Deadly Persistence of the Product that Defined America* (New York : Basic Books, 2007).

12. 이 점과 관련하여 흡연이 영국의 빈부 간 평균 수명과 건강 수명 격차의 원인 중 절반 이상을 차

지한다는 점을 주목할 만하다. (*The Health of the Population*: 'Annual Report of the Directors of Public Health for Cornwall and the Isles of Scilly' (2006)'에 인용된 데이터.)

11장 입맞춤에 대한 기록

1. 이 논문과 그 속에 함축된 무한한 의미는 제임스 글릭(James Gleick)의 훌륭한 저서 *Chaos: Making A New Science* (London : Cardinal, 1988)에서 다루고 있다. 특히 pp. 94 이하 참조.

2. 독자들이 직접 계산해보고 싶어할 수도 있겠다. 이때 수치는 다르게 나올 수도 있지만 결론은 반드시 동일할 것이다.

3. Sigmund Freud (1912), 'On the Universal Tendency to Debasement in the Sphere of Love,' *Five Lectures on Psycho-Analysis, The Standard Edition of the Complete Psychological Works of Sigmund Freud* (London : The Hogarth Press, 1957).

4. Andrew Pyle ed., *Key Philosophers in Conversation: The Cogito Interviews* (London과 New York : Routledge, 1999) 중 리처드 도킨스 인터뷰.

5. Christopher Hamilton, *Living Philosophy: Reflections on Life, Meaning and Morality* (Edinburgh : Edinburgh University Press, 2001), p. 136.

6. William Ian Miller, *The Anatomy of Disgust* (Massachusetts, Cambridge : Harvard University Press, 1997), p. 137.

7. Paul Valéry, *Monsieur Teste*, Jackson Mathews 역 (London : Routledge & Kegan Paul, 1973), p. 49.

8. W. H. Auden의 'I Am Not a Camera' 중에서, Angus Trumble, *A Brief History of the Smile* (Massachusetts, Cambridge : Basic Books, 2004), p. 49에서 재인용.

12장 인간의 타고난 깃털

1. 이 목록은 빅토리아 셰로우(Victoria Sherrow)의 유쾌한 저서 *Encyclopaedia of Hair: A Cultural History* (Westport, Conneticut, London : Greenwood Press, 2006)에 실린 '콧수염'에 관한 에세이를 참고했다.

2. Rüdiger Safranski, *Martin Heidegger: Between Good and Evil*, Ewald Osers 역 (Massachusetts, Cambridge, London : Harvard University Press, 1998), p. 103.

3. 이른바 앨더 헤이 사건에 관한 이야기는 Rayond Tallis, *Hippocratic Oaths* (London : Atlantic, 2004)에 실려 있다.

4. G. G. Gallup, 'Self-recognition in primates : A comparative approach to the bidirectional properties of consciousness,' *American Psychologist*, 1977, 32, pp. 329~38.

네 번째 철학적 여담

1. Francis Ponge, *Soap*, Lane Dunlop 역 (California, Stanford : Stanford University Press, 1988) 참조. 싫어하는 고모의 크리스마스 선물로 끈 달린 비누를 사는 따분한 활동 등이 있다고 해서 세상의 끈적거림을 제거하는 이 상품의 진정한 기적이 가려져서는 안 될 것이다.

2. 관련된 전체 내용은 Raymond Tallis, *My Hand: A Philosophical Inquiry into Human Being* 중 'Hand talking to Hand'(Edinburgh : Edinburgh University Press, 2003) 참조.

3. Raymond Tallis, *I Am: A Philosophical Inquiry into First-Person Being* (Edinburgh : Edinburgh University Press, 2004).

13장 생각하는 머리, 무기로 전락하다

1. Niall Ferguson, *The War of the World* (London : Allen Lane, 2006), p. xxxvii.

2. 인류학자 대니 리(Danny Lee)에 의하면 'C3 척추뼈 근처에서 잘린 머리카락 없는 성인 시체의 머리 무게는 4.5~5kg 가량으로 전신 무게의 약 8%에 해당한다.' 여기에다 금쟁반의 무게까지 더하면 살로메가 힘이 센 여자였음을 알 수 있다(신약성서에 등장하는 살로메가 세례 요한의 잘린 머리를 쟁반에 받쳐 든 모습을 두고 하는 말 : 옮긴이).

3. Bernard Porter, Saul David의 *Victoria's Wars: The Rise of Empire* (London : Viking, 2006)에 대한 'Thrilled to bits' 비평, *Times Literary Supplement*, 2006년 7월 21일, p. 24.

4. William Shakespeare, *As You Like It*, 2막 1장, ll.10~11.

5. 이 유명한 사례에 대한 참고 문헌은 무수히 많다. 관심 있는 독자라면 A. T. Steegmann, 'Dr. Harlow's famous case : the "impossible" accident of Phineas P. Gage,' *Surgery*, 1962, 52, pp. 952~8을 참고하기 바란다. 심리학자 스튜어트 더비셔 박사(Dr Stuart Derbyshire)는 나와의 사적인 대화에서 할로우 박사가 게이지의 상태를 잘못 설명했을 가능성이 있음을 지적했다. 어쨌든 게이지는 힘든 일을 지속적으로 해냈다. 또한 부끄러워해야할 만한 어떤 행동도 한 기록이 없으므로 그가 부상 후 입은 끔찍한 외모 손상에 당당하게 대처한 점을 높이 살만하다. 이는 인간 본성에는 뇌과학으로 설명할 수 없는 부분이 존재한다는 것을 분명히 보여준다.

6. Richard Clark, 'Beheading,' 〈http : //www.richard.clark32.btinternet.co.uk/behead. html〉

14장 의식 없는 머리, 잠부터 죽음까지

1. Edward Thomas, 'Lights Out,' *Collected Poems* (London : Faber and Faber, 2004), ll. 1~6.

2. 이것이 생리적인 현상이고 동물도 우리와 마찬가지로 잠을 잔다는 사실은 잠의 불가사의함을 축소하기보다 더 강화한다. 잠이 어떤 환경 적응적인 목적을 수행할 수 있을까? 완전한 비각성과 강제적인 무기력 상태가 어떤 식으로 생존에 도움이 될 수 있을까? 잠을 자면 어두운 밤 시간에 움

직이지 않게 되어 포식 동물에게 모습을 보이거나 소리를 들킬 가능성이 줄어들기 때문에 잠이 환경 적응적이라는 견해는 포식 동물이 피식 동물보다 더 깊이 잔다는, 즉 안전한 상태에서 자는 동물이 더 오래 잔다는 견해와 모순된다. 더욱 널리 인정받는 수면과 동화작용-세포 조직의 구성, 유지, 복구-의 연관설도 그다지 설득력이 없기는 마찬가지다. 의식이 없어야 동화작용이 가능할 이유는 전혀 없다. 의식이 몸의 물리적 특성과 곧바로 연결되어 있지 않다는 이유만으로도 이 점은 명백하다. 어쨌든 비록 인간과 동물이 모두 잠을 자지만 인간의 반사적 의식이 동물의 일차원적 의식과 다르듯 인간의 수면도 동물의 잠과는 다르다.

3. 이것은 우리 몸이 본질적으로 어둠의 공간이라는 근거 없는 느낌의 토대다. 물론 물리적 대상으로서의 우리 몸은 밝지도, 어둡지도 않다. 이 문제에 대한 추가적 논의는 Raymond Tallis, *On the Edge of Certainty* 중 '(That) I am this (thing)' (London : Macmillan, 1999) 참조.

4. 물론 이는 결코 놀라운 일이 아니다. 눈꺼풀은 스스로 올라가기 때문이다. 즉 눈꺼풀이 들어올려야 하는 물체는 눈꺼풀을 들어올리는 물체와 무게가 같다.

5. 독일어 원문은 다음과 같다.

   Rose, ob reiner Widerspruch, Lust

   Niemandes Schlaf zu sein unter soviel

   Lidern.

6. 그래서 '매음굴. 나는 셰이디 메리가 있는 유곽(kips)을 찾아다닌다.'라는 표현이 나온 것이다. James Joyce, *Ulysses*, 신판 (London : The Bodley Head, 1960).

7. 깨어 있는 상태를 유지하는 일을 전담하는 기관-망상 피질 고리-이 뇌 속에 있다는 점을 생각해 보면 참으로 재미있다. 이것은 우리의 감각과 일상생활 속에서 자신이 우리에게 차려주는 음식이 졸음을 유발할 정도로 지루하다는 것을 인정하는 창조주의 겸손함을 반영한다고 생각하고 싶다!

8. 크리스토퍼 해밀턴(Christopher Hamilton)은 *Living Philosophy: Reflections on Life, Meaning and Morality* (Edinburgh : Edinburgh University Press, 2001)에 실린 심오한 에세이 'The Need to Sleep'에서 동물과 인간의 잠이 지닌 근본적 차이를 다음과 같이 설명하고 있다.

   우리가 동물에게 있어 잠이라고 부르는 것은 사실 그 동물의 의식의 정도의 변화에 불과한 반면 인간의 잠은 깨어있는 의식에서 그 종류가 바뀌는 것이다. 동물은 사람처럼 스스로에게서 벗어나야할 필요를 느끼지도 않고 결코 자신의 존재를 버거워하지도 않기 때문이다. (pp. 148~9).

   동물의 잠은 의식의 일시적 중지 상태인데 반해 인간의 잠은 의식과 자의식 모두 중단된 상태다. 해밀턴은 우리 삶의 1/3을 차지하는 수면에 관한 진지한 철학적 연구가 (심리철학과 인식론에서 꿈에 대한 몇 가지 논의가 있는 것을 제외하고) 너무나 부족하다는 견해를 밝히고 있다.

9. 상게서. 해밀턴은 불면증에 대한 이해를 돕는 많은 정보를 제시한다.

10. Edward Thomas, 앞서 언급한 *Collected Poems* 중 'Lights Out,' ll. 25~30.

11. Raymond C. Tallis & Howard Fillit ed., *Brocklehurst's Textbook of Geriatric Medicine and Gerontology* (제6판, Edinburgh : Churchill Livingstone, 2003), p. 1269.87 중 Rebecca C. C. Brooke & Christopher E. M. Griffiths, 'Ageing of the Skin.'

12. Hardy, 'I look into my glass,' *Wessex Poems and Other Verses in Selected Shorter Poems*, John Wain 선별 및 해설 (London : Macmillan, 1966).

13. 조지 멜리(Goerge Melly)가 어쩌다 얼굴에 주름이 그렇게 많이 생겼냐고 묻자 믹 재거(Mick Jagger)는 '웃음 주름'이라고 답했다. 그 말에 멜리는 '뭐가 그렇게 웃기다고.'라고 대꾸했다.

14. William Shakespeare, *Anthony and Cleopatra*, 1막 5장, ll. 27~9.

15. Philip Larkin, *Collected Poems* 중 'Skin' (London : Faber and Faber, 1988).

16. William Shakespeare, *Hamlet*, 5막 1장, ll. 206~9.

17. 게일 S. 앤더슨 박사(Dr Gail S. Anderson)의 다소 속이 메스꺼워지기는 해도 아주 훌륭한 글 'Forensic Entomology : The Use of Insects in Death Investigations,' 〈http : //www.rcmp-learning.org/docs/ecdd0030.htm〉에 대해 매우 감사하게 생각한다.

18. 상게서.

19. Philip Larkin, 앞서 언급한 *Collected Poems* 중 'Aubade.'

20. W. B. Yeats, *The Winding Stair and Other Poems* 중 'Death' (London : Macmillan, 1933).

21. Rainer Maria Rilke(1928), *Rodin* (New York : Dover, 2006)

22. Jonathan Barnes, *The Presocratic Philosophers* (London : Routledge, revised edition, 1982)에서 재인용.

23. Lord Byron, *Don Juan*, Canto 1, Stanza 217.

24. Colette Sirat, *Writing as Handwork: A History of Handwriting in Mediterranean and Western Culture* (Belgium : Brepols-Turnhout, 2006).

25. Imre Kertész, 'Someone Else : A Chronicle of Change,' Tim Wilkinson 역, *Common Knowledge*, 2004년 봄, 10, 2, pp. 314~46.

15장 머리와 세상과 머릿속 세상의 복잡한 관계

1. Rainer Maria Rilke, *Duino Elegies, Selected Works* 중 'The Eighth Elegy,' 제2권, J. B. Leishman 역 (London : The Hogarth Press, 1967), p. 242.

2. Ludwig Wittgenstein, *Tractatus Logico-Philosophicus*, D. F. Pears & B. F. McGuinness 역 (London : Routledge & Kegan Paul, 1961), p. 7.

3. Walt Whitman, *Leaves of Grass* 중 'Song of Myself' (1855).

4. Raymond Tallis, *Why the Mind is Not a Computer* (Exeter : Imprint Academic, 2004) 참조.

5. Thomas De Quincey, *Confessions of an English Opium-Eater and Other Writings* 중 'The

Pleasures of Opium' (London : New English Library, 1966), p. 61.

6. Leo Tolstoy, *War and Peace*, Anthony Briggs 역 (London : Penguin Classics, 2006), p. 663.

7. Leszek Kolakowski, *Marxism and Beyond: On Historical Understanding and Individual Responsibility* 중 'Conscience and Social Progress,' Jane Zielonko Peel 역 (London : Paladin, 1971), p. 156.

16장 나는 내 생각을 통제할 수 있을까?

1. 생각하는 머리에 대해 관심이 있는 사람이라면 20세기 가장 위대한 소설 《율리시스》를 최소한 몇 쪽이라도 읽어봐야 한다.

2. 혹은 초현실주의자들이 말했듯이 *'La pensée se forme dans la bouche'* – 생각은 입안에서 만들어진다.

3. 아직 이 논의는 가령 '옆방에 고양이가 있다'는 보편적 생각을 포함하는 생각의 유형과 이러한 보편적 생각을 특정 시점에 떠올릴 경우에 해당하는 기호적 사고를 구분하지 않았다. 이는 중요한 누락에 해당하며, 다음 절에서 일부분만 바로잡게 될 것이다. 이 문제를 더 자세히 살펴보고 싶은 사람은 Raymond Tallis, *I Am: A Philosophical Inquiry into Human Being*을 참조하기 바란다.

4. 이 내용은 Nicholas Fearn, *Philosophy: The Latest Answers to the Oldest Questions* (London : Atlantic, 2005)에 잘 요약되어 있다.

5. 이러한 접근법을 다룬 표준적인 저서는 길버트 라일(Gilbert Ryle)의 *The Concept of Mind* (London : Peregrine, 1963)이다. 이 책은 처음 발간된 지 거의 60년이 지난 지금까지도 여전히 짜증을 불러일으키는 힘을 유지하고 있다.

6. 이 논거는 콰심 카삼(Quassim Cassam)의 훌륭한 저서 *Self and World* (Oxford : Oxford University Press, 1997)에서 차용한 것이다. 특히 'The Objectivity Argument' 중 9절 'Core-Self and Bodily Self' 참조.

맺음말

1. 이러한 경향을 다룬 수준 높은 해설과 비평을 찾아보려면 Kenan Malik, *Man, Beast and Zombie: What Science Can and Cannot Tell Us about Human Nature* (London : Weidenfeld and Nicolson, 2000) 참조.

2. Niall Ferguson, *The War of the World: History's Age of Hatred* (London : Penguin, 2006).

3. John Gray, Straw Dogs : *Thoughts on Humans and Other Animals* (London : Granta, 2002) 참조.

4. 자폐증 환자들의 분열된 자기를 탁월하게 설명한 글을 찾아보려면 Charlotte Moore, *George and Sam: Autism in the Family* (London : Penguin, 2005) 참조.

5. Eugene Wigner, 'The Unreasonable Effectiveness of Mathematics in the Natural Sciences,' *Communications in Pure and Applied Mathematics*, 13(1)권, 1960년 2월.

6. Immanuel Kant, 이사야 벌린(Isaiah Berlin)의 저서 *The Crooked Timber of Humanity: Chapters in the History of Ideas*, Henry Hardy 편 (London : HarperCollins, Fontana, 1991)의 서두에 실린 글에서 재인용.